ゼロからはじめる「環境工学」入門

原口秀昭——著
陳彩華——譯

圖解建築物理環境入門

一次精通空氣、溫度、日照、光、色彩、聲音的基本知識、原理和應用

前言

許多範疇和指標學得很吃力呀……

這是筆者年輕時閱讀建築物理環境入門書籍的感想。不僅有空氣、熱、光、色彩、聲音等各種各樣的項目，理論、係數和公式也多到不行。代表隔音等級的 L_r 值越小越好，但 D_r 值越大越好，像這樣繁瑣的數值大量出現。在建築的環境性能變得更為重要的同時，對於學習建築的人而言，建築物理環境變成益加困難的範疇。

本書雖是建築物理環境的基本練習書，但為了解決初學者這樣的煩惱下了很多工夫。圖解漫畫讓內容簡單明瞭，也有易留下印象的 POINT 標示。漫畫角色是固定出場的高傲肉食系女子美貴，以及缺乏自信的草食系男子阿旭。

建築物理環境中用到的量，不單是能量等純粹的物理量，也包含根據人的感度判斷的量，所以有點棘手。解說補正人類感覺的物理量時，書中盡可能以圖解的方式說明本質的部分。

練習題目大多引用日本建築師測驗的考古題。如果是建築系的學生或初學者，準備考二級或一級建築師時，這些內容應能派上用場。考古題未涵蓋的部分，也會補充解說基本題目。

本書盡可能根據不同範疇和項目來完成獨立章節，所以也能從有興趣的範疇或想挑戰的項目開始閱讀。熱傳透量的計算、等時間日影圖和晝光率計算等學生難以理解的部分，用較多篇幅解說，最後統整用語、單位和公式。讓我們一起重複練習到完全記住吧。

對於原本就不擅長數理的人，強烈建議一併閱讀拙著《漫畫建築物理環境入門》。為了讓讀者一邊愉快閱讀有故事情節的漫畫，同時條理分明地理解建築物理環境基礎的基礎，筆者在本書中凝聚了心血。

圖解系列源起於筆者為了教導學生，每天更新附有漫畫的部落格（http://plaza.rakuten.co.jp/mikao/），因為沒有漫畫或圖解，學生就不想看。期間收到許多部落格讀者的指正和對圖解的鼓勵，後來集結部落格文章增修成書，不知不覺本書已是第12本。

多本拙著於中國大陸、台灣和韓國出版。雖然一些諧音無法翻譯，但或許因為書中有大量漫畫和圖解，這個系列在亞洲地區廣獲好評。建議筆者多畫這類圖說的人是大學時代的恩師，已故的鈴木博之先生。老師行動積極，馬上就介紹出版社讓我考慮出版事宜。因此，從研究所時代，筆者就陸續趁著工作空檔，完成附有很多插圖和漫畫的著作。書一出版，立刻寄給老師，期待收到老師書寫感想的信件。這個系列就是受到鼓勵，努力涵蓋建築所有範疇而持續完成的。筆者的書桌前，還貼有老師寄來的明信片。今後筆者仍會持續寫作，若能為大家的學習盡一份心力便是萬幸。

最後在此萬分感謝制定企畫的中神和彥先生、進行繁雜編輯作業的彰國社編輯部尾關惠小姐，以及提出指教的諸多專家、專業書籍和網站的作者、部落格的讀者、幫我一起想諧音並提出許多基本題目的學生，還有始終支持這個系列書籍的所有讀者。真的非常謝謝大家。

2015年5月　　　　　　　　　　　　　　原口秀昭

美貴，
要記的內容
太多了啦
小藍還比較
聰明喲！

密斯（Ludwig Mies van der Rohe）的巴塞隆納椅

目次

CONTENTS

7 色彩

8 聲音

9 默記事項

Q 絕對濕度的單位是kg/kg(DA)。

A 濕空氣可分為水蒸氣和乾空氣，兩者質量的比為<u>絕對濕度</u>。假設2.018kg的濕空氣中，有水蒸氣0.018kg和乾空氣2kg，兩者的比0.018kg÷2kg＝0.009是絕對濕度。比值原本是沒有單位的，但為了更容易了解1kg的乾空氣伴隨0.009kg水蒸氣，設定了kg/kg(DA)和kg/kg′的單位（答案為○）。kg(DA)和kg′是乾空氣（Dry Air）的kg數。因為用水蒸氣的kg數表示，所以也可稱為質量絕對濕度、重量絕對濕度（正確來說不是重量）。

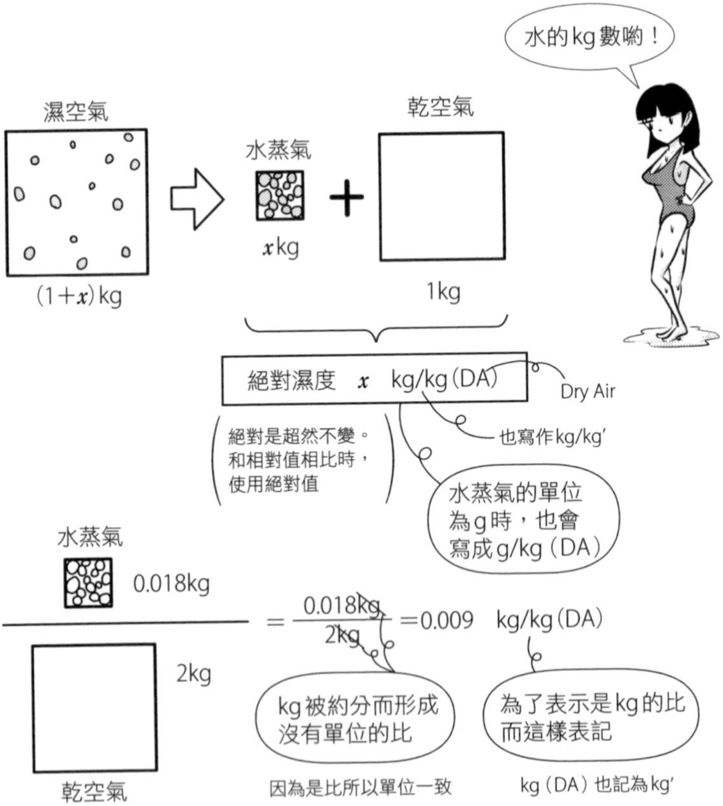

答案 ▶ ○

Q 相對濕度的單位是%。

..

A 當下的水蒸氣量和飽和水蒸氣量的比是<u>相對濕度</u>。相對是指和什麼相比來測量現在的量值的意思。相對濕度是和飽和狀態相比，空氣中有多少水蒸氣的比。相對濕度50%（比是0.5）是與飽和狀態相比，空氣中的水蒸氣為飽和狀態的一半（答案為○）。氣溫越高，飽和水蒸氣量越多，所以同樣是相對濕度50%，水蒸氣量會隨氣溫而異。測量水蒸氣量的方式，除了質量，也能用壓力測，而一般是用壓力來測量相對濕度。不管哪個方式，測量結果都相同。

1

空氣線圖

$$\frac{\text{現在的水蒸氣量（kg）}}{\text{飽和水蒸氣量（kg）}} = \frac{\text{現在的水蒸氣壓力（N/m}^2）}{\text{飽和水蒸氣的壓力（N/m}^2）} = \text{相對濕度（\%）}$$

與飽和狀態比較，空氣中有多少水蒸氣的比

力／面積是壓力的單位
$N/m^2 = Pa$（帕）

水蒸氣無法再進入空氣中的狀態。
氣溫越高，水蒸氣越多

100萬日幣的鑽戒是絕對值

3個月薪水的鑽戒是相對值

給我100萬的

..

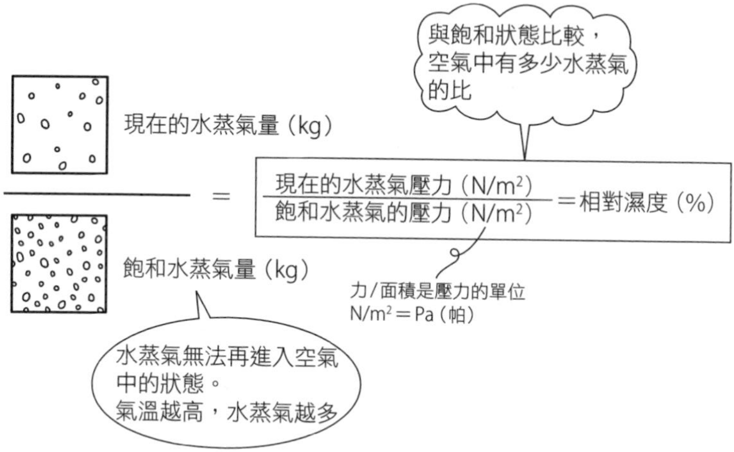

答案 ▶ ○

Q **1**. 乾球溫度上升時，飽和水蒸氣量變多。

2. 乾球溫度上升時，相對濕度50%的水蒸氣量變少。

A 溫度上升時，空氣的分子運動變活躍，空氣較容易含有水分（**1**是○，**2**是×）。乾球溫度是測量部為乾燥狀態的乾球溫度計所量測的溫度。一般被稱為溫度的是乾球溫度。水蒸氣量和溫度的圖呈現往右上升的曲線。

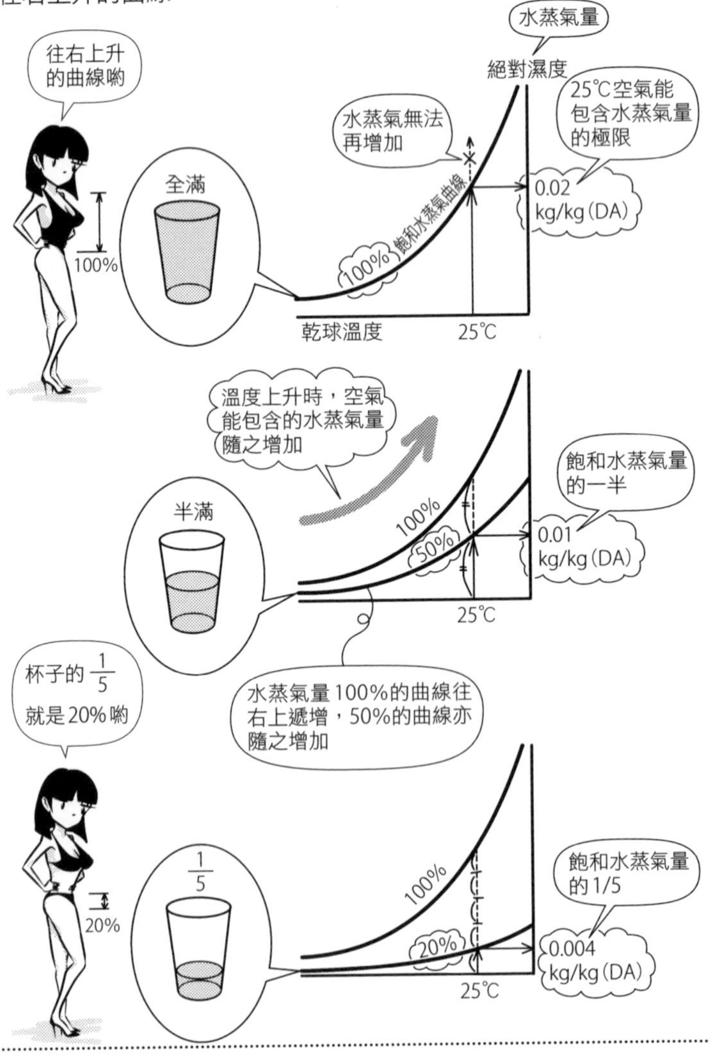
往右上升的曲線喲
100%
全滿
水蒸氣無法再增加
飽和水蒸氣曲線
100%
水蒸氣量
絕對濕度
25℃空氣能包含水蒸氣量的極限
0.02 kg/kg(DA)
乾球溫度
25℃
溫度上升時，空氣能包含的水蒸氣量隨之增加
半滿
100%
50%
飽和水蒸氣量的一半
0.01 kg/kg(DA)
25℃
水蒸氣量100%的曲線往右上遞增，50%的曲線亦隨之增加
杯子的 1/5 就是20%喲
1/5
20%
100%
20%
飽和水蒸氣量的1/5
0.004 kg/kg(DA)
25℃

答案 ▶ **1**. ○　**2**. ×

Q 當空氣中的水蒸氣量（絕對濕度）固定時，溫度（乾球溫度）一下降，相對濕度就變高。前提是水蒸氣未達飽和狀態。

A 表示空氣的溫度、濕度等關係圖，稱為<u>空氣線圖</u>。空氣無法再包含更多水蒸氣時，相對濕度是100%，呈現<u>飽和水蒸氣曲線</u>。溫度下降，飽和水蒸氣量就變少。用容器的大小和水量來比喻應該比較好懂，當水量固定而容器變小時，水的比例則變大，也就是說相對濕度會變高（答案為○）。

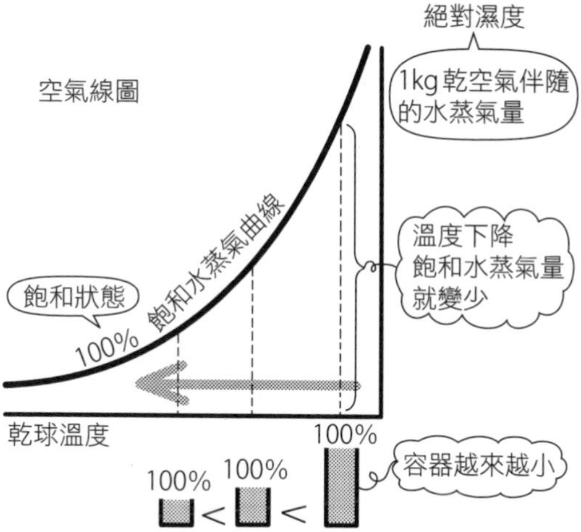

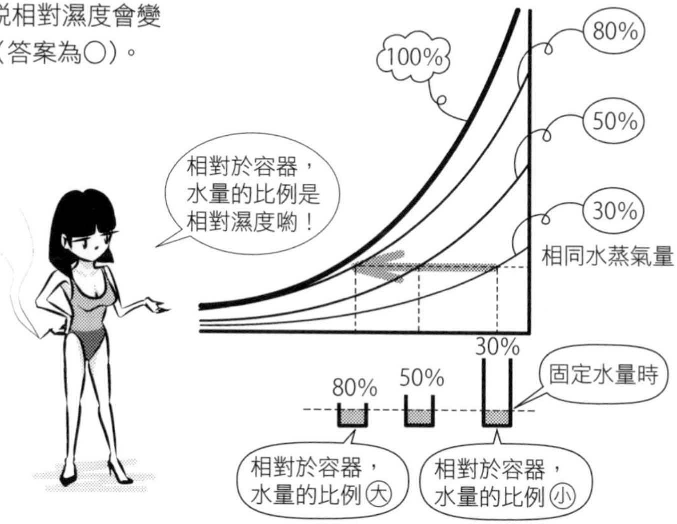

答案 ▶ ○

Q 絕對濕度0.01kg/kg(DA)的露點，可以從空氣線圖中的0.01kg/kg(DA)位置水平線延伸到與相對濕度100%的交點求得。

A 露點是空氣中的水蒸氣凝結成液態水的溫度，也就是開始結露的溫度。相對濕度100%為空氣達到飽和狀態，無法再包含更多水蒸氣的濕度。溫度越高，分子運動越活躍，空氣中混有越多的水分子，所以100%的圖是往右上升。將0.01kg/kg(DA)的空氣冷卻，與相對濕度100%的交點為飽和狀態，此交點就是露點（答案為○）。

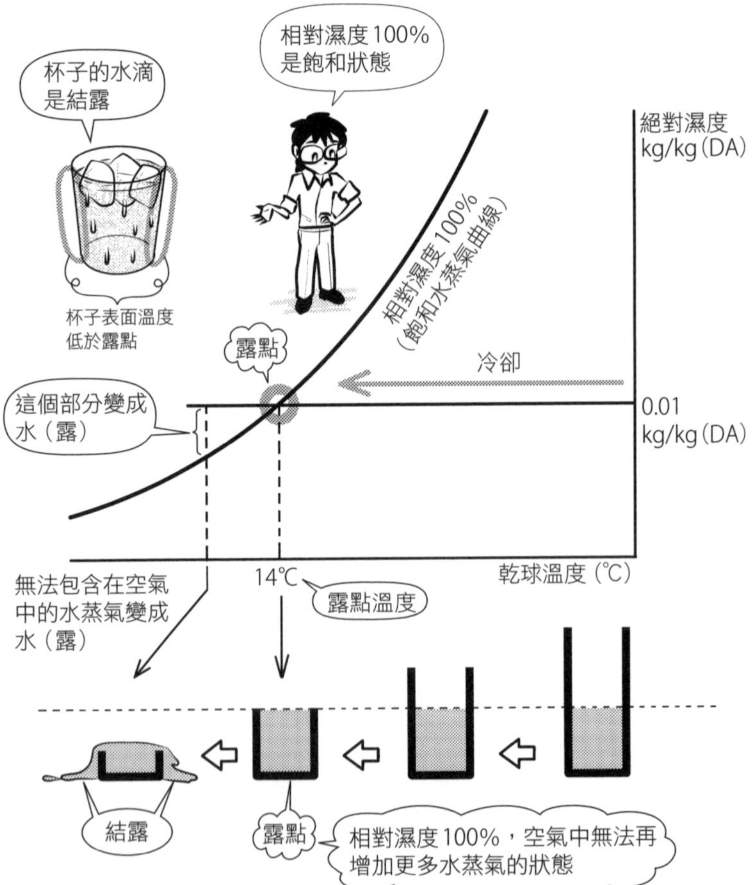

答案 ▶ ○

Q 從乾球溫度和濕球溫度可求得相對濕度、絕對濕度。

A 溫度計大多採用在玻璃管中放入酒精、水銀等液體，隨著溫度變化的膨脹收縮來量測溫度的方式。裝有酒精等液體的感測部位沒有包覆任何東西的是乾球，而裹有浸水沾濕的紗布等物的是濕球。濕度低使得水分易蒸發，熱量容易被帶走，造成濕球溫度較低。反之濕度高時，水分難蒸發而熱量不易被帶走，使得濕球溫度較高。確定乾球和濕球溫度，就能求得濕度值（答案為○）。在空氣線圖中，濕球溫度用往右下遞減的直線群來表示。

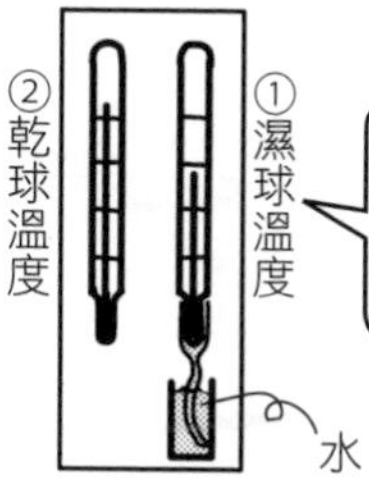

Point
濕度㊦ → 易蒸發 → 濕球溫度㊦
濕度㊤ → 難蒸發 → 濕球溫度㊤

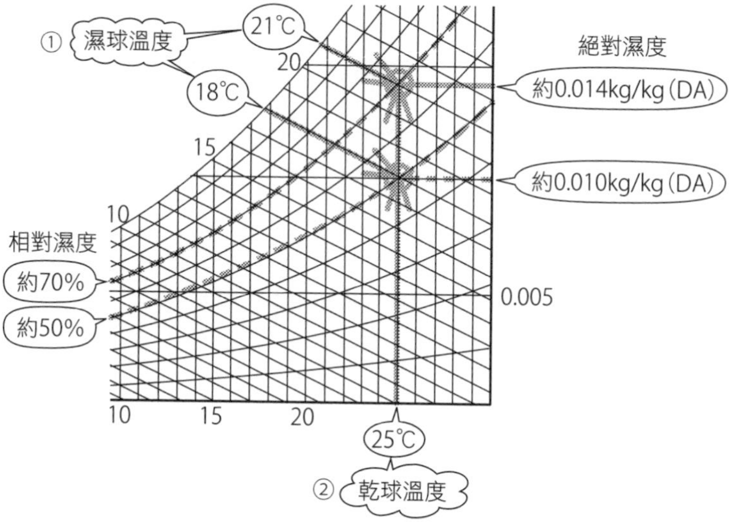

答案 ▶ ○

Q 乾濕計中的阿斯曼通風乾濕計（Assmann ventilated psychrometer），是藉由風扇穩定通風，所以較能正確量出相對濕度。

A 因為濕球溫度會隨氣流而改變，乾球溫度計和濕球溫度計並排構成的簡易乾濕計有易產生誤差的缺點。利用風速固定的微弱氣流吹向乾球和濕球部位，就是阿斯曼通風乾濕計（答案為〇）。要從乾球溫度、濕球溫度求得相對濕度，有三種方法：①使用換算表，②利用公式計算，③使用空氣線圖。

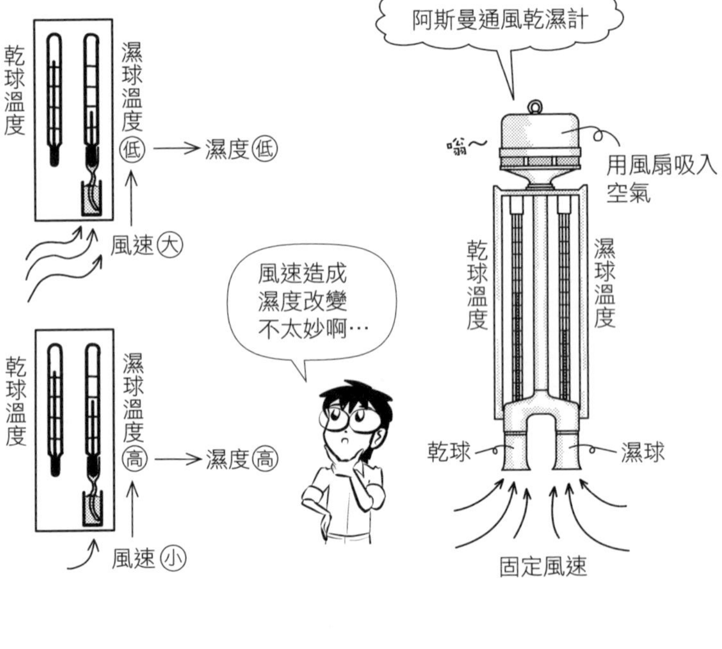

答案 ▶ 〇

1. 乾球溫度越高，飽和水蒸氣量越大。

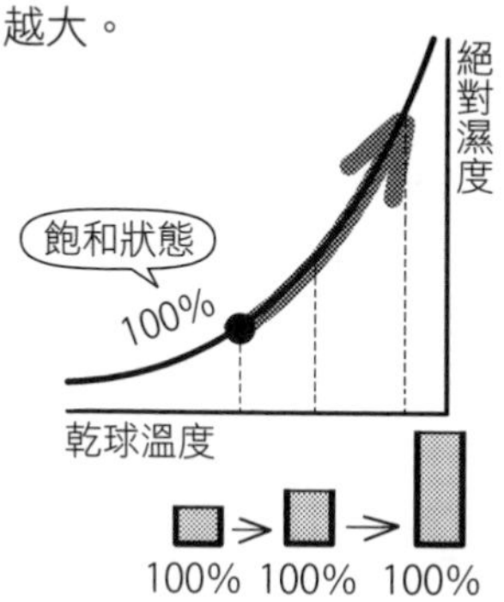

2. 冷卻空氣會提高相對濕度。

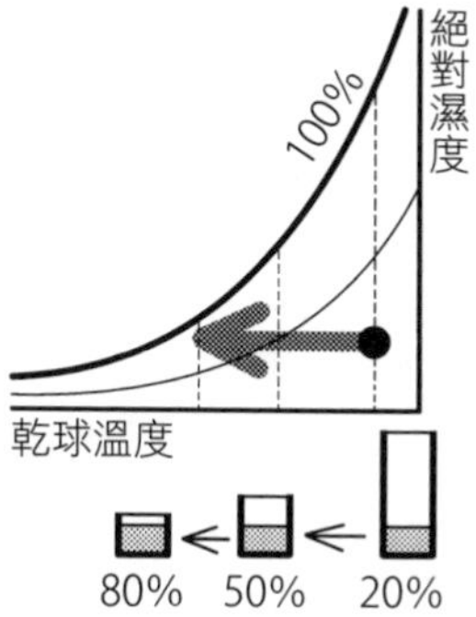

3. 冷卻溫度超過露點可除濕。

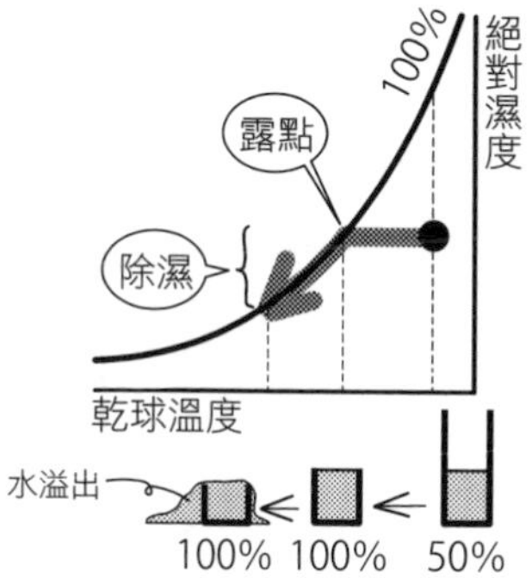

4. 加熱空氣會降低相對濕度。

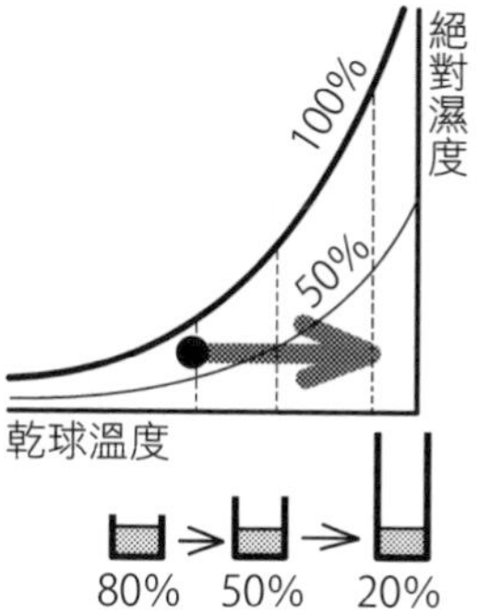

5. 乾球溫度相同時

- 濕球溫度㊦ → 易蒸發 → 濕度㊦
- 濕球溫度㊤ → 難蒸發 → 濕度㊤

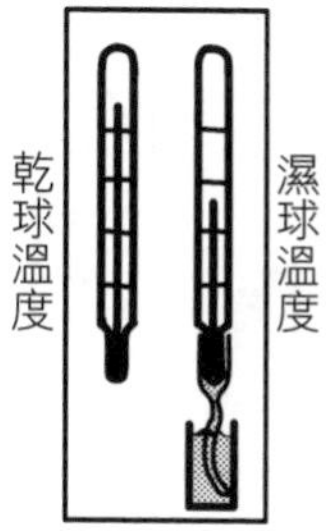

濕球溫度的高低≒濕度的高低

Q 空氣線圖中的熱焓（enthalpy），表示每1kg乾空氣中內含的能量。

A 熱焓是空氣內部的能量，用熱量表示，單位為J（焦耳）（答案為○）。1J等於用1N的力讓物體移動1m的能量，1J＝1N·m。1kJ/kg（DA）則是指每1kg乾空氣中的內部能量為1kJ＝1000J。當空氣的溫度上升時，分子運動變活躍。濕度變高時，越多水分子參與分子運動。因此溫度和濕度變高，空氣內部的能量也變大。空氣線圖中，熱焓用往右下遞減的直線群來表示。設定溫度0℃、濕度0%的熱焓為0kJ/kg（DA），就能用數值表示以上有多少能量。因為是和0℃、0%狀態比較的熱量，所以又稱為比焓（specific enthalpy）。看圖即可知從點A的狀態要移動到點B，需要60－40＝20kJ/kg（DA）的能量。

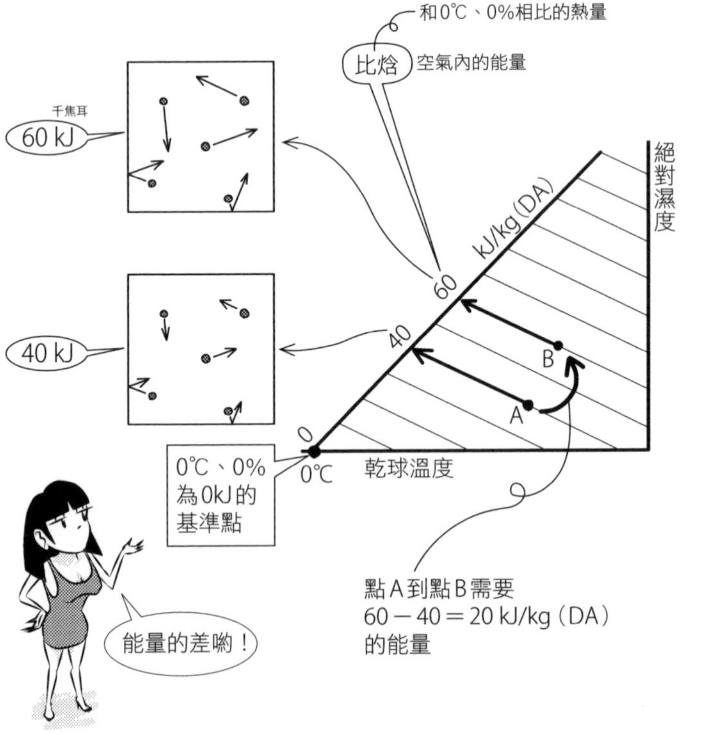

和0℃、0%相比的熱量
比焓
空氣內的能量
千焦耳
60 kJ
40 kJ
絕對濕度
kJ/kg（DA）
60
40
0
B
A
0℃
乾球溫度
0℃、0%為0kJ的基準點
點A到點B需要60－40＝20 kJ/kg（DA）的能量
能量的差喲！

- 熵（entropy）是表示混亂程度的物理量，不同於焓。

答案 ▶ ○

Q 空氣線圖中的比容積是每1kg乾空氣中濕空氣的容積。

A 比容積是每1kg乾空氣中含有的濕空氣容積，用m^3表示（答案為○）。因為容積隨壓力變化，所以是大氣壓力下的m^3數值。又稱為比體積、比容。在空氣線圖裡，用往右下急降的直線群表示。量測將水蒸氣除去後為1kg乾空氣的濕空氣體積。1kg乾空氣的單位用/kg(DA)表示，這個單位通用於絕對濕度、比焓和比容積。

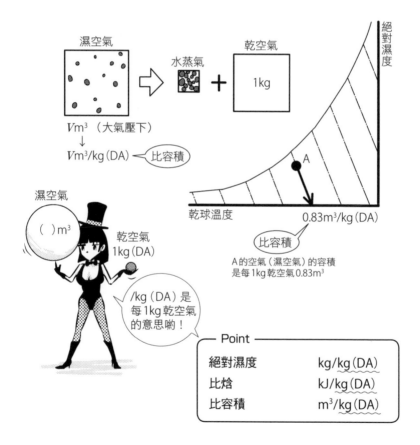

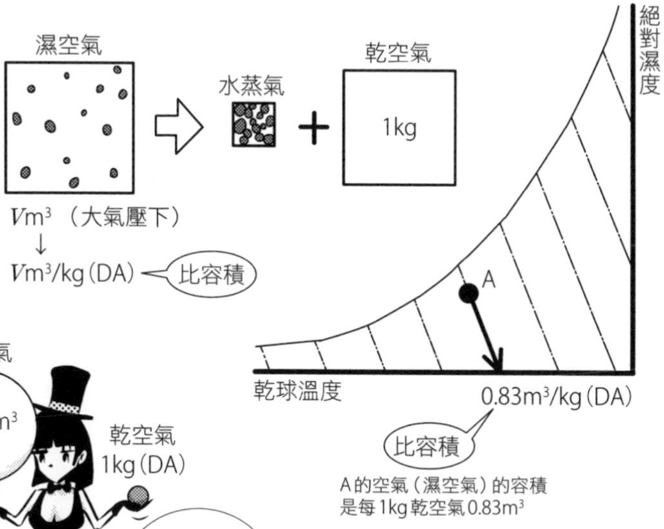

Point

絕對濕度	kg/kg(DA)
比焓	kJ/kg(DA)
比容積	m^3/kg(DA)

答案 ▶ ○

Q 決定乾球溫度和相對濕度，就能求水蒸氣壓。

A 若能確定空氣線圖中表示空氣狀態的點（狀態點），往右水平延伸就可得蒸氣的質量（絕對濕度）和水蒸氣壓（答案為○）。大氣壓下將濕空氣分為水蒸氣和乾空氣，大氣壓就等於水蒸氣的壓力與乾空氣壓力的和。因為是分開的壓力，又稱為分壓。水蒸氣質量越大，水蒸氣壓越高，兩者成正比。可在空氣線圖的縱軸上，求出表示水蒸氣質量的絕對濕度和水蒸氣壓。

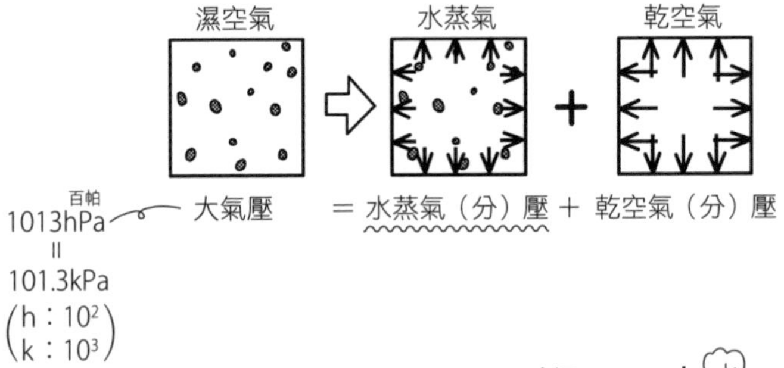

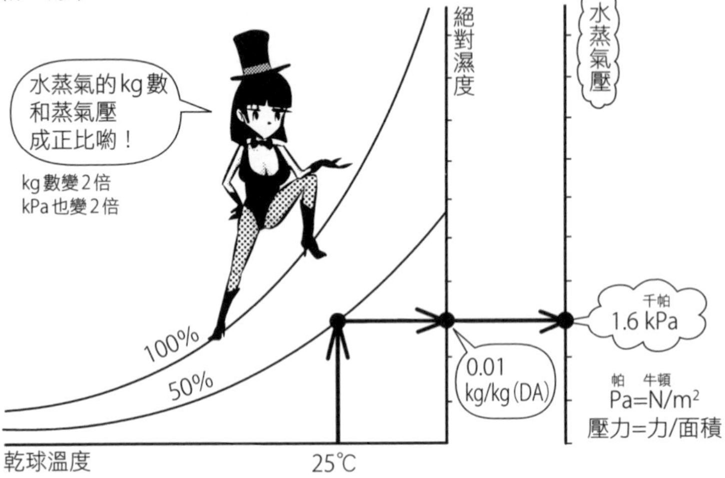

答案 ▶ ○

Q 如果知道在空氣線圖上的某一點增加的水分和熱水分比，就能確定下一個狀態點。

A 如字面所示，熱水分比為熱/水分的比。增加的熱量（kJ）除以增加的水分（kg/kg(DA)）的值，在空氣線圖上用圓弧狀的圖表示。

$$\text{熱水分比}=\frac{\text{熱}}{\text{水分}}=\frac{\text{增加的熱量 kJ}}{\text{增加的水分 kg/kg (DA)}}$$

①用直線連接起增加的熱水分比和基準點。

②從最初的狀態點A拉出和直線平行的線。

③點A的絕對濕度 x_1 加上水分變化 Δx，求得變化後的絕對濕度 x_2。

④從 x_2 往左拉水平線和②的平行線交點，是變化後的狀態點B（答案為○）。

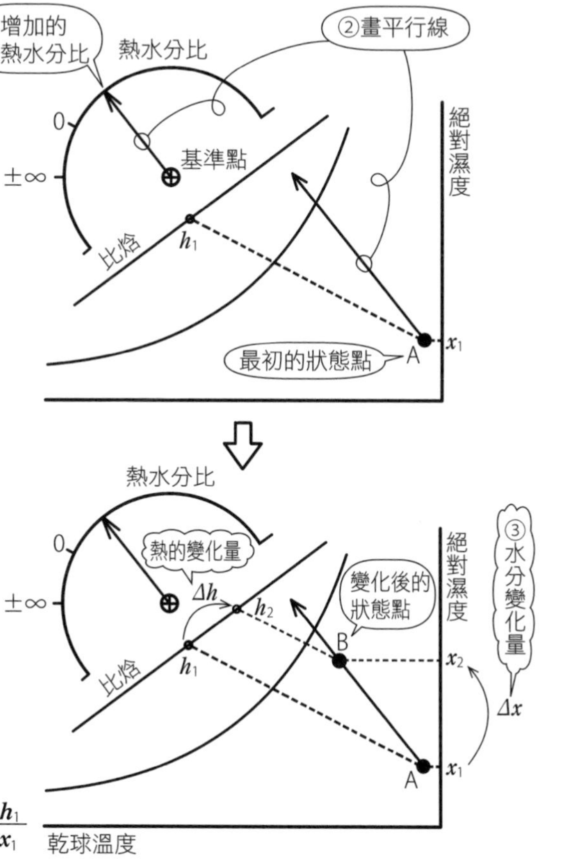

$$\text{熱水分比}\,u=\frac{\Delta h}{\Delta x}=\frac{h_2-h_1}{x_2-x_1}$$

- 常用符號：熱水分比是 u，比焓是 h，絕對濕度常用 x。
- ±∞（無限大）：水分是0成水平時，熱/水分的分母為0而變成無限大。

答案 ▶ ○

★ R013 ○×問題

Q 濕空氣中

1. 顯熱：水蒸氣量改變時，不使乾球溫度變化的熱。

2. 潛熱：水蒸氣量不變，使乾球溫度變化的熱。

3. 空氣線圖中顯熱比（SHF）為1的狀態變化是水平線上的變化。

A 顯熱（sensible heat）是可見的熱，會因溫度變化而表現在圖表上的熱（**1**是×）。正確來說，是不改變狀態（濕空氣的水蒸氣變化），只改變溫度的熱。另一方面，潛熱（latent heat）是不可見潛藏的熱，不改變溫度只改變狀態的熱（**2**是×）。整體的熱（總熱量）＝顯熱＋潛熱，總熱量中顯熱的比例為顯熱比（SHF：Sensible Heat Factor）。

Point

顯熱 → 可見的熱 → 只有溫度變化的熱
潛熱 → 不可見的熱 → 只有水蒸氣量變化的熱

$$\text{顯熱比}=\frac{\text{顯熱}}{\text{總熱量}}=\frac{\text{顯熱}}{\text{顯熱}+\text{潛熱}}$$

顯熱比在空氣線圖中，和熱水分比一樣用圓弧的圖表示，其斜度為顯熱/總熱量。圓弧狀的圖也和熱水分比相同，上面標有刻度。顯熱比1是指熱全用在乾球溫度變化上。空氣線圖上呈現水平的狀態移動（點A→點B的移動）（**3**是○）。

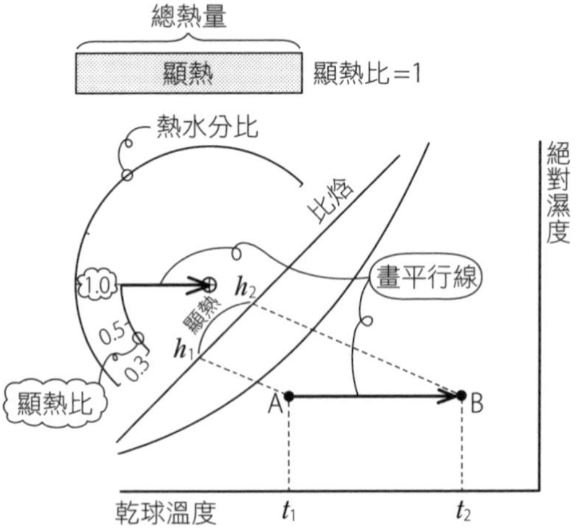

顯熱比0.5是使乾球溫度變化的熱量為總熱量的一半（點A→點B的變化）。剩下一半的熱量則使水蒸氣增加（點B→點C的變化）。
顯熱比的圖中，用線連結0.5的位置和中心點，從A畫出相同角度的平行線。

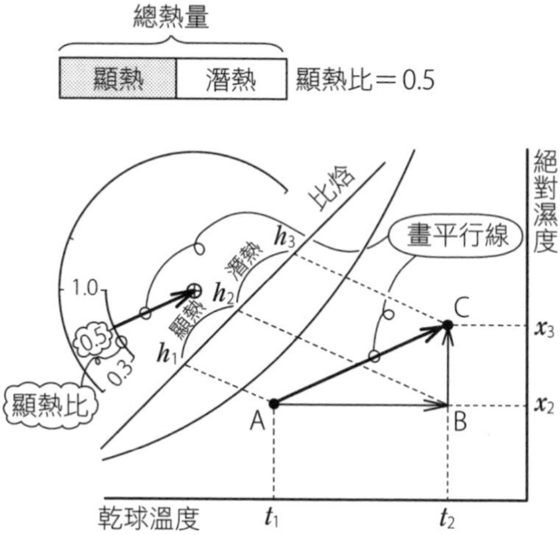

顯熱比0是沒有熱用在乾球溫度變化上，總熱量全部用於增加水蒸氣。圖中只有水蒸氣量（絕對濕度）的增加，呈現垂直變化（點B→點C的變化）。

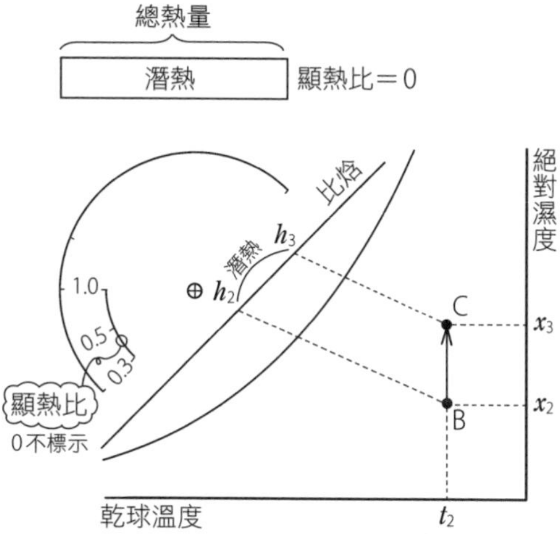

答案▶1. ×　2. ×　3. ○

Q 決定乾球溫度和濕球溫度，就能確定空氣中的相對濕度、絕對濕度、水蒸氣壓和比焓。

A 可用乾球溫度和濕球溫度，求得空氣線圖中的狀態點，再從狀態點求出相對濕度、絕對濕度、水蒸氣壓和比焓。絕對濕度和水蒸氣壓在縱軸的相同位置，所以只知道這兩者無法確定狀態點。但如果確定其他兩個要素，就能求得狀態點，再從狀態點求出各個要素（答案為○）。相對濕度為曲線，各個要素則是各具角度的直線群。空氣線圖是集結先人智慧的神奇圖表，一張圖就能表示濕空氣全部的狀態，所以把圖的形狀烙印在右腦裡吧！

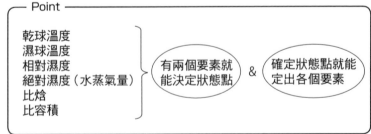

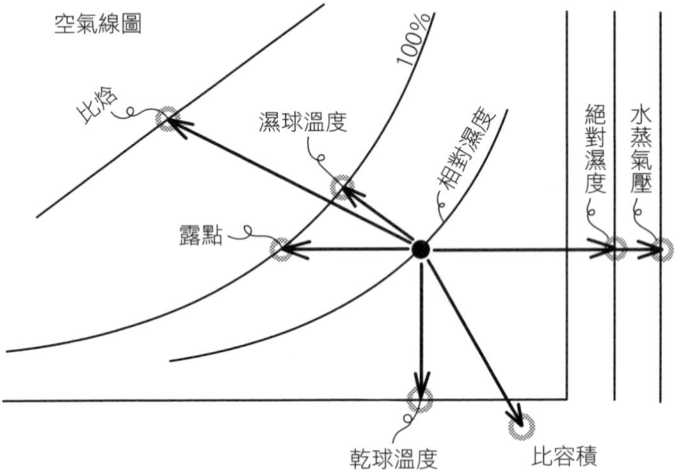

Point

乾球溫度
濕球溫度
相對濕度
絕對濕度（水蒸氣量）
比焓
比容積

有兩個要素就能決定狀態點 & 確定狀態點就能定出各個要素

答案 ▶ ○

Q 固定相對濕度的狀況下要提高乾球溫度，必須同時進行加熱和除濕。

A 回想一下空氣線圖就能立刻解決這個問題。下圖中從點A只加熱讓乾球溫度上升19℃，狀態點水平往右移動到點C。只加熱的話，相對濕度從50%下降到15%。要維持點A的相對濕度50%並上升19℃，水蒸氣需增加0.009kg/kg(DA)。要維持一定的相對濕度並使乾球溫度上升，需同時進行加熱和加濕（答案為×）。

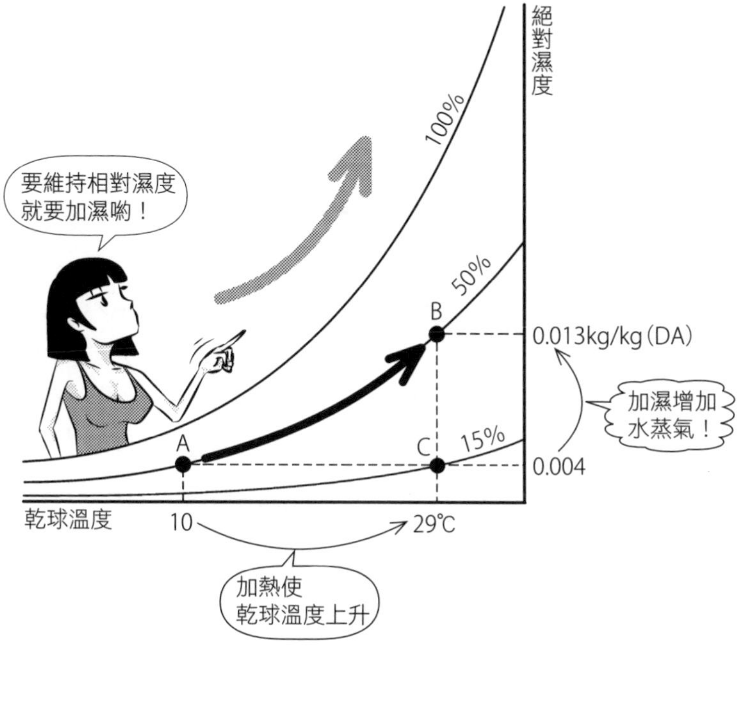

答案 ▶ ×

Q 乾球溫度固定的情況，相對濕度變低時，露點溫度也跟著變低。

A 露點是開始結露的點，從相對濕度100%的飽和水蒸氣曲線，和表示特定水蒸氣量的水平線的交點求得。

右上圖中相對濕度70%的點A的露點，是從點A水平往左延伸，與100%線的交點B。

用右下圖來思考和點A相同乾球溫度、相對濕度50%的點C。點C的露點是往左水平延伸，與100%線相交的部位，也就是點D。點D在點B左側，位在乾球溫度較低的一邊（答案為○）。

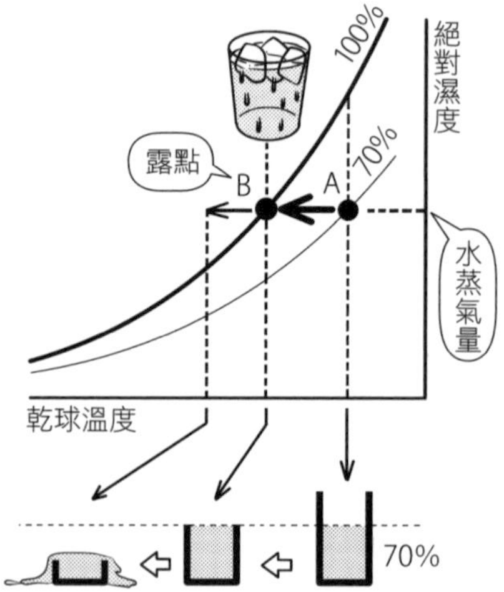

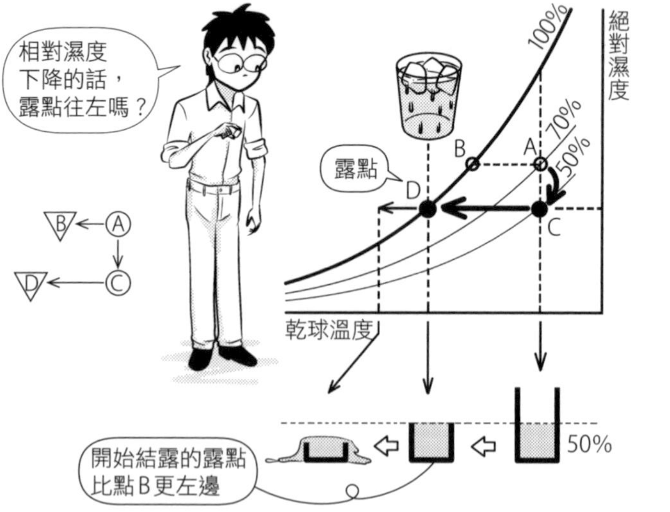

答案 ▶ ○

Q 圖中的點A（乾球溫度25℃、相對濕度70%）在冷卻到乾球溫度14℃後，再加熱到乾球溫度22℃時，相對濕度約60%。

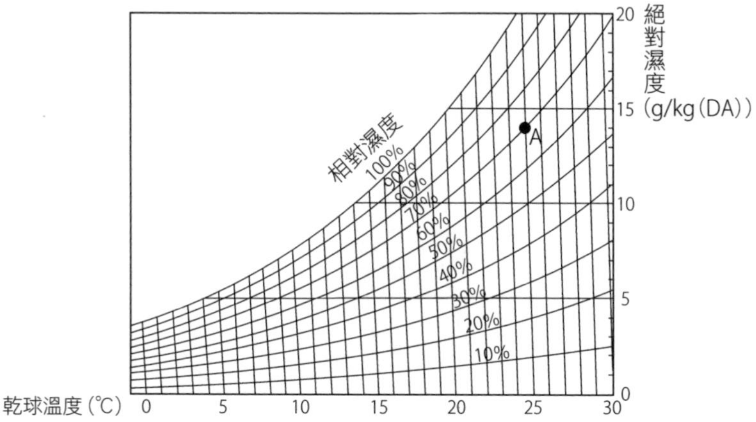

A 點A冷卻到14℃時，途中和相對濕度100%的飽和水蒸氣曲線相交（點B）。此處為露點，再冷卻下去濕空氣中的水蒸氣會變成液態的水（結露）。從點B開始冷卻，持續結露而沿著100%線移動，14℃時為點C。接著將點C加熱至22℃，往右水平移動到點D（答案為○）。

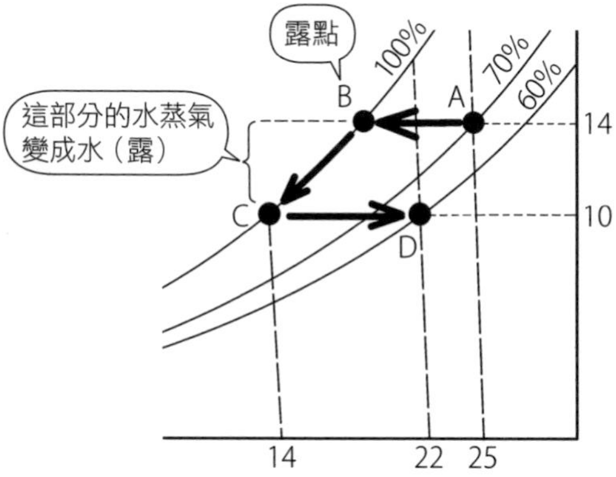

- 絕對濕度的單位，一般是kg/kg(DA)，有時也寫成題目中的g/kg(DA)。
- 乾球溫度的縱線，正確描繪的話是往上展開的扇狀。若45℃附近是垂直，10℃左右則是微微左傾的直線。

答案 ▶ ○

除濕的原理相當重要，在此總整理。乾球溫度不變，將點A的濕空氣除濕時，先冷卻使水平移動至與相對濕度100%的線相交，之後沿著100%線結露，再加熱使水平移動到點B。除濕需要冷卻，不想改變溫度的話還需要加熱。冷房在固定溫度下除濕時，相較於冷卻，除濕需要更多的電力，是因為有用加熱器加熱的過程（加熱除濕：reheating dehumidify）。

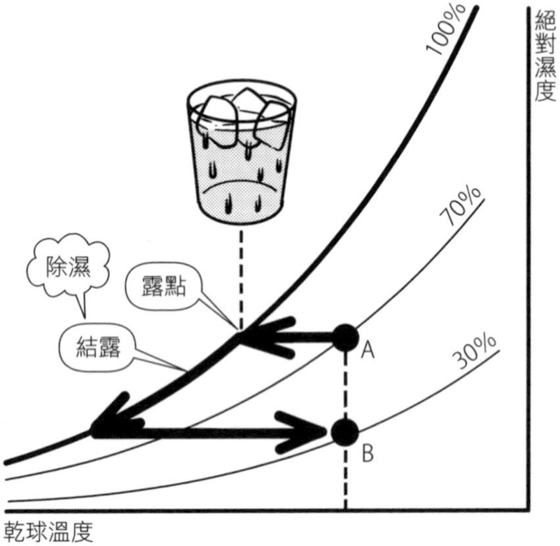

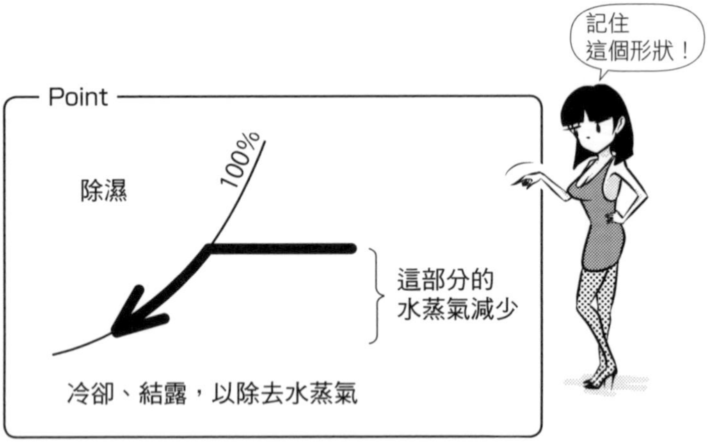

Q 圖中的點A（乾球溫度20℃、相對濕度40%）的空氣，一接觸表面溫度10℃的窗戶玻璃，會在玻璃表面結露。

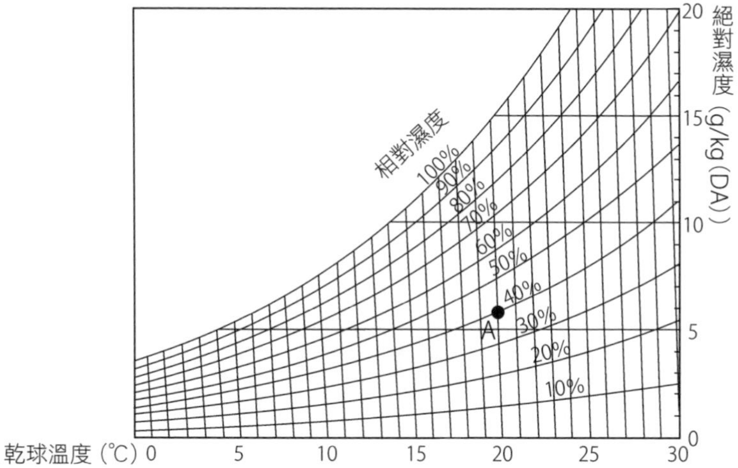

A 冷卻點A的濕空氣時，狀態點往左移動，在約6℃的點C和相對濕度100%的線相交，而無法容納更多水蒸氣。也就是說，約6℃的點C是露點，為開始結露的溫度，所以10℃的點B還未開始結露（答案為×）。

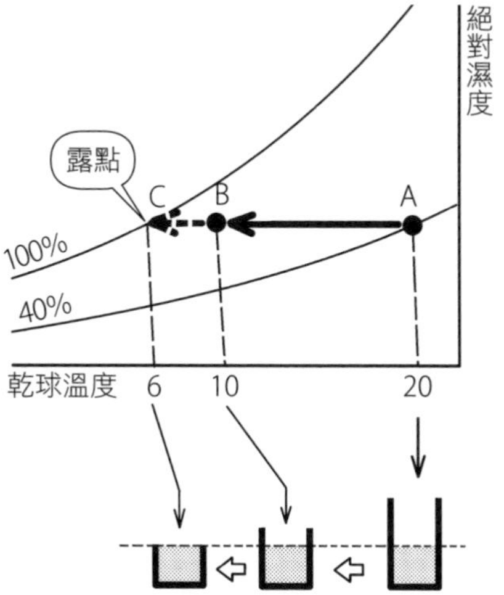

答案 ▶ ×

Q 混合相同量的點A空氣和點B空氣，會形成「乾球溫度20℃、相對濕度55%」的空氣。

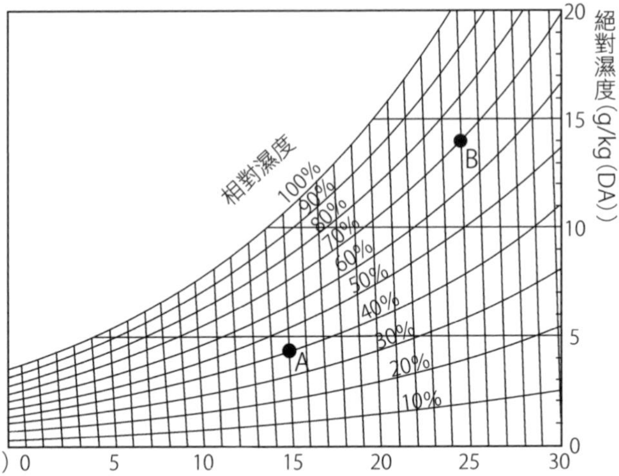

A A、B的量相同，所以混合後的空氣C，會落在AB中1：1位置的內分點。縱線幾乎為平行線（正確而言是向上展開的形狀），所以乾球溫度是(15＋25)/2＝20℃。

高度為絕對濕度，所以是(4＋14)/2＝9g/kg(DA)。這個位置的相對濕度約65%(答案為×)。相對濕度是往右上升的曲線群，所以曲線上的數值（%）取內分點(70%＋40%)÷2＝55%是錯誤的。

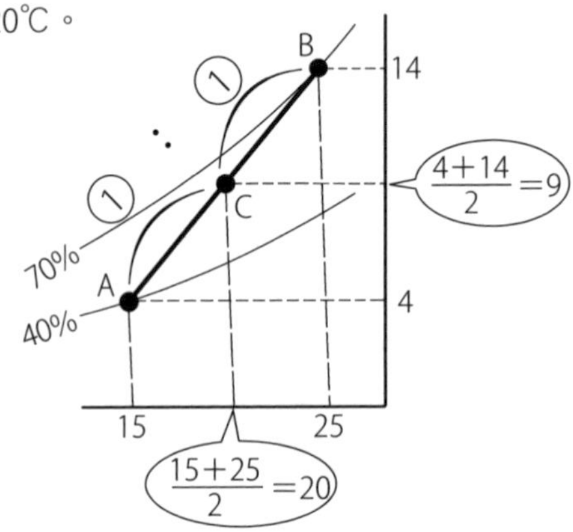

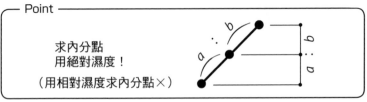

Point

求內分點
用絕對濕度！
（用相對濕度求內分點×）

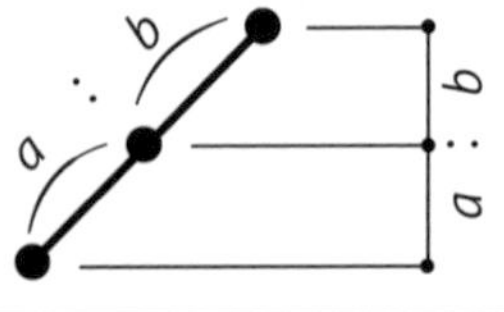

答案 ▶ ×

Q 將上題圖中的 90m³ 點 A 空氣和 30m³ 的點 B 空氣混合，混合後的狀態點是落在空氣線上點 A 和點 B 內分比 3 比 1 的點上。

A A 和 B 的容積比為 3：1。因為 A 的容積比 B 大 3 倍，混合後的狀態點受 A 影響較大，會偏向 A，所以可知 3 比 1 的內分點離 B 比較近有問題（答案為×）。<u>混合後的狀態點是容積比 3：1 的倒數 1：3 內分點上</u>。一般而言，混合容積比 ***a*：*b*** 後的狀態點，落在原狀態點比 ***b*：*a*** 的內分點上。

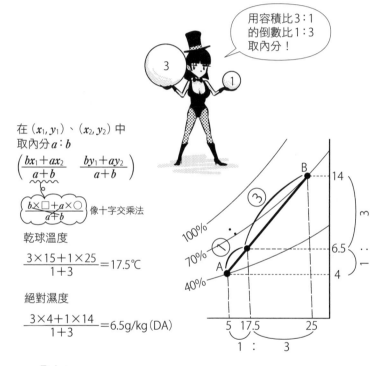

在 (x_1, y_1)、(x_2, y_2) 中取內分 $a:b$

$$\left(\frac{bx_1+ax_2}{a+b}\quad\frac{by_1+ay_2}{a+b}\right)$$

$\frac{b\times\square+a\times\bigcirc}{a+b}$ 像十字交乘法

乾球溫度

$$\frac{3\times15+1\times25}{1+3}=17.5℃$$

絕對濕度

$$\frac{3\times4+1\times14}{1+3}=6.5\text{g/kg(DA)}$$

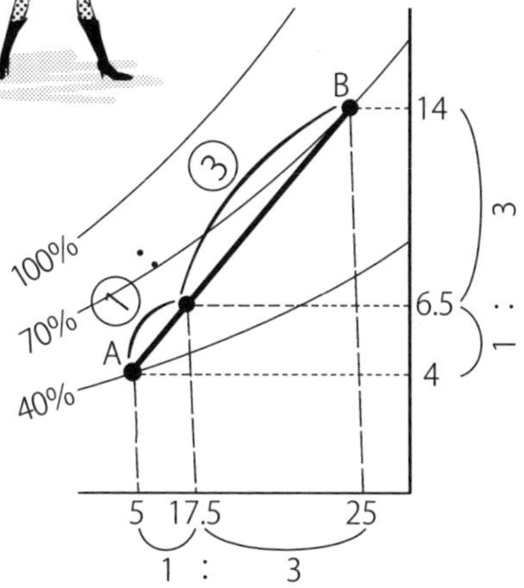

Point

混合 A 空氣 ***a***m³ 和 B 空氣 ***b***m³ ⇨ AB 中 ***b*：*a*** 的內分點

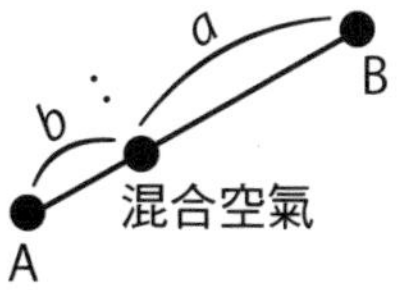

答案 ▶ ×

Q 下圖是某辦公室的定風量單風管式空調設備示意圖。請判斷下列敘述中，空氣線圖的空氣狀態變化是否正確。

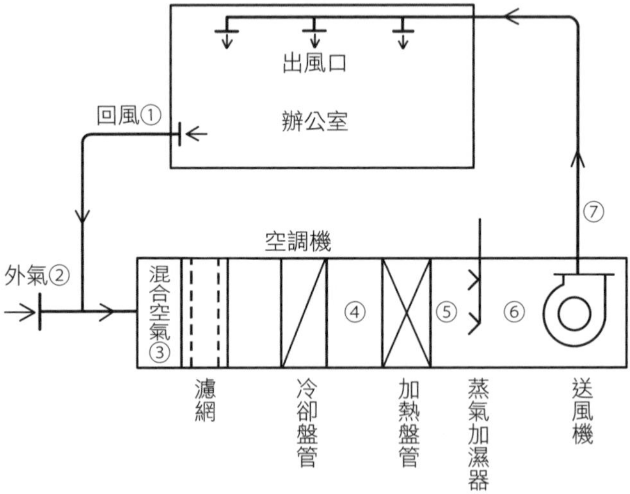

1. 暖房時，混合空氣③經過加熱盤管（送水溫度45℃）加熱（③→⑤）時，隨著乾球溫度上升，絕對濕度減少。

2. 暖房時，用蒸氣加濕器加濕（⑤→⑥）時，絕對濕度上升，但乾球溫度幾乎沒上升。

3. 暖房時，空調送風到辦公室的送風口空氣⑦的乾球溫度，一般而言，會比蒸氣加濕器出口的空氣⑥的乾球溫度高。

A 加熱時狀態點會往右水平移動。空氣中水蒸氣的質量不變，所以絕對濕度固定（**1**是×）。相對濕度100%線（飽和水蒸氣曲線）是往右上升的曲線，所以濕度80%的80%線，以及濕度50%的50%線也是往右上升的曲線。若狀態點往右移動，80%→70%→60%橫越相對濕度圖，相對濕度下降。

Point

只有乾球溫度上升 ⇨ 絕對濕度 固定；相對濕度 減少

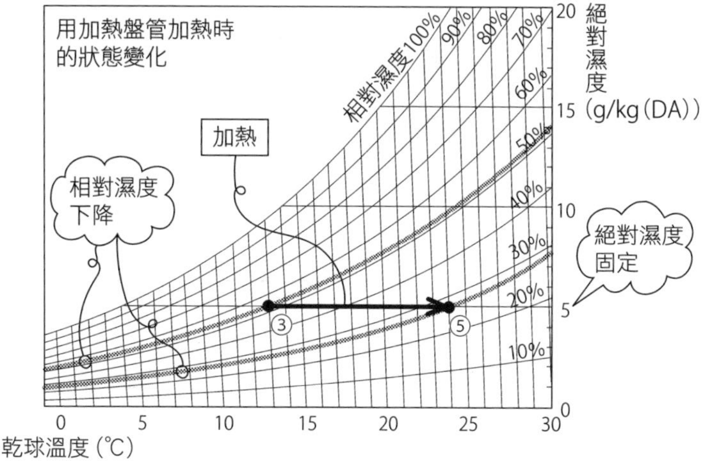

蒸氣加濕器產生近100℃的水蒸氣並吹入空氣中，所以水蒸氣量（絕對濕度）增加的同時，乾球溫度也稍微上升。吹入的水蒸氣容積和空氣相比微乎其微，所以溫度變化不到1℃是正常的（**2**是○）。<u>送風是將風扇的動能變成空氣的流動或熱能，所以乾球溫度（註）也上升</u>（**3**是○）。

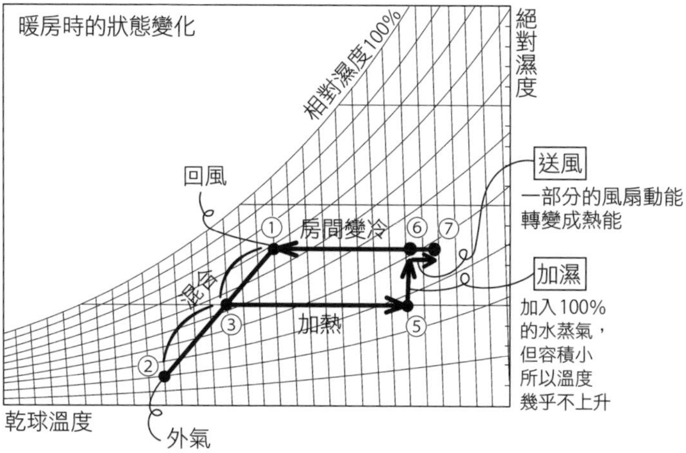

註：氣體的狀態方程式$PV=nRT$換成$T=\dfrac{PV}{nR}$。空氣從風管吹出，所以容積V幾乎不變，風扇的力使得氣壓P變大，所以絕對溫度T也上升。

答案 ▶ 1. ×　2. ○　3. ○

Q 下圖是某辦公室的定風量單風管式空調設備示意圖。請判斷下列敘述中，空氣線圖的空氣狀態變化是否正確。

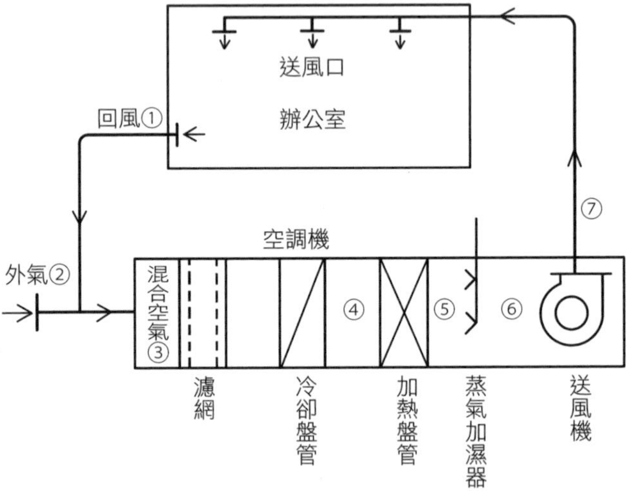

1. 使用冷房時，混合空氣③經過冷卻盤管（送水溫度7℃），冷卻到低於露點溫度（③→④），冷卻盤管表面會結露，造成空氣中的水分減少。

2. 混合空氣③的狀態點，是將濕潤空氣線圖的回風①和外氣②的空氣狀態點連成直線，根據各自的質量流量（kg(DA)/h）的倒數比取得的內分點。

A 盤管（coil）是將冷熱水流過的管子來回彎曲，以增加和空氣的熱交換的部位。coil原意是「盤繞成圈」，螺旋狀的設定也常用於電器產品。

冷卻濕空氣時，會在相對濕度100%線（飽和水蒸氣曲線）上開始結露（露點）。繼續冷卻，會沿著100%線移動，到冷卻結束前會持續結露，所以能除濕（**1**是○）。因為冷卻和除濕是同時發生的。

③→④的過程中，往左水平移動碰到100%線，之後沿著100%線往下變化。大多像下方右圖一樣，直接用直線連接最初和最後的狀態點，省略中間過程。

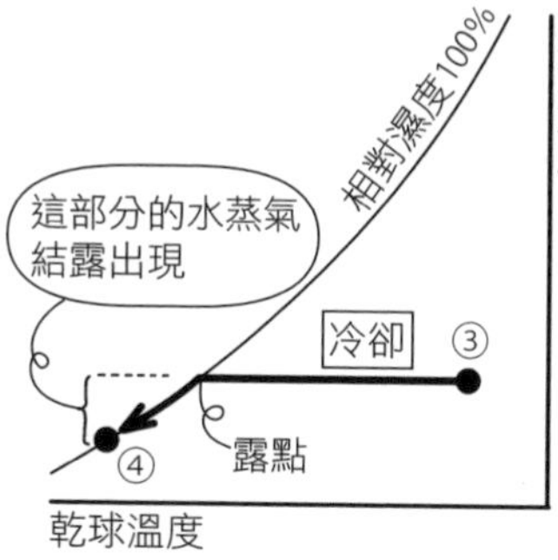

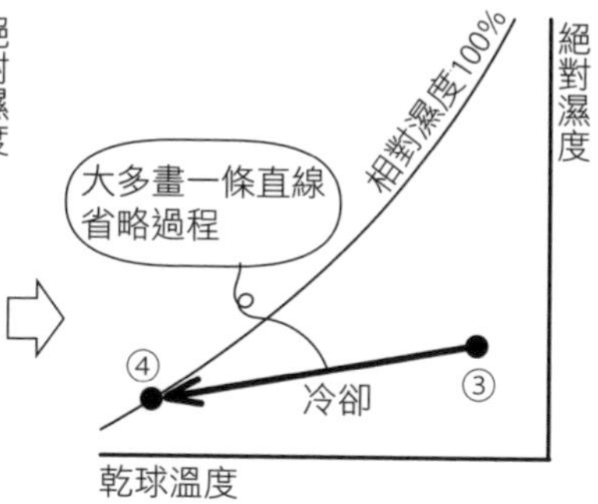

冷卻空氣④在送風時溫度會稍微上升（⑦），吹到房間裡作為冷氣。房間中變熱的空氣①送回空調（回風），和新鮮的外氣②混合，其混合比$a:b$的倒數比$b:a$求得的內分點，就是混合空氣的狀態點（**2**是○）。正確來說，混合比要用質量計算，但濕空氣在任何狀態點都是1kg≒1m³，所以多用容積比計算。

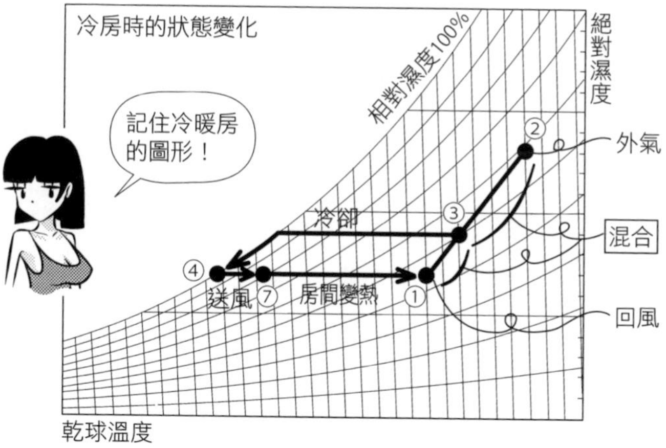

答案 ▶ 1. ○　2. ○

Q 溫熱6要素是溫度、濕度、氣流、輻射熱、代謝量、衣著量。

A 用來表示人感覺舒適與否的物理量，整理分為六項（答案為○）。當有氣流時，會促進蒸發或對流（隨著空氣流動而熱也流動的現象），使體感溫度下降。從牆壁、地板、天花板等面也會輻射熱。太陽的熱能穿越真空的宇宙空間，就是因為熱輻射。人體產生的代謝熱和衣著量也會影響溫熱感。

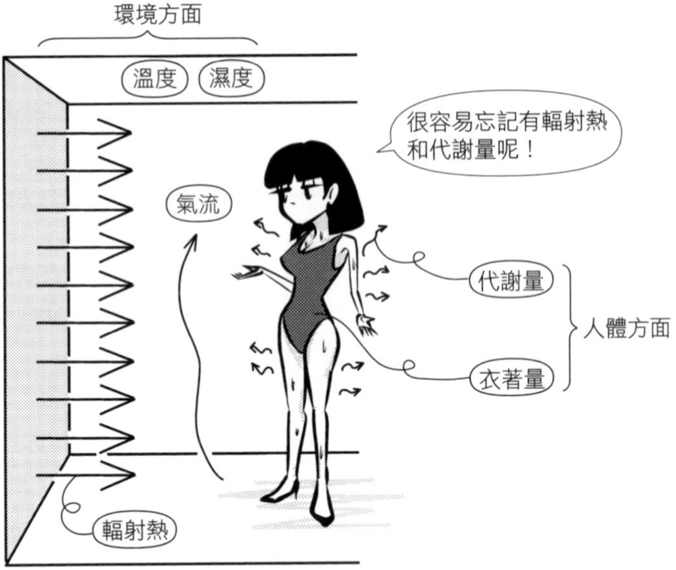

溫熱6要素
- 環境方面…溫度、濕度、氣流、輻射熱（溫熱4要素）
- 人體方面…代謝量、衣著量

答案 ▶ ○

Q **1**. 靜坐椅子上的標準體格成年人發熱量，為100W/人。

2. 設定靜坐椅子上的能量代謝量為1，各種作業時的代謝量稱為代謝當量（metabolic equivalent），單位用Met表示。

A 靜坐時的發熱量（代謝量），成年人約100W。代謝是指消耗養分產生功和熱（兩者皆為能量）的過程。產生製造身體物質的作用也包含在代謝裡，但建築物理環境中的代謝，是指產生熱的代謝。靜坐的代謝量為基準（1Met）時，用來表示其他作業時的能量代謝，稱為代謝當量（**1**、**2**是○）。

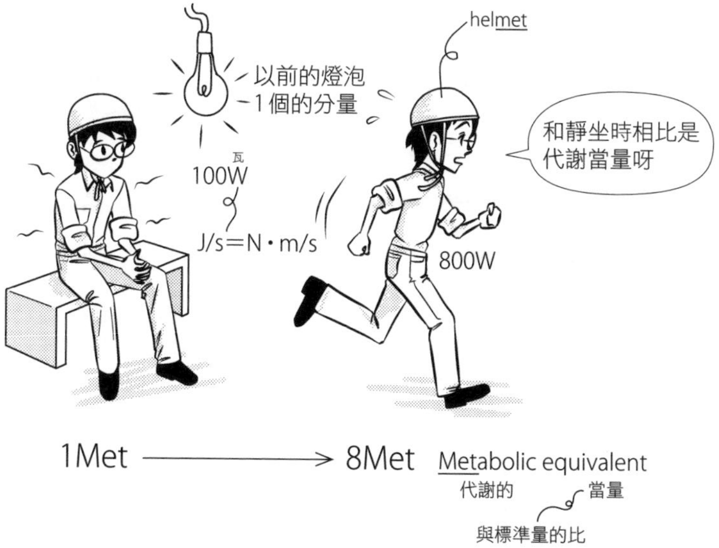

$$\text{代謝當量（Met）}=\frac{\text{作業時的能量代謝量}}{\text{靜坐時的能量代謝量}}$$

答案 ▶ **1**. ○ **2**. ○

Q 隨著作業程度代謝量增加，人體產生的總發熱量中，顯熱發熱量的比例增加。

A 人體向外發散的總發熱量（代謝量）是顯熱發熱量和潛熱發熱量的總和。體表經由對流、輻射放出的熱，伴隨著溫度變化而產生，所以是顯熱。另一方面，隨著汗的蒸發而放出的熱，是增加水蒸氣量但不改變溫度的潛熱。空氣線圖上，顯熱的狀態點向右水平移動，潛熱則是往上垂直移動。

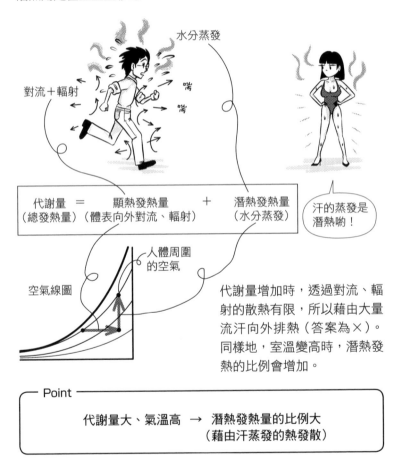

代謝量（總發熱量）	=	顯熱發熱量（體表向外對流、輻射）	+	潛熱發熱量（水分蒸發）

汗的蒸發是潛熱喲！

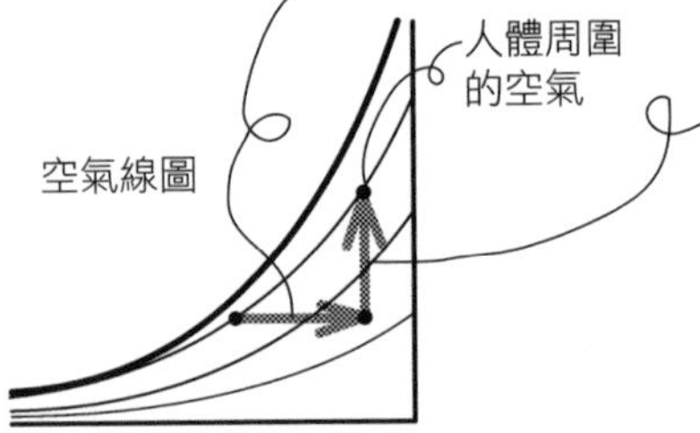

代謝量增加時，透過對流、輻射的散熱有限，所以藉由大量流汗向外排熱（答案為×）。同樣地，室溫變高時，潛熱發熱的比例會增加。

Point

代謝量大、氣溫高 → 潛熱發熱量的比例大（藉由汗蒸發的熱發散）

答案 ▶ ×

Q 衣著的隔熱性能是用特性保溫值（clo，唸作「克洛」）為單位。

A 溫熱6要素之一的「衣著量」是用特性保溫值（clo）來表示（答案為○）。套裝1clo當基準，套裝外加大衣時2clo，脫掉套裝外套是0.5 clo。clo為隔熱性能，是熱阻抗。正確來說，1clo＝0.155m²K/W。

溫熱6要素
- 環境方面…溫度、濕度、氣流、輻射熱（溫熱4要素）
- 人體方面…代謝量、衣著量

用Met值表示（代謝量）
用clo值表示（衣著量）

clo值越低
越好吶！
0clo是裸體！

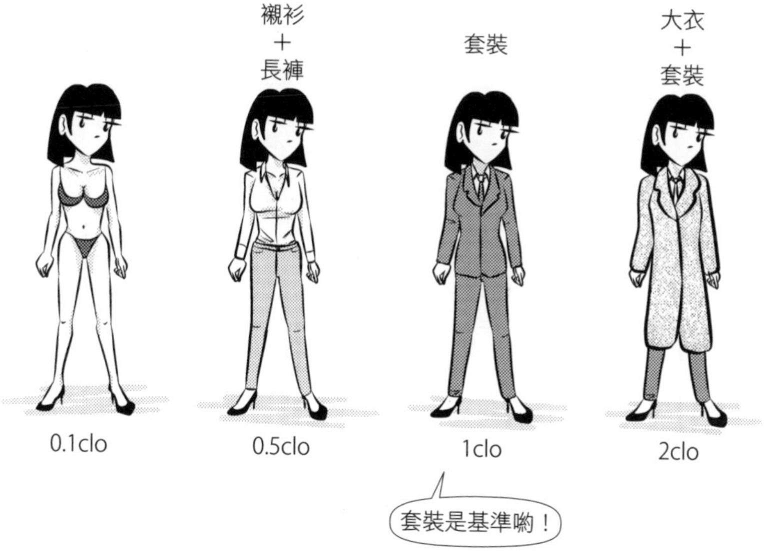
襯衫
＋
長褲
套裝
大衣
＋
套裝
0.1clo
0.5clo
1clo
2clo
套裝是基準喲！

答案 ▶ ○

Q 熱輻射是在真空中也能從某物將熱直接傳到另一物的熱移動現象。

A 熱的傳遞方式有傳導、對流、輻射三種。傳導是在物體內移動，對流是藉由空氣的流動，而輻射是透過電磁波傳遞。太陽的熱穿過真空的宇宙抵達地球是經由電磁波的輻射（答案為○）。熱輻射可用黑球溫度計（globe thermometer）測量。

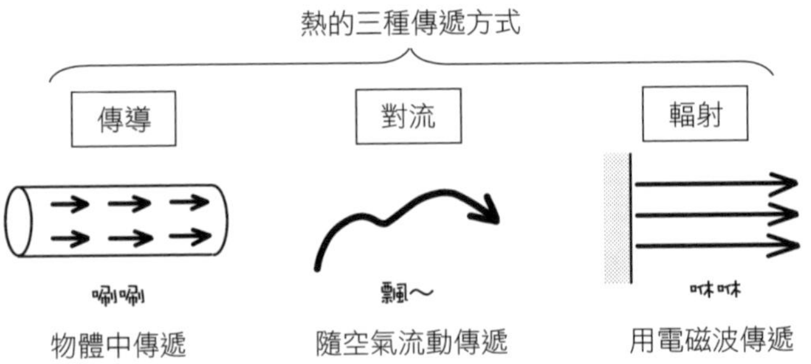

熱的三種傳遞方式
傳導
對流
輻射
唰唰
飄～
咻咻
物體中傳遞
隨空氣流動傳遞
用電磁波傳遞

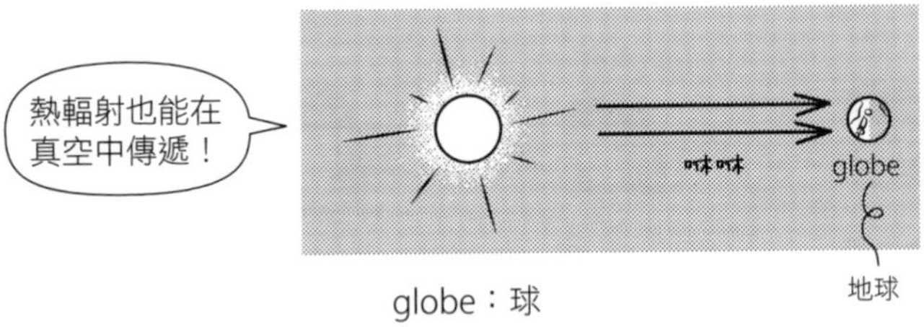

熱輻射也能在真空中傳遞！
咻咻
globe
地球

globe：球

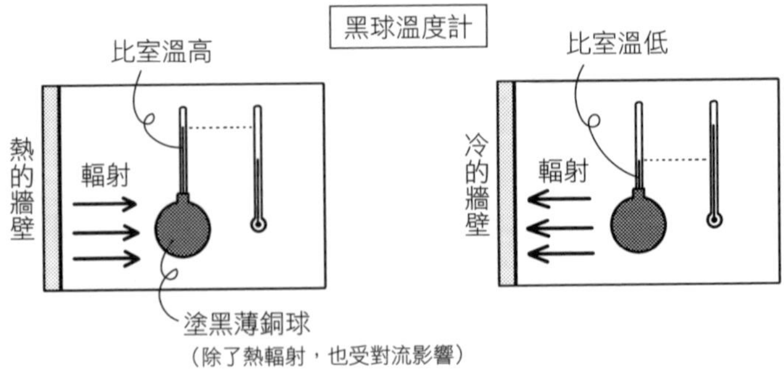

黑球溫度計
比室溫高
熱的牆壁
輻射
塗黑薄銅球
（除了熱輻射，也受對流影響）
比室溫低
冷的牆壁
輻射

答案 ▶ ○

Q 相同的空氣溫度下，氣流越快或室內的表面溫度越低，體感溫度越低。

A 即便是相同的空氣溫度，氣流或牆壁等表面溫度也會顯著影響體感溫度。氣流越快，汗越易蒸發，體溫就下降。此外，周圍牆壁的表面溫度越低，熱輻射越少，體感溫度也會下降（答案為○）。冬天的室內，不管暖氣溫度設定多高，只要周圍牆壁的表面溫度低，就會感到寒冷。特別是窗戶玻璃很冷，離窗戶很近時，體感溫度會下降。混凝土容易留住熱（熱容量大），所以在外側加上隔熱材（外隔熱），讓混凝土溫度上升，熱輻射較大且穩定，就能維持較高的體感溫度。

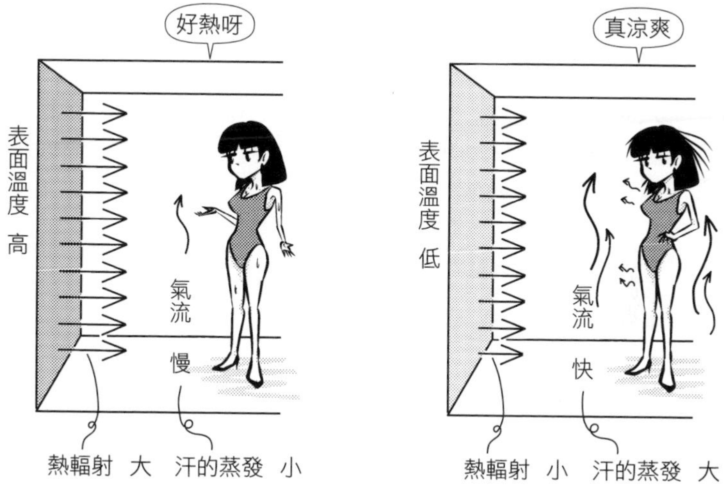

答案 ▶ ○

Q **1**. 熱輻射的能量與物質的溫度有關。
2. 當物體表面的絕對溫度變成2倍時，物體表面放出的能量輻射量會變成16倍。

A 可100%吸收各種頻率（振動次數）的電磁波（包含可見光線）的物質，稱為黑體（black body）。地球上沒有像黑洞一樣的完全黑體，但木炭、石墨、白金等的粉末，具有接近黑體的性質。製作內部為空腔、開一小孔的物體，從孔進入的電磁波因不斷的反射而被內壁吸收，所以也是接近黑體的物體。

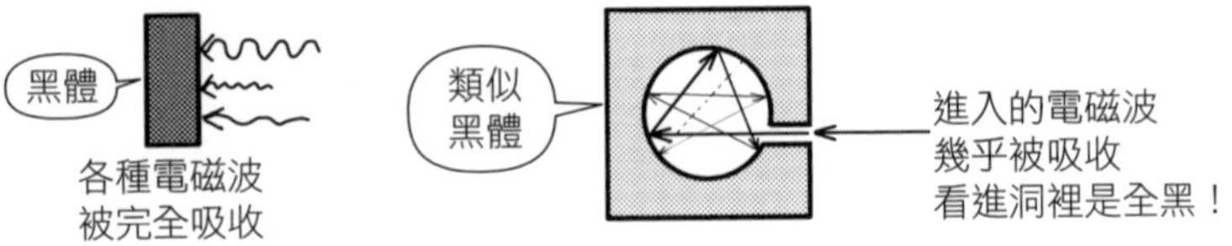

即使是完全吸收電磁波的黑體，一旦有溫度就會放出電磁波，稱為黑體輻射（blackbody radiation）。因為放出的電磁波不是反射而是自體放出，所以在此提及黑體。

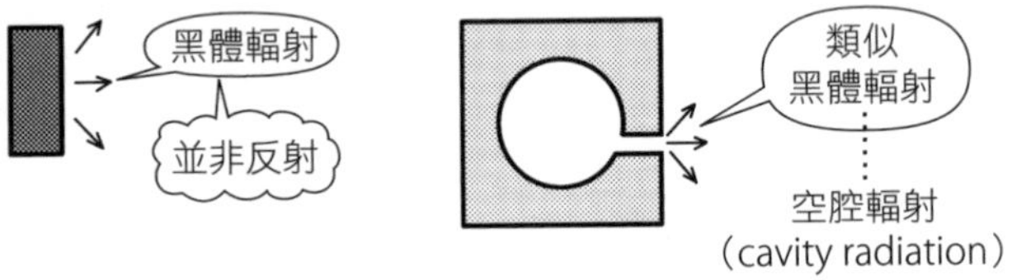

黑體輻射的能量是和絕對溫度 T 的4次方成正比。物質的分子運動在−273℃停止，以此為基準的是絕對溫度。攝氏 t℃時，絕對溫度 $T=t+273$K（克耳文，Kelvin）。

Point

黑體輻射的能量＝□× T^4
一般物質的輻射能量＝○×材料的輻射率× T^4

一般物質是用材料的輻射率設定係數。題目中的絕對溫度變成2倍時，輻射的能量為 $2^4=16$ 倍（**1**、**2**是○）。

答案 ▶ 1. ○　2. ○

Q 平均輻射溫度（MRT：mean radiant temperature）可從黑球溫度、空氣溫度和氣流求得。

A 將室內某一點接收到的熱輻射平均後的溫度，稱為平均輻射溫度（MRT）。MRT只與周圍的熱輻射有關。

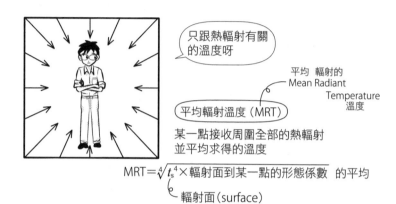

只跟熱輻射有關的溫度呀

平均輻射溫度（MRT）

平均 輻射的
Mean Radiant
Temperature
溫度

某一點接收周圍全部的熱輻射並平均求得的溫度

MRT＝$\sqrt[4]{t_s^4 \times$ 輻射面到某一點的形態係數$}$ 的平均

t_s：輻射面（surface）的溫度

影響黑球溫度計的不只是熱輻射，還有氣溫 t_a 和氣流 v。要從黑球溫度 t_g 求MRT，必須除去 t_a 和 v 的影響（答案為○）。

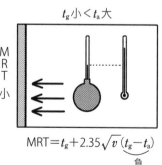

t_g大＞t_a小

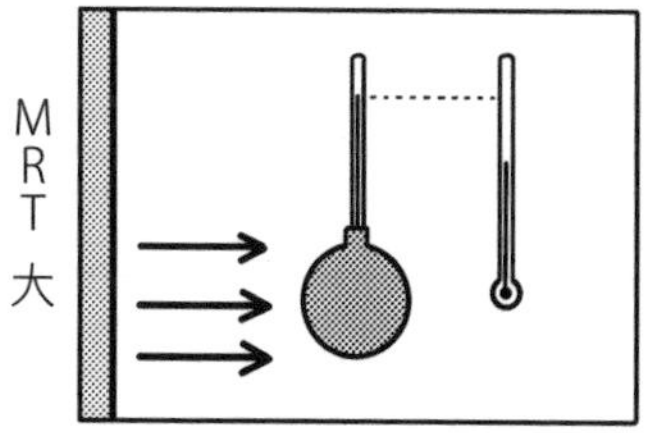

MRT＝$t_g+2.35\sqrt{v}(t_g-t_a)$　(t_g-t_a)：正

t_g小＜t_a大

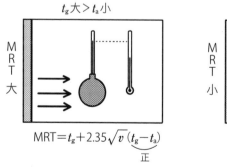

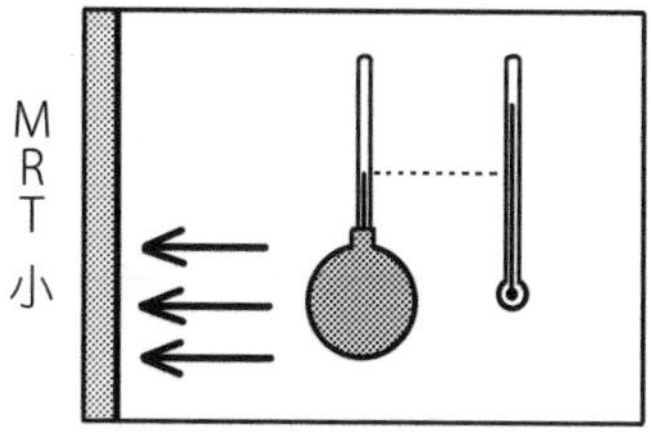

MRT＝$t_g+2.35\sqrt{v}(t_g-t_a)$　(t_g-t_a)：負

g：globe　a：air　v：velocity

答案 ▶ ○

Q 在平穩氣流（0.2m/s以下）時，室內的作用溫度（OT：Operative Temperature）和黑球溫度幾乎一致。

A 作用溫度是作用在人體上，具有實際效果（Operative）的溫度（Temperature）。因為綜合氣溫和輻射溫度，所以也稱為效果溫度。在平穩氣流下，空氣溫度加平均輻射溫度除以2的值，幾乎和黑球溫度相同（答案為○）。

> 平穩氣流（0.2m/s以下）中，
>
> $$\text{作用溫度OT} \fallingdotseq \frac{\text{氣溫}+\text{平均輻射溫度（MRT）}}{2} \fallingdotseq \text{黑球溫度}$$

氣流超過0.2m/s時就不是直接平均，而是分別對空氣溫度和平均輻射溫度加權後再平均。

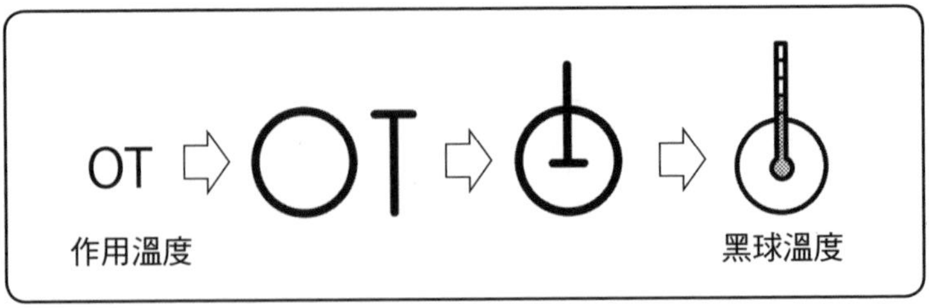

答案 ▶ ○

Q 作用溫度可從空氣溫度、輻射溫度和濕度求得。

A 作用溫度（OT）如下所示，分別加權空氣溫度和輻射溫度的影響程度，再求平均的溫度。不考慮濕度，算是單純的溫熱指標（答案為×）。

$$\text{作用溫度（OT）}=\frac{h_c\times t_a+h_r\times t_r}{h_c+h_r}\ (℃)$$

根據熱量的加權平均

h_c：對流熱傳遞量
h_r：輻射熱傳遞量
t_a：空氣溫度
t_r：平均輻射溫度（MRT）

c：convection（對流）　h：heat（熱）　a：air（空氣）
r：radiation（輻射）　t：temperature（溫度）

例：空氣溫度t_a=9℃、平均輻射溫度24℃、h_c：h_r=1：2時，

$$\text{作用溫度}=\frac{1}{1+2}\times 9℃+\frac{2}{1+2}\times 24℃=3℃+16℃=19℃$$

對流提供熱量的比例　輻射提供熱量的比例

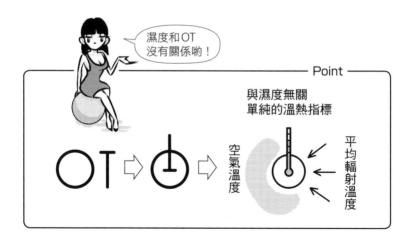

濕度和OT
沒有關係喲！

Point

與濕度無關
單純的溫熱指標

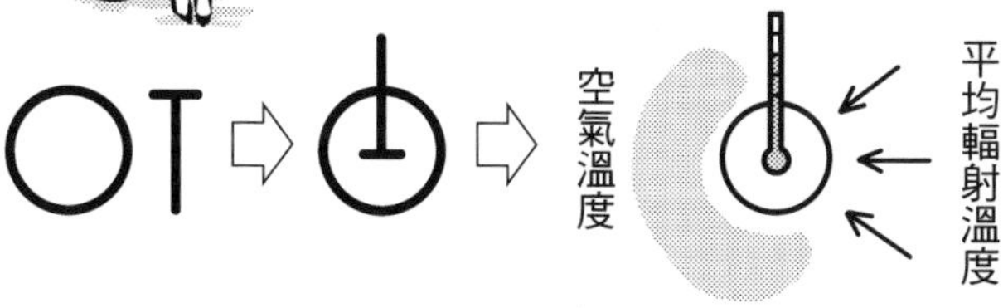
空氣溫度
平均輻射溫度

答案 ▶ ×

Q 不舒適指數（DI：Discomfort Index，亦稱不快指數）是用來表示夏天濕熱的指標，用乾球溫度和相對濕度求得。

A 不舒適指數（DI）是美國設定用來表示濕熱的指標，在日本也廣泛使用。如下表所示，以5為刻度對應體感，是很粗略但易懂的指標。不考慮氣流、熱輻射、代謝量和衣著量。

DI	體感
85～	熱到受不了
80～85	熱到出汗
75～80	微熱
70～75	不熱
65～70	舒適
60～65	不冷不熱
55～60	感覺冷
～55	寒冷

不舒適
熱到不行的是你吧！
扇～
扇～
DI
熱
熱

求DI值的式子有好幾個，一般常用下面的計算式。h乘上0.01，是因為例如相對濕度80%用0.8表示的關係。式子中有$t+h$項，可得知不舒適指數由氣溫和濕度組合而成（答案為○）。

$$DI=0.81t+0.01h(0.99t-14.3)+46.3$$

DI：Discomfort Index 不舒適 指數　t：乾球溫度（temperature）　h：相對濕度（humidity）

氣溫t=30℃、濕度80%

$$DI=0.81\times30+0.01\times80(0.99\times30-14.3)+46.3$$
$$=82.92$$ → 熱到出汗（不舒適）

答案 ▶ ○

Q 用氣溫、濕度和氣流3要素來組合有效溫度（ET）20℃，有無數種可能的組合，濕度100%無風時是氣溫20℃。

A 能同時表示氣溫、濕度、氣流3要素的是有效溫度（ET）。下圖中，左箱固定濕度100%、氣流0m/s，只改變氣溫。右箱則是各自改變氣溫、濕度、氣流3要素，做出各種環境。當進入左右箱中的人有相同體感時，左箱溫度為有效溫度。透過許多人反覆實驗，做出決定3要素就能對應一個有效溫度的圖表。這是著名的亞格洛（C. P. Yaglou）實驗。題目中的有效溫度20℃是指和濕度100%、氣流0m/s的20℃相同體感的環境。ET20℃時的3要素組合有無數種，但其所對應的ET只有一個〔20℃、100%、0m/s〕（答案為○）。

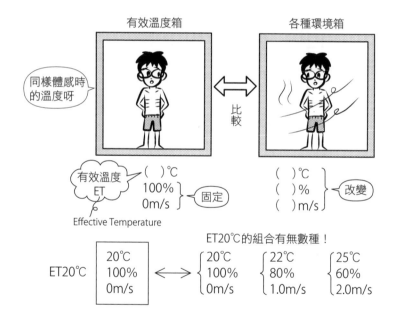

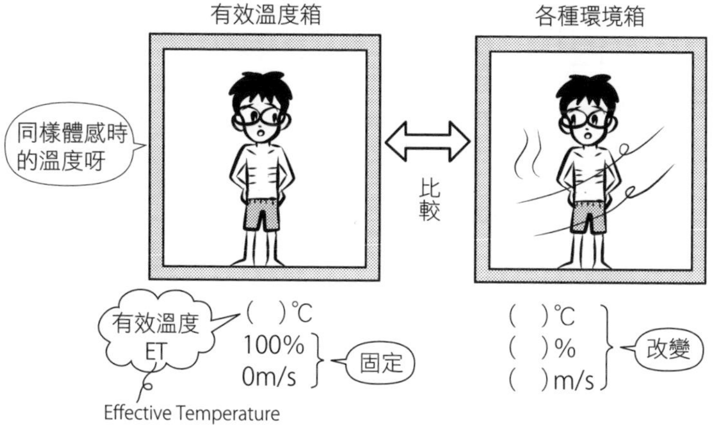

ET20℃的組合有無數種！

ET20℃ 〔20℃ 100% 0m/s〕 ⟷ 〔20℃ 100% 0m/s〕 〔22℃ 80% 1.0m/s〕 〔25℃ 60% 2.0m/s〕

答案 ▶ ○

Q 修正有效溫度（CET）是除了氣溫、濕度和氣流，還考慮輻射影響的體感指標。

A 有效溫度ET是用乾球溫度計測量氣溫，不考慮周圍牆壁釋放的輻射熱。為了修正（correct）ET，合併黑球溫度和輻射熱影響的體感指標，為修正有效溫度（CET）（答案為○）。

有效溫度 ET（Effective Temperature）⟶ 氣溫、濕度、氣流

修正有效溫度 CET（Corrected Effective Temperature）⟶ 氣溫、濕度、氣流、熱輻射

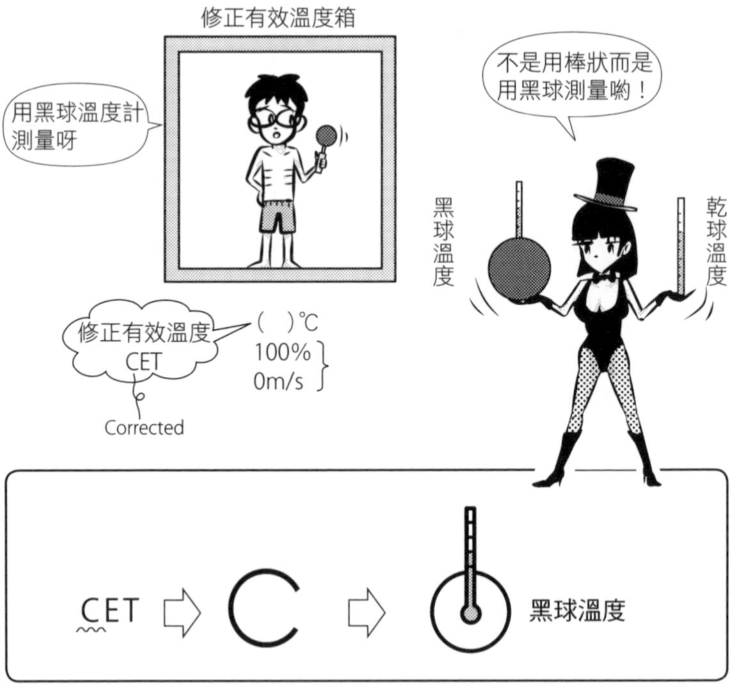
修正有效溫度箱
用黑球溫度計測量呀
不是用棒狀而是用黑球測量喲！
黑球溫度
乾球溫度
修正有效溫度 CET
Corrected
(　)℃
100%
0m/s
CET
C
黑球溫度

答案 ▶ ○

Q **1.** 新有效溫度（ET*）是氣溫、濕度、氣流和輻射熱的室內溫熱4要素，再加上代謝量（Met值）和衣著量（clo值）的體感指標。

2. 新有效溫度（ET*）是根據人體的熱負荷，表示接近熱感中立狀態時，人體的溫冷感指標。

A ET為溫熱3要素，CET是4要素，而ET*則是6要素都考慮到，表示體感的溫度（**1**是○）。ET、CET是設定濕度100%，而ET*是50%。熱感中立狀態是指不熱也不冷。ET、CET、ET*是用於各種能感覺冷熱環境的指標（**2**是×）。**2**的敘述為PMV的說明（參見R042）。

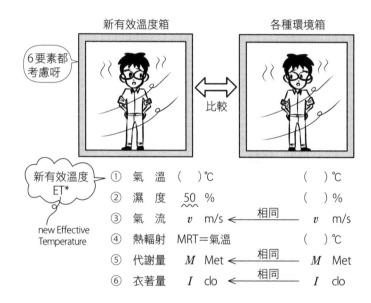

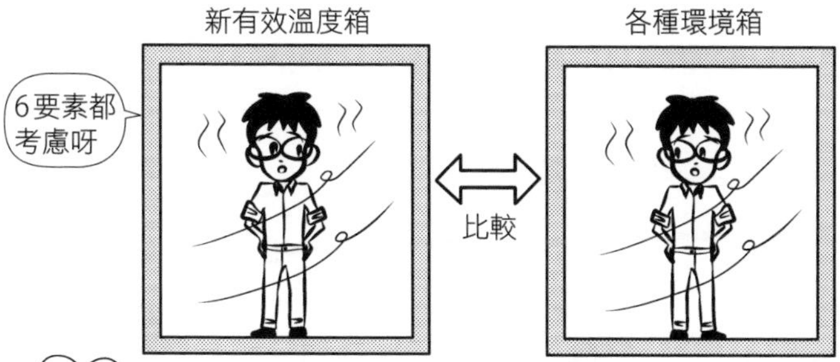

新有效溫度 ET*（new Effective Temperature）

		新有效溫度箱		各種環境箱
①	氣　溫	（　）℃		（　）℃
②	濕　度	50 %		（　）%
③	氣　流	v m/s	← 相同	v m/s
④	熱輻射	MRT＝氣溫		（　）℃
⑤	代謝量	M Met	← 相同	M Met
⑥	衣著量	I clo	← 相同	I clo

答案 ▶ 1. ○　2. ×

Q 新標準有效溫度（SET*）是將濕度50%、氣流0.1m/s、坐在椅子上的代謝量（1Met）、衣著量（0.6clo）標準化的體感指標。

A 新有效溫度（ET*）的氣流、代謝量和衣著量為變數，所以3要素也要和測量對象相同。<u>新標準有效溫度</u>（SET*：Standard new Effective Temperature）是將氣流固定在0.1m/s、代謝量為1Met、衣著量為0.6clo<u>標準化</u>後的比較值（答案為○）。ET*和SET*都需考量溫熱6要素，而SET*固定一部分的要素，訂出標準值。所以新標準有效溫度又稱為標準的新有效溫度。

> **Point**
>
> Corrected ET→**<u>修正</u>有效溫度**　Standard ET*→**新<u>標準</u>有效溫度**

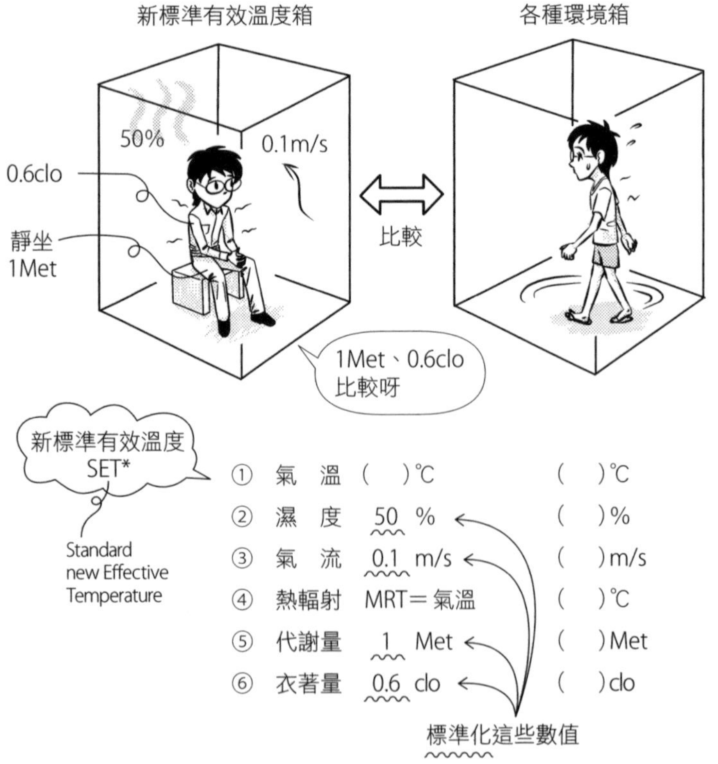

答案 ▶ ○

Q **1**. 新標準有效溫度（SET*）24℃時，溫冷感在「舒適，可接受」的範圍。

2. 新標準有效溫度（SET*）20℃時，溫冷感在「舒適，可接受」的範圍。

A ASHRAE（美國暖房冷凍空調技術協會）定義「舒適，可接受」的SET*為22.2℃～25.6℃（**1**是○，**2**是×）。記住24℃±α℃吧。在空氣線上取得和SET*等值的點，會如下圖虛線，是呈現傾斜的直線。在此線上溫冷感相同。

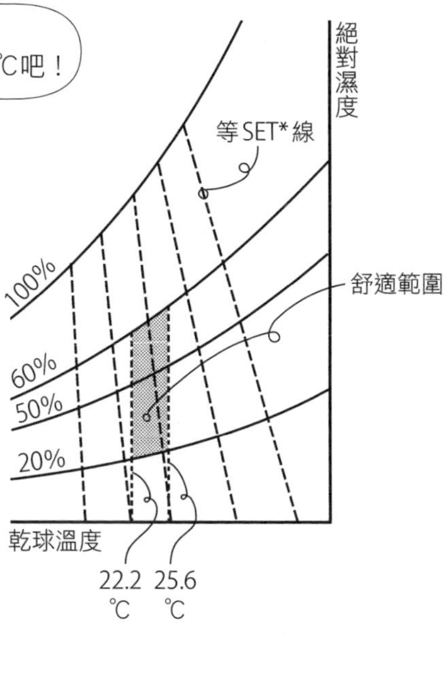

答案 ▶ 1. ○ 2. ×

Q 無風（v＝0.1m/s）、周圍牆壁MRT＝室溫、輕度作業（1Met）、輕裝（0.6clo）時，新標準有效溫度（SET*）可用乾球溫度和相對濕度從空氣線圖中求得。

A 求下圖狀態點A的SET*時，利用通過點A的等SET*線。如果點A不在等SET*線上，就畫出和附近的等SET*線平行並通過點A的線。等SET*線和相對濕度50%的曲線相交，此交點的乾球溫度就是點A的SET*（答案為○）。<u>SET*是相對濕度50%的乾球溫度，所以需延伸到50%線上</u>。當周圍牆壁的平均輻射溫度MRT≠乾球溫度時，也可將空氣線圖的橫軸定為作用溫度（OT）。

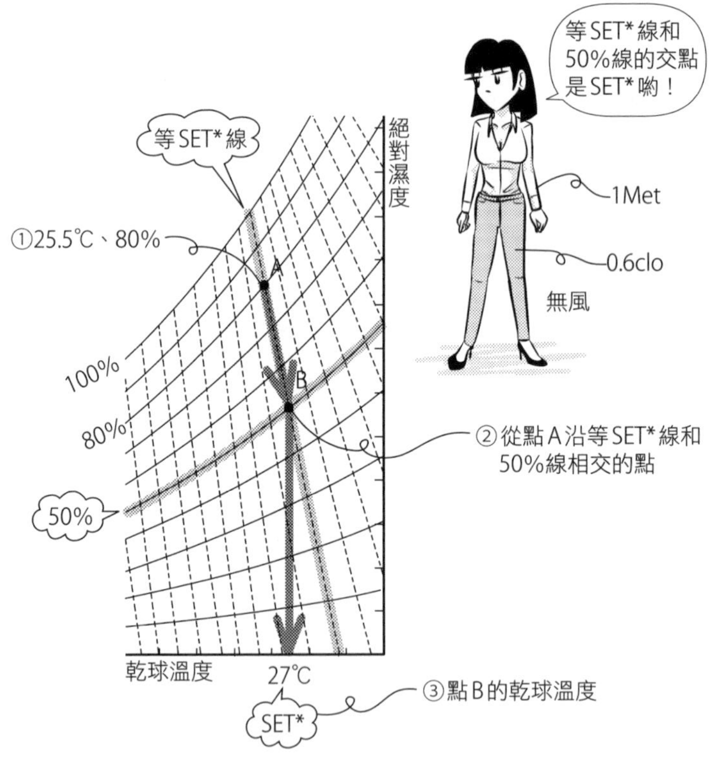
等SET*線和
50%線的交點
是SET*喲！
等SET*線
絕對濕度
①25.5℃、80%
A
B
100%
80%
50%
乾球溫度
27℃
SET*
1Met
0.6clo
無風
②從點A沿等SET*線和
50%線相交的點
③點B的乾球溫度

答案 ▶ ○

在此整理四種有效溫度，再次好好記住吧。

有效溫度 ET
(Effective Temperature)

氣溫 濕度 氣流 ……………… 3要素
(100%、0m/s)

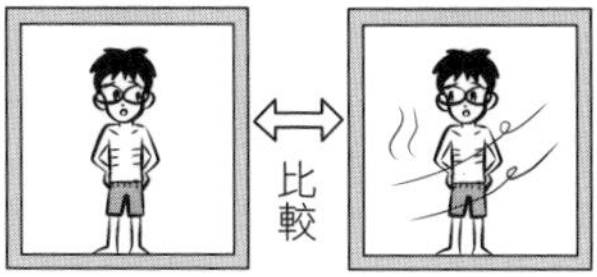

⇩

修正有效溫度 CET
(Corrected Effective Temperature)

氣溫 濕度 氣流 輻射 ……………… 4要素
(黑球溫度、100%、0m/s)

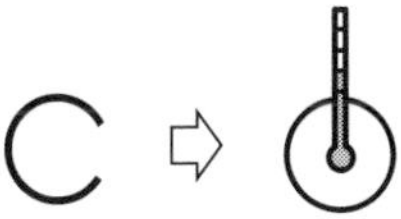

⇩

新有效溫度 ET*
(new Effective Temperature)

氣溫 濕度 氣流 輻射 代謝 衣著 …… 6要素
(MRT、50%、0.1m/s)

⇩

新標準有效溫度 SET*
(Standard new Effective Temperature)

氣溫 濕度 氣流 輻射 代謝 衣著 …… 6要素
(50%、0.1m/s、MRT、1Met、0.6clo)

Q **1**. 熱舒適度指標（PMV：Predicted Mean Vote）是在氣溫、濕度、氣流和熱輻射4個溫熱要素中，再加上代謝量（作業量）和衣著量的溫熱指標。

2. 熱舒適度指標（PMV）主要用在單一平均環境的溫熱指標，在不平均的熱輻射、上下溫差大或通風的環境中，有時無法適切地評估。

A 丹麥技術大學（Danmarks Tekniske Universitet）的范格爾教授（P. O. Fanger）對一千三百名溫冷感試驗者作問卷調查，整理完成的結果就是PMV。試驗為變化溫熱6要素，並請試驗者根據表1回答，以−3～+3為橫軸，感覺不舒適的人數比例為縱軸，做出下圖（**1**是○）。此圖對應范格爾教授的舒適方程式。從多數試驗者得到因溫熱6要素而異的溫冷感，同樣也能預測（predict）其他人的答案（vote）。

PMV的適用範圍是用來評估辦公室或住宅等比較舒適的室內環境，溫度和濕度的分布較平均一致的環境，不適合有局部氣流或部分熱輻射等不均一的環境（**2**是○）。

溫熱6要素		PMV適用範圍
①	氣　溫	10～30℃
②	濕　度	30～70%
③	氣　流	0～1m/s
④	熱輻射	10～40℃
⑤	代謝量	0.8～4Met
⑥	衣著量	0～2clo

表1

+3	Hot	熱
+2	Warm	溫
+1	Slightly warm	微溫
0	Neutral	適中
−1	Slightly cool	微涼
−2	Cool	涼
−3	Cold	冷

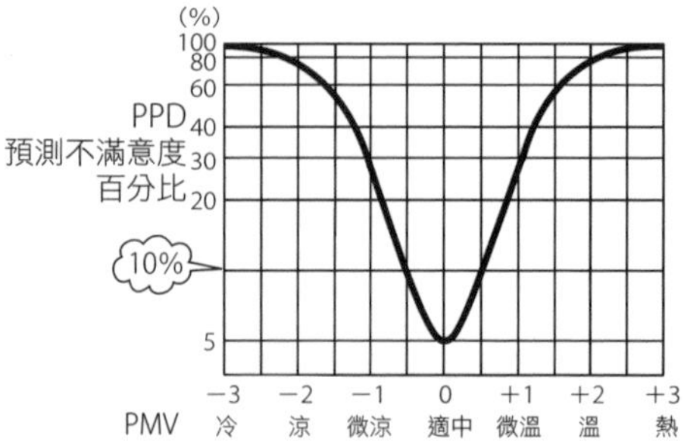

答案 ▶ **1**. ○　**2**. ○

Q 熱舒適度指標（PMV）的值為0時，可預測為適中不冷不熱狀態。

A 熱舒適度指標（PMV）是考量溫度、濕度、氣流、熱輻射、代謝量、衣著量6要素的溫熱體感指標。溫冷感以適中不冷不熱為中心點，從「熱（+3）」到「冷（−3）」分成7個階段的預測值。越偏離0，預測不滿意度百分比（PPD：Predicted Percentage of Dissatisfied，亦稱不滿意度指標）越高。<u>當PMV＝0時，是不冷不熱的舒適狀態</u>（答案為○）。

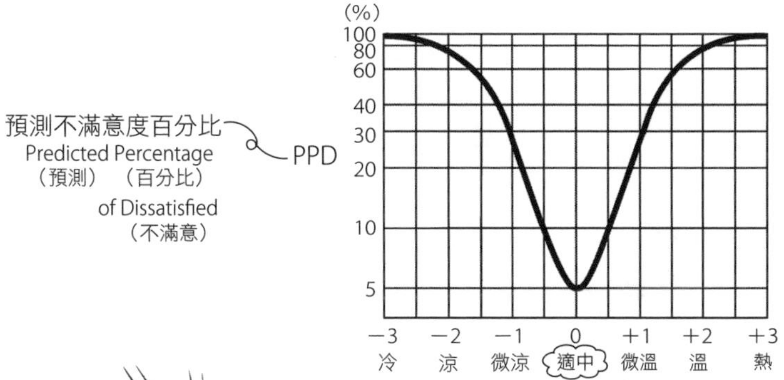

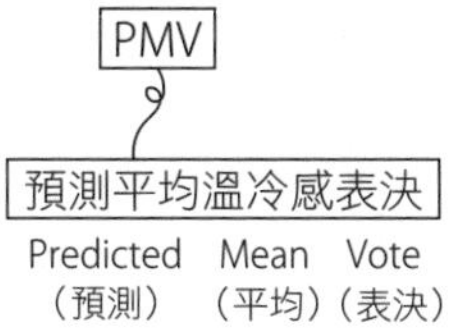

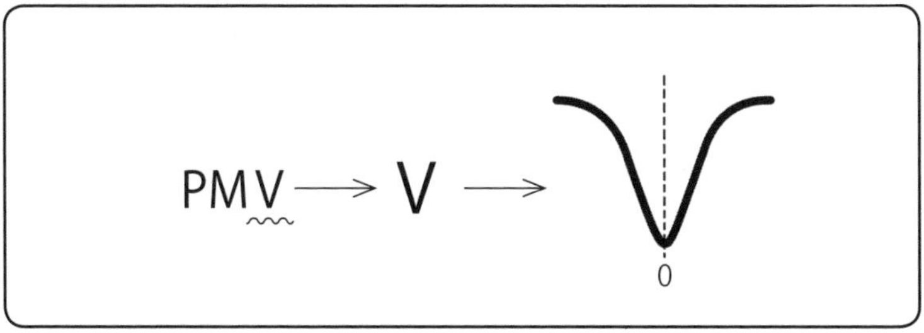

答案 ▶ ○

Q ISO（國際標準組織）建議熱舒適度指標（PMV）的舒適範圍為 $-0.5 < PMV < +0.5$。

A ISO（International Organization for Standardization）是制定工業領域標準的機構，總部位於瑞士日內瓦。PMV在±0.5以內，感覺不舒適的人的比例會在10%以下的舒適範圍（答案為○）。以滿意者比例為縱軸的正規分布接近山形圖，±0.5範圍內有90%以上的人感到滿意。

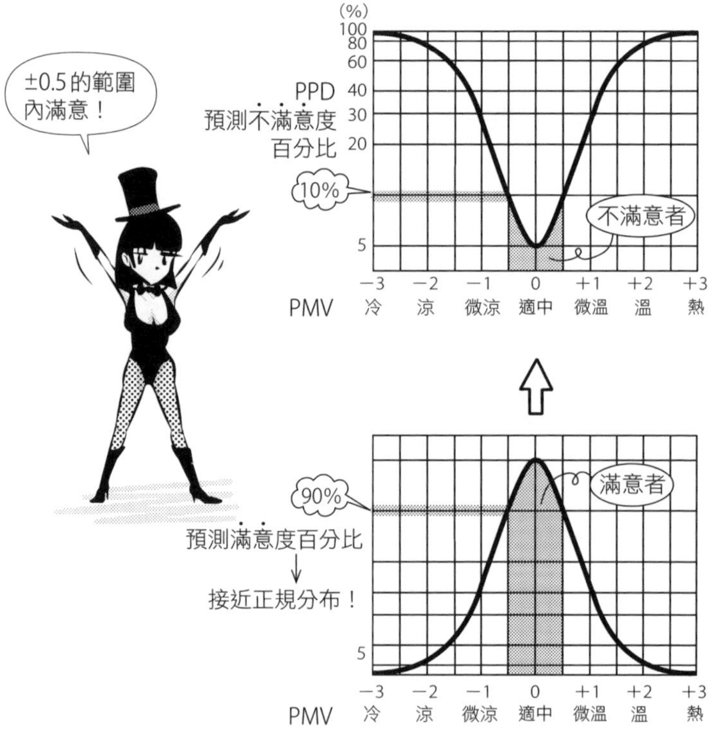

答案 ▶ ○

Q **1**. 熱舒適度指標（PMV）是接近熱感中立狀態，表示人體溫冷感的指標。

2. 新有效溫度（ET*）是接近熱感中立狀態，表示人體溫冷感的指標。

A PMV是比較舒適不冷不熱、熱感中立狀態的人體溫冷感的指標（**1**是○）。另一方面，ET、CET、ET*、SET*是自由改變溫熱要素，和特定條件的環境比較後的體感指標（**2**是×）。從炎熱到酷寒，不管任何環境都用單一溫度表示。

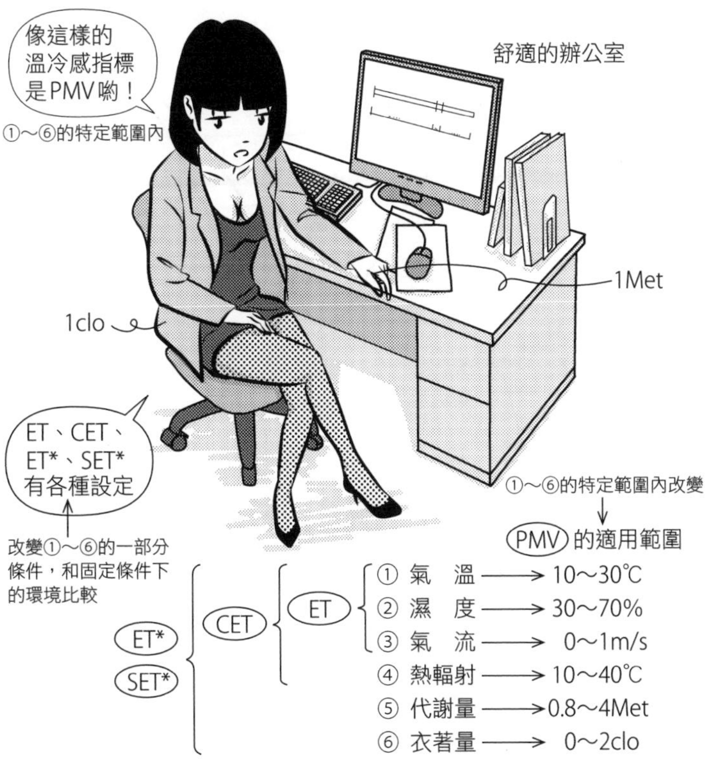
像這樣的
溫冷感指標
是PMV喲！
①～⑥的特定範圍內
舒適的辦公室
1Met
1clo
ET、CET、
ET*、SET*
有各種設定
改變①～⑥的一部分
條件，和固定條件下
的環境比較
①～⑥的特定範圍內改變
PMV的適用範圍
ET*
SET*
CET
ET
① 氣　溫 → 10～30℃
② 濕　度 → 30～70%
③ 氣　流 → 0～1m/s
④ 熱輻射 → 10～40℃
⑤ 代謝量 → 0.8～4Met
⑥ 衣著量 → 0～2clo

答案 ▶ **1**. ○　**2**. ×

Q 橫軸為作用溫度（OT）、縱軸為預測不滿意度百分比（PPD）的熱舒適度指標（PMV）圖，夏天和冬天是相同的。

A PMV是預測群體的平均溫冷感的指標，預測的根據是大量的問卷調查。用不滿意者在10%以下範圍的舒適區域，來設定空調的數值。下圖是在辦公室的不滿意者預測，橫軸為作用溫度，V形曲線是冬天和夏天錯開的圖（答案為×）。圖中預測，冬天讓90%以上的人滿意的溫度比夏天低。

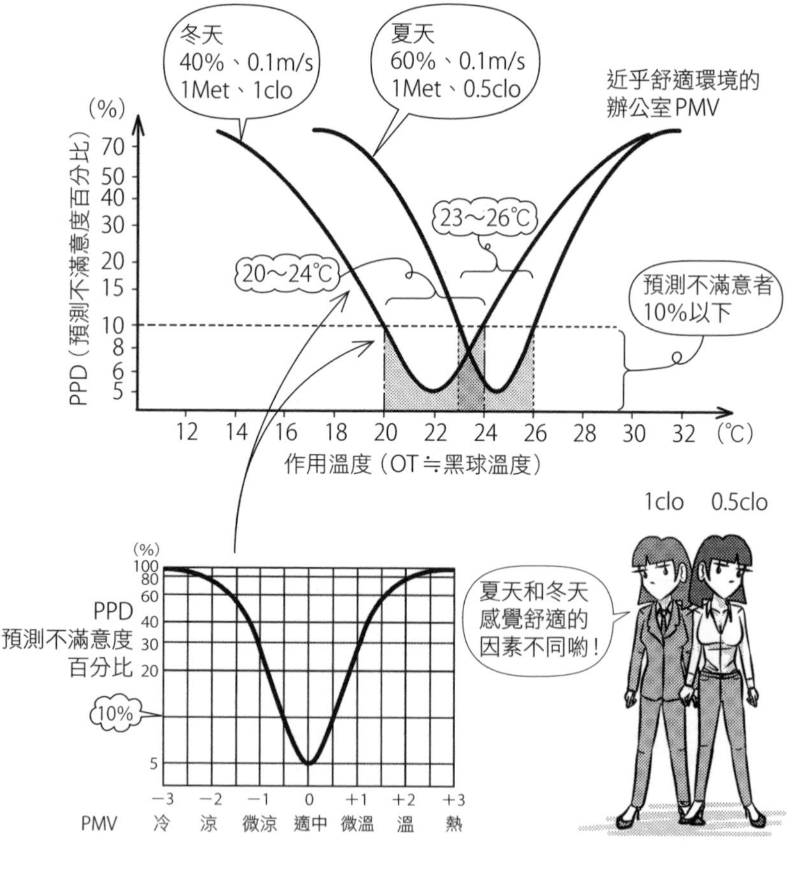

答案 ▶ ×

Q 空氣分佈性能指標（ADPI）是不舒適氣流感覺的指標，表示和室內容積相比，舒適區域容積的比例。

A draft是讓人不舒適的局部氣流。當室內空氣的溫度和濕度不再是平均固定的情況下，會因局部溫冷感造成不舒適。冬天窗戶附近的冷空氣變重下降形成的局部氣流，稱為冷擊現象（cold draft）。為了預防冷擊現象，可將暖氣的放熱器置於窗戶下方。空氣如何有效均一擴散、有無不舒適氣流的影響的指標為ADPI。可用和室內全部容積相比，舒適區域的容積比求得（答案為○）。

冷縮變重

空氣　　分佈　　　性能　　指標
Air Distribution Performance Index

$$\frac{\text{舒適空氣的容積}}{\text{室內全部容積}} = \text{ADPI}$$

氣流越紊亂，即便風速弱也會感覺不舒適

呀

冷擊現象
cold　　draft
冷　　　風

24℃

20℃ →

冷風讓人不舒適

15℃ →

2

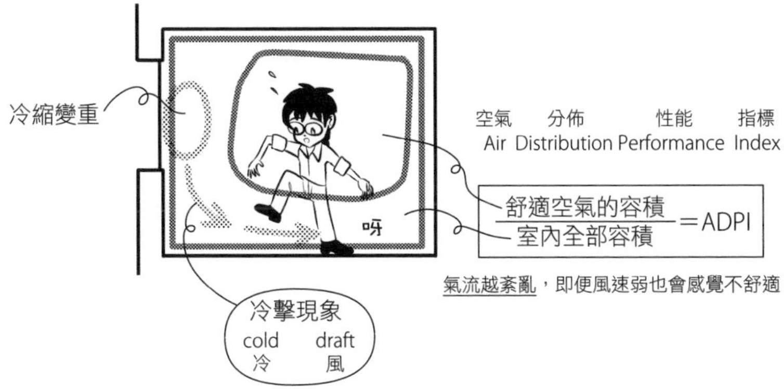

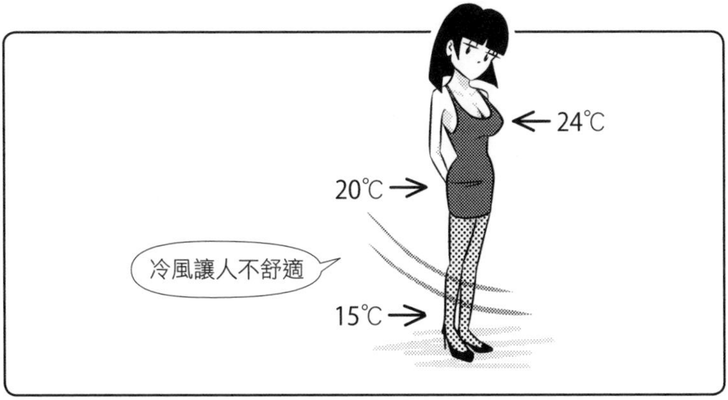

Q **1**. 坐在椅子上時，腳踝（地上0.1m）和頭部（地上1.1m）的上下溫差，以5℃以內為佳。

2. 保暖地板的表面溫度在29℃以下較佳。

A 空氣冷卻時會收縮變重而下沉，所以靠近地面的空氣會變冷。此外，底層架空（piloti）接觸外界，或是沒有裝設隔熱材時，熱容易溢散，造成地板變冷，因此靠近地板的空氣跟著變冷。與頭冷腳熱感覺舒適的人體構造相比，冬天覺得不舒適的主要原因是地板及其周圍空氣寒冷。根據ISO的規定，地板上和頭部的溫度差應在3℃以內（**1**是×）。另外，保暖地板有效地溫暖腳和地板上的空氣，但太熱也會讓人不舒適或造成低溫燙傷，因此ISO定為29℃以內（**2**是○）。

下面比較冷
真討厭吶…
冷卻變重的空氣
熱往下溢失

從地面算起超過
±3℃都不行喲！
+3℃
胸部
+2℃
臀部
+1℃
腳

答案 ▶ **1**. ×　**2**. ○

Q 對於寒冷的窗戶或牆面的輻射不均一性（輻射溫度差），要在10℃以內。

A 冬天時，隔熱性差的窗戶會比周圍牆面冷。根據ISO的規定，此時的輻射溫度差要在10℃以內（答案為○）。另外，溫暖的空氣往上加溫天花板，會使天花板溫暖，周圍牆壁變冷。這時的輻射溫度差，ISO規定為5℃以內。窗戶和牆壁差為10℃以內，而天花板的溫度差在5℃以內，是因為溫暖天花板的輻射不均一性造成的不舒適感較大。

輻射的不均一性
- 窗戶和其他牆壁的輻射溫度差……10℃以內
- 天花板和其他部分的輻射溫度差…5℃以內←不舒適程度較大

5℃
20℃
和窗戶的
輻射溫度差
在10℃以內喲！

- 輻射溫度是藉由測量紅外線的能量值換算成溫度。以黑體輻射為基準來修正各物質的輻射率，結果是和表面溫度接近的數值。平均輻射溫度（MRT）是由特定點觀察的立體角來將輻射溫度加權平均的值。

答案 ▶ ○

溫度	濕度	氣流	輻射	代謝量	衣著量	
DI 不舒適指數 Discomfort Index	O	O	×	×	×	×	
ET 有效溫度 Effective Temperature	O	O	O	×	×	×	
CET 修正有效溫度 Corrected ET	O	O	O	O	×	×	
ET* 新有效溫度 new ET	O	O	O	O	O	O	
SET* 新標準有效溫度 Standard new ET	O	O	O	O	O	O	
PMV 熱舒適度指標 Predicted Mean Vote	O	O	O	O	O	O

表示濕熱的指標

$DI = 0.81t + 0.01h\,(0.99t - 14.3) + 46.3$　　t：乾球溫度 (temperature)　h：相對濕度 (humidity)

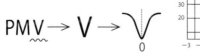

組合溫度、濕度和氣流
表示體感的指標

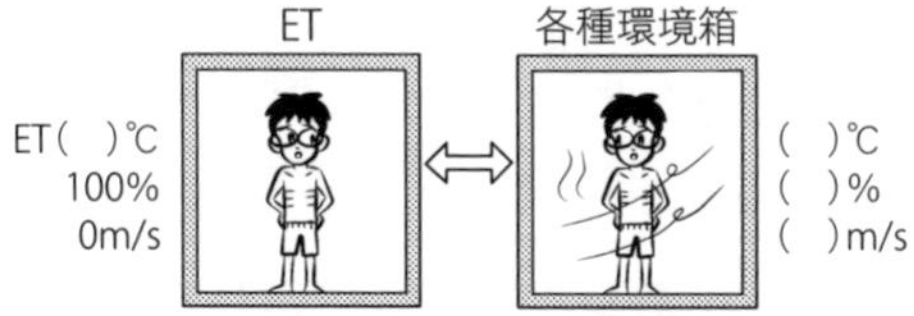

用黑球溫度時（也考慮輻射）的ET

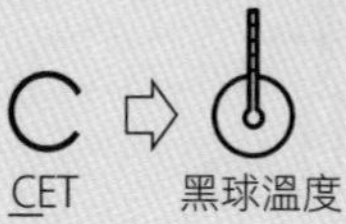

6要素都考慮的ET

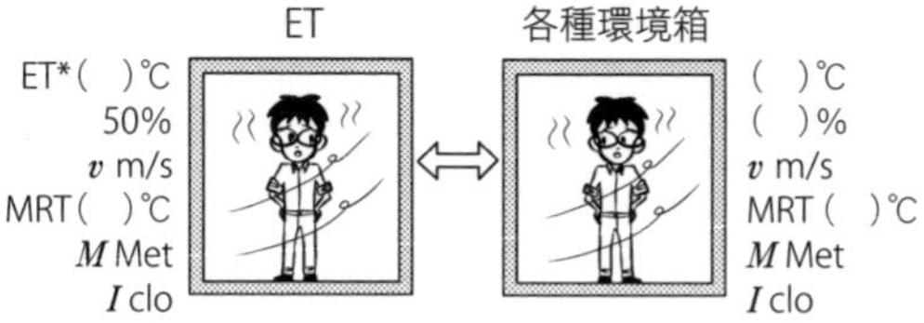

6要素都為變數的ET

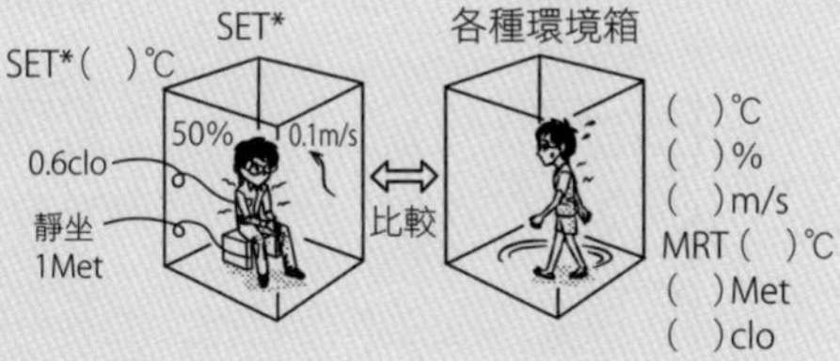

預測因6要素的溫冷感而不舒適的
人數比例的指標

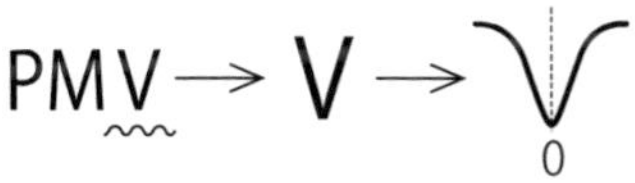

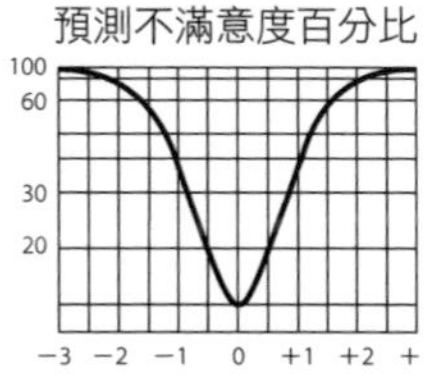

Q **1**. 室內氧氣濃度低到18%左右也不會對人體生理造成太大影響，但會導致開放型燃燒器具不完全燃燒。

2. 當室內氧氣濃度低到18%左右，多數人會開始感覺呼吸困難，而且開放型燃燒器具的不完全燃燒危險性變大。

A 如圖所示，燃燒時使用室內空氣，廢氣直接排放室內的器具為開放型燃燒器具，燃燒部位直接開口向室內。只有排氣直接對外的是半密閉型，供排氣管都對外的是密閉型。

使用室內空氣，廢氣也排在室內喲
開放型燃燒器具
開放型！

完全燃燒是燃料中的碳元素（C）和空氣中的氧（O_2）化合成二氧化碳（CO_2）。當氧氣不足而產生一氧化碳（CO）為不完全燃燒。一氧化碳對人體有害，甚至有中毒致死的事故。

完全燃燒

$C + O_2 \rightarrow CO_2$（二氧化碳）

C：石油、瓦斯、炭等燃料

不完全燃燒

$C + \frac{1}{2}O_2 \rightarrow CO$（一氧化碳）

$\frac{1}{2}O_2$：不足時

空氣中的氧濃度約21%，減少到18%即使對人體並無太大影響，仍有造成不完全燃燒的危險（**1**是○，**2**是×）。

答案 ▶ **1**. ○ **2**. ×

Q 密閉型燃燒器具不使用室內空氣來燃燒。

A 熱水器、暖氣機等不在室內供排氣，而在外面進行的是密閉型燃燒器具（答案為○）。只有供氣是用室內空氣、排氣到室外的是半密閉型燃燒器具。

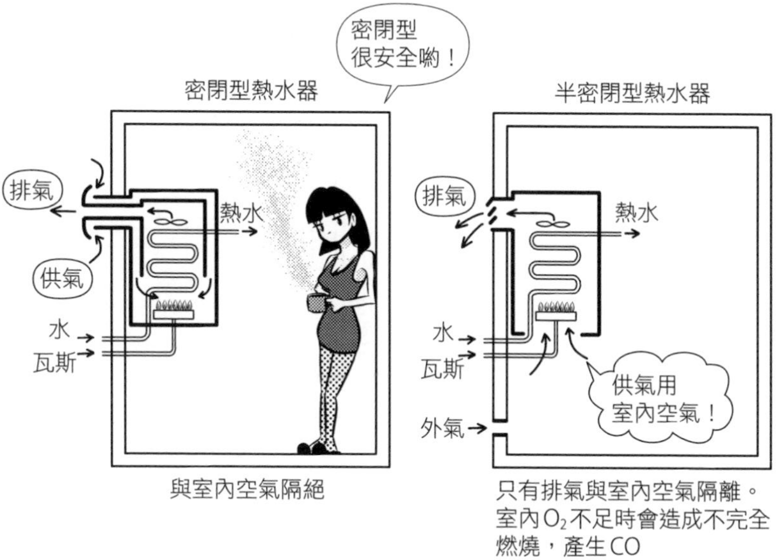
密閉型
很安全喲！
密閉型熱水器
排氣
熱水
供氣
水
瓦斯
與室內空氣隔絕
半密閉型熱水器
排氣
熱水
水
瓦斯
供氣用
室內空氣！
外氣
只有排氣與室內空氣隔離。
室內O_2不足時會造成不完全燃燒，產生CO

Point

密閉型燃燒器具 ⇨ 燃燒部位與室內空氣隔開！

答案 ▶ ○

Q **1**. 使用中央管理式空調設備的房間，懸浮微粒濃度要在0.15mg/m^3以下。

2. 針對抽菸造成的空氣汙染，必要的換氣量不是根據CO或CO_2，而是用懸浮微粒的產生量來決定。

A 右圖中，由一處（中央管理室）管理空調整體是中央管理式空調。日本建築基準法規定的空氣汙染基準，是懸浮微粒濃度在0.15mg/m^3以下（**1**是○）。

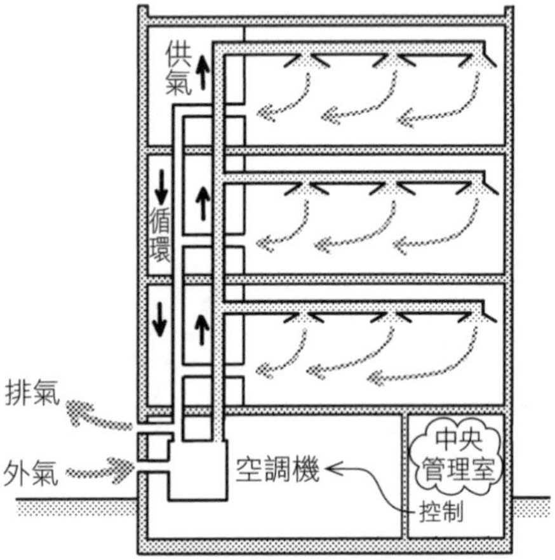

中央管理式空調設備

CO、CO_2也有設定基準，但抽菸時煙的懸浮微粒會大量增加，因此必要換氣量用懸浮微粒來決定（**2**是○）。

答案 ▶ **1**. ○ **2**. ○

Q **1**. 使用中央管理式空調設備的房間，CO、CO_2的濃度分別是10ppm以下、1000ppm以下。

2. 室內的CO_2濃度5%左右對人體沒有影響。

A 日本建築基準法規定，使用中央管理式空調設備的房間，CO是10ppm以下，CO_2是1000ppm以下。ppm是容積比的百萬分之一（**1**是○）。1000ppm用%表示時，如同下式為0.1%。此時的10ppm、1000ppm不僅用在中央管理式，也適用於一般室內（**2**是×）。

parts per million

百萬←millionaire（百萬富翁）的百萬

$$\text{ppm}=100\text{萬分之}1=\frac{1}{1000000}=\frac{1}{10^6}$$

CO：10ppm以下	CO_2：1000ppm以下

$$1000\text{ppm}=10^3\times\frac{1}{10^6}=\frac{1}{10^3}=\frac{1}{10}\times\frac{1}{10^2}=0.1\times\frac{1}{100}=0.1\%$$

答案 ▶ **1**. ○　**2**. ×

Q **1**. 揮發性有機化合物（VOC）是造成病態建築症候群的原因。

2. 甲醛、石棉纖維、氡氣是產業活動的產物，但在室內環境並非汙染物質。

A 隨著建物的氣密效果越佳，室內空氣污染造成頭痛、喉嚨痛、嘔吐、暈眩等健康問題，稱為病態建築症候群（sick building syndrome），或稱辦公大樓症候群。原因來自接著劑中的甲醛等揮發性有機化合物（VOC：Volatile Organic Compound）、防止破損而加在水泥中的石棉（asbestos，現在禁止使用）、放射性的氡氣、陶斯松（Chlorpyrifos）等有機磷殺蟲劑、塵蟎等多種物質（**1**是○，**2**是×）。為了預防病態建築症候群，日本建築基準法規定住宅要有24小時（連續）換氣的功能。

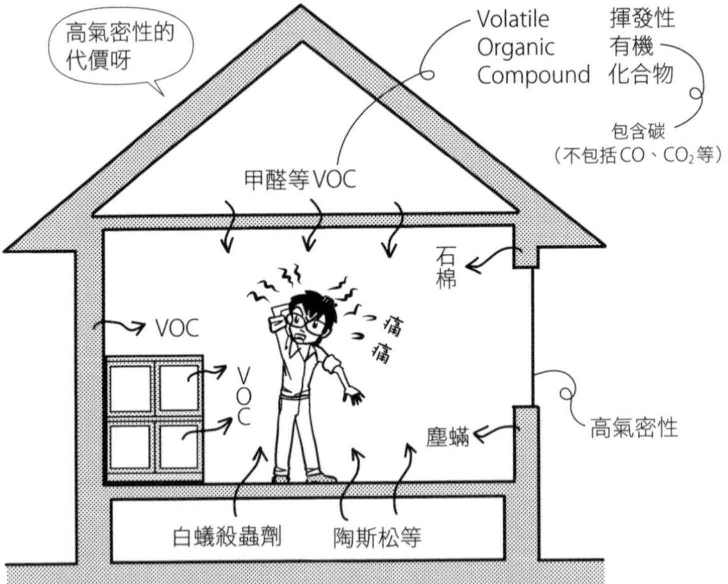

答案 ▶ 1. ○ 2. ×

Q 為了抑制從天花板材料散發出的甲醛等汙染物質，有效方法是起居室內終年使用第2種機械換氣。

A 製作用大量薄板、小木片或纖維合成的合板時，會使用很多接著劑。貼壁紙或裝飾材時也會用接著劑。因為接著劑或塗料多含有VOC，會造成病態建築症候群。根據甲醛的揮發量，日本產品上標有F☆～F☆☆☆☆，星星數越多表示揮發量越少（JIS：日本工業規格，JAS：日本農林規格）。第2種機械換氣是只用機器供氣，能使室內氣壓較高，防止外界的VOC或汙染物質進入（答案為○）。手術室、無菌室也是用第2種機械換氣方式。

答案 ▶ ○

Q 像浴室一樣會產生大量水蒸氣，以及如廁所散發臭氣的空間，適合用第3種機械換氣。

A 機械換氣分為如下三種：

- 第1種機械換氣：供氣機＋排氣機…壓力任意值
- 第2種機械換氣：供氣機……正壓（吹入式）
- 第3種機械換氣：排氣機……負壓（吸出式）

為了防止水蒸氣、臭氣、煙進入其他空間而直接排出，讓室內呈現負壓的第3種機械換氣最適合（答案為○）。

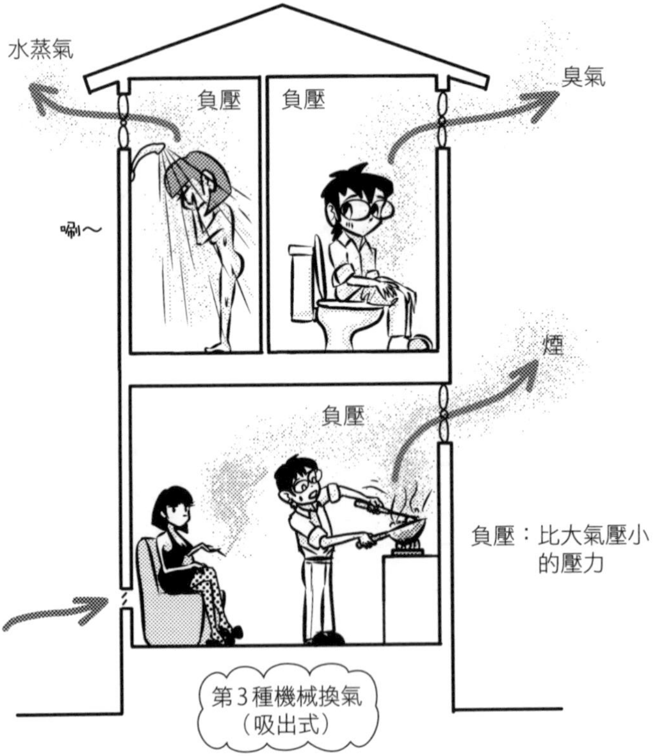

答案 ▶ ○

Q 住宅的整體換氣是相對於局部換氣的用語，以起居室、飯廳、寢室和小孩房間等一般起居為中心，針對住宅整體來換氣。

A 只有瓦斯爐附近或廁所等部分區域的換氣，稱為局部換氣。建物整體的換氣稱為整體換氣，用於24小時換氣的住戶，或是中央換氣裝置附有熱交換機（參見R060）以減少住宅整體的熱損失等情況（答案為○）。

局部換氣
一部分換氣
的意思

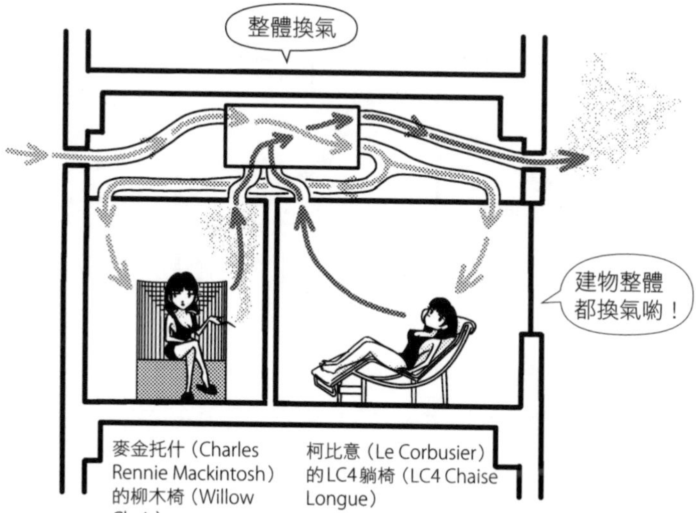
整體換氣
建物整體
都換氣喲！

麥金托什（Charles Rennie Mackintosh）的柳木椅（Willow Chair）

柯比意（Le Corbusier）的LC4躺椅（LC4 Chaise Longue）

答案 ▶ ○

Q 使用浴室的排氣扇作為住宅的機械連續換氣設備時

1. 為了確保設有供氣口的各居室換氣路徑，門上需有氣窗或門底縫。

2. 為了確保設有供氣口的各居室有穩定的必要換氣量，需降低氣密性。

A 住宅的居室規定必須24小時全天換氣。1小時需換全部容積一半以上的空氣，避免病態建築症候群。全天啟動浴室換氣扇，並在各居室設供氣口，如右圖門上裝有氣窗或門底縫，以確保換氣路徑。當排氣量固定時，氣密性較低的地方會有較多空氣進入，造成換氣不穩定（**1**是○，**2**是×）。

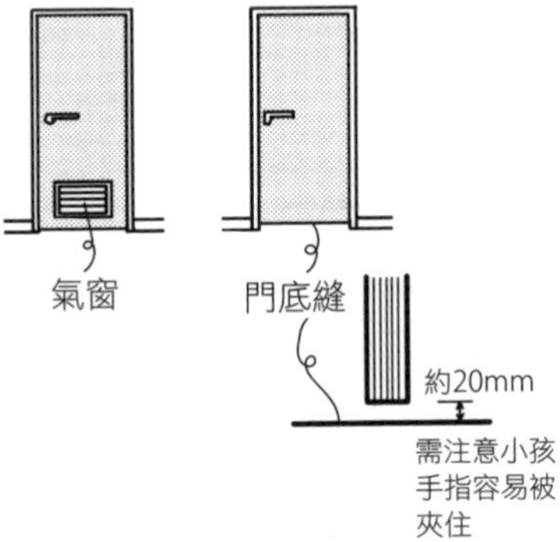
氣窗
門底縫
約20mm
需注意小孩手指容易被夾住

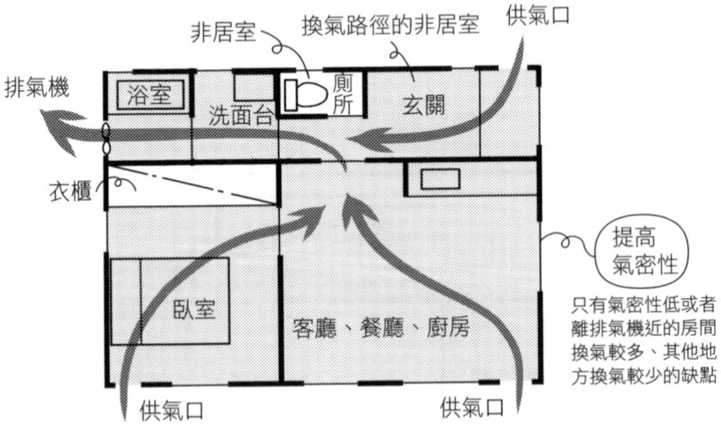
非居室
換氣路徑的非居室
供氣口
排氣機
浴室
洗面台
廁所
玄關
衣櫃
提高氣密性
臥室
客廳、餐廳、廚房
只有氣密性低或者離排氣機近的房間換氣較多、其他地方換氣較少的缺點
供氣口
供氣口

「居室和作為換氣路徑的非居室」是24小時換氣的對象

$$每小時換氣次數（亦稱換氣率，ACH）= \frac{換氣量}{全容積} \geq 0.5次/小時$$

換了幾次空氣

答案 ▶ 1. ○　2. ×

Q 全熱交換型換氣設備能降低外氣負荷。

A 換氣換掉加熱後的空氣是能量的損失，使用熱交換機能回收50%～70%的熱能。將排氣導向紙張厚度方向上只有熱和水蒸氣能通過的通路，在相同通路上同時導入供氣以回收熱和水蒸氣。以水蒸氣能通過與否，分類成全熱和顯熱。使用熱交換機可以降低外氣進入造成的熱負荷（答案為○）。

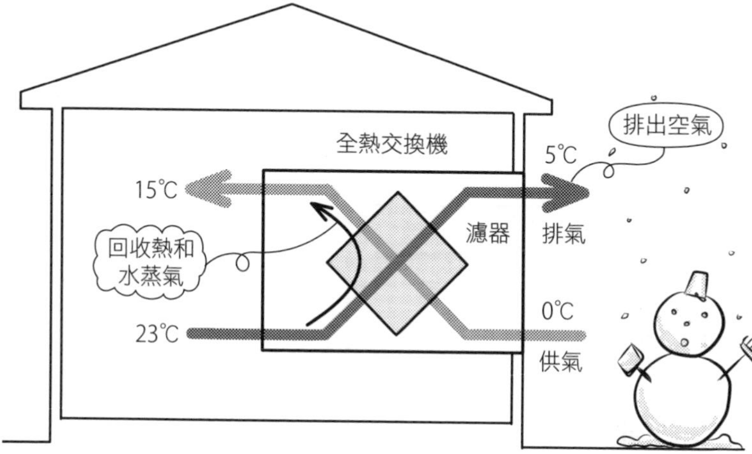

{ 全熱交換…交換顯熱和潛熱（水蒸氣）回來
　顯熱交換…交換顯熱回來

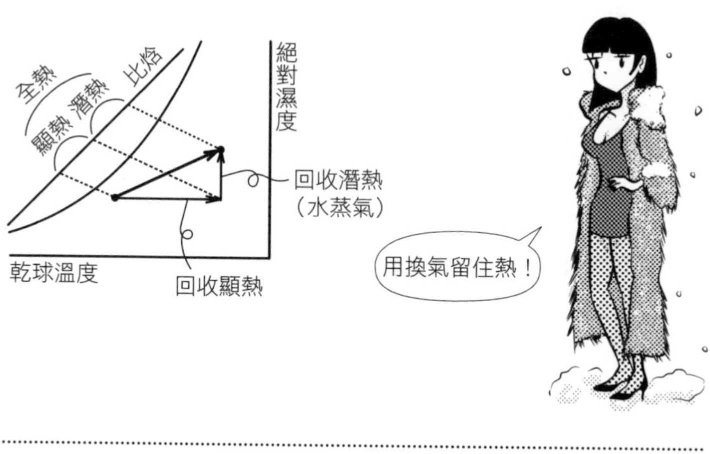

答案 ▶ ○

Q 置換通風（displacement ventilation）是為了避免室內空氣頻繁混合，從房間下層吹出的空氣比設定溫度略低，讓在居住區域產生的汙染物質從上層排出。

A 室內供給新鮮空氣時，一般是和混濁的舊空氣混合（混合換氣）。不混合而直接置換（displace）的換氣效率較佳，稱為置換通風。藉由在地面供給比室溫略低的空氣，因為室內的人或機器而變暖的濁氣上升，不和新鮮空氣混合而直接排出室外（答案為○）。

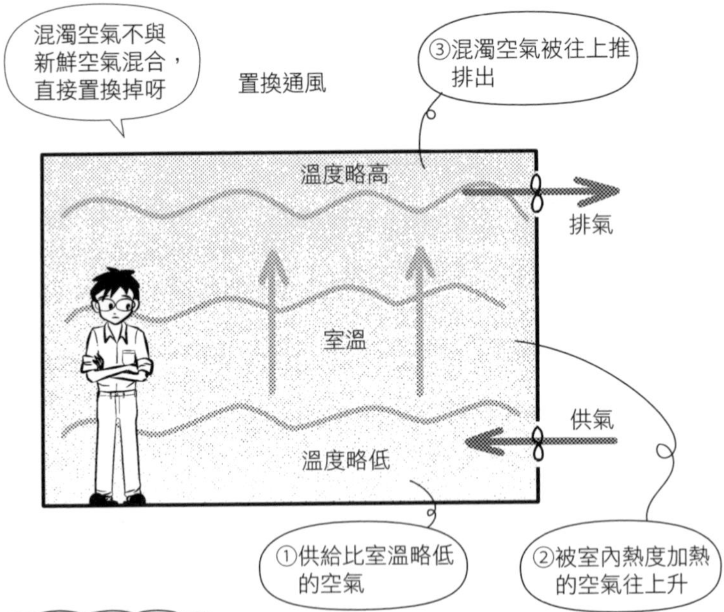

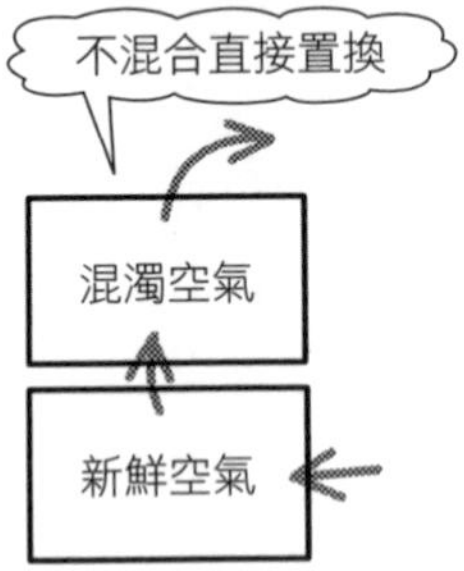

答案 ▶ ○

Q 必要換氣量是「每單位時間的室內汙染物質產生量」除以「室內汙染物質濃度的容許值和外氣中汙染物質濃度的差」求得。

A 當汙染物質濃度超過容許值時，換氣是必要的，數量可由下式求得。<u>每小時（hour）有多少m³的外氣和室內空氣交換就是換氣量</u>。交換1m³外氣時，能去除汙染物質的量，稱為每換氣1m³的去除量，其值為（室內汙染物的容許濃度）－（外界汙染物濃度）。<u>用每小時的室內汙染物質產生量除以每換氣1m³的去除量，可算出每小時必要換氣量</u>。然而分子的室內汙染物質的產生量是假設為最嚴重的情況，實際上有時室內汙染物質產生量小於最嚴重時的假設量，因此實際上換氣量較少，仍可使室內汙染物濃度小於容許濃度，所以用此數據作為室內空氣最糟時的換氣量（答案為○）。

每小時的換氣量

$$Q=\frac{K}{P_a-P_o}$$

K ← 每小時的產生量

P_a-P_o ← 每換氣1m³的去除量

（Q：必要換氣量（□m³/h）
K：汙染物質的產生量（□/h）
P_a：汙染物質的容許濃度（□/m³）
P_o：外氣的汙染物質濃度（□/m³)）

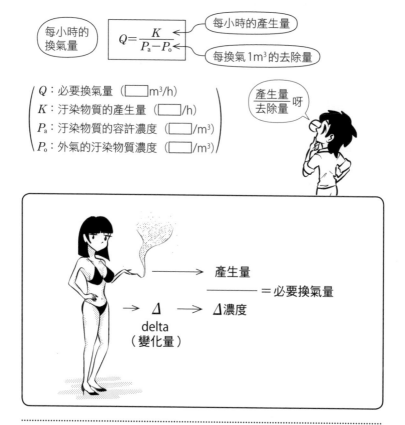

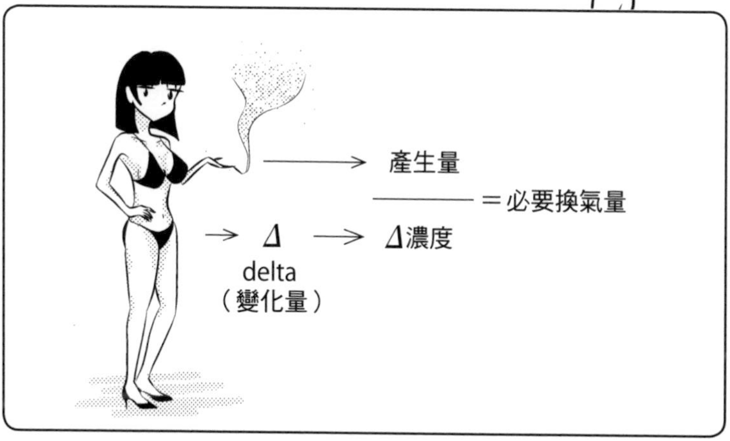

答案 ▶ ○

Q 在產生氣體汙染物質的室內，根據(1)～(4)的條件求出對應汙染物質濃度的<u>必要換氣量</u>。

條件 (1)室內容積：25m³
(2)室內汙染物質產生量：1500μg/h
(3)大氣中的汙染物質濃度：0μg/m³
(4)室內空氣的汙染物質容許濃度：100μg/m³

A μ（micro）是 $10^{-6}=1/10^6=0.000001$，表示百萬分之一。ppm 也是百萬分之一，但主要用來表示容積比、容積的濃度。μg（microgram）是 10^{-6}g，但計算中多維持 μg 便於計算。

> 1μg：10^{-6}g ＝ 100 萬分之 1g
> ppm：10^{-6} ＝ 100 萬分之 1（濃度）

當 1m³ 的空氣和外氣交換（換氣），汙染物質的去除量是 1m³ 中的容許量 100μg 減去外氣中的量 0μg，算出的 100μg。

1m³ 和外氣交換時
的去除量
$= 100μg/m³ - 0μg/m³ = 100μg/m³$
（容許量）　（外氣中的量）

因為每小時產生 1500μg 的汙染物質，要使空氣水準和外氣相同，$1500μg/h ÷ 100μg/m³ = 15m³/h$，算出每小時必須交換（換氣）15m³ 的空氣。物理上的計算，加上單位直接計算並沒有錯。

$$必要換氣量 = \frac{每 1 小時的產生量}{每換氣 1m³ 的去除量} = \frac{1500μg/h}{100μg/m³ - 0μg/m³}$$

$$= \frac{1500μg/h}{100μg/m³} = \underline{15m³/h}$$

以 1 小時 15m³ 的速度去除每 1m³ 空氣中的 100μg 汙染物質，就不會超過容許量的 100μg/m³。條件中的室內容積 25m³ 並未出現在計算式中。

答案 ▶ 15m³/h

Q 在產生懸浮微粒的室內，根據(1)～(4)的條件求出對應懸浮微粒濃度的<u>必要換氣量</u>。

條件　(1)室內容積：$25m^3$
(2)室內懸浮微粒產生量：15mg/h
(3)大氣中的懸浮微粒濃度：$0.05mg/m^3$
(4)室內空氣中的懸浮微粒容許量：$0.15mg/m^3$

A 題目提到每小時產生15mg的懸浮微粒，懸浮微粒的容許值是每$1m^3$空氣中含量0.15mg，而外氣中懸浮微粒濃度是$0.05mg/m^3$。懸浮微粒濃度在容許值內的內部空氣$1m^3$和外氣交換時，去除$0.15-0.05=0.1mg/m^3$的懸浮微粒。要去除15mg的懸浮微粒，需要交換$15\div0.1=150m^3$的空氣。

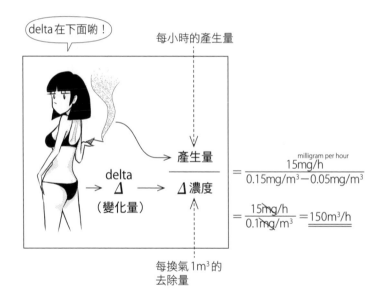

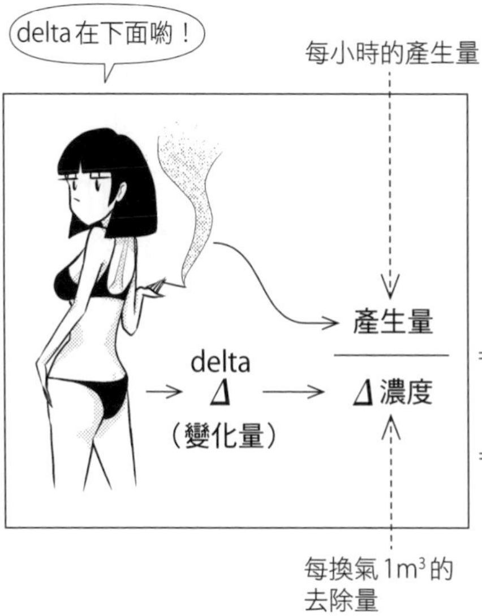

milligram per hour

$$=\frac{15mg/h}{0.15mg/m^3-0.05mg/m^3}$$

$$=\frac{15mg/h}{0.1mg/m^3}=\underline{\underline{150m^3/h}}$$

答案 ▶ $150m^3/h$

Q 在產生氣體汙染物質的室內，根據(1)～(4)的條件求出對應汙染物質濃度的<u>必要換氣次數</u>。

條件　(1)室內容積：25m^3

(2)室內汙染物質產生量：1500μg/m^3

(3)大氣中汙染物質的濃度：0μg/m^3

(4)室內空氣中的汙染物質容許濃度：100μg/m^3

A 房間的空氣整體在1小時內交換幾次，或是交換室內容積幾倍量是換氣次數（亦稱換氣率，ACH），用換氣量÷室內容積來計算。

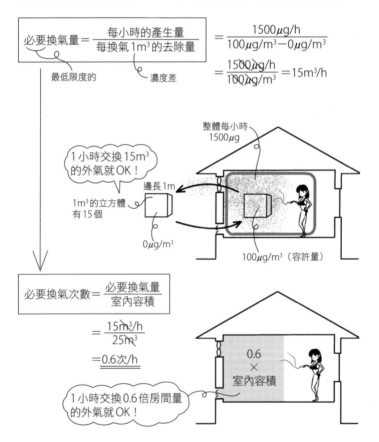

$$\text{必要換氣量}=\frac{\text{每小時的產生量}}{\text{每換氣1m}^3\text{的去除量}}=\frac{1500\mu g/h}{100\mu g/m^3-0\mu g/m^3}=\frac{1500\mu g/h}{100\mu g/m^3}=15m^3/h$$

必要：最低限度的　每換氣1m^{3}的去除量：濃度差

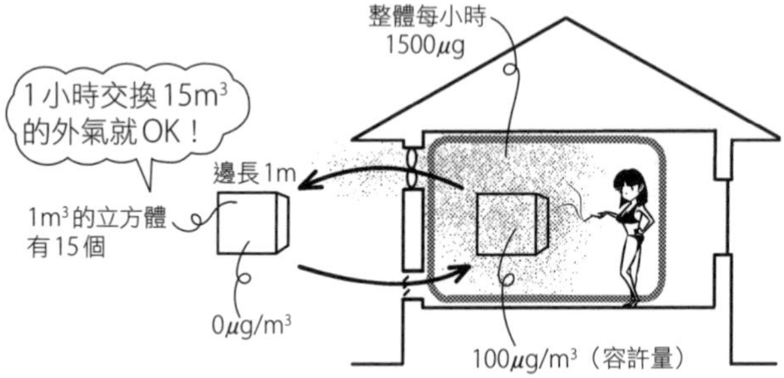
整體每小時
1500μg
1小時交換15m³
的外氣就OK！
邊長1m
1m³的立方體
有15個
0μg/m³
100μg/m³（容許量）

$$\text{必要換氣次數}=\frac{\text{必要換氣量}}{\text{室內容積}}=\frac{15m^3/h}{25m^3}=\underline{\underline{0.6次/h}}$$

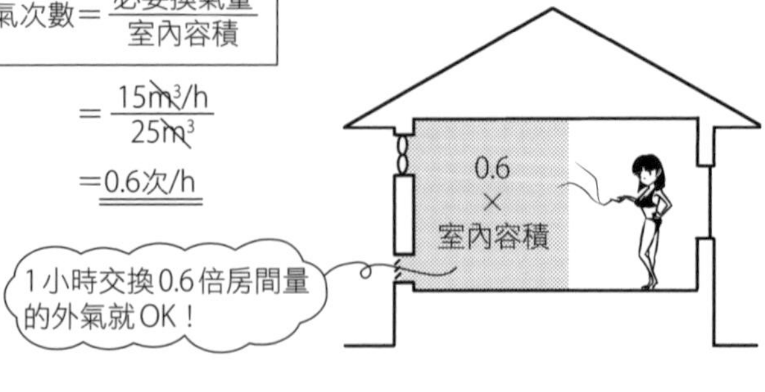
0.6
×
室內容積
1小時交換0.6倍房間量
的外氣就OK！

答案 ▶ 0.6次/h

Q 在產生懸浮微粒的室內，根據⑴～⑷的條件求出對應懸浮微粒濃度的必要換氣次數。

條件　⑴室內容積：25m³
　　　⑵室內懸浮微粒產生量：15mg/h
　　　⑶大氣中的懸浮微粒濃度：0.05mg/m³
　　　⑷室內空氣中的懸浮微粒容許量：0.15mg/m³

A 和前一題相同，必要換氣量用產生量÷去除量（濃度差）算出，接著將必要換氣量÷室內容積，求得<u>必要換氣次數</u>。

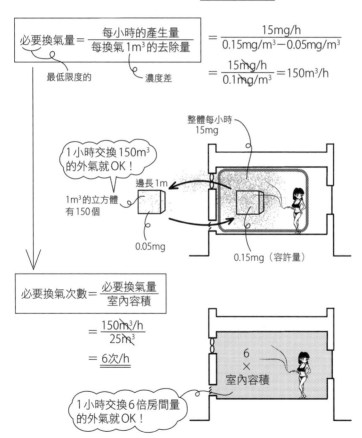

$$必要換氣量 = \frac{每小時的產生量}{每換氣1m^3的去除量} = \frac{15mg/h}{0.15mg/m^3 - 0.05mg/m^3}$$

$$= \frac{15mg/h}{0.1mg/m^3} = 150m^3/h$$

最低限度的　　濃度差

整體每小時 15mg

1小時交換150m³ 的外氣就OK！

邊長1m

1m³的立方體 有150個

0.05mg

0.15mg（容許量）

$$必要換氣次數 = \frac{必要換氣量}{室內容積}$$

$$= \frac{150m^3/h}{25m^3}$$

$$= \underline{6次/h}$$

6 × 室內容積

1小時交換6倍房間量 的外氣就OK！

3

換氣

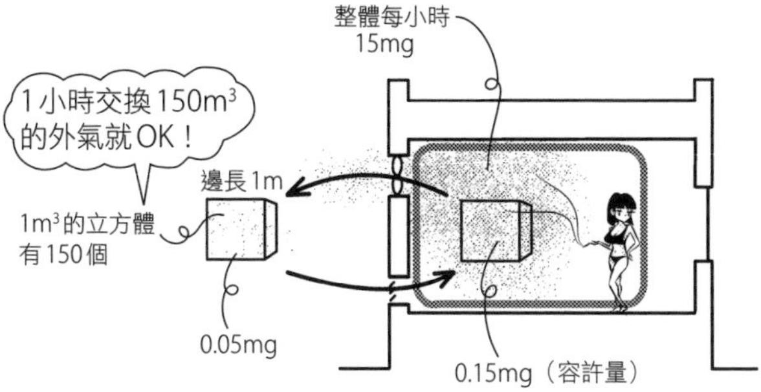

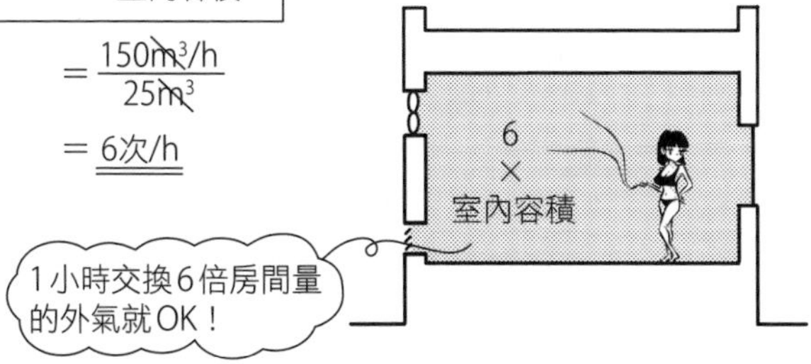

答案 ▶ **6次/h**

Q 在室內容積 $25m^3$ 的房間有 3 個人時，根據 CO_2 濃度求出必要換氣次數。前提是，呼出的 CO_2 馬上平均擴散到室內整體，1 個人呼吸的 CO_2 排出量是 $0.02m^3/h$，大氣中的 CO_2 濃度是 400ppm，室內空氣的 CO_2 容許濃度是 1000ppm。

A 400ppm 是每 $1m^3$ 有 100 萬分之 $400m^3$ 的 CO_2。（100 萬分之 1000）－（100 萬分之 400）＝（100 萬分之 600）m^3，是換氣 $1m^3$ 的 CO_2 去除量。用產生量除以 100 萬分之 600，就能求出必要換氣量。

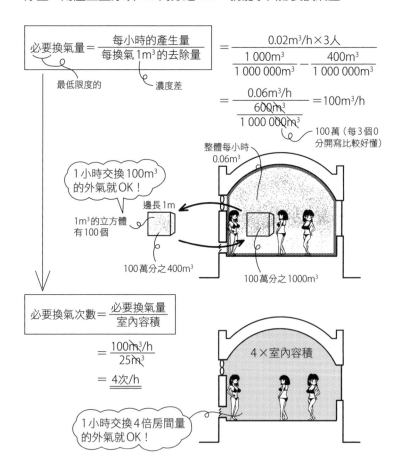

$$必要換氣量 = \frac{每小時的產生量}{每換氣 1m^3 的去除量} = \frac{0.02m^3/h \times 3人}{\frac{1\,000m^3}{1\,000\,000m^3} - \frac{400m^3}{1\,000\,000m^3}}$$

必要：最低限度的　去除量：濃度差

$$= \frac{0.06m^3/h}{\frac{600m^3}{1\,000\,000m^3}} = 100m^3/h$$

1 000 000：100萬（每3個0分開寫比較好懂）

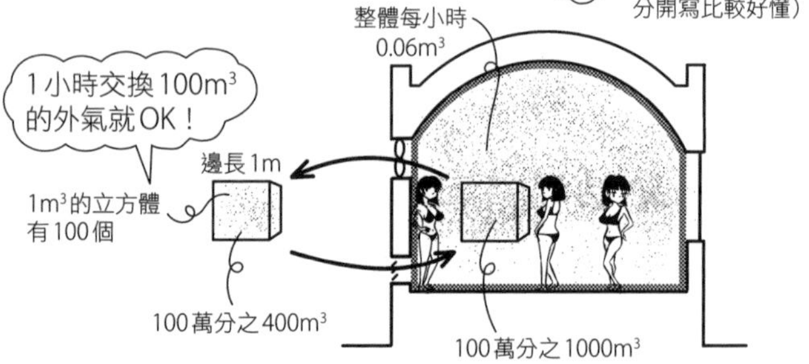

$$必要換氣次數 = \frac{必要換氣量}{室內容積}$$

$$= \frac{100m^3/h}{25m^3}$$

$$= \underline{\underline{4次/h}}$$

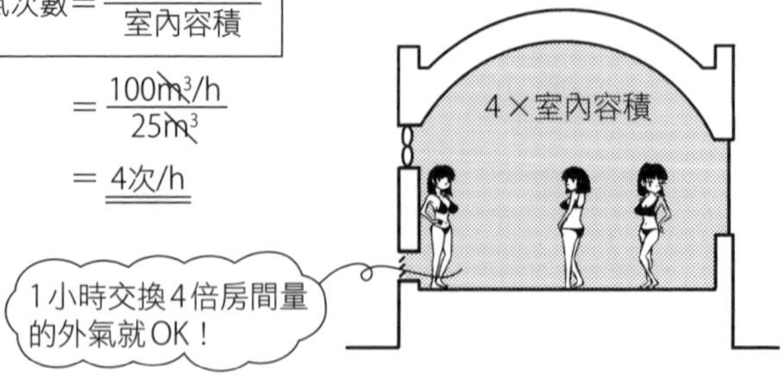

答案 ▶ 4 次/h

Q 在容積100m³的室內，水蒸氣產生量0.6kg/h、換氣次數1.0次/h時，求出經過充分的時間後室內空氣的絕對濕度。前提是，水蒸氣馬上平均擴散到室內整體，外氣的絕對濕度是0.01kg/kg(DA)，乾空氣的密度是1.2kg/m³。

A 絕對濕度是在將水蒸氣和乾空氣（Dry Air＝DA）分開的情況下，每1kg乾空氣伴隨的水蒸氣kg數。空氣密度為1.2kg/m³，表示1m³乾空氣是1.2kg，乾空氣用（DA）表示，每1m³的乾空氣質量為1.2kg(DA)/m³。設定室內的絕對濕度為$x$kg/kg(DA)，每1kg乾空氣有$x$kg的水蒸氣，因為1m³乾空氣是1.2kg，1m³中的水蒸氣量是1.2×$x$kg。同理，絕對濕度0.01kg/kg(DA)的1m³空氣中，水蒸氣是1.2×0.01kg。

Point

			乾空氣	水蒸氣
絕對濕度	$x$kg/kg(DA)	→	1 kg	x kg
乾空氣	1m³	→	1.2kg（密度）	1.2kg×$x$kg

必要換氣量＝$\dfrac{\text{每小時的產生量}}{\text{每換氣1m}^3\text{的去除量}}$

（必要→最低限度的；每換氣1m³的去除量→濃度差）

$$=\frac{0.6\text{kg/h}}{1.2x\text{kg/m}^3-1.2\times0.01\text{kg/m}^3}$$

$$=\frac{0.6\text{kg/h}}{1.2(x-0.01)\text{kg/m}^3}$$

（kg/m³→每1m³的kg數）

$$=\frac{0.6}{1.2x-0.012}\text{m}^3/\text{h}$$

↓

必要換氣次數＝$\dfrac{\text{必要換氣量}}{\text{室內容積}}$

$$=\frac{0.6}{1.2x-0.012}\text{m}^3/\text{h}\cdot\frac{1}{100\text{m}^3}=1\text{次/h}$$

（100m³、1次/h→從題目得知）

$120x-1.2=0.6$

$120x=1.8$

$\therefore x=0.015$

答案 ▶ **0.015kg/kg(DA)**

Q 在容積200m³的室內，水蒸氣產生量0.6kg/h時，求出為了維持室內空氣的絕對濕度0.01kg/kg(DA)的必要換氣量和必要換氣次數。前提是，水蒸氣馬上平均擴散到室內整體，外氣的絕對濕度是0.005kg/kg(DA)，乾空氣的密度是1.2kg/m³。

A 絕對濕度$x$kg/kg(DA)是1kg乾空氣中伴隨$x$kg水蒸氣。乾空氣1.2kg中，水蒸氣是1.2$x$kg。因為1m³乾空氣是1.2kg（密度），所以1m³的乾空氣伴隨1.2$x$kg水蒸氣。

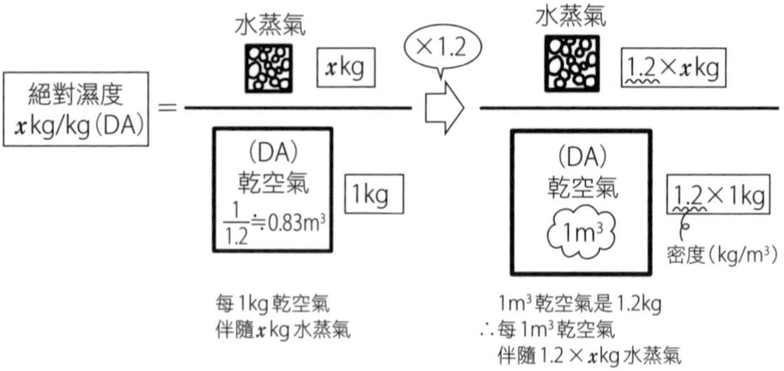

Point

每1m³乾空氣的水蒸氣質量＝1.2×絕對濕度

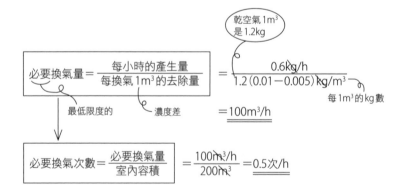

$$\text{必要換氣量}=\frac{\text{每小時的產生量}}{\text{每換氣1m}^3\text{的去除量}}=\frac{0.6\text{kg/h}}{1.2(0.01-0.005)\text{kg/m}^3}=\underline{\underline{100\text{m}^3\text{/h}}}$$

必要換氣量：最低限度的
每換氣1m³的去除量：濃度差
1.2：乾空氣1m³是1.2kg
kg/m³：每1m³的kg數

$$\text{必要換氣次數}=\frac{\text{必要換氣量}}{\text{室內容積}}=\frac{100\text{m}^3\text{/h}}{200\text{m}^3}=\underline{\underline{0.5\text{次/h}}}$$

答案 ▶ 100m³/h、0.5次/h

Q 在兩個容積相異的室內，當室內的CO_2產生量（m^3/h）和換氣次數（次/h）相同時，穩定狀態（註）時的室內CO_2濃度（%）是容積大的室內比容積小的高。

A 換氣次數×室內容積是1小時交換的室內空氣量。當換氣次數相同時，室內容積較大的換氣量較多，濃度較低。利用下圖的房間A和房間B計算看看。

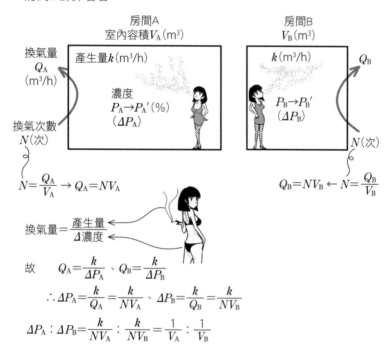

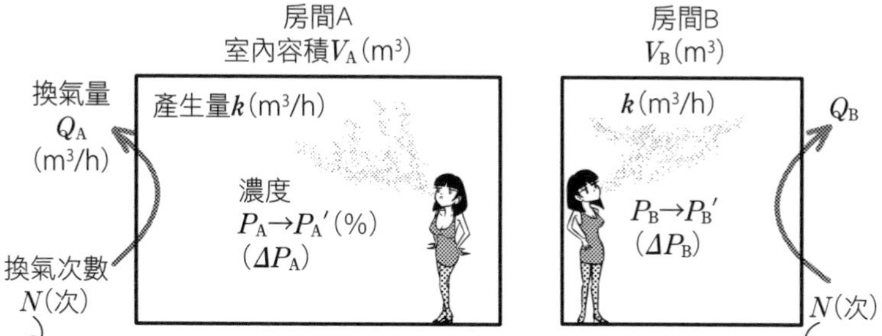

$N=\dfrac{Q_A}{V_A} \to Q_A=NV_A$　　　　$Q_B=NV_B \leftarrow N=\dfrac{Q_B}{V_B}$

換氣量$=\dfrac{\text{產生量}}{\Delta\text{濃度}}$

故　$Q_A=\dfrac{k}{\Delta P_A}$、$Q_B=\dfrac{k}{\Delta P_B}$

$\therefore \Delta P_A=\dfrac{k}{Q_A}=\dfrac{k}{NV_A}$、$\Delta P_B=\dfrac{k}{Q_B}=\dfrac{k}{NV_B}$

$\Delta P_A : \Delta P_B=\dfrac{k}{NV_A} : \dfrac{k}{NV_B}=\dfrac{1}{V_A} : \dfrac{1}{V_B}$

因為$V_A > V_B$，所以$\Delta P_A < \Delta P_B$，房間A的濃度變化較小，室內容積較大的房間A濃度較低（答案為×）。

註：穩定狀態（steady state）為開口面積、流速和密度固定時，空氣和熱等呈現穩定流動的狀態。

答案 ▶ ×

Q **1**. 在穩定狀態（註）時，從外界流入室內的空氣質量，和由內向外流出的空氣質量相等。

2. 當室內外空氣密度相同時，包含縫隙的所有開口部的供氣量和排氣量相同。

A 用右圖的流線管來思考，換氣流程也可用這類流體力學基礎理論來推論。只要不被管壁吸附或中途漏出，進入的空氣都會排出（**1**、**2** 是○）。

1秒鐘進入的空氣每秒移動 v_1m，所以體積是 $A_1 \times v_1$m^3。體積乘上密度得到質量，所以流入空氣的質量是

$\rho_1 \times (A_1 \times v_1)$kg

同理，流出的空氣質量為

$\rho_2 \times (A_2 \times v_2)$kg

進入流出的質量應該相同，所以

$\rho_1 A_1 v_1 = \rho_2 A_2 v_2$

此式稱質量守恆定律或連續方程式（continuity equation）。

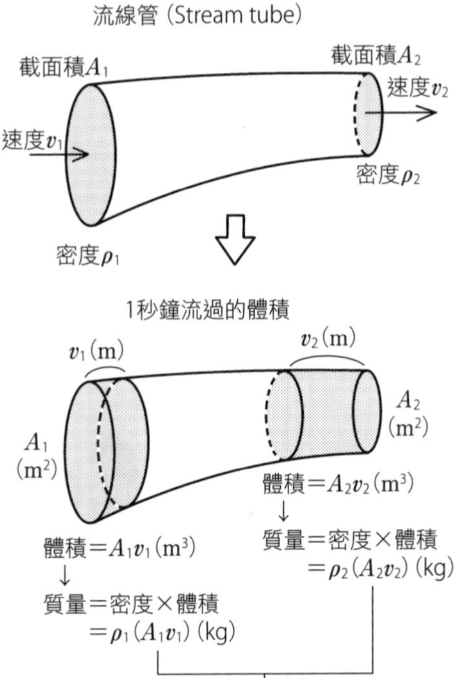

質量固定（質量守恆定律、連續方程式）
$\rho_1A_1v_1 = \rho_2A_2v_2$
$\rho_1 = \rho_2$（非壓縮性）時，$A_1v_1 = A_2v_2$（體積相同）

註：穩定狀態為 A、v、ρ 固定時，呈安定流動的狀態。

答案 ▶ 1. ○　2. ○

Q 與鐘形口（bell mouth）窗戶的流量係數相較，一般窗戶開口的流量係數較小。

A 通過開口的空氣流量 Q 用下式表示。

$$Q = \alpha A \sqrt{\frac{2\Delta P}{\rho}}$$

α：流量係數
A：開口面積
αA：有效面積
$\Delta P = P_a - P_b$：壓力差
ρ：密度

開口面積 A (m²)
有效面積 αA (m²)

壓力 P_a (Pa=N/m²)
壓力 P_b (Pa=N/m²)

流量 Q (m³/s)

α 是根據流動順暢程度來修正實際開口面積的係數。像鐘形開口的鐘形口使空氣流動不會產生渦流，減少流體截面積縮小的情況，所以 $\alpha \fallingdotseq 1$。一般的窗戶在空氣流過的截面積是通過前的 0.6～0.7 倍，所以 $\alpha = 0.6$～0.7（答案為○）。

流量係數 α

鐘形口 $\alpha \fallingdotseq 1.0$

一般 $\alpha = 0.6$～0.7

百葉窗 $\alpha = \begin{cases} 0.70\ (\beta=90°) \\ 0.58\ (\beta=70°) \\ 0.42\ (\beta=50°) \end{cases}$

鐘

呋

鐘形口是最好的呀

通過後縮小！

通過後的縮小較少！

一般的形狀　　　　鐘形

3
換氣

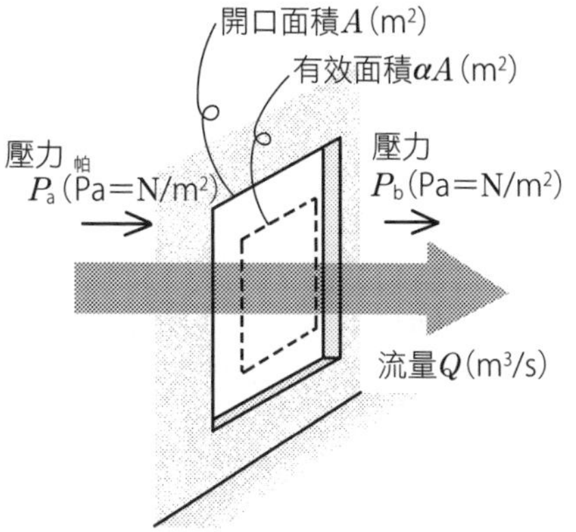

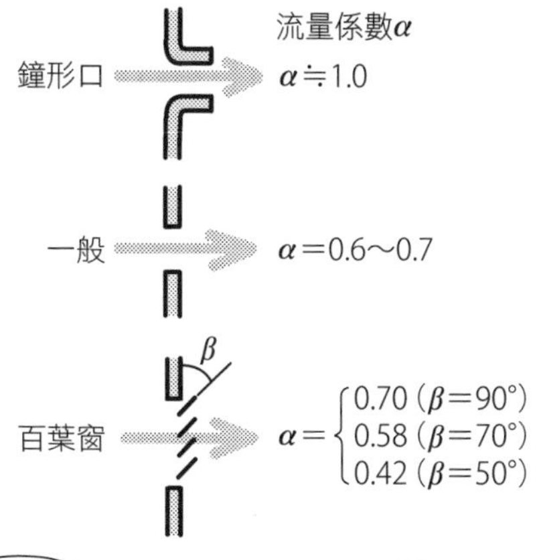

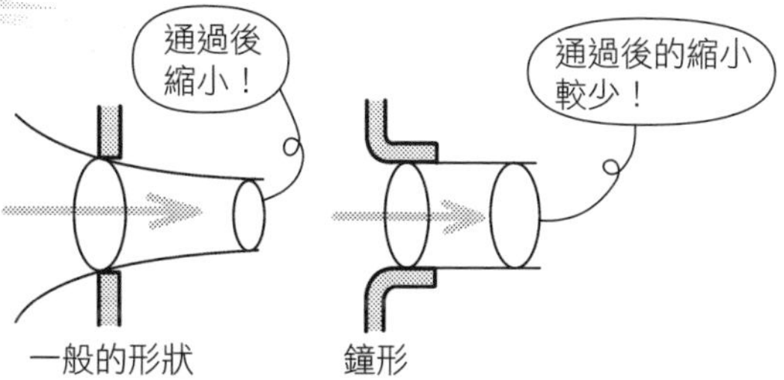

Q 從門窗周圍的間隙流入流出的漏氣量，和間隙前後的壓力差的$1/n$次方成正比，n值為1～2。

A 通過開口的空氣流量Q公式如下（參見R072）。Q是壓力差ΔP的平方根，與$\sqrt{\Delta P}$成正比。

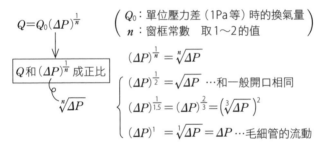

$$Q = \alpha A \sqrt{\frac{2\Delta P}{\rho}}$$

$\boxed{Q\text{和}\sqrt{\Delta P}\text{成正比}}$

$\left(\begin{array}{l} \alpha \text{：流量係數} \\ A \text{：開口面積} \\ \alpha A \text{：有效面積} \\ \Delta P \text{：壓力差} \\ \rho \text{：密度} \end{array}\right)$

上式是用在開口很大的情況。如果是門窗的間隙，或是牆壁的縫隙（龜裂）等微小開口，則用下式（答案為○）。

$$Q = Q_0 (\Delta P)^{\frac{1}{n}}$$

$\left(\begin{array}{l} Q_0 \text{：單位壓力差（1Pa等）時的換氣量} \\ n \text{：窗框常數　取1～2的值} \end{array}\right)$

$\boxed{Q\text{和}(\Delta P)^{\frac{1}{n}}\text{成正比}}$　$\rightsquigarrow \sqrt[n]{\Delta P}$

$(\Delta P)^{\frac{1}{n}} = \sqrt[n]{\Delta P}$

$\begin{cases} (\Delta P)^{\frac{1}{2}} = \sqrt{\Delta P} \quad \cdots \text{和一般開口相同} \\ (\Delta P)^{\frac{1}{1.5}} = (\Delta P)^{\frac{2}{3}} = \left(\sqrt[3]{\Delta P}\right)^2 \\ (\Delta P)^1 = \sqrt[1]{\Delta P} = \Delta P \quad \cdots \text{毛細管的流動} \end{cases}$

delta $\longrightarrow \Delta \longrightarrow$ $(\Delta P)^{\frac{1}{2}}$ $\sqrt{\Delta P}$ \Rightarrow $(\Delta P)^{\frac{1}{n}}$ $\sqrt[n]{\Delta P}$

間隙的情況

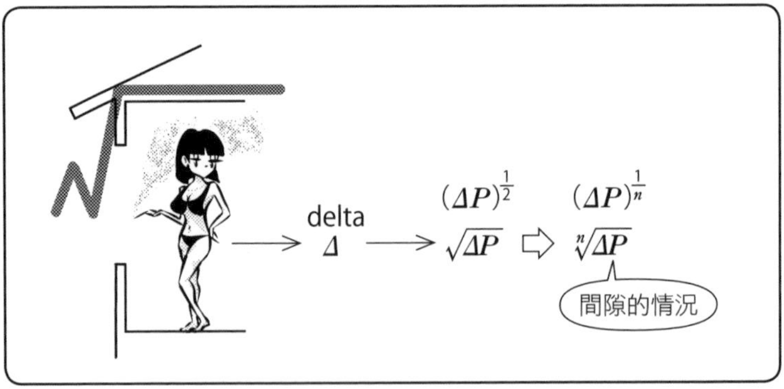

答案 ▶ ○

Q 重力通風中，當外氣溫度比室內略高時，外氣從在中性帶上方的開口流入。

A 重力通風又稱為浮力通風或溫度差通風，是單位體積的空氣因溫度造成密度差異而產生。題目中外氣溫度高時，室內空氣溫度較低而收縮變重，反之外氣因高溫而變輕。房間內部的氣壓運作如下圖，下面壓力比外氣強（正壓），上面壓力變弱（負壓），外氣從開口流入（答案為○）。其中有和外氣同壓力的中性帶。如果將房間內部用橡膠比喻，下面膨脹上面收縮，而中性帶沒有膨脹收縮變形。

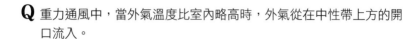

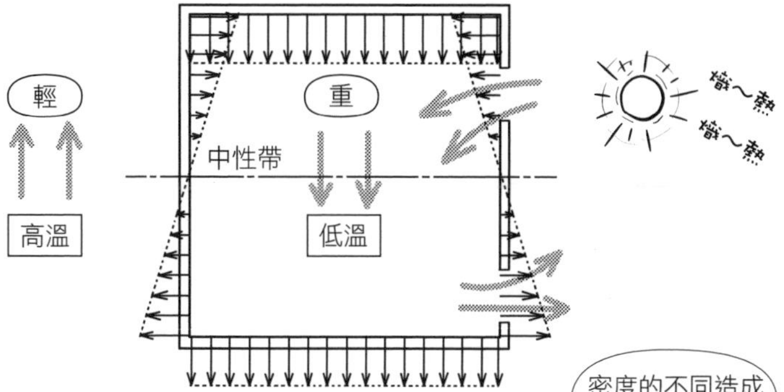

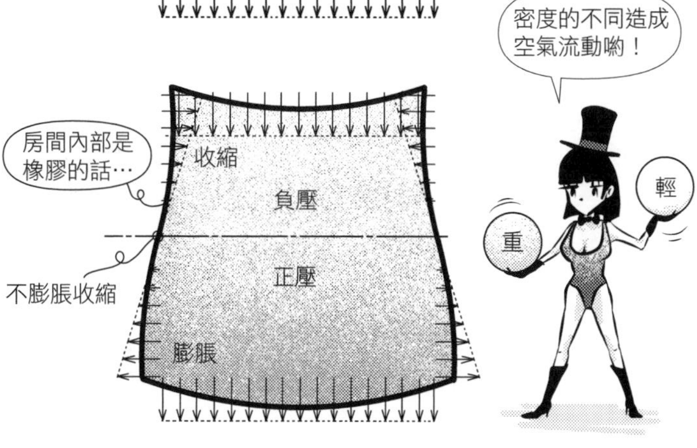

答案 ▶ ○

Q 重力通風中，當室內溫度比外氣高時，室內空氣從在中性帶下方的開口流出。

A 上一題是夏天的冷房，這題是冬天的暖房。溫暖的空氣變輕而上升，使得房間上方的氣壓比外面高（正壓），下面壓力變低（負壓）。非正壓負壓的中性帶高度，會因上下方窗戶的大小而異。如果將房間內部用橡膠來比喻變形的大小，如圖所示，上面膨脹下面收縮。空氣會從膨脹的那端流出，收縮的那端流入（答案為×）。

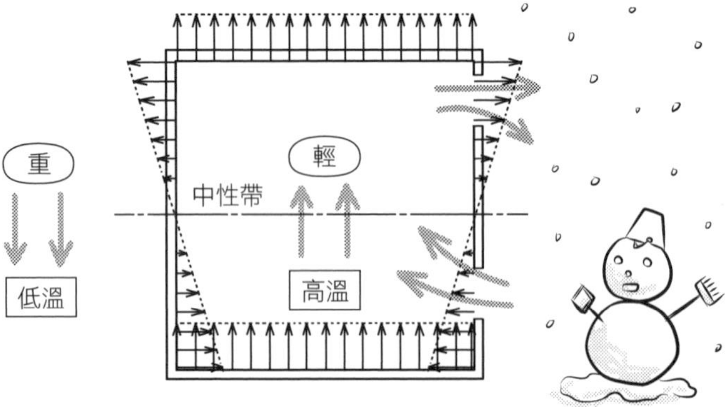

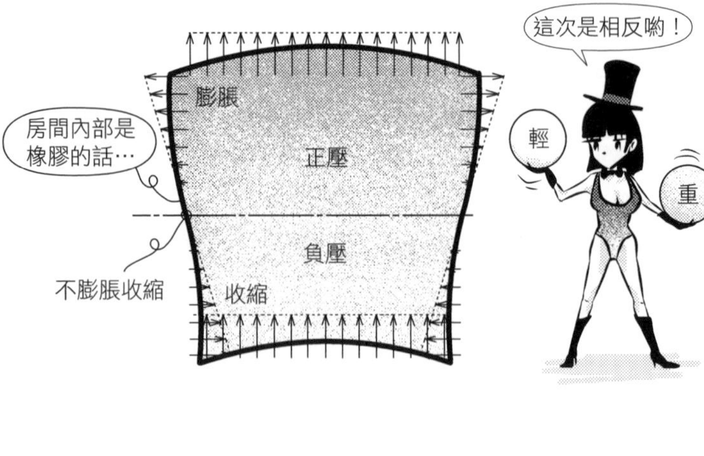

答案 ▶ ×

Q 在上下兩個開口部大小不同的室內，於無風的條件下進行重力通風，中性帶的高度較接近大開口而非小開口。

A 即使上下開口大小有別，進出的空氣流量是相同的，不同的是內外的壓力差。大開口的內外壓力差小，小開口的內外壓力差大。沒有內外壓力差的中性帶，會靠近內外壓力差小的那一邊，也就是大開口（答案為○）。因為中性帶沒有內外壓力差，所以就算有開口，空氣也不會流動。

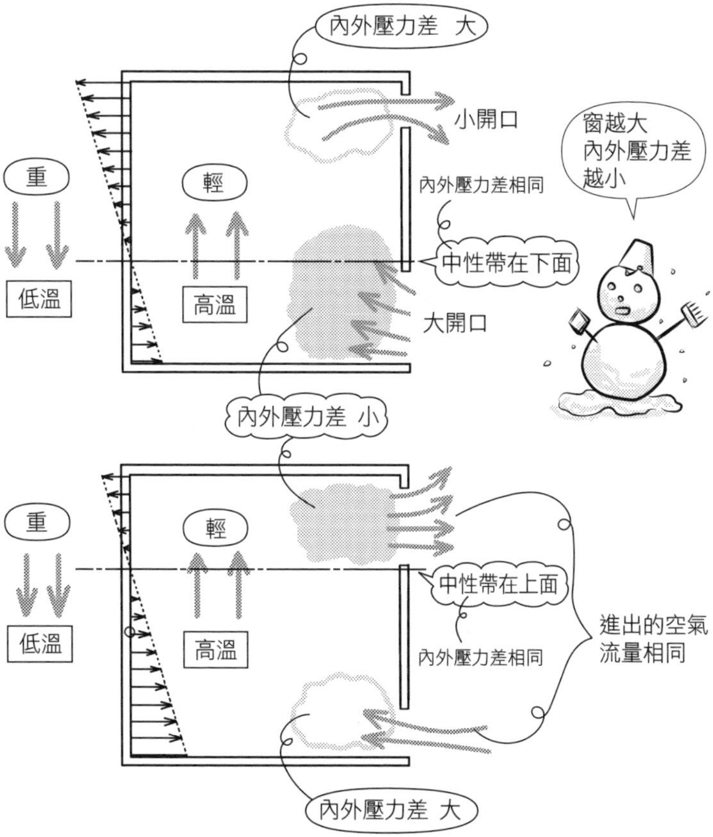

答案 ▶ ○

Q 無風狀態時重力通風的換氣量，和上下開口的中心點垂直距離成正比。

..

A 重力通風的換氣量 Q 公式如下，和開口中心點距離 Δh 的平方根成正比（答案為╳）。

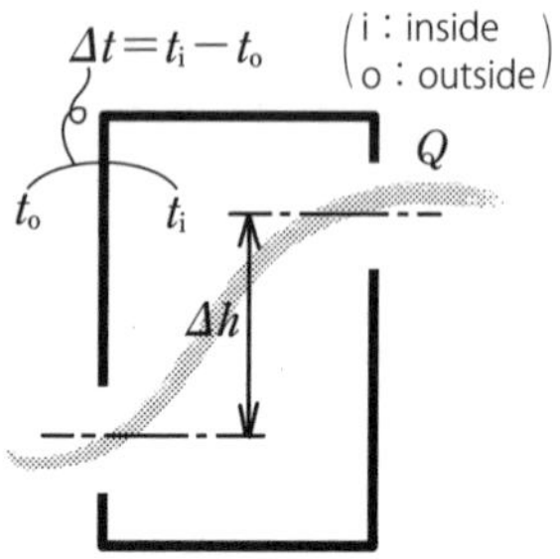

重力通風的換氣量

$$Q = \alpha A \sqrt{\dfrac{2g \cdot \Delta h \cdot \Delta t}{t_i + 273}}$$

室內的絕對溫度

$$\left. \begin{array}{c} \dfrac{A}{\sqrt{\Delta h}} \\ \sqrt{\Delta t} \end{array} \right\} 成正比$$

正確來説是和 $\sqrt{\dfrac{\Delta t}{t_i + 273}}$ 成正比，
但 $+273$ 遠比 t_i 大，所以幾乎和 Δt 成正比

$\Delta t = t_i - t_o$ 　$\left(\begin{array}{l} \text{i : inside} \\ \text{o : outside} \end{array} \right)$

α：流量係數
A：開口面積
g：重力加速度
Δh：高度差
Δt：內外溫度差
t_o：室外溫度
t_i：室內溫度

Δh 和 Δt 在開根號裡面喲！ A 在開根號外面

delta

Δ $\left\{ \begin{array}{l} \Delta h \ 高度差 \\ \Delta t \ 溫度差 \end{array} \right.$

..

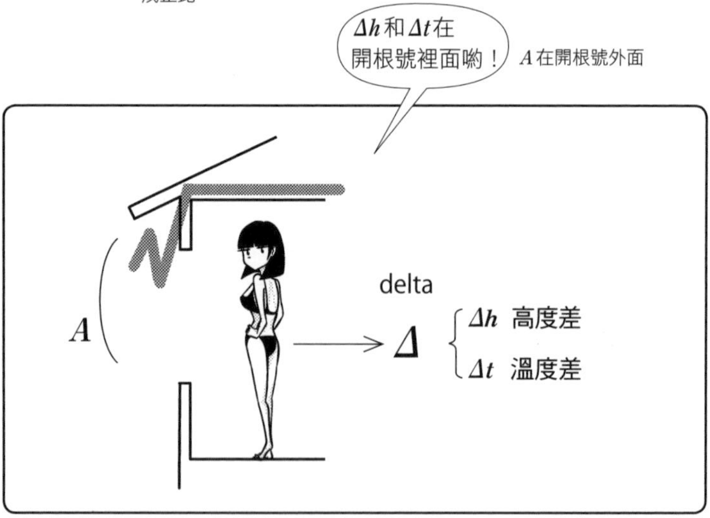

答案 ▶ ╳

Q 無風狀態時重力通風的換氣量，和溫度差的2次方成正比。

A 重力通風的換氣量如前述，和A、$\sqrt{\Delta h}$、$\sqrt{\Delta t}$成正比。題目所述和Δt^2成正比是錯誤的，但正確來說也不是和$\sqrt{\Delta t}$成正比，而是$\sqrt{\Delta t/(t_i+273)}$。一般室內溫度$t_i$是20℃左右，所以$t_i+273=293$K，$t_i$造成的變化很小。因此換氣量幾乎和$\sqrt{\Delta t}$成正比（答案為×）。

想想前述重力通風的公式由來。假設右圖面積1m²高度h(m)的空氣柱，密度ρ_o體積1m³的質量是ρ_o，重量是$\rho_o g$。則體積h(m³)的重量是$\rho_o gh$。室內外的空氣重分別是$\rho_o gh$、$\rho_i gh$，差值就是內外壓力差ΔP。

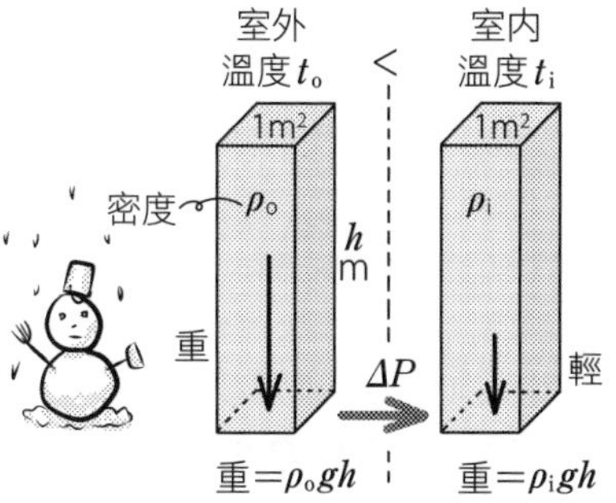

（g：重力加速度）

$$\Delta P=\rho_o gh-\rho_i gh$$
$$=gh(\rho_o-\rho_i)\cdots①$$

氣體的狀態方程式$PV=nRT$換成$\frac{n}{V}=\frac{P}{RT}$，和$\frac{n}{V}$成正比的密度與絕對溫度T成反比。溫度越高膨脹時，密度越小。

$$\rho_o:\rho_i=\frac{1}{t_o+273}:\frac{1}{t_i+273}\ \text{導成}\ \frac{\rho_o}{t_i+273}=\frac{\rho_i}{t_o+273}=\alpha\ \text{的式子}$$
$$\rho_o=\alpha(t_i+273)\text{、}\rho_i=\alpha(t_o+273)\qquad \therefore \rho_o-\rho_i=\alpha(t_i-t_o)\cdots②$$

從孔通過的流體公式如下所示，從流體力學求得。

$$=\alpha A\sqrt{\frac{2\Delta P}{\rho}}\cdots③$$

（α：流量係數…由開口形狀來決定
A：開口面積
ΔP：壓力差
ρ：流體密度）

將③的ρ代入ρ_o，將①、②代入③整理如下：

$$Q=\alpha A\sqrt{\frac{2gh(\rho_o-\rho_i)}{\rho_o}}=\alpha A\sqrt{\frac{2gh\alpha(t_i-t_o)}{\alpha(t_i+273)}}=\alpha A\sqrt{\frac{2gh(t_i-t_o)}{t_i+273}}$$

導出重力通風的公式。

答案 ▶ ×

Q 在外氣溫5℃、無風時，上下有開口的房間A、B、C截面圖如下所示。室溫都是20℃，開口部中心間的距離分別是1m、2m、4m。各自的上下開口面積為0.8m²、0.4m²、0.3m²，求換氣量大小關係。

房間A　　　　　房間B　　　　　房間C

開口面積　　　　開口面積　　　　開口面積
上下各為0.8m²　上下各為0.4m²　上下各為0.3m²

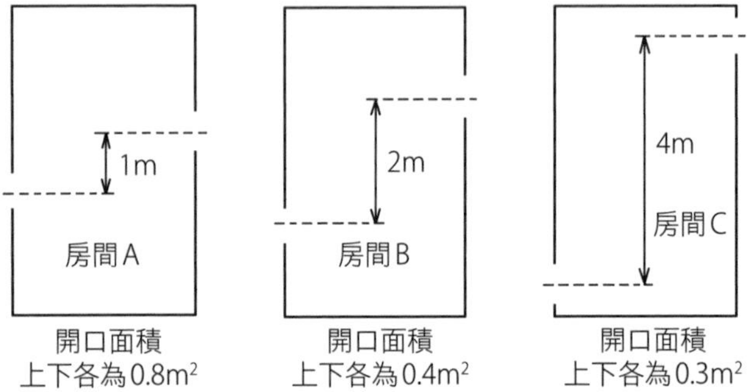

A 再次回想重力通風的換氣量公式吧。先想出 Q 和什麼成正比，就能解出問題。

$$\Delta t = t_i - t_o \quad \binom{i : inside}{o : outside}$$

$$\Delta h = 高的\,h - 低的\,h$$

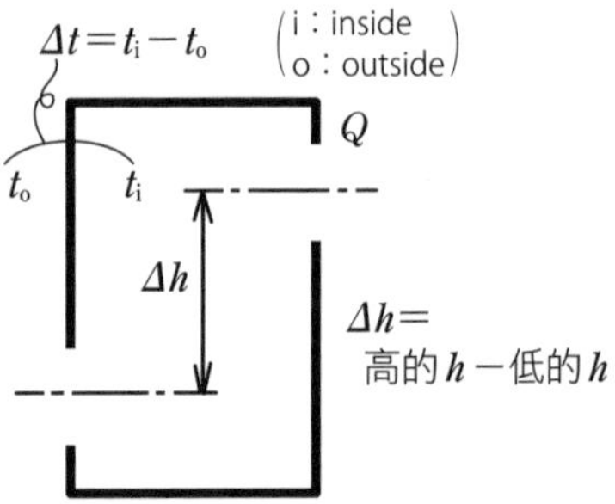

重力通風的換氣量

$$Q = \alpha A \sqrt{\frac{2g \cdot \Delta h \cdot \Delta t}{t_i + 273}}$$

室內的絕對溫度

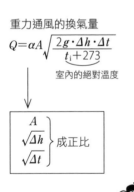

$$\left.\begin{array}{c} A \\ \sqrt{\Delta h} \\ \sqrt{\Delta t} \end{array}\right\} 成正比$$

$$\begin{pmatrix} \alpha & : 流量係數 \\ A & : 開口面積 \\ g & : 重力加速度 \\ \Delta h & : 高度差 \\ \Delta t & : 內外溫度差 \\ t_i & : 室內溫度 \end{pmatrix}$$

Δh：到窗中心點的高度差
從地面算起的高度 $h = 3m$ 和 $h = 1m$
的差是 $\Delta h = 3m - 1m = 2m$。Q 的式子
則是將 Δh 設成 h 的情況較多。

只要記得這個就夠了呀

要好好記住 A、Δh、Δt 在開根號裡面還是外面。

A 在開根號外面喲！

delta
Δ $\begin{cases} \Delta h & \text{高度差} \\ \Delta t & \text{溫度差} \end{cases}$

A、B、C的內外溫度差 Δt 相同，所以 Q 和 $A \times \sqrt{\Delta h}$ 成正比。

房間A

1m
0.8m²

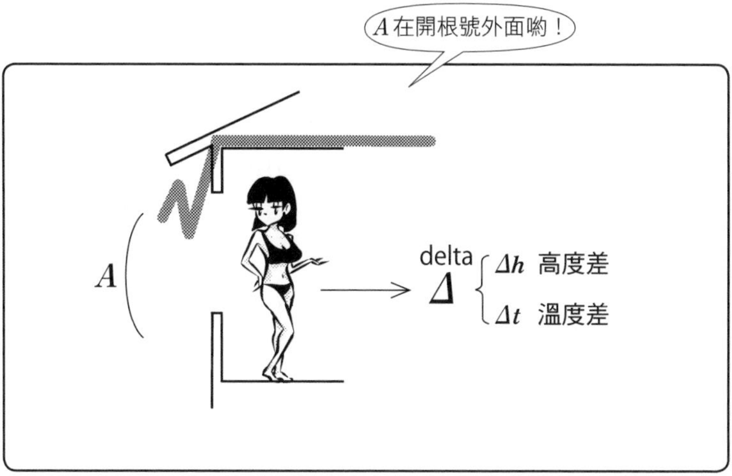

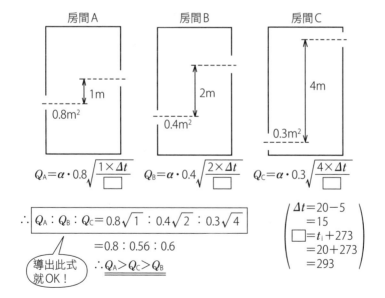

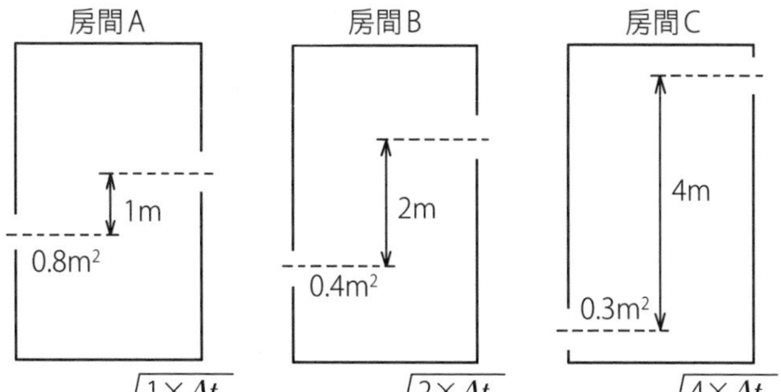

$Q_A = \alpha \cdot 0.8 \sqrt{\dfrac{1 \times \Delta t}{\square}}$

房間B

2m
0.4m²

$Q_B = \alpha \cdot 0.4 \sqrt{\dfrac{2 \times \Delta t}{\square}}$

房間C

4m
0.3m²

$Q_C = \alpha \cdot 0.3 \sqrt{\dfrac{4 \times \Delta t}{\square}}$

$\therefore \boxed{Q_A : Q_B : Q_C = 0.8\sqrt{1} : 0.4\sqrt{2} : 0.3\sqrt{4}}$

導出此式
就OK！

$= 0.8 : 0.56 : 0.6$

$\therefore \underline{\underline{Q_A > Q_C > Q_B}}$

$\begin{pmatrix} \Delta t = 20 - 5 \\ = 15 \\ \square = t_i + 273 \\ = 20 + 273 \\ = 293 \end{pmatrix}$

• 正確來說當出入口的開口面積 A 相等時，合成開口面積是 $A / \sqrt{2}$。比較大小時假設 A 都相等，也可以直接計算。

答案 ▶ 房間A ＞ 房間C ＞ 房間B

3

Q 風力通風的換氣量，和風壓係數的差成正比。

A <u>風壓係數（風力係數）C是根據建物的形狀和風向來決定的係數</u>。利用人造風橫向吹進洞窟狀的空間來計算的風洞實驗，事先求出風壓係數。風速v是沒有建物時風原本的速度，而風力通風的換氣量Q公式如下。<u>Q和風壓係數差值ΔC的平方根成正比</u>（答案為×）。因為是用R078重力通風也使用的公式$Q=\alpha A\sqrt{2\Delta P/\rho}$來導公式，所以和$\Delta P$有關的$\Delta C$出現在平方根中。

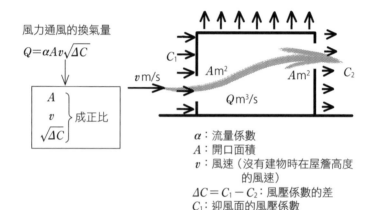

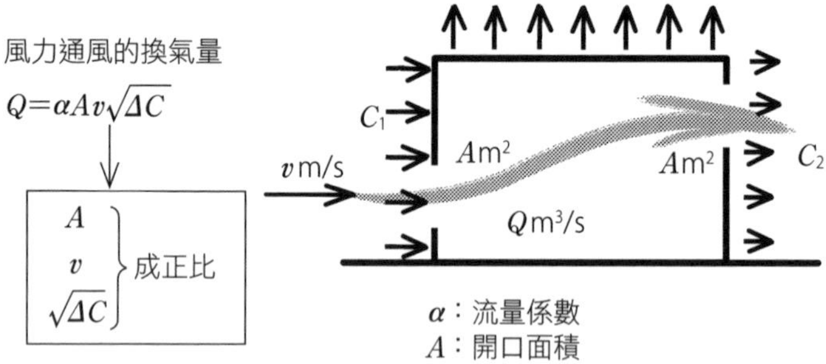

α：流量係數
A：開口面積
v：風速（沒有建物時在屋簷高度的風速）
$\Delta C=C_1-C_2$：風壓係數的差
C_1：迎風面的風壓係數
C_2：背風面的風壓係數

風壓（風力）係數C

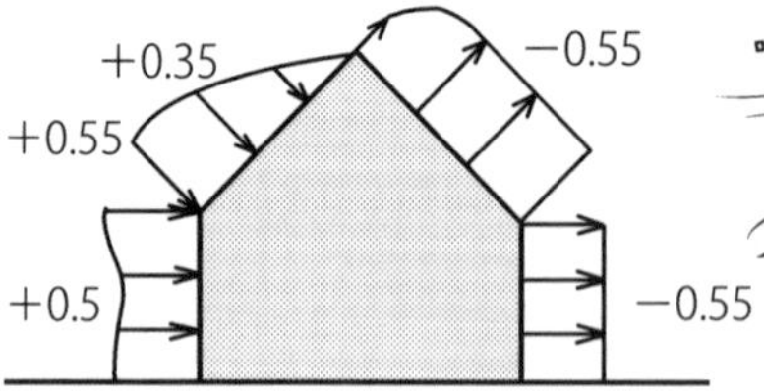

答案 ▶ ×

Q 風力通風的換氣量

1. 和風速的平方根成正比。

2. 和開口面積成正比。

A 風力通風的換氣量和開口面積 A、風速 v 成正比，也和風壓係數的差 ΔC 的平方根 $\sqrt{\Delta C}$ 成正比（**1**是×，**2**是○）。

重力通風和風力通風的正比關係統整如下。在平方根裡面的是 ΔC、Δh、Δt，也就是變化量、差值，在平方根外的是 A 和 v。

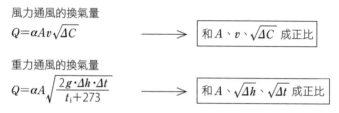

風力通風的換氣量

$Q=\alpha A v\sqrt{\Delta C}$ ——→ 和 A、v、$\sqrt{\Delta C}$ 成正比

重力通風的換氣量

$Q=\alpha A\sqrt{\dfrac{2g\cdot\Delta h\cdot\Delta t}{t_i+273}}$ ——→ 和 A、$\sqrt{\Delta h}$、$\sqrt{\Delta t}$ 成正比

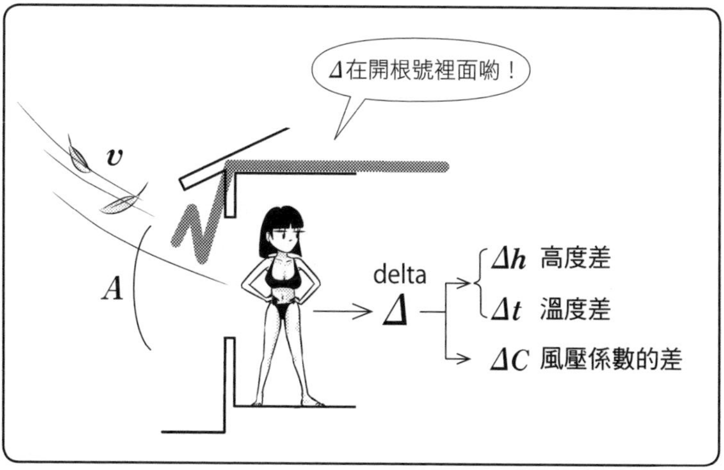

答案 ▶ 1. × 2. ○

Q 下圖是表示在特定風向時，建築物平面的風壓係數分布。若這個建築物設有開口部，通風量最多的是哪一個？前提是開口部同樣高度，流量係數值相同。

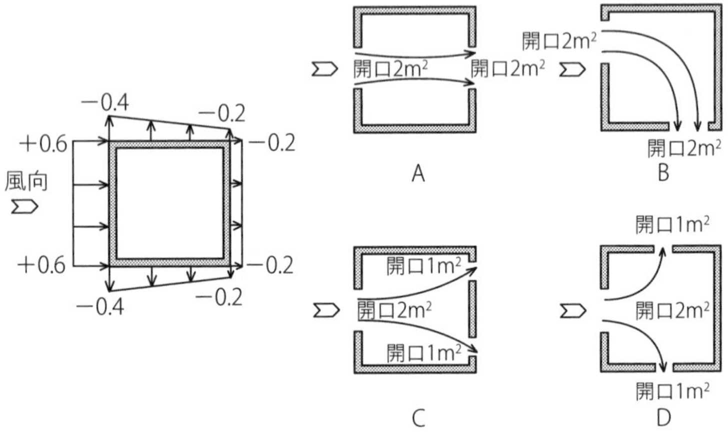

A 開口部的高度相同，$\Delta h=0$，所以開口部的壓力差相同，不會產生重力通風，只有風力通風。

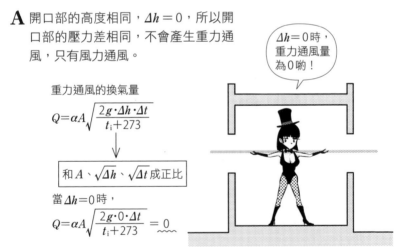

重力通風的換氣量

$$Q=\alpha A\sqrt{\frac{2g\cdot\Delta h\cdot\Delta t}{t_i+273}}$$

↓

和 A、$\sqrt{\Delta h}$、$\sqrt{\Delta t}$ 成正比

當 $\Delta h=0$ 時，

$$Q=\alpha A\sqrt{\frac{2g\cdot 0\cdot\Delta t}{t_i+273}}=0$$

出口的開口面積可並聯計算，任何一個的開口面積A都是$2m^2$。
風速v也相同，所以換氣量的大小由風壓係數的差ΔC來決定。

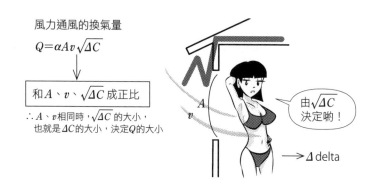

風力通風的換氣量

$Q=\alpha A v\sqrt{\Delta C}$

↓

和A、v、$\sqrt{\Delta C}$成正比

∴A、v相同時，$\sqrt{\Delta C}$的大小，
也就是ΔC的大小，決定Q的大小

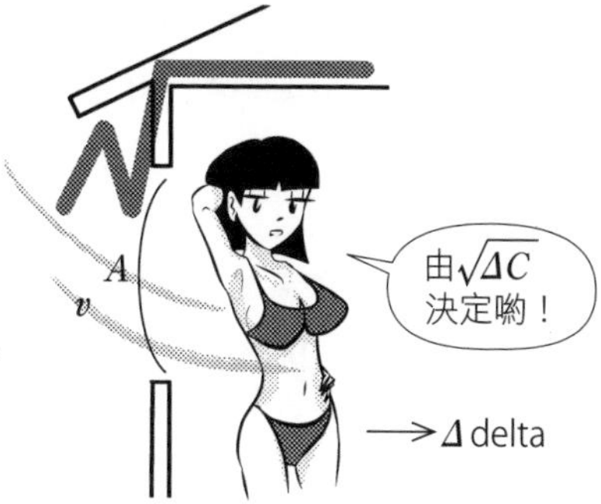

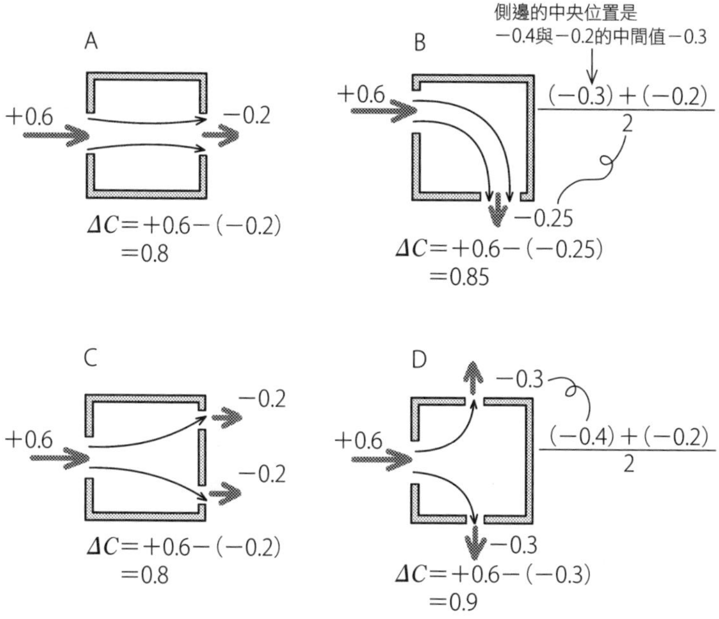

A
+0.6
−0.2
$\Delta C=+0.6-(-0.2)$
$=0.8$
B
側邊的中央位置是
−0.4與−0.2的中間值−0.3
+0.6
$\frac{(-0.3)+(-0.2)}{2}$
−0.25
$\Delta C=+0.6-(-0.25)$
$=0.85$
C
+0.6
−0.2
−0.2
$\Delta C=+0.6-(-0.2)$
$=0.8$
D
+0.6
−0.3
$\frac{(-0.4)+(-0.2)}{2}$
−0.3
$\Delta C=+0.6-(-0.3)$
$=0.9$

∴Q的大小關係是，D＞B＞A＝C

答案 ▶ D

Q 空間中設置兩個開口，一個位在迎風面，一個在背風面，兩者的面積和為定值時，當兩個開口的面積相等，風力通風量最大。

A 換氣量Q的式子中A是開口面積，乘上依開口形狀而定的流量係數α的積αA是有效開口面積。用空氣的入口和出口各自的α_1、α_2、A_1、A_2來計算。

重力通風的換氣量

$$Q=\alpha A\sqrt{\frac{2g\cdot\Delta h\cdot\Delta t}{t_i+273}}$$

風力通風的換氣量

$$Q=\alpha A v\sqrt{\Delta C}$$

↓

A是 入口面積A_1 和 出口面積A_2 的 合成面積

αA是 入口有效面積$\alpha_1 A_1$ 和 出口有效面積$\alpha_2 A_2$ 的 合成有效面積

有 $\left(\frac{1}{\alpha A}\right)^2=\left(\frac{1}{\alpha_1 A_1}\right)^2+\left(\frac{1}{\alpha_2 A_2}\right)^2$ 的合成公式，$\alpha_1=\alpha_2=\alpha$時，

$$\alpha A=\frac{1}{\sqrt{\left(\frac{1}{\alpha A_1}\right)^2+\left(\frac{1}{\alpha A_2}\right)^2}}=\frac{\alpha A_1 A_2}{\sqrt{A_1^2+A_2^2}}$$

若A_1+A_2為定值，$A_1=A_2$時，αA最大（答案為○）。只要記住這個結果就好了。

Point

入口面積A_1＝出口面積A_2時，換氣量Q最大
（A_1+A_2＝定值、α相同的情況下）

答案 ▶ ○

Q 表示換氣效率的指標中

1. 空氣年齡是指，從供氣口到排氣口的駐留時間。

2. 空氣餘命是指，從室內某一點到排氣口的駐留時間。

3. 空氣壽命是指，從供氣口到室內某一點的駐留時間。

A 如下圖，從供氣口到某一點的駐留時間是空氣年齡，某一點到排氣口的駐留時間是空氣餘命，供氣口到排氣口的駐留時間是空氣壽命（**1**是×，**2**是○，**3**是×）。

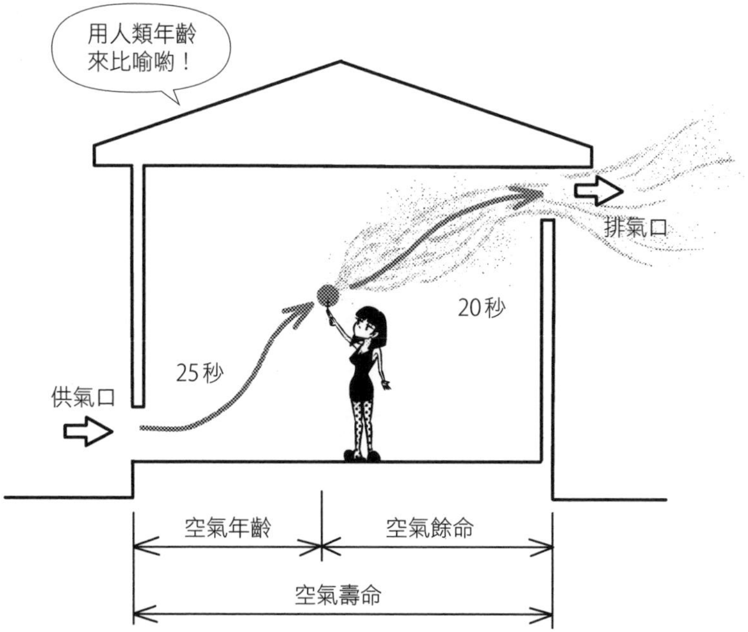

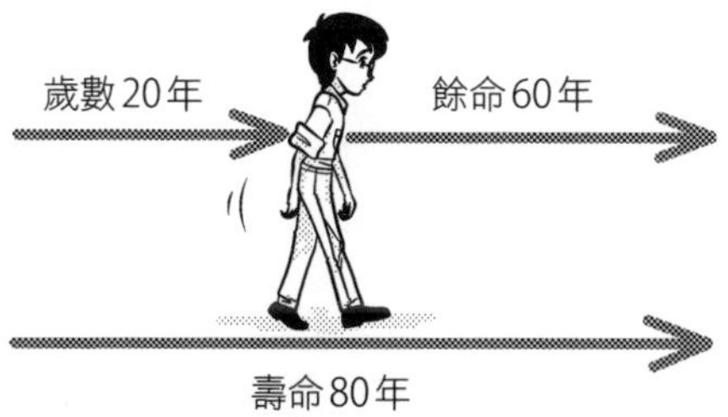

答案 ▶ 1. ×　2. ○　3. ×

Q **1**. 空氣年齡是具有時間單位的換氣效率指標，數值越小意味著產生的汙染物質越快被排出。

2. 空氣年齡表示室內某處的空氣新鮮度，數值越大代表此處的空氣新鮮度越低。

A 室內某一點到排氣口的駐留時間（空氣餘命）越短，該處的汙染物質越快排出。**1**是空氣餘命的說明（答案為×）。

從供氣口到某一點的駐留時間（空氣年齡）越長，新鮮的外氣會混入更多污染物質，使空氣的新鮮度降低（**2**是○）。

反之，空氣年齡越短而空氣餘命越長，空氣新鮮度雖高，汙染物質卻變得很難被排出。

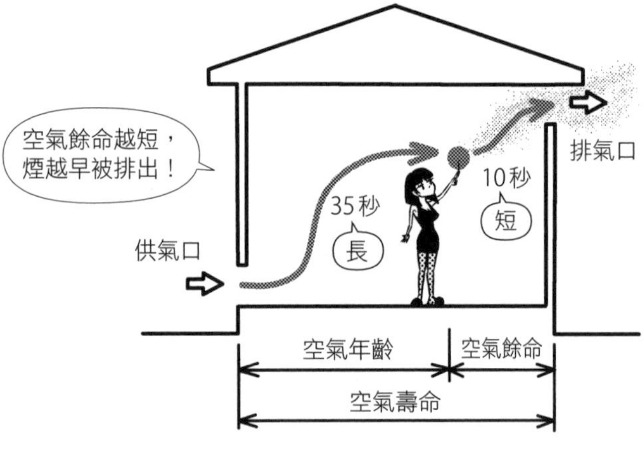

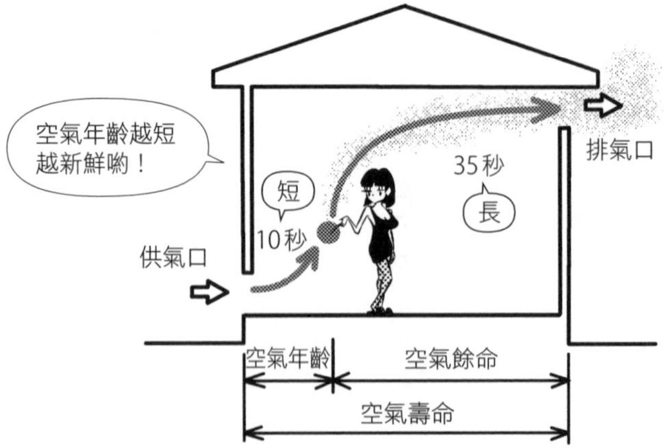

答案 ▶ 1. ×　2. ○

Q 夜間散熱（night purge）是利用晚上外氣的溫度比建築物內低，導入外氣到室內在結構體內蓄冷的方法，可降低啟動冷房時的負荷，達到節能的目的。

…………………………………………………………………………

A purge是整肅、清除的意思。二次大戰時的赤色清洗（red purge）是整肅共產黨。<u>night purge是在晚上除熱的意思</u>，也譯為<u>導入夜間外氣</u>、<u>夜間蓄冷</u>等。

night　purge
在夜間　除（熱）

（夏季）

以下圖為例，晚上打開較無安全疑慮的中庭側窗戶來散熱。混凝土等結構體因熱容量（蓄熱能力）大，一旦冷卻後不易變熱，所以早上啟動冷房時負荷變小（答案為○）。

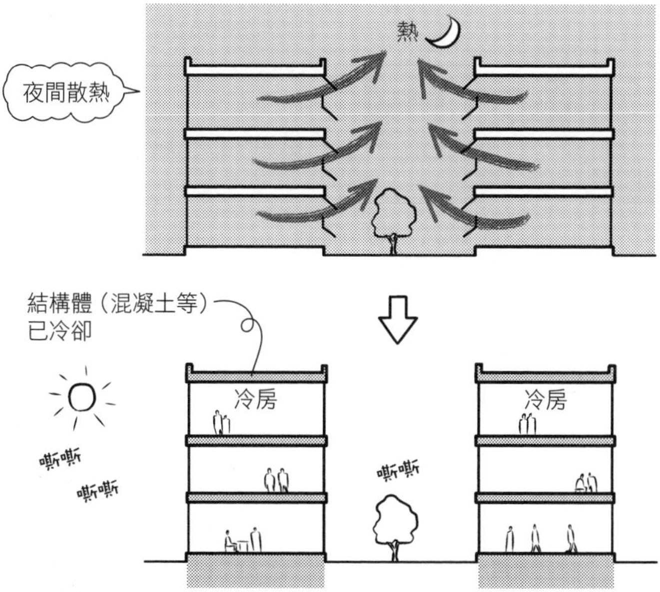

…………………………………………………………………………

答案 ▶ ○

Q 比熱的單位是kJ/(kg・K)。

A 比熱是和水相比的熱量，比重是和水相比的重量。使1g的水上升1℃所需的熱量定義為1cal(卡路里)。使1g的銅溫度上升1℃需要0.09cal，所以銅的比熱是0.09。

使1g的物質上升1℃所需的熱量是比熱，其單位是cal/(g・℃)，單位的構成為熱量/質量・溫度。

熱量的單位用J(焦耳)時，用1cal＝4.2J換算。質量用kg，溫度用絕對溫度K(克耳文)時，比熱的單位是J/(kg・K)或kJ/(kg・K)。因為1cal/(g・℃)＝4.2J/(g・K)，使用J時數字不是1，變得很難比較。

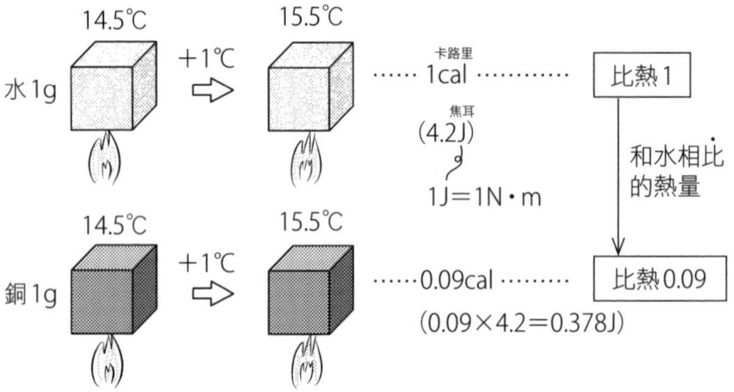

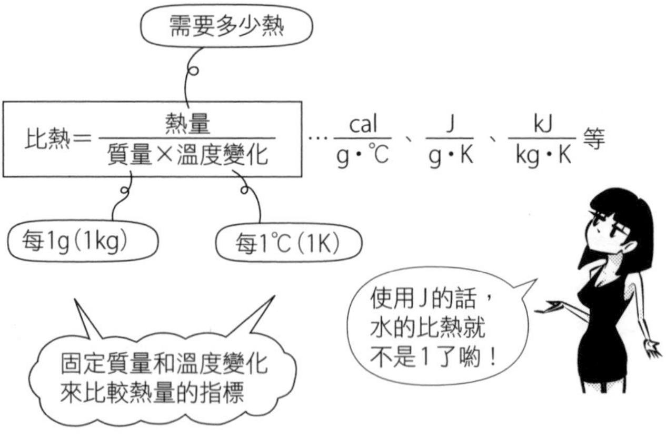

答案 ▶ ○

和水相比的重量 比重	和水相比的熱量 比熱
水	1 1m³ 1 tf/m³ ≒10kN/m³	1 1cm³ 1 cal/(g·℃) =4.2kJ/(kg·K) =4200J/(kg·K)
鋼筋混凝土	2.4 2.4tf/m³ ≒24kN/m³	0.2 0.2cal/(g·℃) =0.84kJ/(kg·K) =840J/(kg·K)
鋼	7.85 7.85tf/m³ ≒78.5kN/m³	0.1 0.1cal/(g·℃) =0.42kJ/(kg·K) =420J/(kg·K)
木材	0.5 0.5tf/m³ ≒5kN/m³	0.5 0.5cal/(g·℃) =2.1kJ/(kg·K) =2100J/(kg·K)
玻璃	2.5 2.5tf/m³ ≒25kN/m³	0.2 0.2cal/(g·℃) =0.84kJ/(kg·K) =840J/(kg·K)

4

熱傳

tf：噸力（ton-force）　　kN：千牛頓（kilonewton）　　　　1cal＝4.2J
註：1tf＝9.806kN

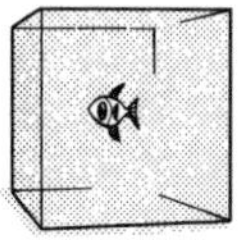

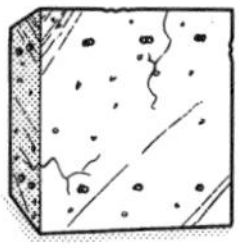

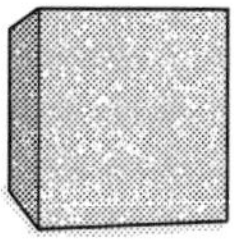

Q 熱容量是物質的比熱乘上質量的數值。數值越大，表示加熱該材料時需要越多熱量。

A 比熱是和水相比的熱量，表示使1g（1kg）的物質上升1℃（1K）所需的熱量（cal、J）。比熱乘上質量（g數、kg數），可得讓此質量的物質上升1℃（1K）所需的熱量。<u>比熱×質量稱為熱容量</u>。熱容量越大，需要越多熱量才能上升1℃（答案為〇）。

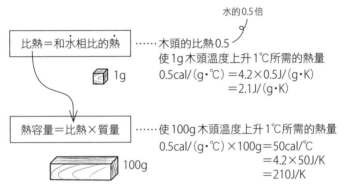

比熱＝和水相比的熱 ……木頭的比熱0.5（水的0.5倍）

1g

使1g木頭溫度上升1℃所需的熱量

0.5cal/(g・℃)＝4.2×0.5J/(g・K)

＝2.1J/(g・K)

熱容量＝比熱×質量 ……使100g木頭溫度上升1℃所需的熱量

100g

0.5cal/(g・℃)×100g＝50cal/℃

＝4.2×50J/K

＝210J/K

c：比熱
m：質量
Δt：溫度差

熱量＝比熱×質量×溫度變化

$$Q = \underbrace{c \times m}_{\text{熱容量}} \times \Delta t$$

答案 ▶ 〇

Q 熱容量大的物質，變熱後很難冷卻，冷卻後很難變熱。

A 烤番薯是利用一旦加熱後就難冷卻的石頭來烹調。因為使用大量石頭，比熱×質量＝熱容量中的質量很大，所以熱容量也變大。傳統的西洋壁爐周圍堆排許多紅磚或石頭，就是為了提高熱容量來保持溫暖。因為空氣的比熱和質量都很小，只加熱空氣很快就會冷卻，而且會因換氣而降低暖房效果。

混凝土結構體的質量非常大，一旦溫暖後不易變冷，反之冷卻後很難變暖（答案為○）。在結構外側加上隔熱材（外隔熱），雖然會讓冷暖房在啟動時的負荷變大，達到適溫後溫度的變動卻很少，形成舒適的室內環境。

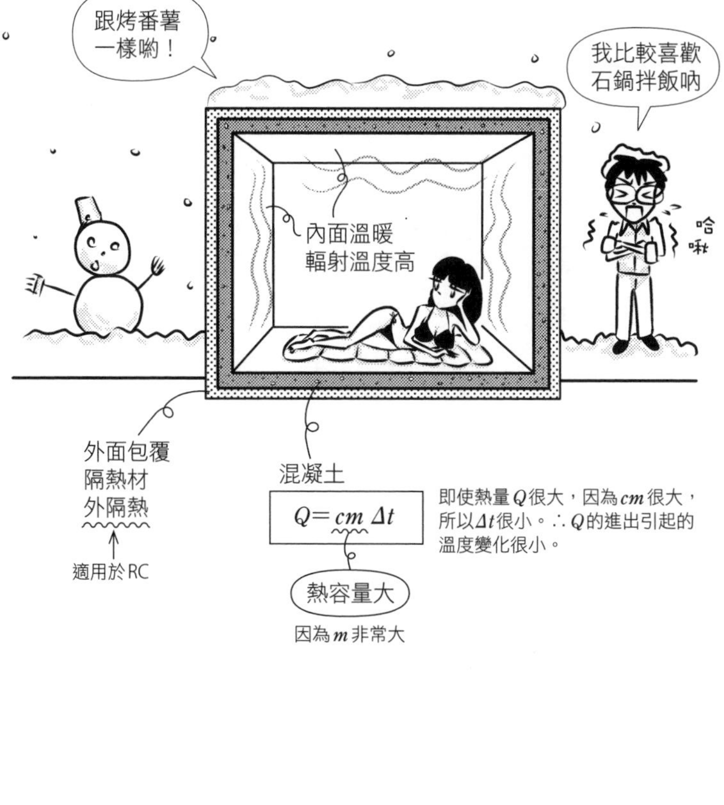
跟烤番薯
一樣喲！
我比較喜歡
石鍋拌飯吶
內面溫暖
輻射溫度高
哈
啾
外面包覆
隔熱材
外隔熱
適用於RC
混凝土
$Q = cm\,\Delta t$
熱容量大
因為 m 非常大
即使熱量 Q 很大，因為 cm 很大，所以 Δt 很小。∴ Q 的進出引起的溫度變化很小。

答案 ▶ ○

Q 熱傳導率（heat conductivity）是表示熱在材料內部傳遞的難易程度，為材料固有的數值，數值越大表示材料隔熱性越高。

A 熱在一個物體中流動稱為熱傳導（heat conduction），在牆壁等固體和空氣間的熱流動稱為熱傳遞（heat transfer）。因為容易搞混，先記住傳導和傳遞的差異吧。

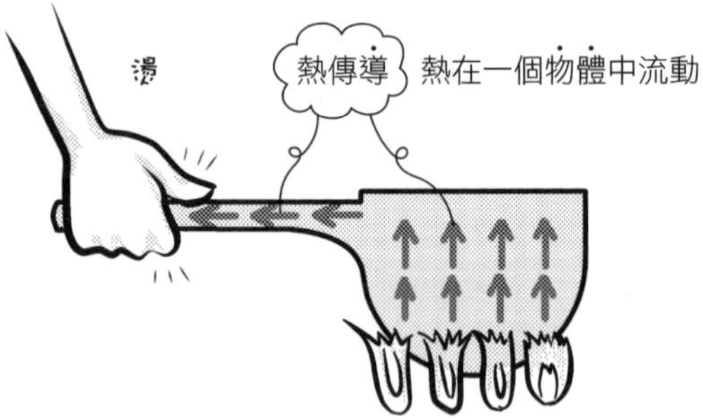

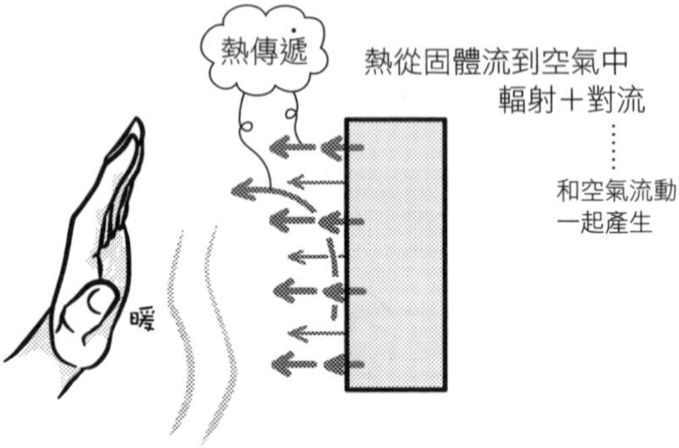

試著加長鍋柄來表示熱傳導吧。柄越長（ℓ越大），熱越難流動；溫度差Δt越大，以及柄的截面積A越大，熱越易流動。應該能用直覺理解這點。其中$\Delta t/\ell$稱為<u>溫度梯度（temperature gradient），梯度越陡，熱越易流動</u>。下圖流動熱量的公式中，比例常數是熱傳導率λ。λ越大，熱越易流動，所以隔熱材使用λ小的材料（答案為×）。

截面積$A=5\text{cm}^2$
$=5\times10^{-4}\text{m}^2$

20℃　100℃

溫度梯度 $\dfrac{\Delta t}{\ell}$
$=\dfrac{100℃-20℃}{0.5\text{m}}$

梯度越陡越易流動

滾動

溫度差 $\Delta t=80℃$（K）克耳文

長度$\ell=0.5\text{m}$

$$\text{傳導熱量 } Q = \text{熱傳導率}\lambda\times\frac{\text{溫度差 }\Delta t}{\text{長度}\ell}\times\text{截面積}A$$
（每單位時間的）

每秒或每小時

$Q\begin{cases}\text{和溫度差 }\Delta t\text{ 成正比}\\[4pt]\text{和長度 }\ell\text{ 成反比}\\[4pt]\text{和溫度梯度 }\dfrac{\Delta t}{\ell}\text{ 成正比}\\[4pt]\text{和截面積 }A\text{ 成正比}\end{cases}$

比例常數是 λ

（在結構力學中，λ是有效細長比
（effective slenderness ratio）
的符號）

lambda

熱傳導率的
符號是 λ

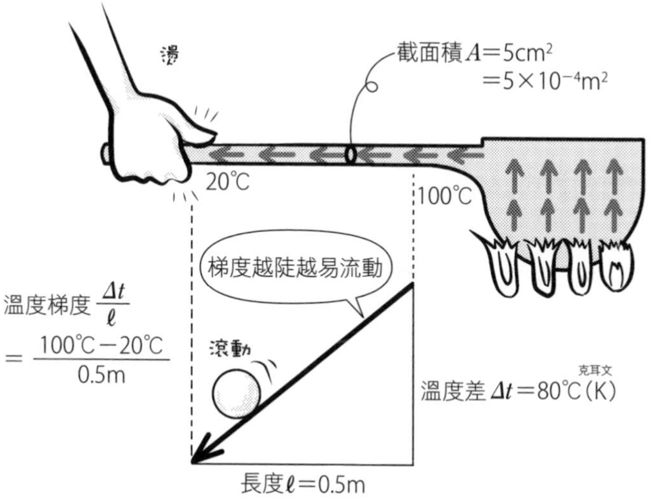

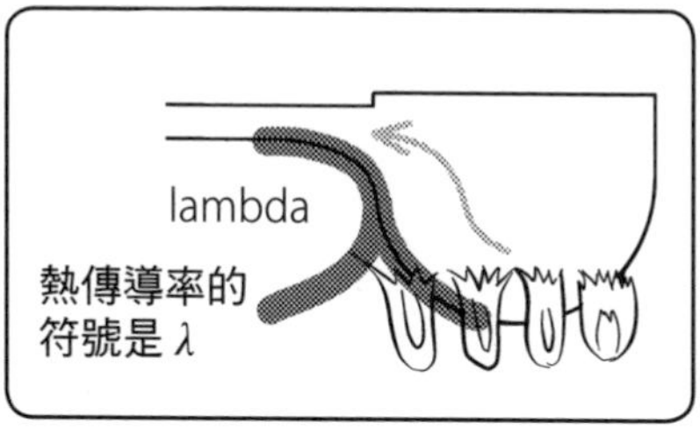

審訂註：台灣常用的熱傳導率符號為k，亦稱為熱傳導係數。

答案 ▶ ×

Q 熱傳導率的單位是W/(m•K)。

A 傳導熱量的公式$Q=\lambda\times(\Delta/\ell)\times A$的$Q$，不單是熱量的單位，而是包含「每秒」的時間單位，表示溫度差Δt時，1秒鐘通過長度ℓ物體的截面積A的熱量有幾J。1秒鐘有幾J的J/s為W（瓦特）。
用式子解出λ時，可得λ的單位為W/(m•K)（答案為○）。

（每1秒(s)）

$$\text{傳導熱量}Q=\text{熱傳導率}\lambda\times\frac{\text{溫度差}\Delta t}{\text{長度}\ell}\times\text{截面積}A$$

$$\text{從}Q=\lambda\frac{\Delta t}{\ell}A\text{、}\lambda=\frac{Q\ell}{\Delta tA}\longrightarrow\lambda\text{的單位}=\frac{W\cdot \cancel{m}}{K\cdot m^{\cancel{2}}}=W/(m\cdot K)$$

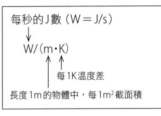

每秒的J數（W＝J/s）
↓
W/(m•K)
↑ ↑
每1K溫度差
長度1m的物體中，每1m^2截面積

答案 ▶ ○

Q 木材、混凝土、銅等建築材料，比重越大則熱傳導率越小。

A 比重越大表示粒子越緊密，熱越容易通過，熱傳導率 λ 越大（答案為×）。

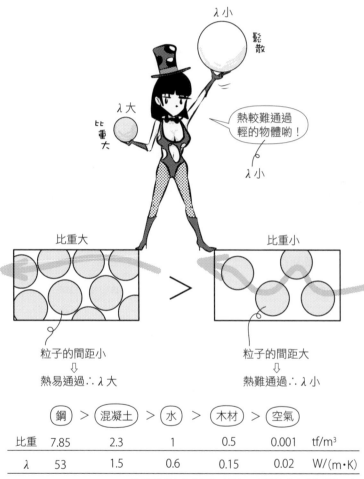

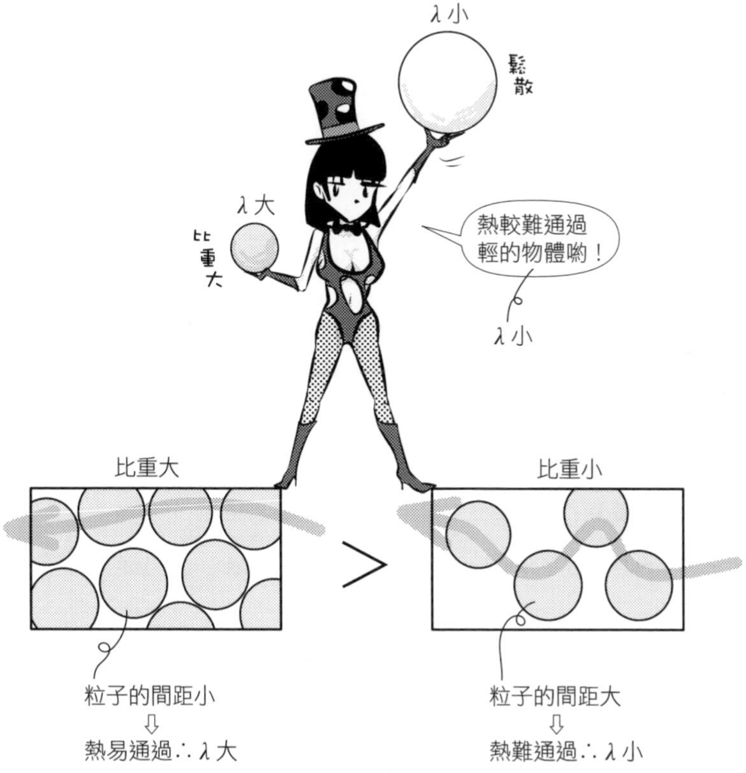

	鋼	＞ 混凝土	＞ 水	＞ 木材	＞ 空氣	
比重	7.85	2.3	1	0.5	0.001	tf/m^3
λ	53	1.5	0.6	0.15	0.02	W/(m･K)

（RC的比重在包含鋼筋時是2.4，混凝土本身的比重是2.3）

答案 ▶ ×

Q **1**. 玻璃絨（glass wool，亦稱玻璃棉）容積比重（bulk specific gravity）越大，熱傳導率越小。

2. 在同種類的發泡性隔熱材中，孔隙率（porosity）相同時，氣泡尺寸越小則熱傳導率越小。

A 玻璃絨的容積比重不是用玻璃絨本身的體積來計算，而是用膨脹包含空氣的體積。當纖維越緊密，會產生許多微小氣泡讓熱很難傳導（**1**是○）。孔隙率是「氣泡體積÷整體體積」，表示整體中包含多少氣泡的比例。氣泡越小且數量越多時，和同體積的空氣相比，熱越難傳導，λ 越小（**2**是○）。

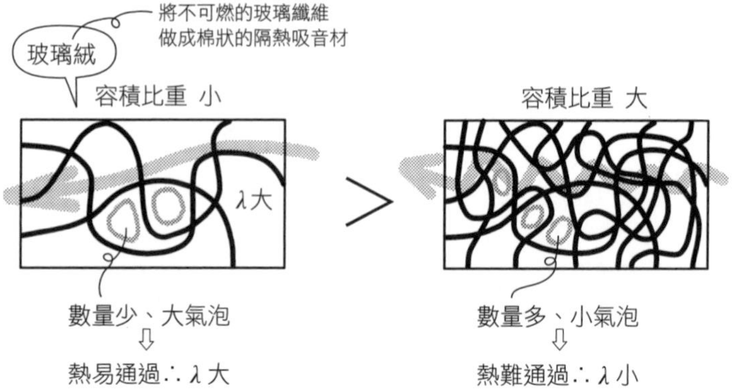

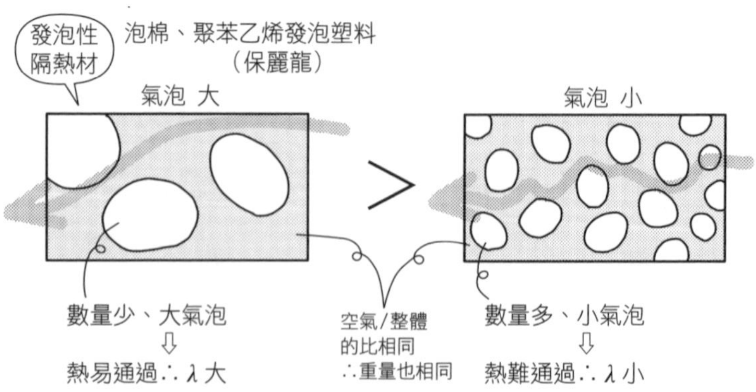

答案 ▶ 1. ○　2. ○

根據材料種類大致畫出熱傳導率的圖。比重越大，熱傳導率 λ 越大，呈現往右上增加的分布。

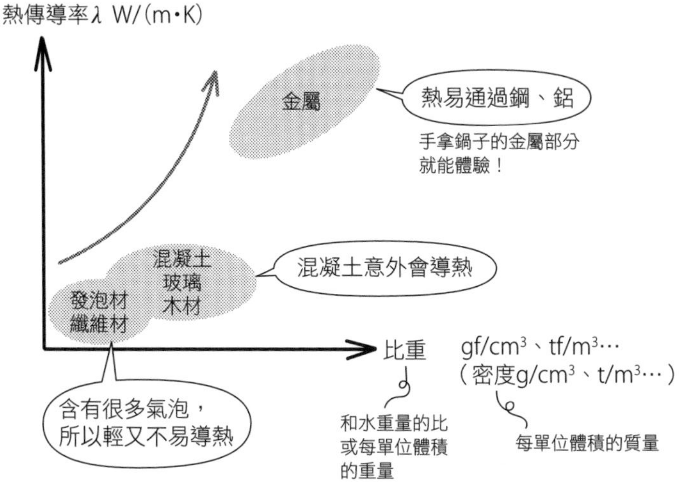

換成棒狀圖可看出鋼大幅領先，木材的值較小

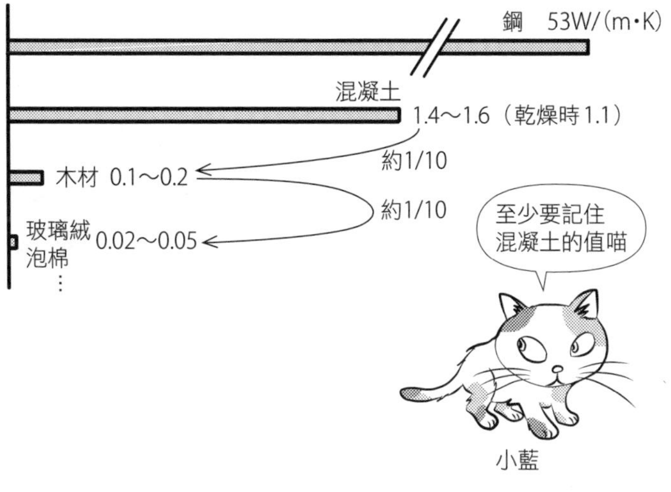

- 混凝土的 λ 依含水率和骨材而異。水越多 λ 越大。混凝土常用到波特蘭水泥，這種水泥因顏色與英國波特蘭島所產的石灰石相似而得名。

Q 讓質量1kg的物體以1m/s²的加速度加速的力為1N。

A 在此複習一下，力的單位是牛頓（N），能量（熱量）的單位是焦耳（J）。質量是表示難動程度（慣性）的物體的量。依據力＝質量×加速度（運動方程式），定義質量1kg×加速度1m/s²＝1kg·m/s²為1N（答案為○）。因為重力加速度是9.8m/s²，重力吸引質量100g的小蘋果的力是0.1kg×9.8m/s²≒1kg·m/s²＝1N。也就是說100g的蘋果重約1N。

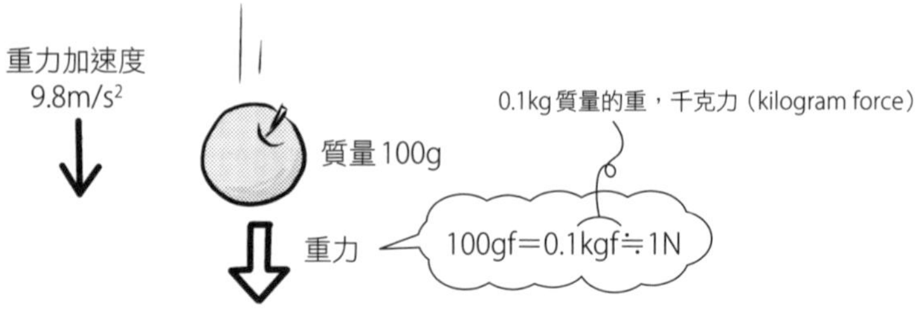

運動方程式

力＝質量×加速度
＝0.1kg×9.8m/s²
＝0.98 kg·m/s²
≒1 N　N的定義

答案 ▶ ○

Q 1Pa（帕，Pascal）是在面積 1m² 上平均施加 1N 的力時的壓力。

...

A <u>壓力是力除以面積，每單位面積的力</u>。1N 的力平均施加在 1m² 上
形成的壓力 <u>1N/m² 定義為 1Pa（帕）</u>（答案為○）。等同於 1 顆小蘋果
均等施壓在 1m² 上，為很小的壓力。經常使用將 1Pa 乘上 100 倍的
1hPa（百帕，hectopascal）的單位。

重＝ 100gf ＝ 0.1kgf ≒ 1N

100g
的蘋果

1N/m²＝1Pa 喲！

切塊

裂開

1m²

分散在
1m² 上

裂開

$$1 \text{ N/m}^2 = 1 \overset{\text{帕}}{\text{Pa}}$$

Pa 的定義

$$100 \text{ Pa} = 1 \text{ h Pa}$$　百帕

100 倍

參考：1ha（公頃，hectare）＝ 100a（公畝，are）

100m×100m

10m×10m

$$壓力 = \frac{力}{面積}$$

大氣壓＝ 1 氣壓 ≒ 1013hPa

4

熱傳

...

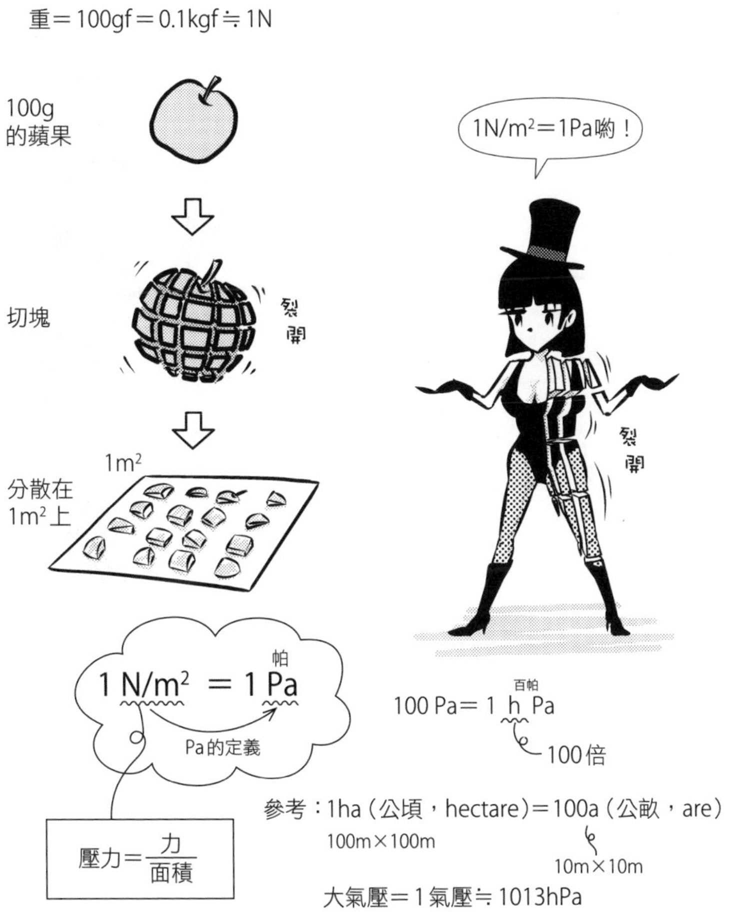

答案 ▶ ○

Q 1焦耳（J）是用1N的力讓物體移動1m所需的功（能量）。

A 施力在物體上使其移動時，力×距離的部分是力作功（work）產生的。1N×1m＝1N·m定義為1J（焦耳）（答案為○）。物體不移動，表示力沒有作功。功和熱量、能量幾乎同義。作功即為消費能量，使用熱量。使用的能量會轉換成熱能或位能等，但總和固定（能量守恆定律）。

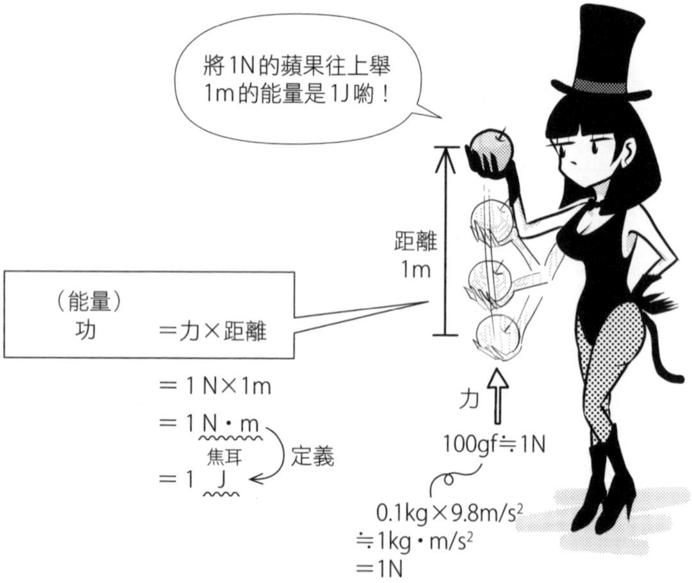
將1N的蘋果往上舉
1m的能量是1J喲！
距離
1m
（能量）
功 ＝力×距離
＝1N×1m
＝1N・m
焦耳
＝1 J
定義
力
100gf≒1N
0.1kg×9.8m/s²
≒1kg・m/s²
＝1N

Q 1秒鐘作功1J的功率是1瓦特（W）。

A 同樣作1J的功，花費時間1秒和2秒的功的能率不同。這類功的能率＝功率是用功/時間來計算，將1J/s定義為1W（瓦特）（答案為○）。將100gf（1N）的蘋果往上舉1m的功大約1J。1秒鐘完成此功的功率是1J/s＝1W，2秒鐘完成的功率是1J/2s＝0.5J/s＝0.5W。

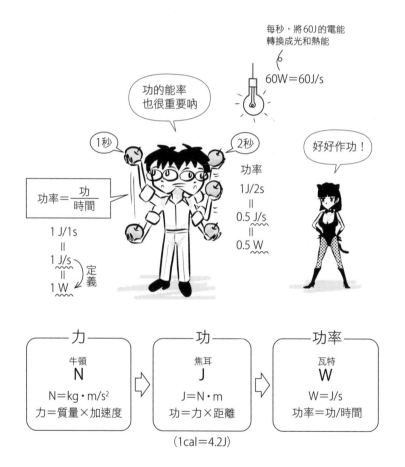

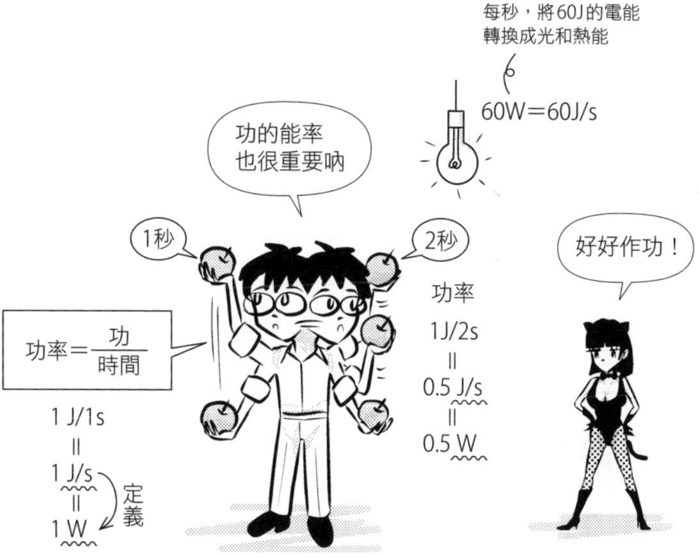
每秒，將60J的電能
轉換成光和熱能
60W＝60J/s
功的能率
也很重要吶
1秒
2秒
好好作功！
功率＝功/時間
1 J/1s ＝ 1 J/s ＝ 1 W
定義
功率
1J/2s ＝ 0.5 J/s ＝ 0.5 W

力		功		功率
牛頓 **N** N＝kg・m/s^2 力＝質量×加速度	⇨	焦耳 **J** J＝N・m 功＝力×距離	⇨	瓦特 **W** W＝J/s 功率＝功/時間

（1cal＝4.2J）

答案 ▶ ○

Q 溫度差10℃時，絕對溫度的差為10K。

A −273.15℃是所有物質的分子運動靜止的溫度。以此點為基準，在很多方面很方便，特別是氣體的壓力和體積會呈現完美的（反比）比例關係。將−273.15℃設為0的溫度是絕對溫度，單位是K（克耳文）。攝氏（℃）和克耳文是±273.15的關係，1單位的間隔是相同的（答案為○）。兩者單位名稱都來自人名。

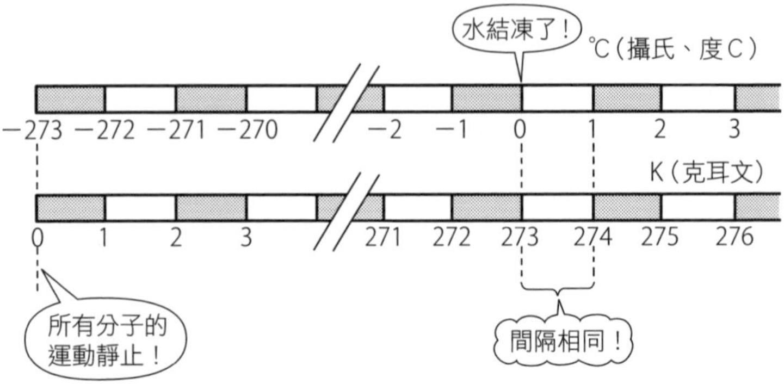

答案 ▶ ○

Q 對流的熱傳遞是牆壁等固體表面和接觸的周邊空氣間產生的熱移動現象。

A 熱從牆壁、天花板等固體轉移到空氣的現象，稱為熱傳遞。熱傳導（傳導）是熱在物體內移動，兩者容易搞混，好好區別記住吧。
從固體到空氣的熱移動，有藉由空氣流動來移動的對流，以及電磁波的輻射。將對流和輻射相加就是熱傳遞（答案為○）。

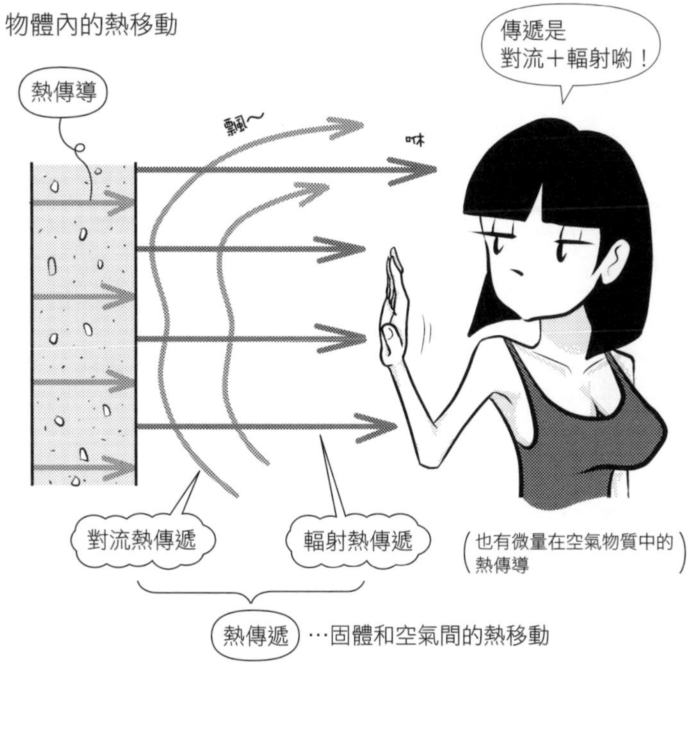

答案▶○

Q 熱傳遞率（heat transfer rate）是表示牆壁等固體和空氣間的熱傳難易程度。當表面凹凸等造成實際面積越大，或是風速越大時，熱傳遞率越大。

A 熱在物體中移動是熱傳導，物到空氣、空氣到物的熱移動則是熱傳遞。用下圖來思考，馬上就能導出每1秒的熱傳遞 Q（J）的公式。

（每單位時間的）
傳遞熱量和溫度差 Δt 成正比

$$Q = \boxed{} \times \Delta t$$

20℃
$\Delta t = 5℃$
$= 5K$
15℃

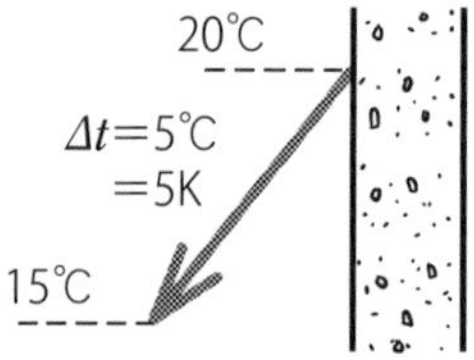

（每單位時間的）
傳遞熱量和表面積 A 成正比

$$Q = \bigodot \times \Delta t \times A$$

$A = 2m^2$

比例常數 \bigodot 是熱傳遞率 α

$$Q = \alpha \times \Delta t \times A$$

$\alpha = 9W/m^2 \cdot K$

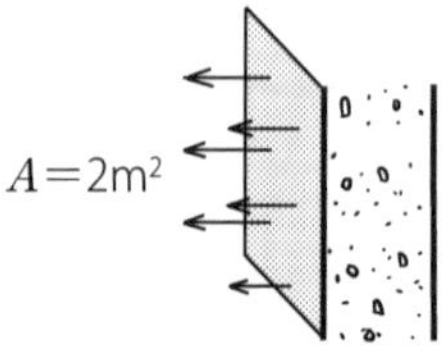

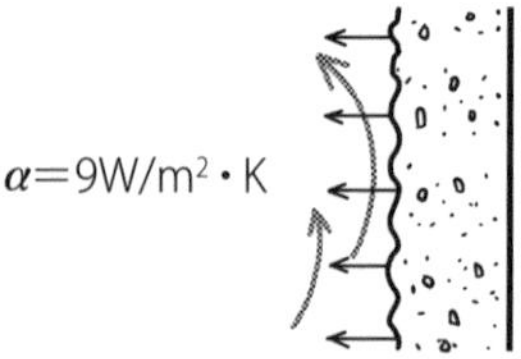

每單位時間的熱量是 J/s ＝ W，溫度是 K，面積是 m^2

$$W = \alpha \times K \times m^2 \rightarrow \alpha = W/(m^2 \cdot K)$$

牆壁到空氣的熱移動，也就是熱傳遞，有藉由對流（convection）和藉由輻射（radiation）兩種形式。

對流的熱傳遞率α_c，在風速3m/s時是18W/(m²·K)。

藉由對流的傳遞熱量

$$Q_c=\alpha_c\times\Delta t\times A$$

α_c：對流熱傳遞率
風速3m/s時
$\alpha_c \fallingdotseq 18\mathrm{W/(m^2 \cdot K)}$

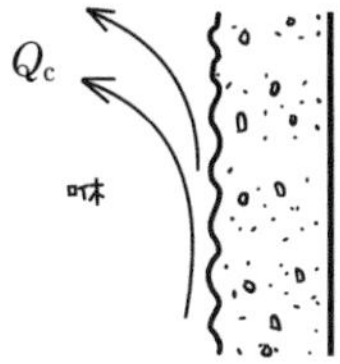

輻射的熱傳遞率α_r，在室內外都是5W/(m²·K)左右。

藉由輻射的傳遞熱量

$$Q_r=\alpha_r\times\Delta t\times A$$

α_r：輻射熱傳遞率
室內外都是
$\alpha_r \fallingdotseq 5\mathrm{W/(m^2 \cdot K)}$

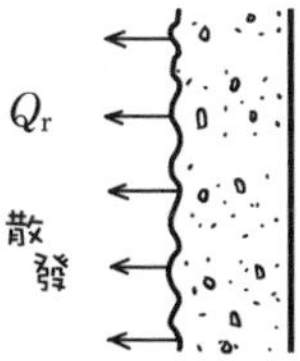

對流的傳遞熱量Q_c和輻射的傳遞熱量Q_r的和，就是傳遞熱量。風速越大時α_c越大，而凹凸起伏越大的話，α_c、α_r越大，所以傳遞熱量也越大（答案為〇）。

藉由熱傳遞的傳遞熱量

$$\begin{aligned} Q=Q_c+Q_r &= \alpha_c\cdot\Delta t\cdot A+\alpha_r\cdot\Delta t\cdot A \\ &= (\alpha_c+\alpha_r)\Delta t\cdot A \\ &\fallingdotseq (18+5)\Delta t\cdot A \\ &= 23\Delta t\cdot A \end{aligned}$$

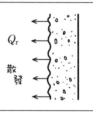

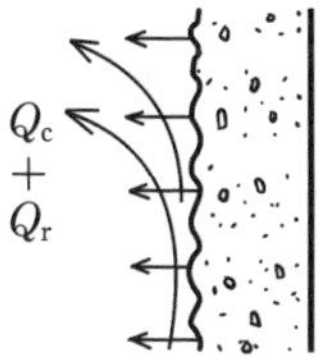

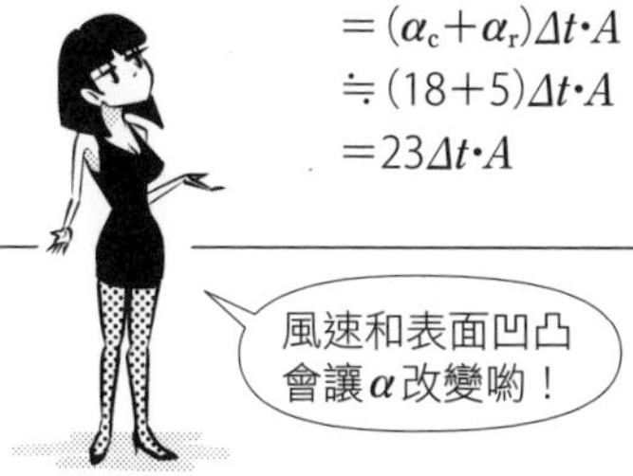

答案 ▶ 〇

Q 室內的自然對流（natural convection）熱傳遞率是根據熱流方向、室溫、表面溫度的分布而異，當室溫比表面溫度高時，天花板面的數值比地面更大。

A 當室溫比表面溫度高，表示是熱由內向外流動的冬天情況，形成室內空氣向各方移動的熱傳遞。熱傳遞為輻射和對流合成的熱移動。對流雖因風向或風速而異，但因地板附近的暖空氣上升，所以和地面相比，天花板因對流產生的熱移動較多（答案為○）。

熱傳遞 輻射 ＋ 對流
室內空氣→天花板的熱傳遞
因風向或風速而異
向上的對流 ∴熱易向上流動
空氣向上流動的話，熱也向上移動喔！
室內空氣→地板的熱傳遞

答案 ▶ ○

Q **1**. 熱傳遞率的單位是W/(m·K)。

2. 熱傳導率的單位是W/(m²·K)。

A 用熱傳導、熱傳遞的公式解出λ、α，可求出單位分別是W/(m·K)、W/(m²·K)。注意解出的λ單位是1/m，α是1/m²。

α的1/m²為每1m²的牆，但因在Q的式子代入1/ℓ，λ不會變成1/m²（**1**、**2**是×）。

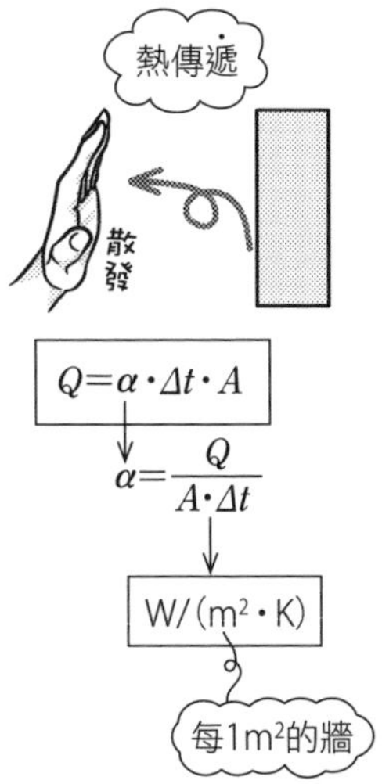

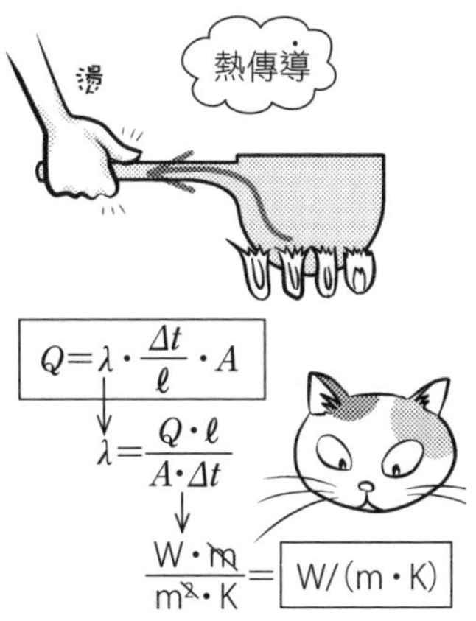

答案 ▶ **1**. ×　**2**. ×

Q 被牆壁等固體隔開的高溫處空氣，會將熱傳向低溫處空氣的現象，稱為熱傳透（heat transmission）。

A 如下圖熱從室外傳到室內的場景，外氣到牆壁的熱移動為熱傳遞，牆壁中的熱移動是熱傳導，牆壁到室內空氣的熱移動是熱傳遞。將三者合併，穿透牆壁的熱移動稱為熱傳透（答案為○）。傳導、傳遞、傳透容易搞混，在這裡好好記住吧。

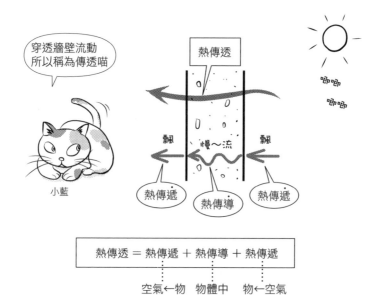

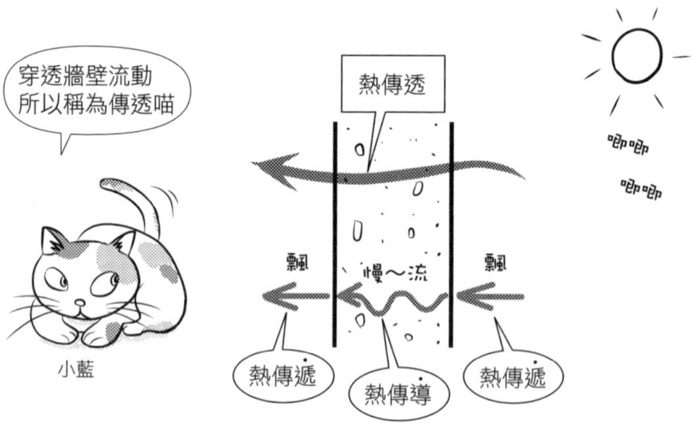

熱傳透 ＝ 熱傳遞 ＋ 熱傳導 ＋ 熱傳遞

空氣←物　物體中　物←空氣

答案 ▶ ○

Q 傳透熱量和高低溫處空氣的溫度差成正比。

...

A 傳透熱量和溫度差Δt、面積A成正比，其比例常數是熱傳透率K（答案為◯）。依下面順序來思考，就能和熱傳導、熱傳遞一樣導出算式和單位。

（每單位時間的）
傳透熱量和溫度差Δt成正比

$Q = \boxed{} \times \Delta t$

$\Delta t = 10°C$
$= 10K$

$35°C$

$25°C$

⬇

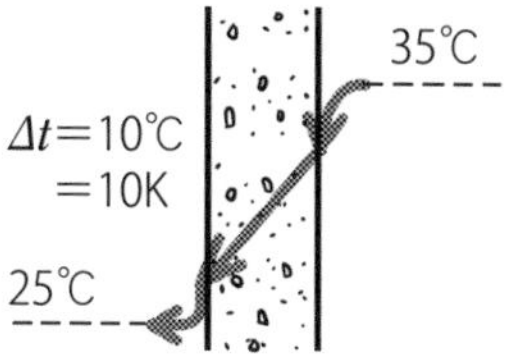

（每單位時間的）
傳透熱量和表面積A成正比

$Q = \text{⬚} \times \Delta t \times A$

$A = 2m^2$

⬇

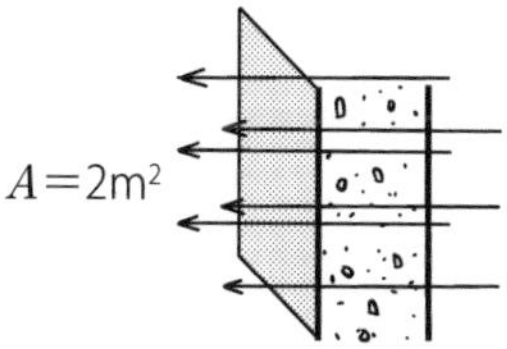

比例常數 ⬚ 是熱傳透率K

$Q = K \times \Delta t \times A$

$K = 0.8W/(m^2 \cdot K)$

傳透的K

⬇

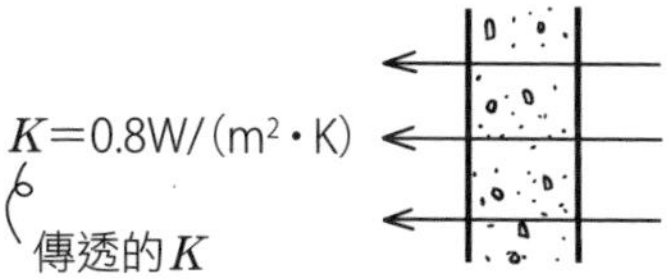

每單位時間的熱量是J/s＝W，溫度是K，面積是m^2

$W = K \times K \times m^2 \longrightarrow K = W/(m^2 \cdot K)$

審訂註：台灣常用的熱傳透率符號為U，亦簡稱為U值。

...

答案 ▶ ◯

Q **1**. 熱傳透率的單位是W/(m²•K)。
2. 熱傳遮率的單位是W/(m²•K)。
3. 熱傳導率的單位是W/(m²•K)。

A 熱傳透率K、熱傳遮率α的公式中，分母有m^2，表示「每1m^2傳遞的熱量」而直接成為單位。只有熱傳導率λ的公式中，分子有加上牆壁厚度ℓ。因此，熱傳導率單位中的分母是m•K（**1**是○，**2**是○，**3**是×）。

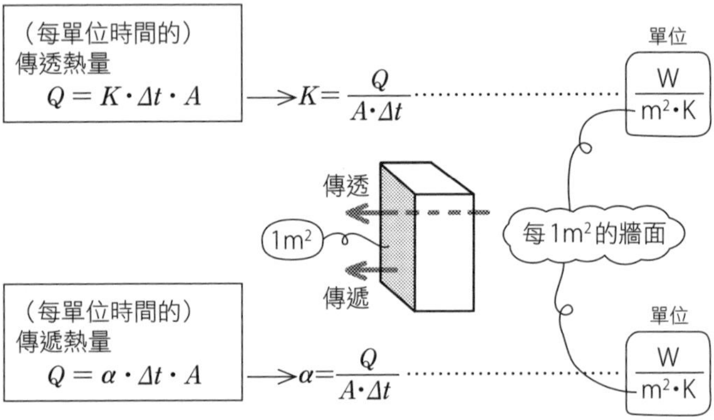

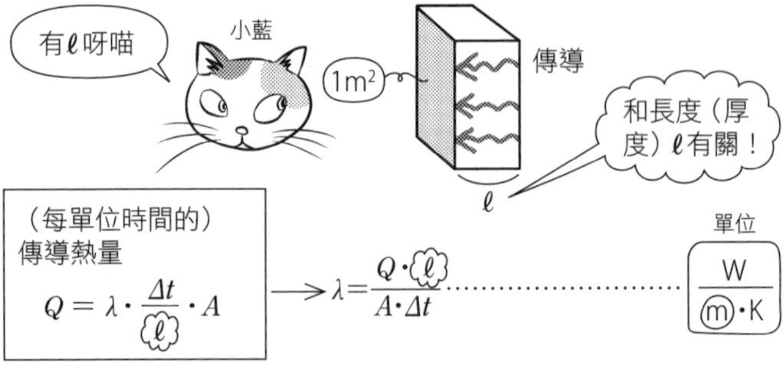

答案 ▶ **1**. ○　**2**. ○　**3**. ×

Q 熱傳透阻抗（resistance of heat transmission）是熱傳透率的倒數，數值越大，隔熱性越佳。

...

A 將傳透熱量 $Q = K \cdot \Delta t \cdot A$ 的公式變形如下，分母的 $1/K$ 作為熱傳透阻抗，Q 的式子變成（溫度差／阻抗）×面積。熱傳透阻抗越大，流動的熱量越少（答案為○）。

$$Q = K \cdot \Delta t \cdot A = \frac{\Delta t \cdot A}{\frac{1}{K}} = \frac{\Delta t \cdot A}{R}$$

熱傳透阻抗

熱傳透率

Resistance（阻抗）
法國反抗運動（French Resistance）：
針對納粹的抵抗運動

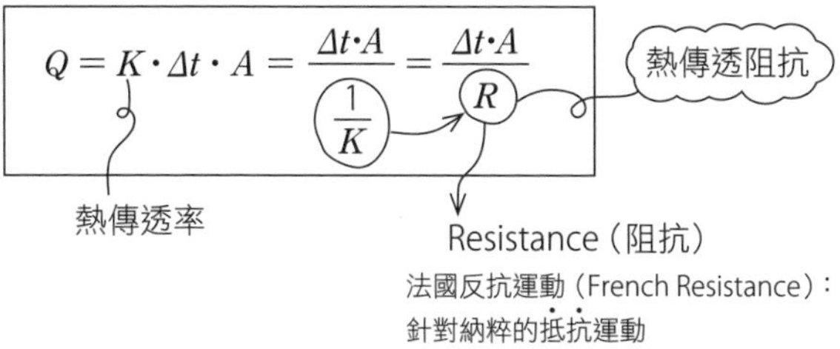

用水的流動來比喻就能憑直覺理解。溫度差 Δt 為落差，落差越大越多水流下。熱傳透阻抗 R 表示斜面凹凸不平，凹凸起伏越大則水越難流動。這和電流＝電位差／電阻（$I = V/R$）的公式很類似。

阻抗越小，
流越多喲！

阻抗 R 小　　　　　　　　　　　　　　阻抗 R 大

落差
（溫度差 Δt）

水流 大　　　　　　　　　　　　　　　水流 小
（傳透熱量 Q）　　　　　　　　　　　（傳透熱量 Q）

$$流量 = \frac{落差}{阻抗}$$

跟電流＝$\dfrac{電位差}{電阻}$ 相同！

4

熱傳

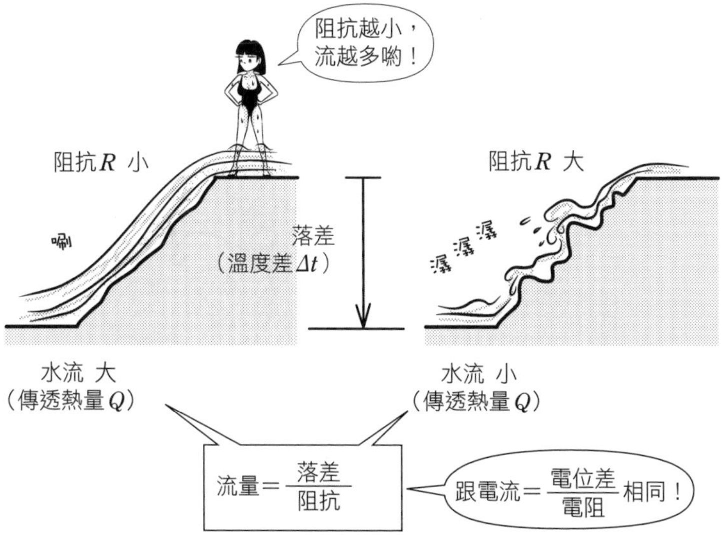

審訂註：台灣常用的熱傳透阻抗符號同為 R，亦簡稱為熱阻。

...

答案▶ ○

Q 1. 熱傳透阻抗的單位是 m²·K/W。
　　2. 熱傳遞阻抗的單位是 m²·K/W。

..

A 將熱傳透和熱傳遞的 Q 的式子，變形成如下（落差／阻抗）×面積
　的公式。熱傳透阻抗是熱傳透率 K 的倒數 $1/K$，熱傳遞阻抗是熱
　傳遞率 α 的倒數 $1/\alpha$。阻抗的單位是比率單位 W/(m²·K) 的倒數
　m²·K/W（**1**、**2**是○）。

將式子變形成 $Q = \dfrac{落差}{阻抗} \times 面積$

（每單位時間的）
傳透熱量
$$Q = K \cdot \Delta t \cdot A \longrightarrow Q = \dfrac{\Delta t \cdot A}{\boxed{\dfrac{1}{K}}}$$

熱傳透率　　　　　熱傳透阻抗
$K \longrightarrow 1/K$
W/(m²·K)　　　　　m²·K/W

（每單位時間的）
傳遞熱量
$$Q = \alpha \cdot \Delta t \cdot A \longrightarrow Q = \dfrac{\Delta t \cdot A}{\boxed{\dfrac{1}{\alpha}}}$$

熱傳遞率　　　　　熱傳遞阻抗
$\alpha \longrightarrow 1/\alpha$
W/(m²·K)　　　　　m²·K/W

比率的倒數
是阻抗喵

$$\dfrac{W}{m^2 \cdot K} \longrightarrow \dfrac{m^2 \cdot K}{W}$$

小藍

..

答案 ▶ 1. ○　2. ○

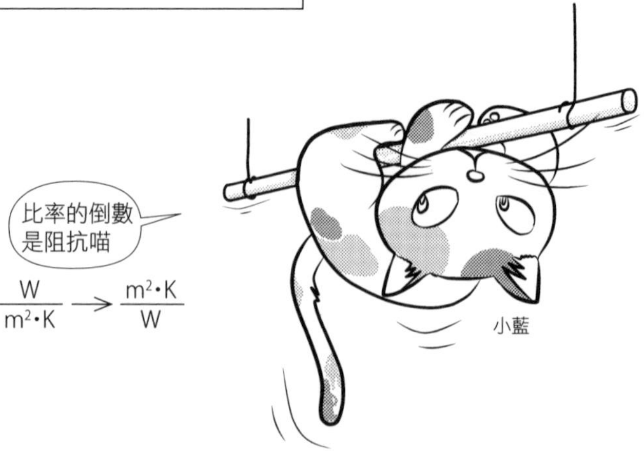

Q 熱傳導阻抗的單位是m・K/W。

..

A 將熱傳導 Q 的公式如下變形成（落差／阻抗）×面積，阻抗會變成 ℓ/λ。請注意並不是 $1/\lambda$。當牆壁越厚（ℓ 很大），阻抗也越大。因為是 ℓ/λ，單位是 $m^2 \cdot K/W$，和其他的阻抗相同（答案為╳）。

將式子變形成 $Q = \dfrac{落差}{阻抗} \times 面積$

（每單位時間的）傳透熱量

$$Q = \lambda \cdot \underbrace{\frac{\Delta t}{\ell}}_{溫度梯度} \cdot A \longrightarrow Q = \frac{\Delta t \cdot A}{\left(\frac{\ell}{\lambda}\right)}$$

熱傳導阻抗 $= \dfrac{\ell}{\lambda}$

熱傳導率 λ　W/(m・K)

熱傳導阻抗 $= \dfrac{\ell}{\lambda}$　$m^2 \cdot K/W$

$= \dfrac{m}{\frac{W}{m \cdot K}} = \dfrac{m \cdot m \cdot K}{W} = \dfrac{m^2 \cdot K}{W}$

越薄阻抗越小呀

$1m^2$

阻抗 大　　　阻抗 小

ℓ 大 $\left(\dfrac{\ell}{\lambda} 大\right)$　　ℓ 小 $\left(\dfrac{\ell}{\lambda} 小\right)$

─ Point ─

熱傳透阻抗
熱傳遞阻抗　→　都是相同單位
熱傳導阻抗　　　　$m^2 \cdot K/W$

..

答案 ▶ ╳

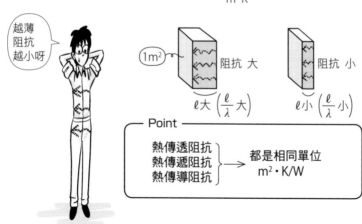

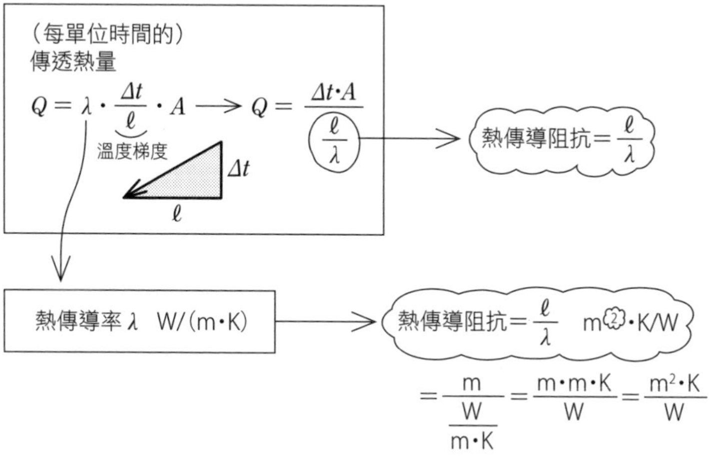

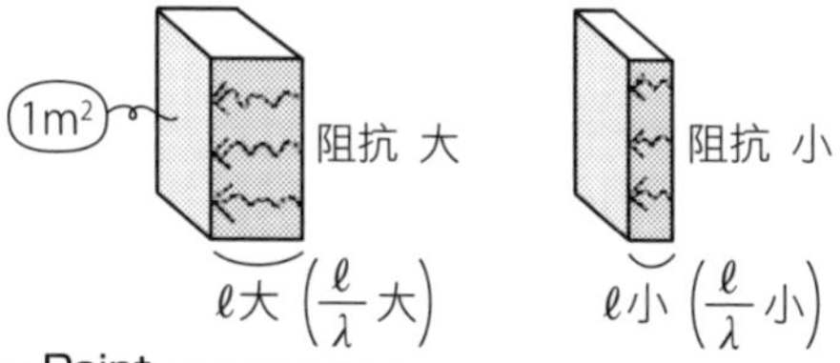

Q 熱傳導比阻抗（specific heat resistivity）的單位是m・K/W。

A 阻礙熱傳導的因素包括物體本身的熱流動難易（$1/\lambda$），以及物體厚度 ℓ。熱傳導阻抗是 ℓ/λ。其中 $1/\lambda$ 為物質固有的係數，稱為<u>熱傳導比阻抗</u>。λ 的單位是W/(m・K)，所以 $1/\lambda$ 的單位是m・K/W（答案為○）。下方是混凝土的熱傳導率、熱傳導比阻抗和熱傳導阻抗。熱傳導阻抗是設定長度（厚度）後再決定。

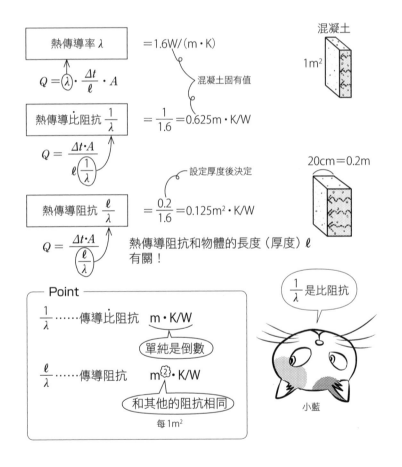

混凝土

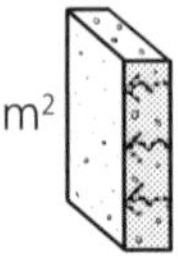

1m²

熱傳導率 λ	$=1.6\text{W}/(\text{m}\cdot\text{K})$

$$Q=\lambda\cdot\frac{\Delta t}{\ell}\cdot A$$

混凝土固有值

熱傳導比阻抗 $\frac{1}{\lambda}$	$=\frac{1}{1.6}=0.625\text{m}\cdot\text{K/W}$

$$Q=\frac{\Delta t\cdot A}{\ell\left(\frac{1}{\lambda}\right)}$$

20cm＝0.2m

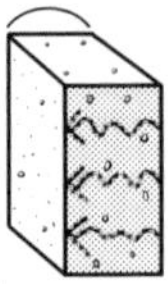

設定厚度後決定

熱傳導阻抗 $\frac{\ell}{\lambda}$	$=\frac{0.2}{1.6}=0.125\text{m}^2\cdot\text{K/W}$

$$Q=\frac{\Delta t\cdot A}{\left(\frac{\ell}{\lambda}\right)}$$

熱傳導阻抗和物體的長度（厚度）ℓ 有關！

Point

$\frac{1}{\lambda}$……傳導比阻抗　m・K/W
（單純是倒數）

$\frac{\ell}{\lambda}$……傳導阻抗　m②・K/W
（和其他的阻抗相同）
每1m²

小藍

答案▶○

Q **1**. 在中空層裡，即便內部是真空，熱仍會藉著輻射移動。
2. 鋁箔因為輻射率小，貼在中空層的壁表面，能藉由輻射來減少傳熱量。

A 中空層的熱移動如下圖，有輻射、對流和傳導。輻射是透過電磁波移動，所以真空中也能傳熱（**1**是○）。太陽的熱在真空的宇宙空間移動抵達地球，就是電磁波的輻射。

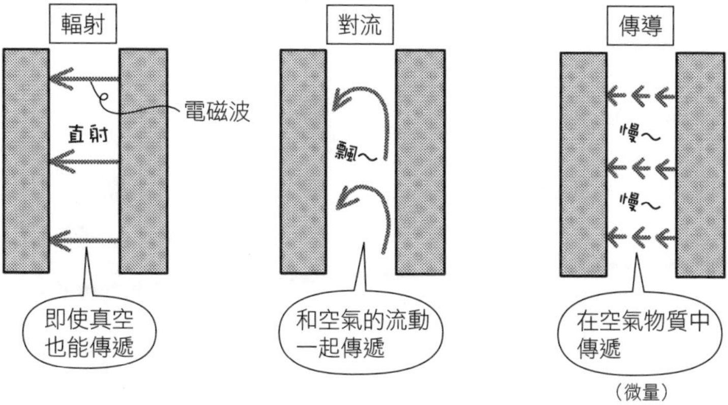

鋁箔具有讓電磁波難輻射、容易反射的性質。在中空層使用附有鋁箔的隔熱材時，鋁箔貼在靠中空層的那一邊（**2**是○）。順帶一提，即便在中空層側塗上白漆，也幾乎沒效果。

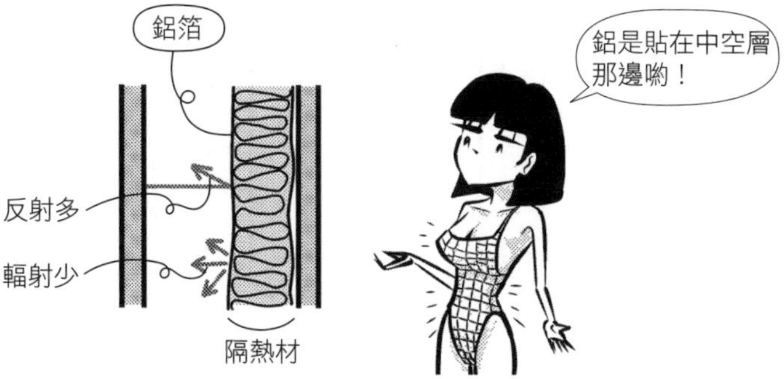

答案 ▶ 1. ○ **2.** ○

Q 牆壁裡或雙層玻璃間中空層的阻抗，是表示熱流動難易的係數，單位為$m^2 \cdot K/W$。

A 在中空層是綜合輻射、對流和傳導的熱移動，而熱移動的公式與熱傳透、熱傳遞相同，與溫度差以及面積成正比。將熱的公式變形後，移動量＝（落差×面積）/阻抗中分母就是熱阻抗。單位和其他的阻抗相同，是$m^2 \cdot K/W$（答案為○）。

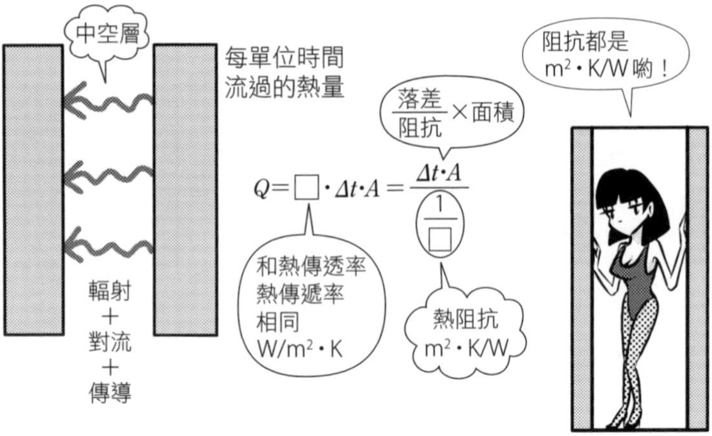

要注意雙層玻璃和膠合玻璃的差異。

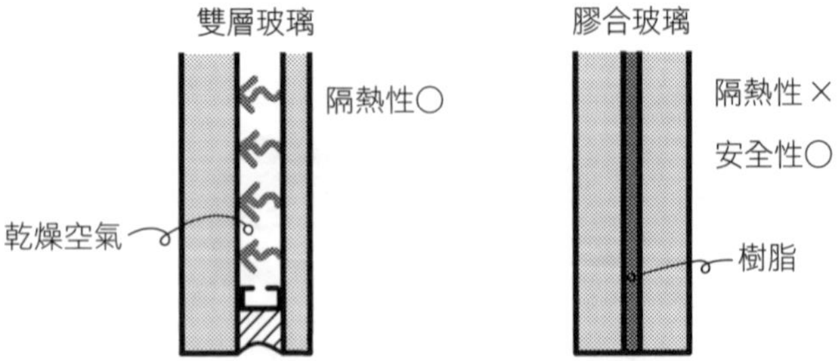

答案 ▶ ○

Q 牆壁內密閉的中空層熱阻抗在厚度5～15mm的範圍內，變大程度和厚度成正比。

A 5～15mm內的中空層，厚度和熱阻抗幾乎成正比。但超過15mm後，因為空氣變得容易對流，熱阻抗的增加變緩（答案為○）。

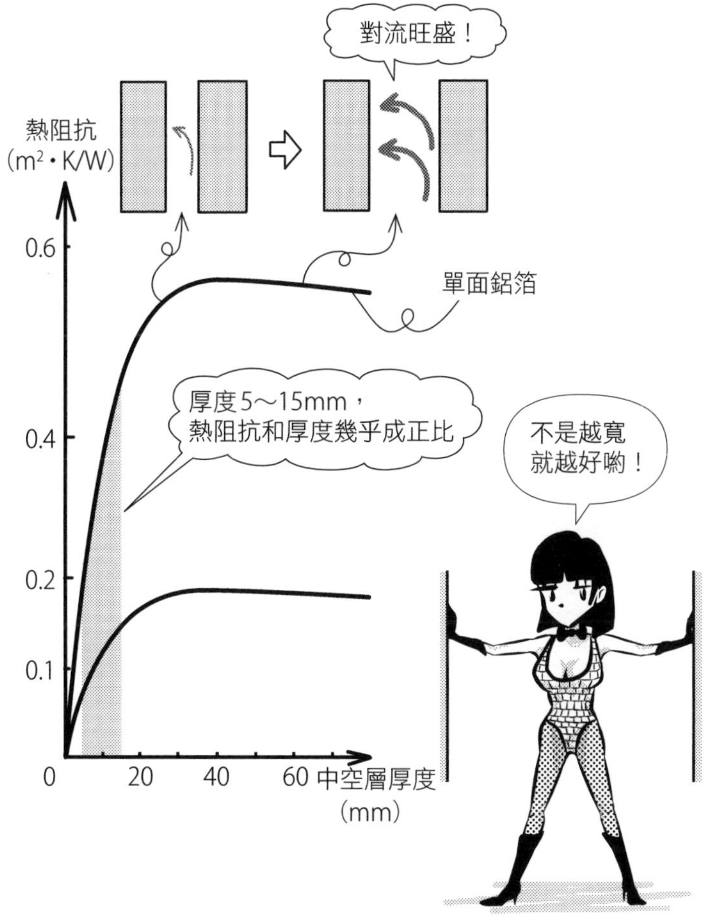

答案 ▶ ○

Q 求出厚度150mm混凝土牆的熱傳導阻抗。前提是混凝土的熱傳導率λ是1.2W/(m·K)。

A 將$Q=\lambda\times$溫度梯度×截面積變形成$Q=$（落差/阻抗）×截面積，得知阻抗為ℓ/λ。$1/\lambda$是熱傳導比阻抗，如果單位是m·K/W就和其他的阻抗不同。應為相同單位，且能相加計算。

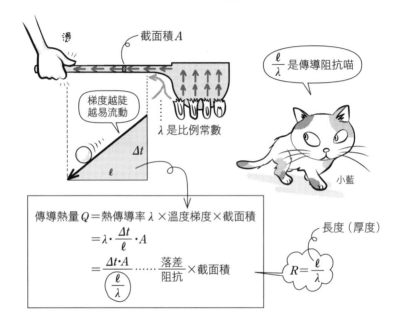

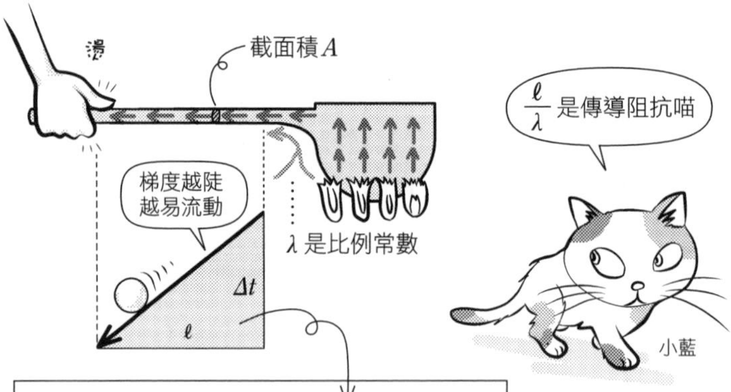

傳導熱量$Q=$熱傳導率$\lambda\times$溫度梯度×截面積

$$=\lambda\cdot\frac{\Delta t}{\ell}\cdot A$$

$$=\frac{\Delta t\cdot A}{\left(\frac{\ell}{\lambda}\right)}\cdots\cdots\frac{\text{落差}}{\text{阻抗}}\times\text{截面積}$$

長度（厚度）

$$R=\frac{\ell}{\lambda}$$

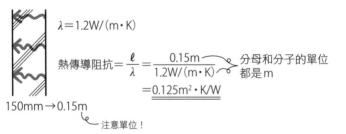

$\lambda=1.2$W/(m·K)

$$\text{熱傳導阻抗}=\frac{\ell}{\lambda}=\frac{0.15\text{m}}{1.2\text{W/(m}\cdot\text{K)}}$$

分母和分子的單位都是m

$$=\underline{\underline{0.125\text{m}^2\cdot\text{K/W}}}$$

150mm→0.15m

注意單位！

答案 ▶ $0.125\text{m}^2\cdot$K/W

Q **1.** 求出熱傳導率 λ_1 0.05W/(m·K)、厚度100mm的玻璃絨的熱傳導阻抗 r_1。

2. 求出熱傳導率 λ_2 0.03W/(m·K)、厚度30mm的硬質發泡材的熱傳導阻抗 r_2。

A $Q=\lambda\times$溫度梯度$\times$截面積$=\lambda\times\dfrac{\Delta t}{\ell}\times A$ 轉換成含有落差/阻抗的形式，形成 $Q=\dfrac{\Delta t\cdot A}{\dfrac{\ell}{\lambda}}$，阻抗為 $\dfrac{\ell}{\lambda}$。如果忘記的話，就像這樣養成導出公式的習慣吧。

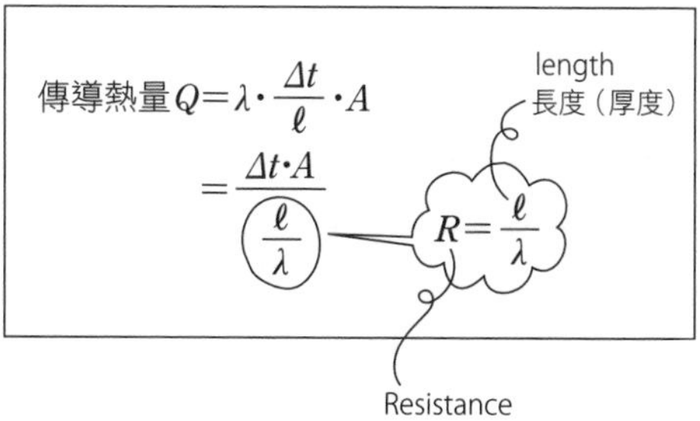

玻璃絨

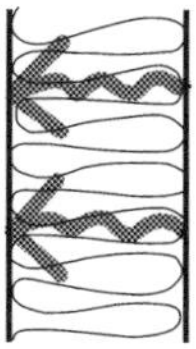

$\ell_1=100\text{mm}=0.1\text{m}$

$\lambda_1=0.05\text{W/(m·K)}$

熱傳導阻抗 $r_1=\dfrac{\ell_1}{\lambda_1}=\dfrac{0.1\text{m}}{0.05\text{W/(m·K)}}=\underline{\underline{2\text{m}^2\cdot\text{K/W}}}$

硬質發泡材

$\ell_2=30\text{mm}=0.03\text{m}$

$\lambda_2=0.03\text{W/(m·K)}$

熱傳導阻抗 $r_2=\dfrac{\ell_2}{\lambda_2}=\dfrac{0.03\text{m}}{0.03\text{W/(m·K)}}=\underline{\underline{1\text{m}^2\cdot\text{K/W}}}$

答案 ▶ 1. $r_1=2\text{m}^2\cdot\text{K/W}$　2. $r_2=1\text{m}^2\cdot\text{K/W}$

Q 厚度ℓ_1的150mm混凝土牆上貼有厚度ℓ_2的30mm硬質發泡材做成的隔熱材，求出整體牆壁的熱傳導阻抗。前提是，混凝土的熱傳導率λ_1是1.2W/(m·K)，硬質發泡材的熱傳導率λ_2是0.03W/(m·K)。

A 如下圖假設混凝土的熱傳導阻抗r_1、硬質發泡材的熱傳導阻抗r_2、牆壁整體的熱傳導阻抗為R，各點的溫度為t_1、t_2、t_3，牆壁厚度ℓ_1、ℓ_2，面積為A，試著設出傳導熱量Q的式子。同樣的熱流從頭到尾相連，所以Q值相同。

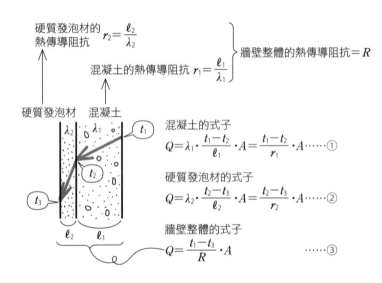

硬質發泡材的熱傳導阻抗 $r_2=\dfrac{\ell_2}{\lambda_2}$

混凝土的熱傳導阻抗 $r_1=\dfrac{\ell_1}{\lambda_1}$

} 牆壁整體的熱傳導阻抗$=R$

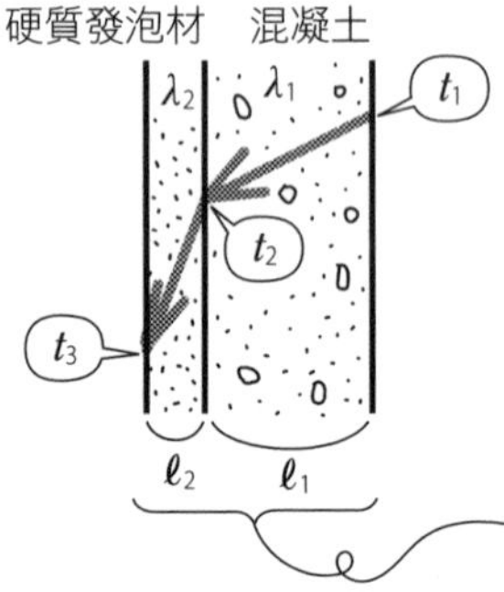

混凝土的式子

$$Q=\lambda_1\cdot\frac{t_1-t_2}{\ell_1}\cdot A=\frac{t_1-t_2}{r_1}\cdot A\cdots\cdots①$$

硬質發泡材的式子

$$Q=\lambda_2\cdot\frac{t_2-t_3}{\ell_2}\cdot A=\frac{t_2-t_3}{r_2}\cdot A\cdots\cdots②$$

牆壁整體的式子

$$Q=\frac{t_1-t_3}{R}\cdot A\qquad\cdots\cdots③$$

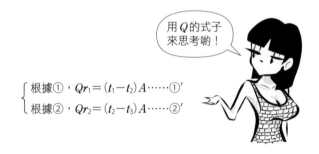

根據①，$Qr_1=(t_1-t_2)A\cdots\cdots①'$

根據②，$Qr_2=(t_2-t_3)A\cdots\cdots②'$

①′＋②′

$$
\begin{array}{rl}
Qr_1 &= (t_1 - \cancel{t_2})A \\
+)\quad Qr_2 &= (\cancel{t_2} - t_3)A \\
\hline
Q(r_1 + r_2) &= (t_1 - t_3)A
\end{array}
$$

$$\therefore Q = \frac{t_1 - t_3}{r_1 + r_2}A \cdots\cdots ③'$$

③′和③的牆壁整體的式子$Q=\dfrac{t_1-t_3}{R}\cdot A$相比，

得知 $\boxed{R=r_1+r_2}$。<u>各個熱傳導阻抗的和，就是牆壁整體的熱傳導阻抗</u>。

不管材料有幾種都同理。

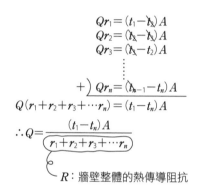

$$
\begin{array}{rl}
Qr_1 &= (t_1 - \cancel{t_2})A \\
Qr_2 &= (\cancel{t_2} - \cancel{t_3})A \\
Qr_3 &= (\cancel{t_3} - t_2)A \\
&\vdots \\
+)\quad Qr_n &= (\cancel{t_{n-1}} - t_n)A \\
\hline
Q(r_1 + r_2 + r_3 + \cdots r_n) &= (t_1 - t_n)A
\end{array}
$$

$$\therefore Q = \frac{(t_1 - t_n)A}{r_1 + r_2 + r_3 + \cdots r_n}$$

R：牆壁整體的熱傳導阻抗

只剩最初和最後的溫度呀

用題目中的數值計算，過程如下：

混凝土的熱傳導阻抗 $r_1=\dfrac{\ell_1}{\lambda_1}=\dfrac{0.15\text{m}}{1.2\text{W}/(\text{m}\cdot\text{K})}=0.125\text{m}^2\cdot\text{K/W}$

硬質發泡材的熱傳導阻抗 $r_2=\dfrac{\ell_2}{\lambda_2}=\dfrac{0.03\text{m}}{0.03\text{W}/(\text{m}\cdot\text{K})}=1\text{m}^2\cdot\text{K/W}$

牆壁整體的熱傳導阻抗 $R=r_1+r_2=0.125+1=\underline{\underline{1.125\text{m}^2\cdot\text{K/W}}}$

答案 ▶ $1.125\text{m}^2\cdot\text{K/W}$

Q 求出如圖有中空層的牆壁整體的熱傳導阻抗。前提是，各自的熱傳導率和熱阻抗如下表所示。

	熱傳導率
混凝土	$\lambda_1 = 1.5\,W/(m \cdot K)$
硬質發泡材	$\lambda_2 = 0.03\,W/(m \cdot K)$
石膏板	$\lambda_3 = 0.2\,W/(m \cdot K)$

	熱阻抗
中空層	$r_{中} = 0.2\,m^2 \cdot K/W$

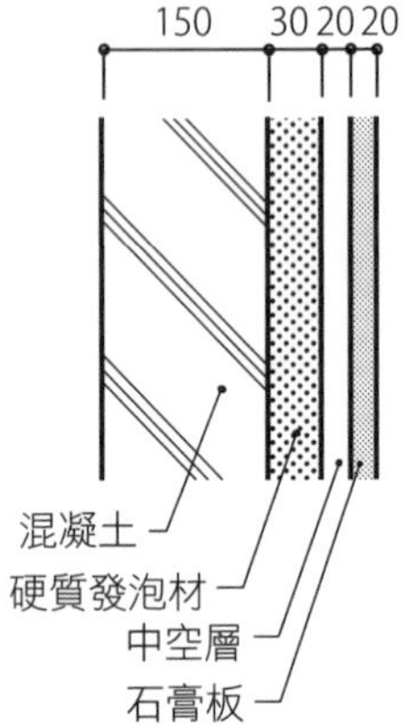

混凝土
硬質發泡材
中空層
石膏板

....

A 假設各層厚度為 ℓ_1、ℓ_2、ℓ_3，各熱傳導阻抗為 r_1、r_2、r_3，牆壁整體的熱傳導阻抗如下，為所有阻抗的和。

牆壁整體的熱傳導阻抗 $R = r_1 + r_2 + r_{中} + r_3$

直接加上中空層的熱阻抗！

$$= \frac{\ell_1}{\lambda_1} + \frac{\ell_2}{\lambda_2} + r_{中} + \frac{\ell_3}{\lambda_3}$$

$$= \frac{0.15}{1.5} + \frac{0.03}{0.03} + (0.2) + \frac{0.02}{0.2} = \underline{1.4\,m^2 \cdot K/W}$$

r 可用加法來計算喲！

$\ell\,m$

$\dfrac{\ell}{\lambda}$

小藍

λ

....

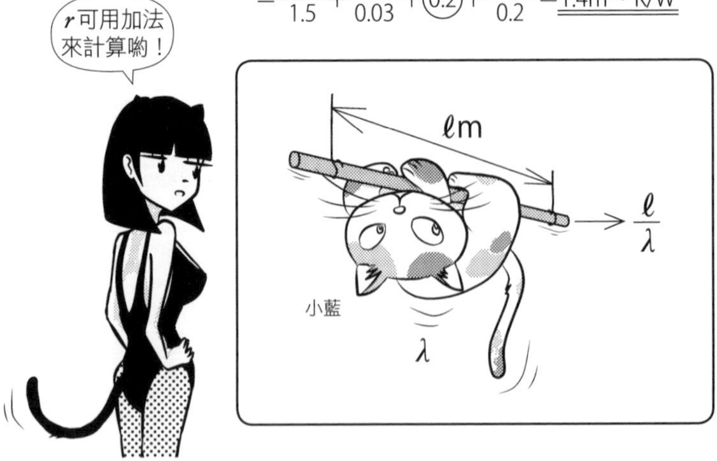

答案 ▶ $1.4\,m^2 \cdot K/W$

Q 室外牆表面的熱傳遞率 α_o 是 23W/(m²·K)，室內牆表面的熱傳遞率 α_i 是 9W(m²·K) 時，分別求出各自的熱傳遞阻抗 r_o、r_i。

..

A 利用內外牆表面的熱移動 $Q=\square×$溫度差×表面積的式子，比例常數□是熱傳遞率 α。熱傳遞阻抗 r 是 α 的倒數。除了風速，α 值也會因垂直面或水平面而異。<u>設計用的 α 值，室外是 23W/(m²·K)，室內是 9W/(m²·K) 左右</u>。

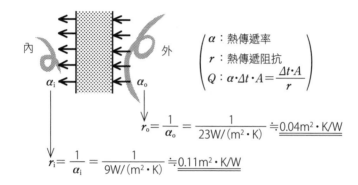

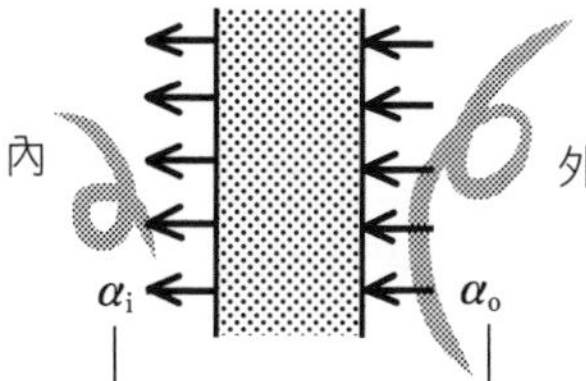

$$\left(\begin{array}{l} \alpha : 熱傳遞率 \\ r : 熱傳遞阻抗 \\ Q : \alpha\cdot\varDelta t\cdot A = \dfrac{\varDelta t\cdot A}{r} \end{array} \right)$$

$$r_o = \frac{1}{\alpha_o} = \frac{1}{23W/(m^2\cdot K)} \fallingdotseq \underline{0.04m^2\cdot K/W}$$

$$r_i = \frac{1}{\alpha_i} = \frac{1}{9W/(m^2\cdot K)} \fallingdotseq \underline{0.11m^2\cdot K/W}$$

4

熱傳

..

答案 ▶ 1. $r_o=0.04m^2\cdot K/W$、$r_i=0.11m^2\cdot K/W$

Q **1**. 牆壁的外氣側表面的熱傳遞阻抗值比室內側表面大。

2. 牆壁表面的熱傳遞阻抗在風速越大時值越大。

A 熱傳遞分別有輻射熱傳遞和對流熱傳遞。透過輻射的熱傳遞率無關室內外，都是約5W/（m^2・K）。另一方面，透過對流的熱傳遞，則會因風速而異，風速越大熱傳遞率越大。熱傳遞阻抗表示熱的傳遞難易度，為熱傳遞率的倒數，大小關係也成倒數（**1**、**2**是×）。

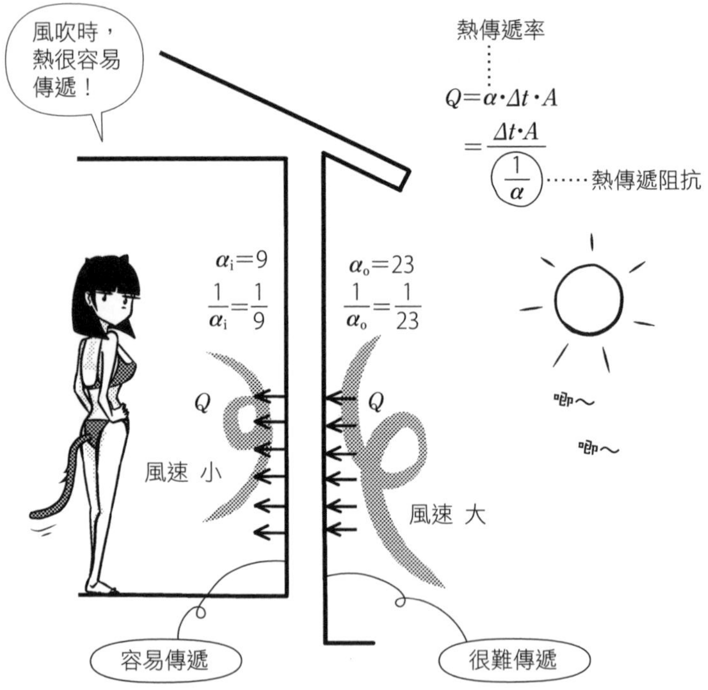

熱傳遞率 α_i 小 ＜ 熱傳遞率 α_o 大

熱傳遞阻抗 $r_i=\dfrac{1}{\alpha_i}$ 大 ＞ 熱傳遞阻抗 $r_o=\dfrac{1}{\alpha_o}$ 小

答案 ▶ **1**. ×　**2**. ×

Q 求出如圖有中空層的牆壁整體的熱傳透阻抗R。前提是，各自的熱傳導率、熱阻抗、熱傳遞率如下表所示。

	熱傳導率
混凝土	$\lambda_1=1.5$W/(m・K)
硬質發泡材	$\lambda_2=0.03$W/(m・K)
石膏板	$\lambda_3=0.2$W/(m・K)

	熱阻抗
中空層	$r_{中}=0.2$m²・K/W

	熱傳遞率
室外側	$\alpha_{外}=23$W/(m²・K)
室內側	$\alpha_{內}=9$W/(m²・K)

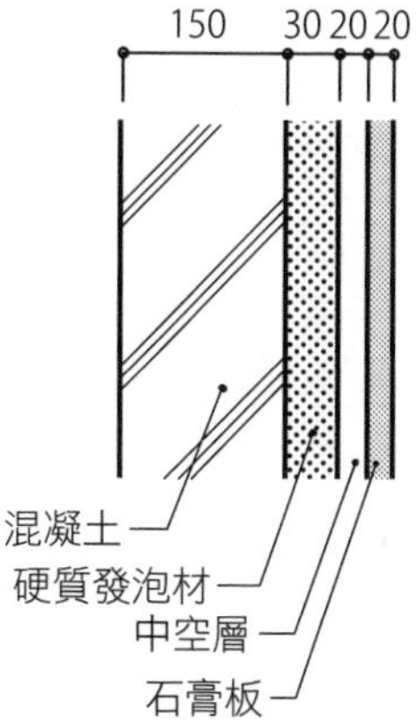

A 熱傳透是指室外空氣流向室內空氣的熱流整體，其比例常數K是熱傳透率，倒數$1/K=R$是熱傳透阻抗。熱傳透阻抗可加總熱傳遞、熱傳導等所有的阻抗來求出。原理同電流在串聯時，電阻用加法總和來求出。

假設熱傳遞阻抗為$\alpha_{外}$、$\alpha_{內}$，牆壁各層厚度是ℓ_1、ℓ_2、ℓ_3，各個熱傳導阻抗是r_1、r_2、r_3，中空層的熱阻抗為$r_{中}$，熱傳透阻抗R如下所示。

外牆的熱傳遞阻抗　牆中的熱傳導阻抗　內牆的熱傳遞阻抗

$$\text{熱傳透阻抗 } R=r_{外}+(r_1+r_2+r_{中}+r_3)+r_{內}$$
$$=\frac{1}{\alpha_{外}}+\left(\frac{\ell_1}{\lambda_1}+\frac{\ell_2}{\lambda_2}+r_{中}+\frac{\ell_3}{\lambda_3}\right)+\frac{1}{\alpha_{內}}$$
$$=\frac{1}{23}+\left(\frac{0.15}{1.5}+\frac{0.03}{0.03}+0.2+\frac{0.02}{0.2}\right)+\frac{1}{9}$$
$$\fallingdotseq 0.04+(0.1+1+0.2+0.1)+0.11=\underline{\underline{1.55\text{m}^2\cdot\text{K/W}}}$$

Point

牆壁整體的熱傳透阻抗 $R=\frac{1}{\alpha_{外}}+\left(\frac{\ell_1}{\lambda_1}+\frac{\ell_2}{\lambda_2}+\cdots+\frac{\ell_n}{\lambda_n}+r_{中}\right)+\frac{1}{\alpha_{內}}$

答案 ▶ 1.55m²・K/W

Q 求出如圖有中空層的牆壁整體的熱傳透率K。前提是，各層的熱傳導率、熱阻抗、熱傳遞率如下表所示。

	熱傳導率
混凝土	$\lambda_1 = 1.5W/(m \cdot K)$
硬質發泡材	$\lambda_2 = 0.03W/(m \cdot K)$
石膏板	$\lambda_3 = 0.2W/(m \cdot K)$

	熱阻抗
中空層	$r_{中} = 0.2m^2 \cdot K/W$

	熱傳遞率
室外側	$\alpha_{外} = 23W/(m^2 \cdot K)$
室內側	$\alpha_{內} = 9W/(m^2 \cdot K)$

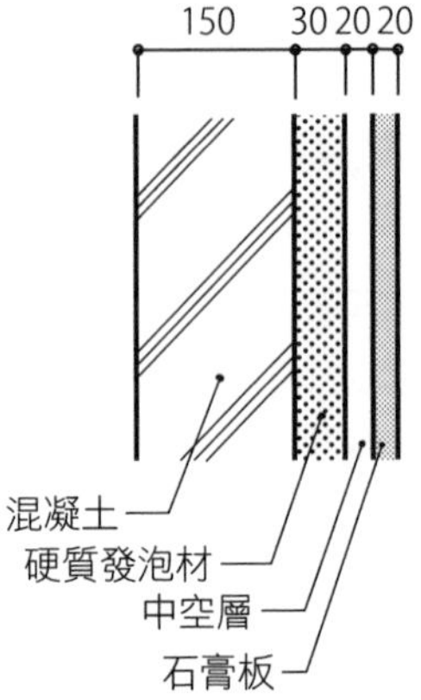

A 熱傳導率和熱傳遞率無法用加法計算。能相加計算的只有阻抗。因此先加法求出整體的阻抗，也就是熱傳透阻抗R，用其倒數$1/R$算出熱傳透率K。

（假設熱傳遞阻抗為$r_{外}$、$r_{內}$，牆壁各層厚度如圖自左為ℓ_1、ℓ_2、ℓ_3，各熱傳導阻抗是r_1、r_2、r_3）

熱傳透阻抗 $R = r_{外} + (r_1 + r_2 + r_{中} + r_3) + r_{內}$ （$r_{中}$：中空層）

$$= \frac{1}{\alpha_{外}} + \left(\frac{\ell_1}{\lambda_1} + \frac{\ell_2}{\lambda_2} + r_{中} + \frac{\ell_3}{\lambda_3}\right) + \frac{1}{\alpha_{內}}$$

$$= \frac{1}{23} + \left(\frac{0.15}{1.5} + \frac{0.03}{0.03} + 0.2 + \frac{0.02}{0.2}\right) + \frac{1}{9} \fallingdotseq 1.55m^2 \cdot K/W$$

熱傳透率 $K = \frac{1}{R}$

$$= \frac{1}{1.55m^2 \cdot K/W} \fallingdotseq 0.645W/(m^2 \cdot K)$$

1m²的牆壁中，每1K的溫度差有0.645W的熱傳透

Point

熱傳透阻抗 R＝各阻抗的總和 ⇨ 熱傳透率$K = \frac{1}{R}$

答案 ▶ $0.645W/(m^2 \cdot K)$

Q 求出如圖有中空層的牆壁整體的**熱傳透量** Q。前提是，內外空氣的溫度差是 10℃，牆壁寬6.2m、高2.5m，各層的熱傳導率、熱阻抗、熱傳遞率如下表所示。

混凝土
硬質發泡材
中空層
石膏板

	熱傳導率
混凝土	$\lambda_1 = 1.5W/(m \cdot K)$
硬質發泡材	$\lambda_2 = 0.03W/(m \cdot K)$
石膏板	$\lambda_3 = 0.2W/(m \cdot K)$

	熱阻抗
中空層	$r_{中} = 0.2m^2 \cdot K/W$

	熱傳遞率
室外側	$\alpha_{外} = 23W/(m^2 \cdot K)$
室內側	$\alpha_{內} = 9W/(m^2 \cdot K)$

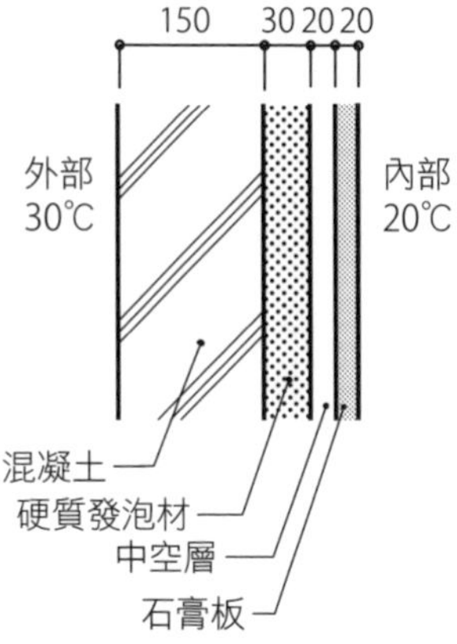

...

A 如果知道熱傳透阻抗 R，就可用 $Q = $（溫度差 / 阻抗）× 面積的公式來計算。也可用熱傳透率 K，從 $Q = $（熱傳透率×溫度差）× 面積的公式算出。牆壁面積 A 是 6.2m × 2.5m = 15.5m²。

$$熱傳透阻抗 R = \frac{1}{23} + \left(\frac{0.15}{1.5} + \frac{0.03}{0.03} + 0.2 + \frac{0.02}{0.2} \right) + \frac{1}{9} \fallingdotseq 1.55m^2 \cdot K/W$$

$$熱傳透率 K = \frac{1}{R} = \frac{1}{1.55m^2 \cdot K/W} \fallingdotseq 0.645W/(m^2 \cdot K)$$

$$傳透熱量 Q \begin{cases} = \dfrac{\Delta t \cdot A}{R} = \dfrac{10K \cdot 15.5m^2}{1.55m^2 \cdot K/W} = 100W \\ = K \cdot \Delta t \cdot A = 0.645W/(m^2 \cdot K) \cdot 10K \cdot 15.5m^2 \fallingdotseq 100W \end{cases}$$

1秒鐘100J

┌─ Point ─
│ **熱傳透阻抗 R＝各阻抗的總和** ⇨ **傳透熱量 $Q = \dfrac{\Delta t \cdot A}{R}$**

...

答案 ▶ 100W

4

根據前面範例來試算各地點的溫度。溫度差10℃，15.5m²的面積流過100W的熱量。100W熱量的流動，在各個地點應該都相同。

室外側	混凝土	硬質 發泡材	中空層	石膏板	室內側
$\alpha_外$ ‖ 23	λ_1 ‖ 1.2	λ_2 ‖ 0.03		λ_3 ‖ 0.2	$\alpha_內$ ‖ 9
$r_外$ ‖ $\dfrac{1}{23}$ ‖ 0.04	r_1 ‖ $\dfrac{0.15}{1.5}$ ‖ 0.1	r_2 ‖ $\dfrac{0.03}{0.03}$ ‖ 1	$r_中$ ‖ 0.2	r_3 ‖ $\dfrac{0.02}{0.2}$ ‖ 0.1	$r_內$ ‖ $\dfrac{1}{9}$ ‖ 0.11

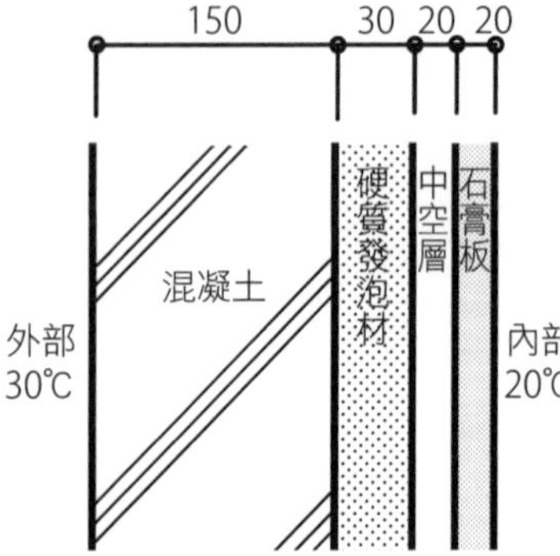

熱的移動如右圖所示，可用水的流動來比喻。

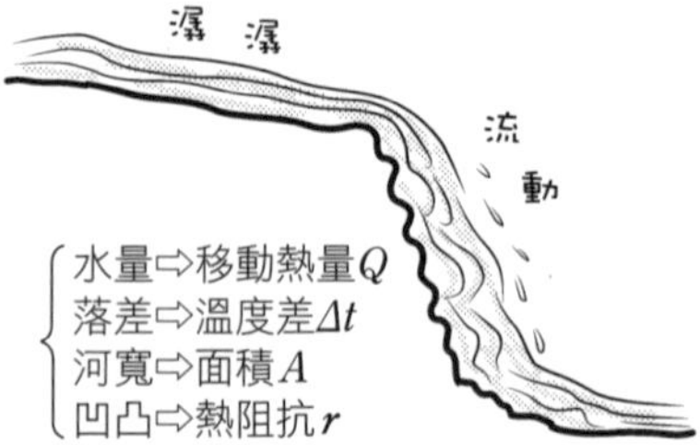

熱量的一般公式

從 $Q=\dfrac{\Delta t \cdot A}{r}$ ，導出 $\Delta t=\dfrac{Qr}{A}$

水量 ⇨ 移動熱量 Q
落差 ⇨ 溫度差 Δt
河寬 ⇨ 面積 A
凹凸 ⇨ 熱阻抗 r

計算熱通過各材料時的溫度變化。材料自左編號1～3。

$\Delta t_外 = \dfrac{Q \cdot r_外}{A} = \dfrac{100W \cdot 0.04m^2 \cdot K/W}{15.5m^2} \fallingdotseq 0.26K \quad 30℃-0.26℃=29.74℃$

$\Delta t_1 = \dfrac{Q \cdot r_1}{A} = \dfrac{100W \cdot 0.1m^2 \cdot K/W}{15.5m^2} \fallingdotseq 0.65K \quad 29.74℃-0.65℃=29.09℃$

$\Delta t_2 = \dfrac{Q \cdot r_2}{A} = \dfrac{100W \cdot 1m^2 \cdot K/W}{15.5m^2} \fallingdotseq 6.54K \quad 29.09℃-6.54℃=22.55℃$

$\Delta t_中 = \dfrac{Q \cdot r_中}{A} = \dfrac{100W \cdot 0.2m^2 \cdot K/W}{15.5m^2} \fallingdotseq 1.29K \quad 22.55℃-1.29℃=21.26℃$

從外部流入混凝土

$\Delta t_3 = \dfrac{Q \cdot r_3}{A} = \dfrac{100W \cdot 0.1m^2 \cdot K/W}{15.5m^2} \fallingdotseq 0.65K \quad 21.26℃-0.65℃=20.61℃$

$\Delta t_內 = \dfrac{Q \cdot r_內}{A} = \dfrac{100W \cdot 0.11m^2 \cdot K/W}{15.5m^2} \fallingdotseq 0.71K \quad 20.61℃-0.71℃\fallingdotseq 20℃$

K的變化和℃的變化相同

將各點的溫度標在截面圖上並連線，形成如下圖的溫度分布。和電流的電阻串聯時很像。

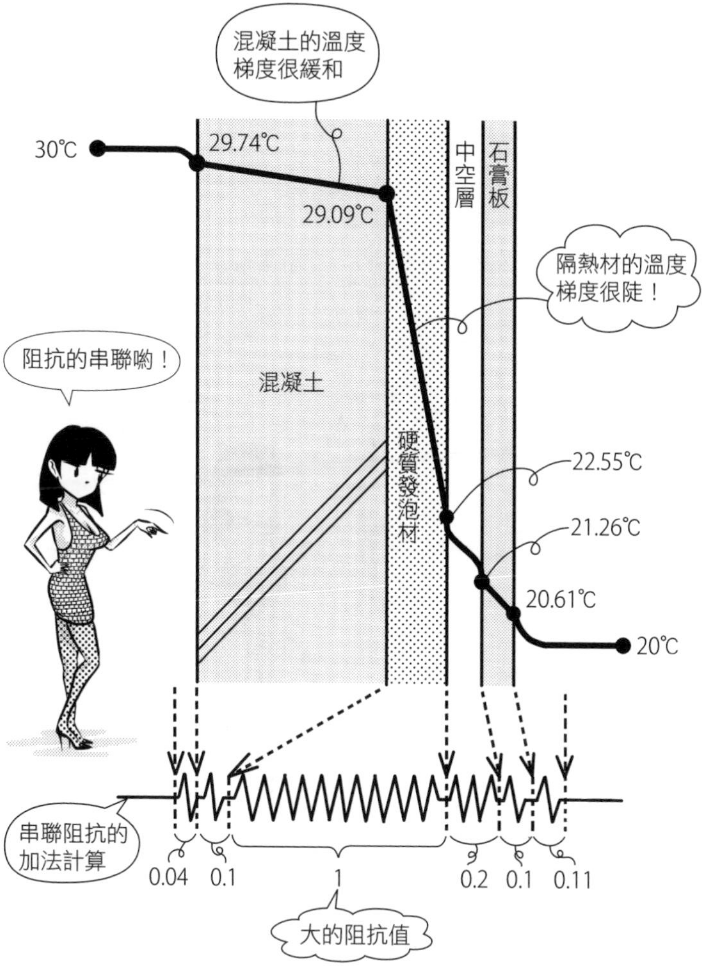

冬天牆內是否會結露，也是根據整體的<u>阻抗R→熱傳透量Q→各部位溫度變化Δt_i→各部位溫度</u>，視有無達到露點溫度來判斷。

Q 有傳透熱量 $Q=10W$ 流過的牆面，求出每小時的傳透熱量。

...

A 1W（瓦特）是 1 秒鐘 1J 的熱量，1W＝1J/s。1 小時是 3600 秒，1 小時流過的熱是 3600J。

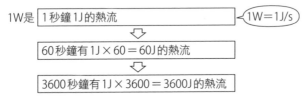

1W是 | 1 秒鐘 1J 的熱流 ◁—— 1W＝1J/s
↓
60 秒鐘有 1J×60＝60J 的熱流
↓
3600 秒鐘有 1J×3600＝3600J 的熱流

1 分鐘有 60 秒、
1 小時有 60 分鐘，
知道吧？

1W 在 1 小時內，1W×3600s＝1J/s×3600s＝3600J
題目的 10W 在 1 小時內，10W×3600s＝10J/s×3600s＝36000J＝ <u>36kJ</u>

┌─ Point ─────────────────────────────────
│　　　　1W×3600s＝1J/s×3600s＝3600J＝3.6kJ
└──────────────────────────────────────

...

答案 ▶ 36kJ

Q 求出如圖有窗的牆面的平均熱傳透率。

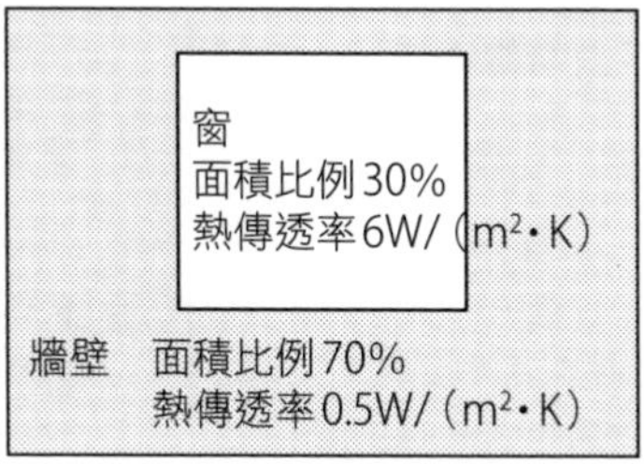

A 設定牆壁的傳透熱量為 Q_1，窗戶的傳透熱量 Q_2，形成如右圖 Q_1 和 Q_2 並聯的狀態。牆面整體的熱流 Q 是 Q_1+Q_2，列式整理後，<u>整體的熱傳透率是依面積比例分配的合計值（加權平均）</u>，稱為<u>平均熱傳透率</u>。<u>並非直接平均，注意是依照面積加權平均</u>。

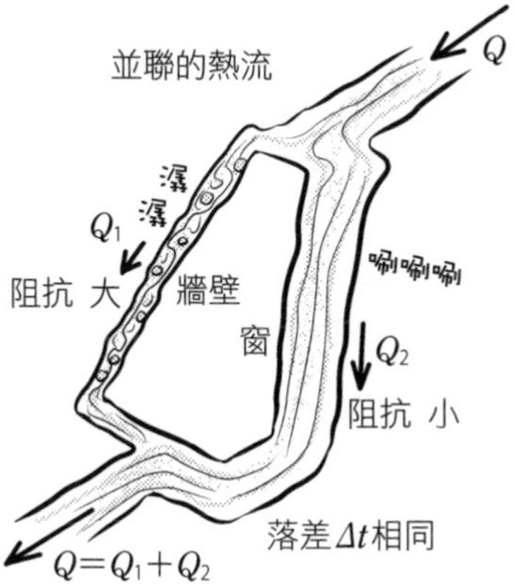

面積比例（指 0.7）　整體的面積（指 A）

牆的傳透熱量 $Q_1=0.5\cdot\Delta t\cdot(0.7A)=0.7\cdot0.5\cdot\Delta t\cdot A$

窗的傳透熱量 $Q_2=6\cdot\Delta t\cdot(0.3A)=0.3\cdot6\cdot\Delta t\cdot A$

總傳透熱量 $Q=Q_1+Q_2=(0.7\cdot0.5+0.3\cdot6)\,\Delta t\cdot A$

$=(0.35+1.8)\,\Delta t\cdot A$

$=2.15\,\Delta t\cdot A\,(\mathrm{W})$

將各個熱傳透率用面積比例分配再合計（加權平均）

窗戶雖小熱傳透率大

平均熱傳透率

答案 ▶ 2.15W/(m²·K)

Q 求出如圖有窗的牆面的平均熱傳透率。

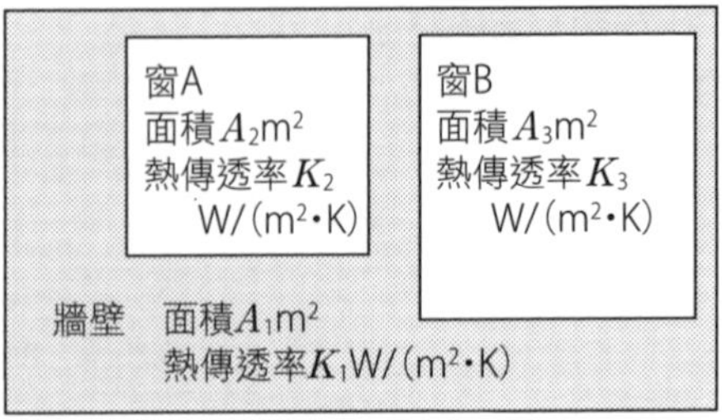
窗A
面積A_2m²
熱傳透率K_2 W/(m²·K)
窗B
面積A_3m²
熱傳透率K_3 W/(m²·K)
牆壁　面積A_1m²
熱傳透率K_1W/(m²·K)

$(A=A_1+A_2+A_3)$

A 設定牆壁、窗A、窗B的傳透熱量是Q_1、Q_2、Q_3，內外溫度差Δt，牆面全部面積A $(A=A_1+A_2+A_3)$，列出下列式子。面積加權後的K_i的平均，是整體的K，也就是平均熱傳透率。

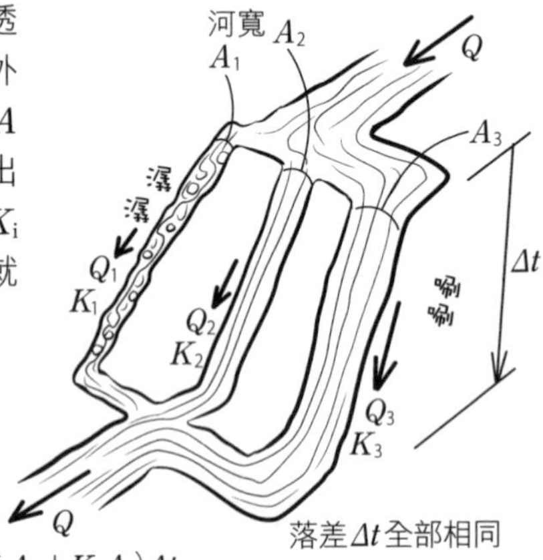

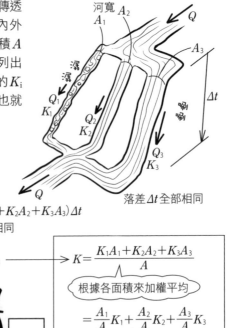

$Q_1=K_1\cdot\Delta t\cdot A_1$

$Q_2=K_2\cdot\Delta t\cdot A_2$

$Q_3=K_3\cdot\Delta t\cdot A_3$

$Q=Q_1+Q_2+Q_3=(K_1A_1+K_2A_2+K_3A_3)\Delta t$

設定此式和$Q=K\cdot\Delta t\cdot A$相同

$KA=K_1A_1+K_2A_2+K_3A_3$ → $K=\dfrac{K_1A_1+K_2A_2+K_3A_3}{A}$

根據各面積來加權平均

$=\dfrac{A_1}{A}K_1+\dfrac{A_2}{A}K_2+\dfrac{A_3}{A}K_3$

乘上面積比後合計

設定整體為1

K_i是用面積加權平均喲！
A_1
A_2

答案 ▶ $(A_1K_1+A_2K_2+A_3K_3)/A$

Q 求出如圖有窗的牆面的平均熱傳透阻抗。

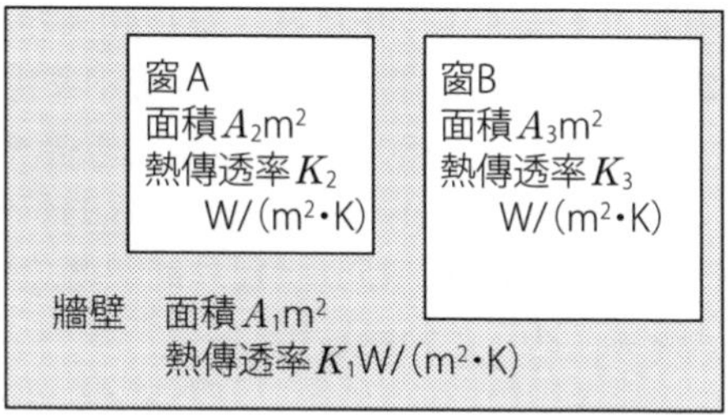

A 由前述得知，牆面整體的熱傳透率K是

$$K=\frac{A_1K_1+A_2K_2+A_3K_3}{A}$$

$(A=A_1+A_2+A_3)$。整體的熱傳透阻抗R是K的倒數，所以馬上可求出

$$R=\frac{1}{K}=\frac{A}{A_1K_1+A_2K_2+A_3K_3}\cdots\cdots①$$

用$Q=K\cdot\Delta t\cdot A=\dfrac{\Delta t\cdot A}{R}$分別列出窗和牆壁的式子，用有阻抗的公式來試著計算。

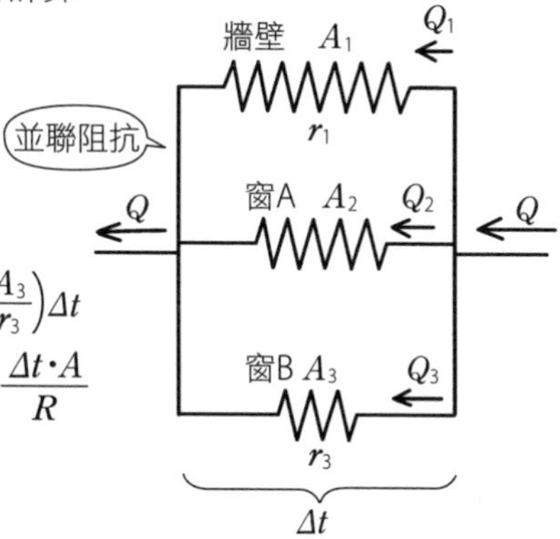

$$Q_1=\frac{\Delta tA_1}{r_1}$$

$$Q_2=\frac{\Delta tA_2}{r_2}$$

$$Q_3=\frac{\Delta tA_3}{r_3}$$

$$Q=Q_1+Q_2+Q_3=\left(\frac{A_1}{r_1}+\frac{A_2}{r_2}+\frac{A_3}{r_3}\right)\Delta t$$

假設此式和牆面整體的公式$Q=\dfrac{\Delta t\cdot A}{R}$相等，

$$\frac{A}{R}=\frac{A_1}{r_1}+\frac{A_2}{r_2}+\frac{A_3}{r_3}$$

$$\frac{R}{A}=\frac{1}{\dfrac{A_1}{r_1}+\dfrac{A_2}{r_2}+\dfrac{A_3}{r_3}}$$

$$\therefore \text{導出}R=\frac{A}{\dfrac{A_1}{r_1}+\dfrac{A_2}{r_2}+\dfrac{A_3}{r_3}}$$

熱傳透率是熱阻抗的倒數，所以產生和①相同的結果。

答案 ▶ $A/(A_1K_1+A_2K_2+A_3K_3)$

★ R129 計算問題

Q 根據以下條件，求出外牆、窗戶和天花板的熱損失（室內往室外的傳透熱量）Q。前提是，設定地板不產生熱損失。

(1)外牆面積 A_1：180m^2，外牆的熱傳透率 K_1：0.3 W/(m^2・K)

(2)天花板的面積 A_2：70m^2，天花板的熱傳透率 K_2：0.2 W/(m^2・K)

(3)窗戶的面積 A_3：15m^2，窗戶的熱傳透率 K_3：2.0 W/(m^2・K)

(4)室溫：20℃，外氣溫 0℃

A 溫度差 Δt = 20℃ − 0℃ = 20℃ = 20K。外牆、天花板、窗戶的傳透熱量設為 Q_1、Q_2、Q_3，建立傳透熱量＝熱傳透率×溫度差×面積的公式。整體的傳透熱量（熱損失）Q 用加總 Q_1、Q_2、Q_3 來求得。

單位是 $\frac{W}{m^2 \cdot K} \cdot K \cdot m^2 = W$

外　牆：$Q_1 = K_1 \cdot \Delta t \cdot A_1 = 0.3 \times 20 \times 180 = 1080$W

天花板：$Q_2 = K_2 \cdot \Delta t \cdot A_2 = 0.2 \times 20 \times 70 = 280$W

窗　戶：$Q_3 = K_3 \cdot \Delta t \cdot A_3 = 2.0 \times 20 \times 15 = 600$W

$Q = Q_1 + Q_2 + Q_3 = 1080 + 280 + 600 = \underline{\underline{1960\text{W}}}$

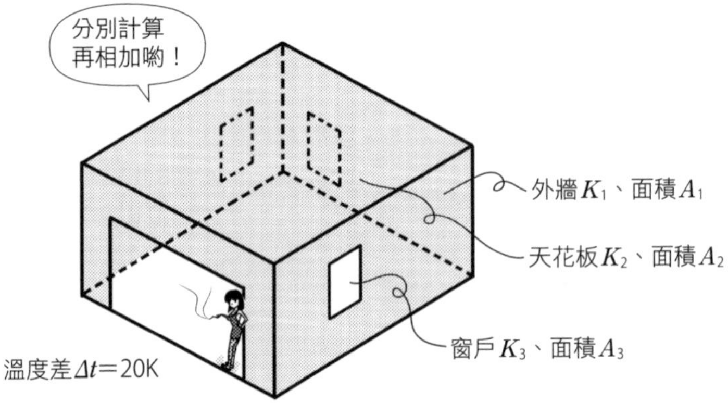

接著求出建物整體的平均熱傳透率 K，試著算出整體的熱損失 Q。不將數值帶入 Q_1、Q_2、Q_3 的式子，而是變形如下。A 為整體的總面積（$A_1＋A_2＋A_3$）。

$$Q_1＝K_1 \cdot \Delta t \cdot A_1$$
$$Q_2＝K_2 \cdot \Delta t \cdot A_2$$
$$Q_3＝K_3 \cdot \Delta t \cdot A_3$$

$$Q＝Q_1＋Q_2＋Q_3＝(K_1A_1＋K_2A_2＋K_3A_3)\Delta t$$

設定此式和整體的傳透熱量公式 $Q＝K \cdot \Delta t \cdot A$ 相等，Δt 相同。

$$K \cdot A＝K_1A_1＋K_2A_2＋K_3A_3$$
$$\therefore K＝\frac{K_1A_1＋K_2A_2＋K_3A_3}{A}$$

> 整體的 K（平均熱傳透率），是用面積比例分配各熱傳透率再合計（加權平均）算出

此式也可寫成 $K＝\dfrac{K_1A_1＋K_2A_2＋K_3A_3}{A_1＋A_2＋A_3}$ 或 $K＝\dfrac{A_1}{A}K_1＋\dfrac{A_2}{A}K_2＋\dfrac{A_3}{A}K_3$

將建物假設成箱子如下圖展開後，形成一塊牆面，就可計算其熱傳透率。求出整體的平均熱傳透率，不管哪種溫度差 Δt 都可以立即算出 Q。

展開

K_2

$A＝180＋70＋15＝265m^2$

K_3　K_1

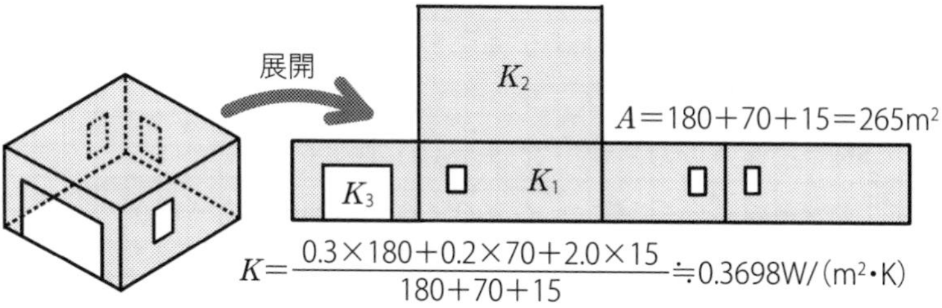

$$K＝\frac{0.3 \times 180＋0.2 \times 70＋2.0 \times 15}{180＋70＋15} ≒0.3698W/(m^2 \cdot K)$$

$$Q＝K \cdot \Delta t \cdot A＝0.3698 \times 20 \times 265 ≒ \underline{1960W}$$

> 先求出整體的 K 比較方便呀

> 不管 Δt 怎麼變都能馬上計算

答案 ▶ 1960W

Q 求出如右圖建物的傳透熱量 Q(W)。前提是，不計地板產生的熱損失，外氣溫0℃，室內氣溫20℃。

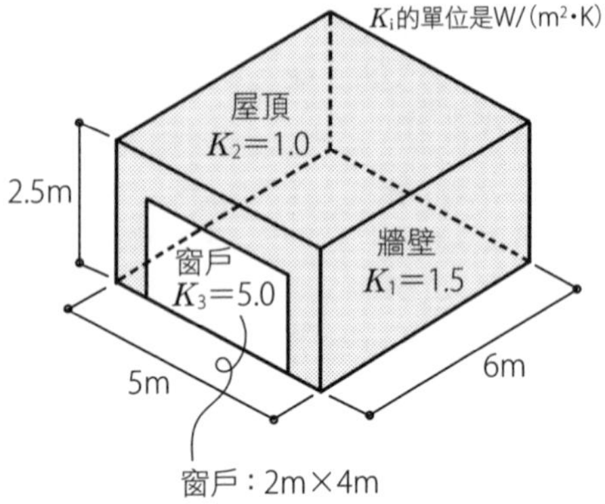
K_i的單位是W/(m²·K)
屋頂
K_2=1.0
2.5m
牆壁
K_1=1.5
窗戶
K_3=5.0
5m
6m
窗戶：2m×4m

A 首先分別求出牆壁、屋頂、窗戶的面積。

牆壁的面積 A_1=(2.5×6)×2+(2.5×5)×2−(2×4)=47m²（扣掉窗戶面積）

屋頂的面積 A_2=5×6=30m²

窗戶的面積 A_3=2×4=8m²

溫度差 Δt=20−0=20℃=20K

利用 $Q_i=K_i\cdot\Delta t\cdot A_i$ 求出流過各部位的熱量 Q_i。

（單位：W/(m²·K)·K·m²=W）

牆壁的傳透熱量 $Q_1=K_1\cdot\Delta t\cdot A_1$=1.5・20・47=1410W

屋頂的傳透熱量 $Q_2=K_2\cdot\Delta t\cdot A_2$=1.0・20・30=600W

窗戶的傳透熱量 $Q_3=K_3\cdot\Delta t\cdot A_3$=5.0・20・8=800W

建物整體的傳透熱量 $Q=Q_1+Q_2+Q_3$ =1410+600+800

=2810W

因為外氣溫較低，所以算出從室內到室外的熱量是2810W，也就是每秒2810J的熱流出。1小時流出的熱量為：

2810J/s×3600s=2.81kJ/s×3600s=10116kJ

（1000J=1kJ）

答案 ▶ **2810W**

建物整體傳透熱量的計算順序整理如下。

〔各部位〕

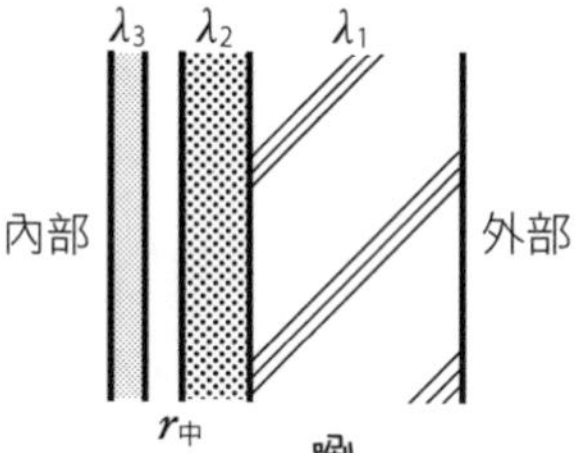

①用串聯來計算

將各部位阻抗 R_i 串聯計算求出整體的 K_i。

$$R_i=\frac{1}{\alpha_內}+\left(\frac{\ell_1}{\lambda_1}+\frac{\ell_2}{\lambda_2}+\cdots+r_中\right)+\frac{1}{\alpha_外}$$

中空層

$$K_i=\frac{1}{R_i}$$

$$=\frac{1}{\frac{1}{\alpha_內}+\left(\frac{\ell_1}{\lambda_1}+\frac{\ell_2}{\lambda_2}+\cdots+r_中\right)+\frac{1}{\alpha_外}}$$

（ℓ_i：材料的厚度）

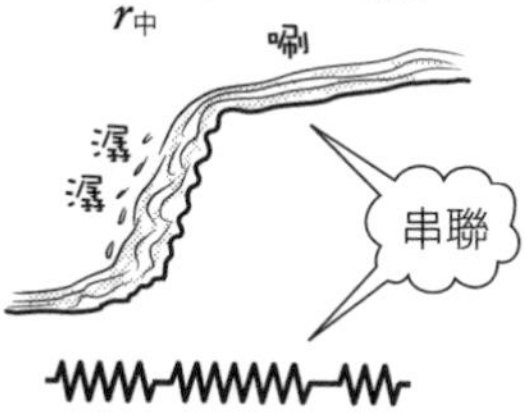

〔整體〕

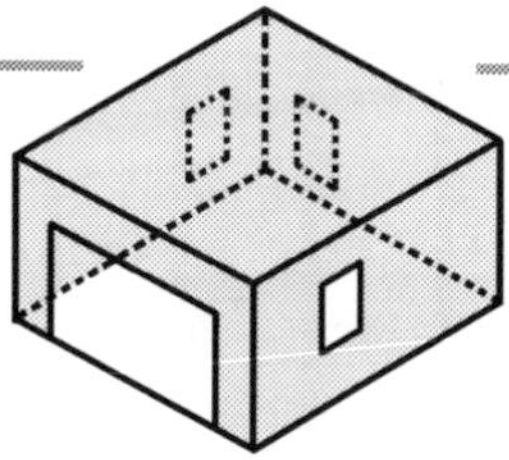

②用並聯來計算

加總各部位的傳透熱量 Q_i，計算整體的 Q。

$$Q_1=K_1\cdot\Delta t\cdot A_1$$
$$Q_2=K_2\cdot\Delta t\cdot A_2$$
$$\vdots$$

$$Q=(K_1A_1+K_2A_2+\cdots)\cdot\Delta t\cdots\cdots①$$

求出 K 的平均值後計算 Q。

$$整體的K=\frac{K_1A_1+K_2A_2+\cdots}{A}$$

根據面積加權平均

$$Q=K\cdot\Delta t\cdot A\cdots\cdots②$$

（①、②是相同式子）

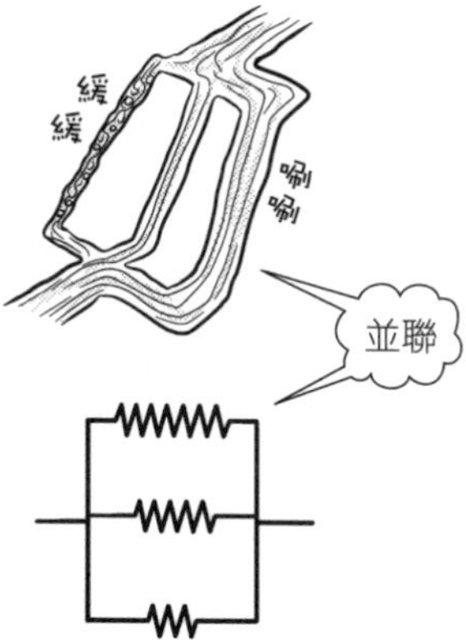

4
熱傳

Q 下面是冬季時為穩定狀態的外牆A、B內部的溫度分布示意圖。判斷**1**、**2**對或錯。前提是，構成圖中A、B的構材a～d的各種材料及厚度、室內外溫度、對流、熱輻射等條件都相同。

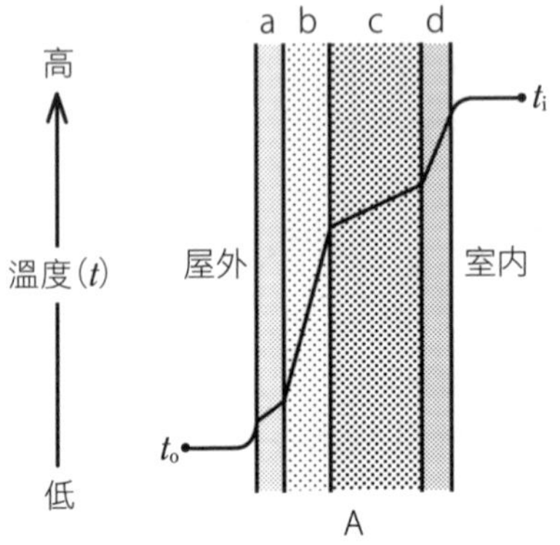

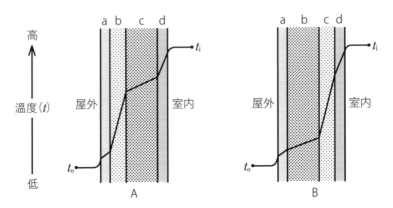

1. 和c相比，b的熱傳導率較小。

2. A和B的熱傳透率相同。

A 穩定狀態是指氣流、溫度、流動的熱量不隨時間變化，恆久維持固定的狀態，安定狀態的意思。

牆壁和空氣的互動也就是熱傳遞，在越靠近牆壁處越活躍。因此牆壁附近的溫度梯度變陡，呈現曲線狀的溫度分布。另一方面，牆壁內部，熱通過物體內部的熱傳導，因為阻抗為定值，所以呈現直線的溫度梯度。

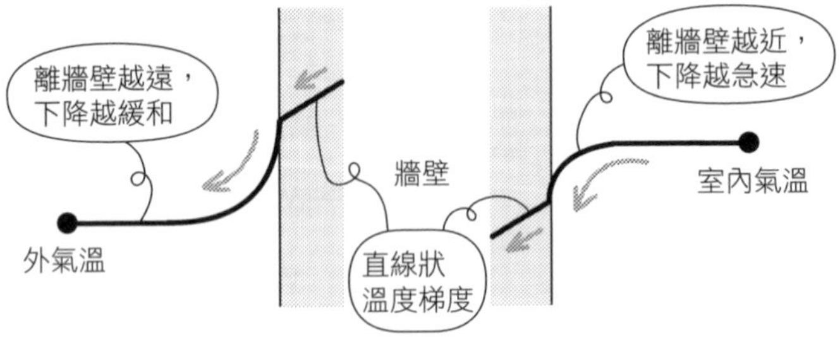

比較b、c的溫度梯度，b較陡，溫度下降變化較大。這是因為b的熱阻抗（熱傳導阻抗）較大，顯示熱較難通過。熱難通過代表熱傳導率較小（**1**是○）。

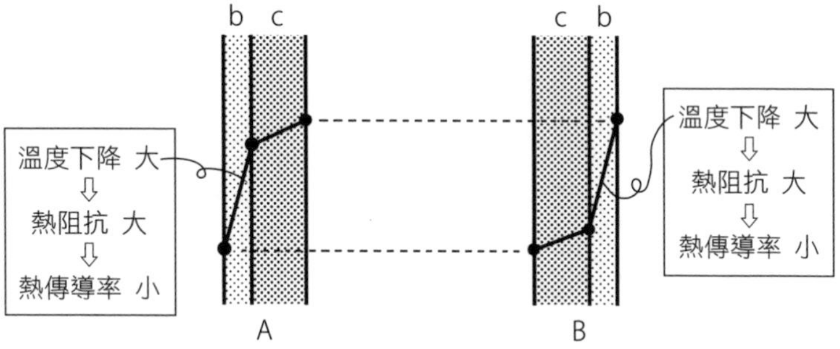

即使改變材料的順序，熱阻抗（熱傳透阻抗）R為各阻抗值的總和，所以值不變。因此熱傳透阻抗R倒數的熱傳透率K也相同（**2**是○）。

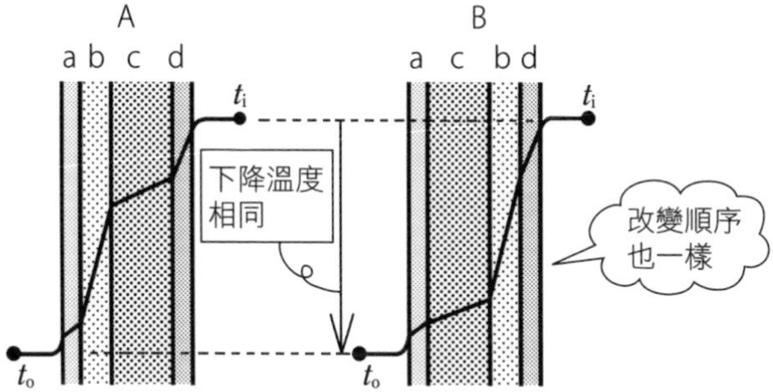

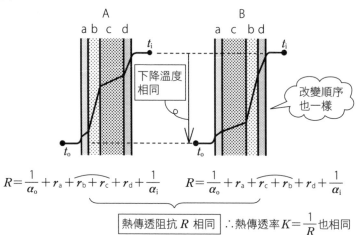

$$R=\frac{1}{\alpha_o}+r_a+\overbrace{r_b+r_c}+r_d+\frac{1}{\alpha_i} \qquad R=\frac{1}{\alpha_o}+r_a+\overbrace{r_c+r_b}+r_d+\frac{1}{\alpha_i}$$

熱傳透阻抗 R 相同　∴熱傳透率$K=\frac{1}{R}$也相同

答案 ▶ 1. ○　2. ○

Q 下面是冬季時為穩定狀態的外牆A、B內部的溫度分布示意圖。當c
的熱容量大時，和A相比，B從啟動冷暖房到設定的溫度需花費較
長時間。前提是，構成圖中A、B的構材a～d的各種材料及厚度、
室內外溫度、對流、熱輻射等條件都相同。

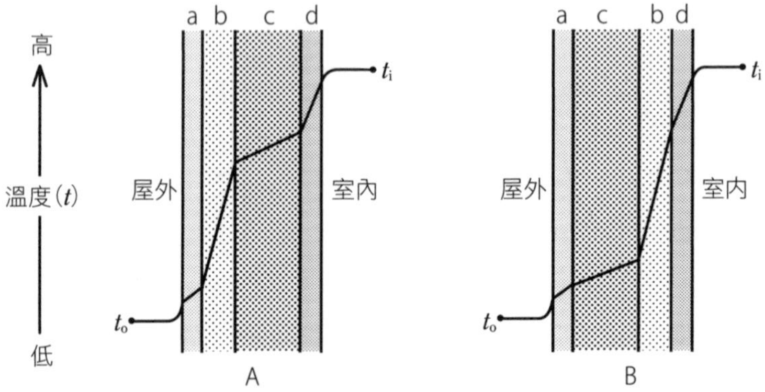

A 熱容量是可用比熱×質量求出的熱儲存能力。建物中混凝土的質量
非常大，所以是熱容量最大的部分（參見R090）。

溫度變化所需的能量
$$Q＝比熱×質量×溫度變化＝c \cdot m \cdot \Delta t$$
熱容量

每單位體積（1cm³、1m³）的熱容量（$c \cdot m$）

 （比重） （比熱）

水　：1g/cm³×1cal/(g·℃)＝1cal/(cm³·℃)＝4200kJ/(m³·K)

混凝土：2.3g/cm³×0.2cal/(g·℃)＝0.46cal/(cm³·℃)＝1932kJ/(m³·K)

木材　：0.5g/cm³×0.5cal/(g·℃)＝0.25cal/(cm³·℃)＝1050kJ/(m³·K)

發泡材：0.03g/cm³×0.3cal/(g·℃)＝0.009cal/(cm³·℃)＝37.8kJ/(m³·K)

空氣　：0.0012g/cm³×0.24cal/(g·℃)＝0.00029cal/(cm³·℃)≒1.2kJ/(m³·K)

混凝土的比重2.3非常大，所以即使比熱小，熱容量也很大！

熱容量越大，變暖（變冷）越費時。因此一旦變暖後很難冷卻，反之一旦冷卻很難變暖。這種抑制溫度變化的功用，想像石烤番薯或是石鍋拌飯中質量大的石頭就很容易理解。可設想題目中的b是隔熱材（下降溫度大），c是混凝土。如下圖B不需要讓混凝土變暖或變冷，所以馬上就能達到設定的溫度（答案為×）。

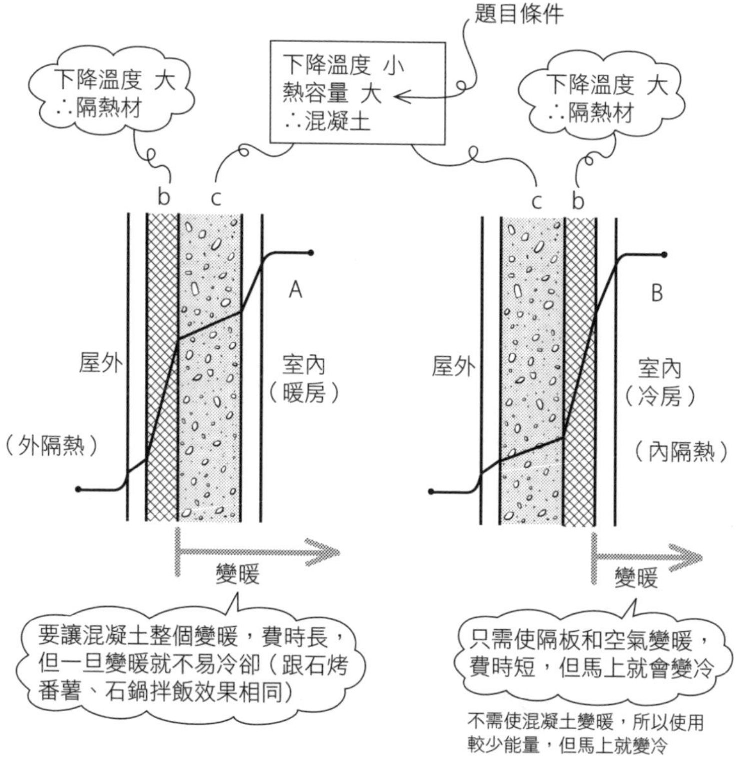
題目條件
下降溫度 小
熱容量 大
∴混凝土
下降溫度 大
∴隔熱材
下降溫度 大
∴隔熱材
b
c
c
b
A
B
屋外
室內
（暖房）
（外隔熱）
屋外
室內
（冷房）
（內隔熱）
變暖
變暖
要讓混凝土整個變暖，費時長，但一旦變暖就不易冷卻（跟石烤番薯、石鍋拌飯效果相同）
只需使隔板和空氣變暖，費時短，但馬上就會變冷
不需使混凝土變暖，所以使用較少能量，但馬上就變冷

溫暖的石頭很難冷卻喲！
石烤番薯效果

答案▶ ×

Q 下面是冬季時為穩定狀態的外牆A、B內部的溫度分布示意圖。冬季為了防止內部結露而裝設防濕層時，A和B的b層之後都得裝在室內側。前提是，構成圖中A、B的構材a～d的各種材料及厚度、室內外溫度、對流、熱輻射等條件都相同。

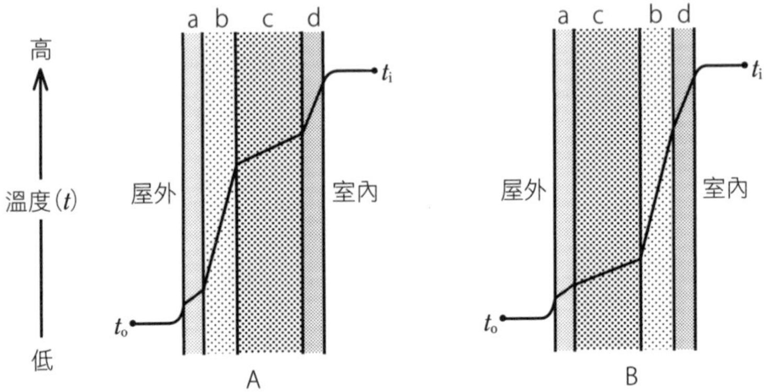

A 假設室內空氣是20℃、45%，外氣是0℃、30%。若<u>直接冷卻</u>室內空氣，約在9℃達到露點，進一步冷卻到0℃時，空氣無法容納的水蒸氣會結露產生水分。牆壁內部產生這種現象時，稱為<u>內部結露</u>。

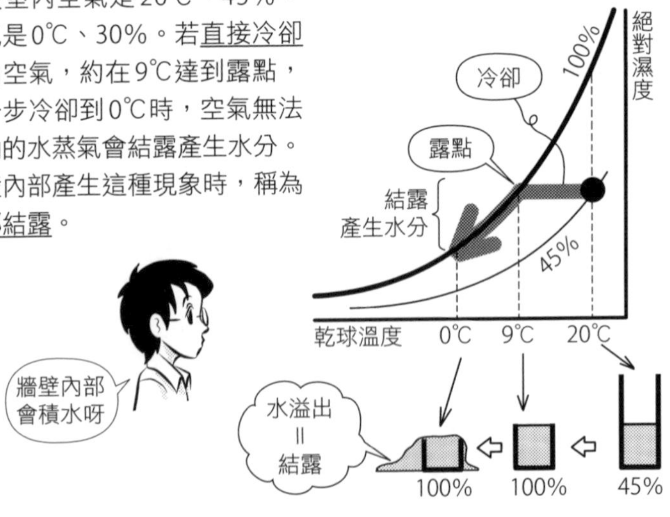

因此如下圖所示，變成9℃之前先減少空氣中的水蒸氣，即使溫度大幅下降，也不會接觸到100%線，也就是能不結露而冷卻。

水蒸氣是氣體，所以其壓力和水蒸氣量成正比，室內的水蒸氣壓比室外高。因此水蒸氣會從室內流向室外。<u>溫度大幅下降前，也就是隔熱材靠室內的一側，需設置避免水蒸氣流動的防濕層</u>（答案為○）。

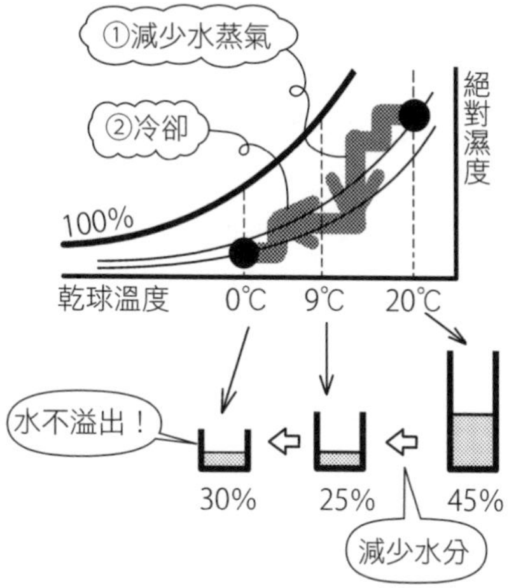

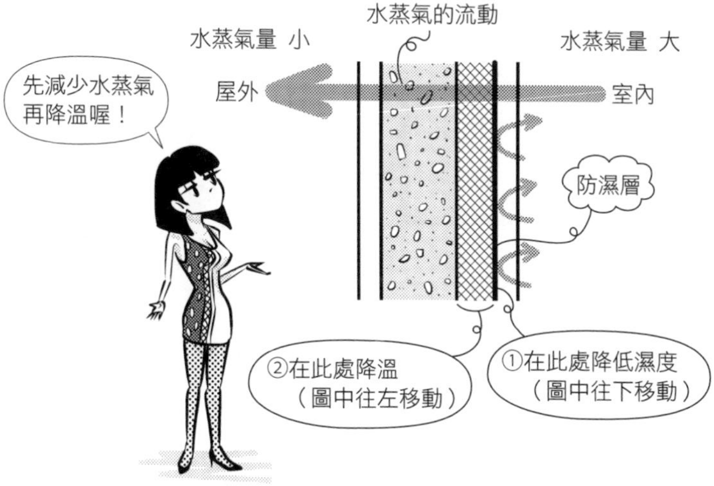

答案 ▶ ○

Q 為了防止雙層窗框之間結露，方法是降低室內側窗框的氣密性，並提高室外側窗框的氣密性。

A 如果室內側窗框沒有氣密性，水蒸氣會滲過去，接觸到外氣側窗框的冰冷表面而結露。若室內側窗框有氣密性，因為窗框的玻璃和金屬使水蒸氣難以通過，所以水蒸氣不會滲出（答案為×）。和隔熱材一樣，窗框必須讓水蒸氣不會通到室內。

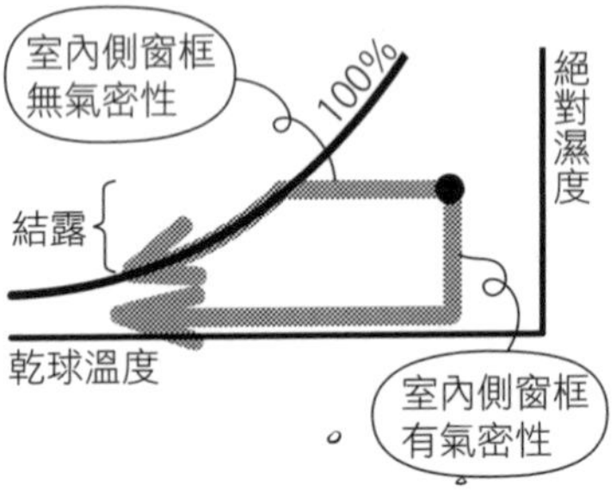

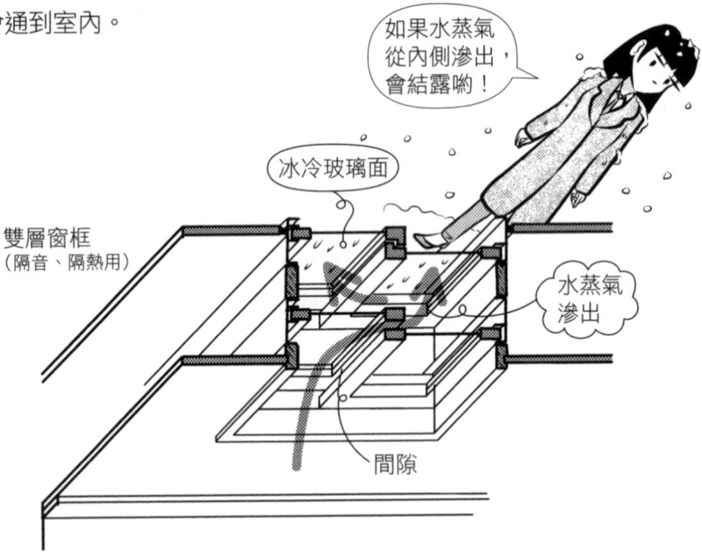

答案 ▶ ×

Q 雙層玻璃的隔熱缺點在開口部，如果能提高隔熱性能，也具有防止結露的效果。

A

內外溫度差20℃、厚度6mm的單層玻璃和厚度6mm＋4mm的雙層玻璃，其大略的溫度分布圖如下。單層玻璃的室內側玻璃面因為在露點以下，所以會結露。

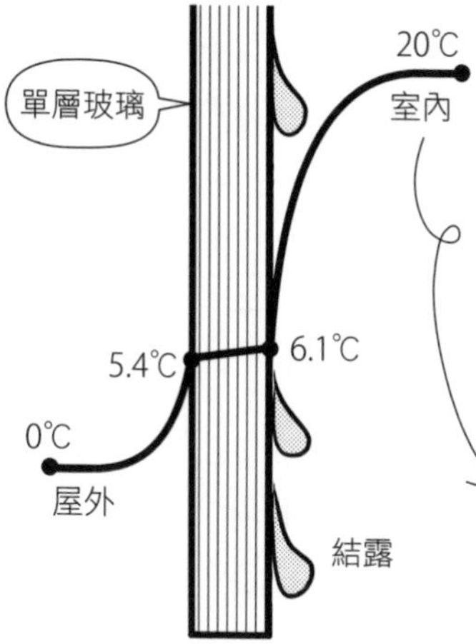
單層玻璃
20℃
室內
6.1℃
5.4℃
0℃
屋外
結露

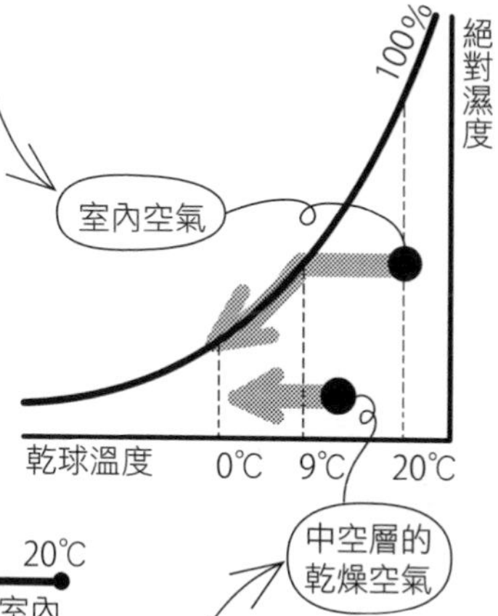
100%
絕對濕度
室內空氣
乾球溫度
0℃
9℃
20℃
中空層的乾燥空氣

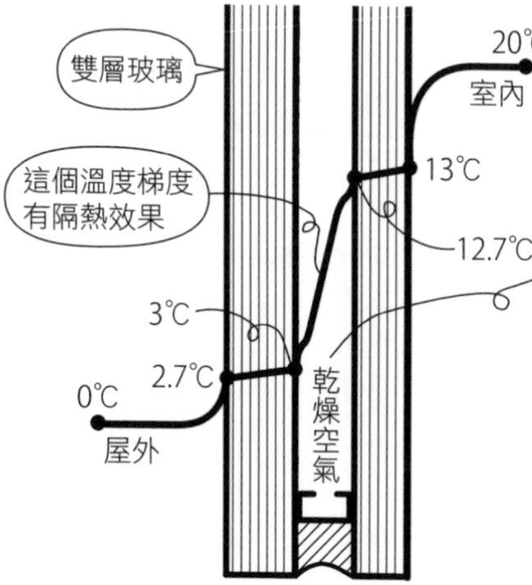
雙層玻璃
20℃
室內
這個溫度梯度有隔熱效果
13℃
12.7℃
3℃
2.7℃
0℃
屋外
乾燥空氣

雙層玻璃的情況，室內側玻璃面的溫度在露點以上，所以不結露。中空層的空氣事先除去水蒸氣以降低濕度，即使溫度下降也不會達到露點。因此雙層玻璃具有防止結露的效果（答案為○）。

答案 ▶ ○

Q 窗戶玻璃的室內側裝上窗簾，並沒有防止結露的效果。

A 水蒸氣易通過窗簾的布料（透濕阻抗小），空氣也容易從上下的縫隙進入（氣密性低）。因此室內空氣的水蒸氣抵達窗戶玻璃面時，會在上面結露。厚窗簾（帷幕窗簾）具有隔熱性，使玻璃面溫度下降更多，更容易結露（答案為○）。衣櫃裡面等處的濕度相同而溫度很低，所以也容易結露。

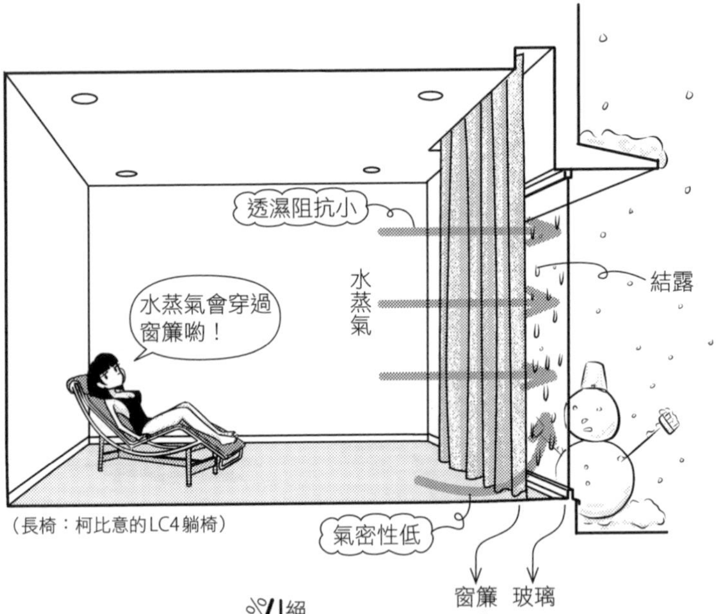

（長椅：柯比意的LC4躺椅）

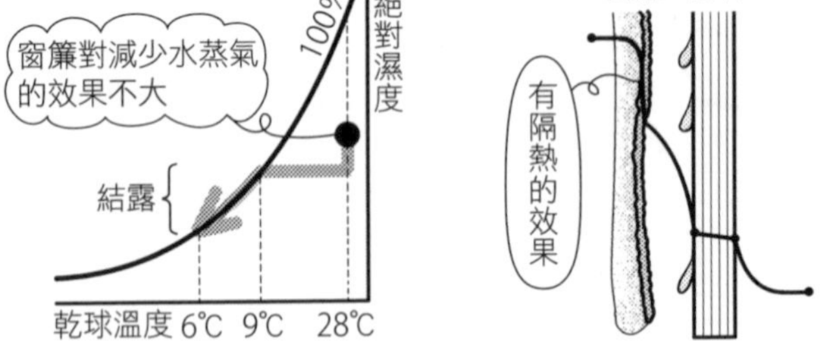

答案 ▶ ○

Q 木造住宅中在隔熱材外側加裝通氣層，更容易造成結露，降低耐久性。

A 不同於RC結構體，木造建築的柱和柱中間為中空，水蒸氣易通過。如果中空部填滿玻璃絨等隔熱材，隔熱材內部會結露。為了防止這種現象，室內側貼防濕壁材，防止水蒸氣滲入。室外側也可貼上防潮防水壁材，不僅防止雨水浸入，同時能讓水蒸氣向外擴散。還可以在外側加上通氣層，使進入的水蒸氣往上向外流出，防止結露（答案為×）。通氣層用來逸散夏季的熱氣也很有效。

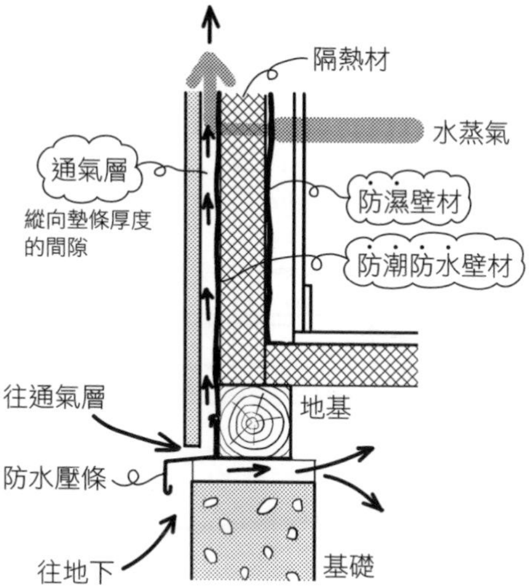
隔熱材
水蒸氣
通氣層
縱向墊條厚度的間隙
防濕壁材
防潮防水壁材
往通氣層
地基
防水壓條
往地下
基礎

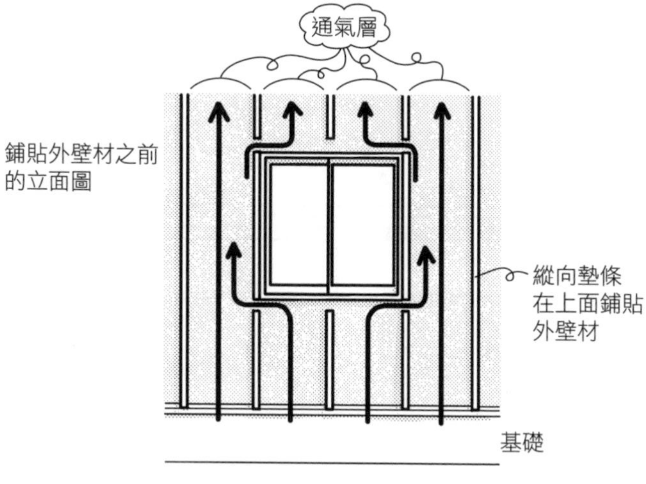
通氣層
鋪貼外壁材之前的立面圖
縱向墊條
在上面鋪貼
外壁材
基礎

答案 ▶ ×

Q 木造的隔熱工法包括填充隔熱和外部包覆式隔熱。

A 一般的木造隔熱工法是在柱和柱之間的空間裡，填入玻璃絨等的填充隔熱。玻璃絨偏室內側的牆面是隔絕水蒸氣的壁材，外側大多貼有能反射熱輻射的鋁材。此外，也有在柱子的空間中，用發泡材填入縫隙的作法。木材雖然也會傳熱，但問題不像鋼骨那麼大。

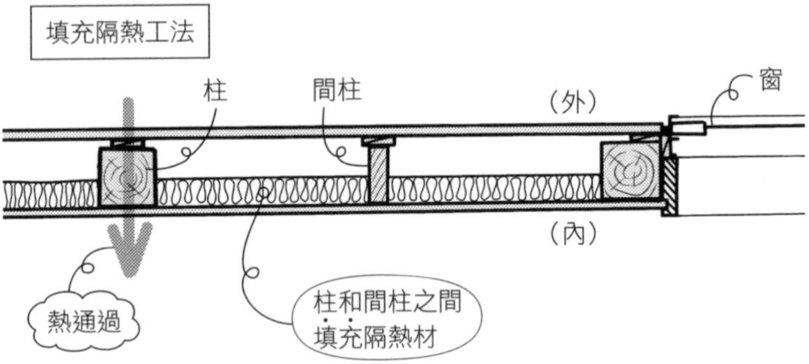

柱和間柱等外圍包裹硬質發泡材的方式是外部包覆式隔熱（答案為○）。為了將外裝材或固定外裝材的墊條固定在柱、間柱上，一般是從隔熱材上面釘入長螺釘。為了防止外裝材脫落，使用薄的隔熱材，並打入許多讓熱通過的螺釘。填充隔熱和外部包覆式隔熱各有優缺點。

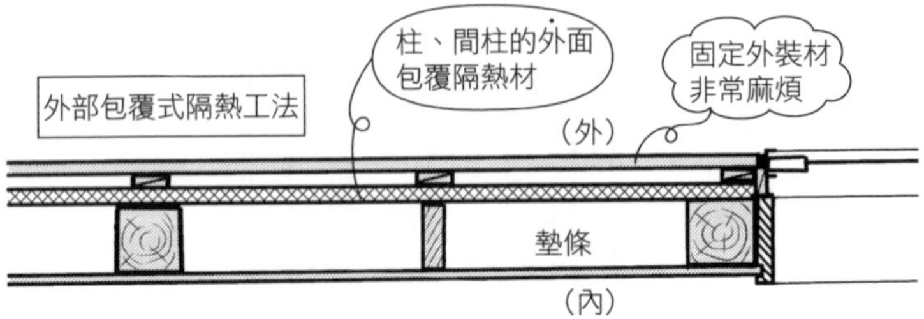

答案 ▶ ○

Q 木造的外部包覆式隔熱和RC造的外隔熱兩者相較，外部包覆式隔熱因為結構體的熱容量大，較能抑制室內的溫度變化。

..

A 同樣是外面包覆隔熱材，名稱卻不同，是因為關於熱的性能相差很多。由於每單位體積的熱容量（比熱×質量）差異很大，質量的總量也有很大的差距。RC結構體因為能留住熱，所以啟動冷暖房的效果較費時，但一旦變暖（變冷）後，就不易變冷（變熱）（答案為×）。

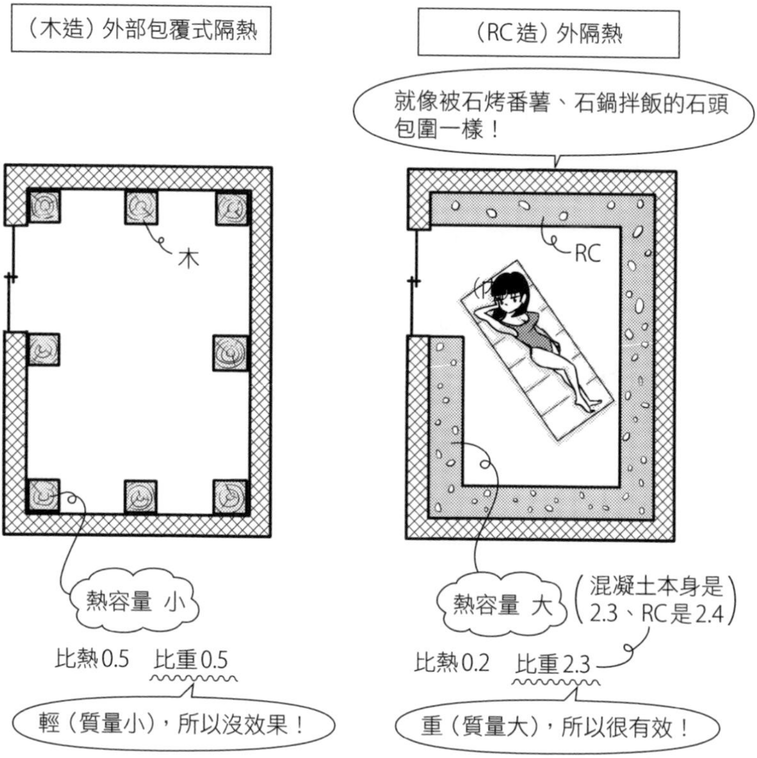

（木造）外部包覆式隔熱

（RC造）外隔熱

就像被石烤番薯、石鍋拌飯的石頭包圍一樣！

木

RC

熱容量　小

熱容量　大

混凝土本身是2.3、RC是2.4

比熱 0.5　比重 0.5

比熱 0.2　比重 2.3

輕（質量小），所以沒效果！

重（質量大），所以很有效！

每1cm³（1m³）的
熱容量＝0.5cal/（g・℃）・0.5g/cm³
　　　　＝0.25cal/（℃・cm³）
　　　　＝1050kJ/（K・m³）

每1cm³（1m³）的
熱容量＝0.2cal/（g・℃）・2.3g/cm³
　　　　＝0.46cal/（℃・cm³）
　　　　＝1932kJ/（K・m³）

..

答案 ▶ ×

4

RC外隔熱是外牆的修飾材固定在隔熱材外側。一般是如下圖用金屬構件撐住墊條，在上面固定外裝修材。外裝修材從輕型板狀物到勾在不鏽鋼軌道上的乾式工法磁磚都有，另外也有在硬質發泡材上直接貼上磁磚的簡易方式。

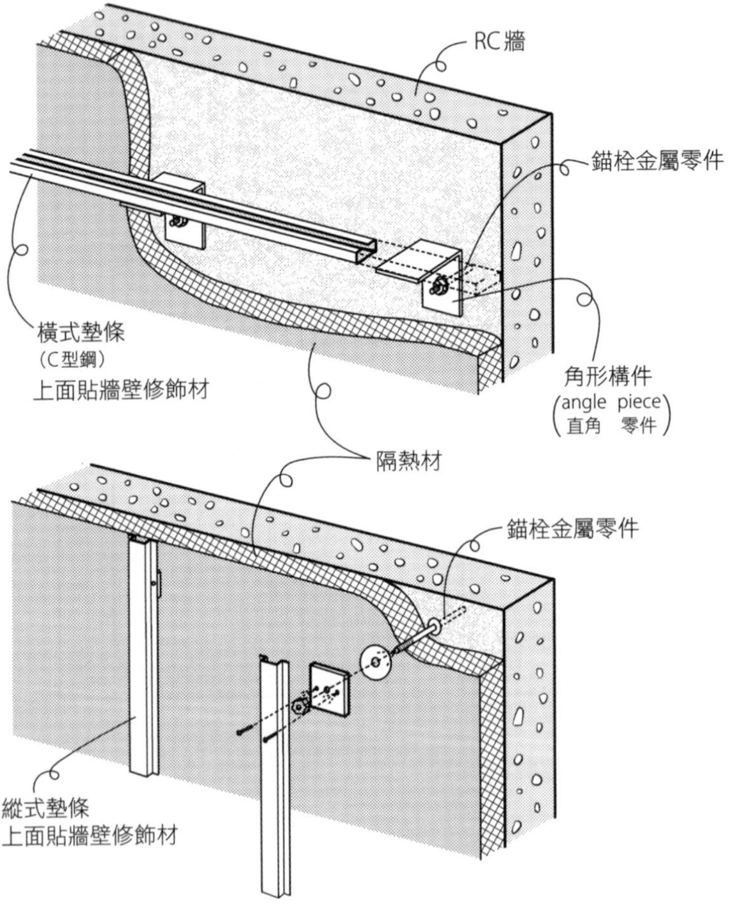
RC牆
錨栓金屬零件
橫式墊條
(C型鋼)
上面貼牆壁修飾材
角形構件
(angle piece
直角 零件)
隔熱材
錨栓金屬零件
縱式墊條
上面貼牆壁修飾材

- RC外隔熱的室內溫度變化小，雖然費用高，卻是RC最適當的隔熱方式。但是夏天開窗使外面帶有濕氣的空氣進入時，有時會在冷牆壁上結露。再加上結構上分開陽台和建築物本體很費工，得用2根16ϕ的不鏽鋼錨栓等固定，在本體和陽台間裝入隔熱材。RC外隔熱需要克服的困難很多，設計和施工需多加注意。

Q 形成熱橋（heat bridge）部位的室內側在冬天時易結露。

A 隔熱材或鋼骨的間隙等，和其他地方相比特別容易傳熱的部位，稱為<u>熱橋</u>。就像架在河上的橋，熱集中從此處通過。木造的軸組和其他隔熱部位相比，也會形成熱橋。最嚴重的是鋼材，特別是沒有耐火被覆的間柱等最易散熱，所以其內牆容易結露。像這樣的熱橋部位，需要包覆隔熱材等。

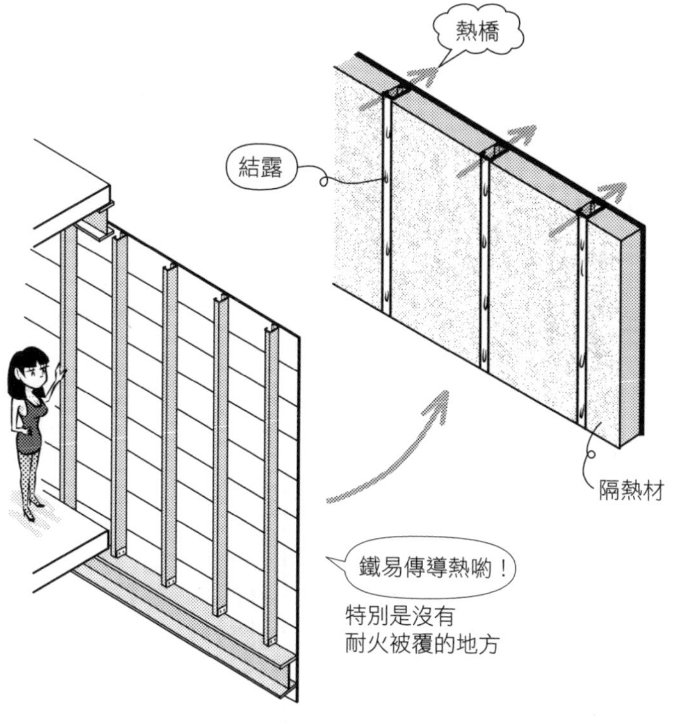

答案 ▶ ○

Q 在混凝土外牆邊角處的室內表面溫度，和平面牆的表面溫度相比，較接近外氣溫度。

A 平面、斷面的邊角處，因為熱逸散方向呈扇形，比起平面更容易傳導熱，因此跟外氣溫度很接近（答案為○）。所以邊角處的隔熱材要比其他部位厚，或是使用熱阻抗較大的材料。

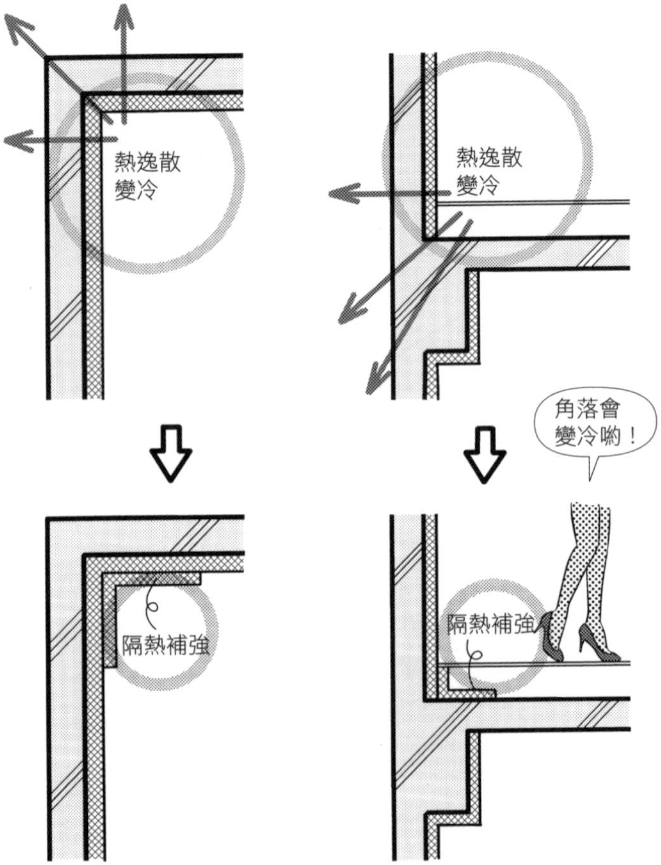

答案 ▶ ○

Q 若和開暖氣的房間相連，位在北側沒開暖氣的房間較易結露。

A 鄰接的房間，通常是用有間隙或氣窗的門，或者水蒸氣易通過的薄牆壁隔開。位在南側房間的水蒸氣侵入北側房間時，濕度並不會下降太多。但是沒開暖氣，溫度會大幅降低。再加上北側外牆很冷，所以容易發生結露的現象（答案為○）。如果使用熱阻抗小的玻璃或是鋼板門，更容易結露，所以需要考慮採用外牆的隔熱強化、雙層玻璃，或使用隔熱性能高的鋼板門等。

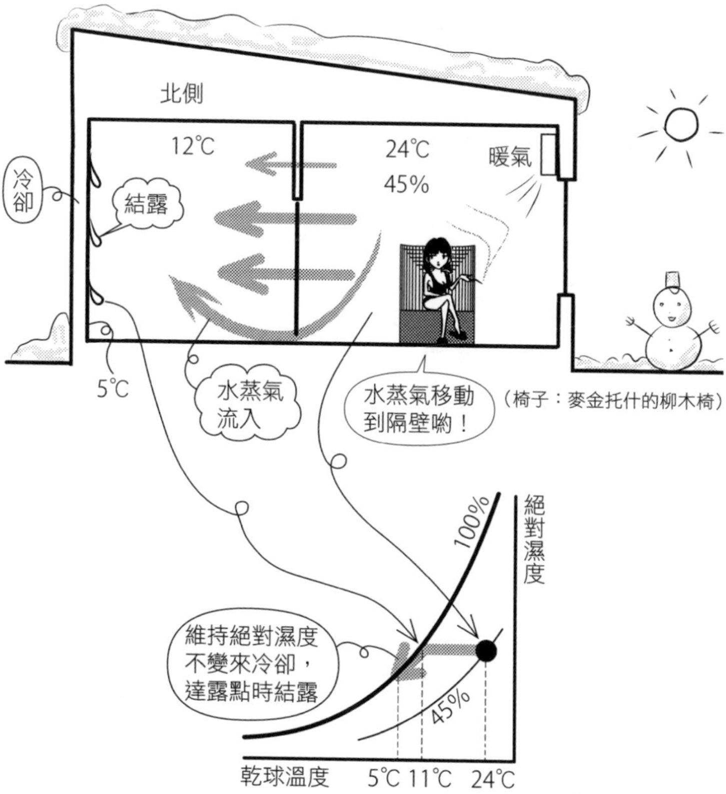

答案 ▶ ○

Q 當室內空氣的溫度20℃、濕度45%，外氣的溫度0℃時，熱傳透率$K=0.64\text{W}/(\text{m}^2\cdot\text{K})$牆壁的室內側表面不會結露。前提是，室內側的熱傳遞率$\alpha_i=9\text{W}/(\text{m}^2\cdot\text{K})$，而20℃、絕對濕度45%的空氣在保持濕度的情況下冷卻，其露點溫度是9℃。

A 因為是熱阻抗的串聯，所以先求出整體的阻抗R（題目中提示的K值），接著是熱傳透量Q，再計算各個溫度變化。

求流過牆壁的熱傳透量Q。

$$\boxed{Q=\frac{\Delta t\cdot A}{R}=K\cdot\Delta t\cdot A}=0.64\times20\times A=12.8A\ \text{W}$$

（單位是 $\frac{\text{W}}{\text{m}^2\cdot\text{K}}\cdot\text{K}\cdot\text{m}^2=\text{W}$）

<u>不管牆壁何處，流過的熱量都是等值的Q</u>。利用Q就能求出各層的下降溫度Δt。這邊只要求室內表面的Δt_i即可。

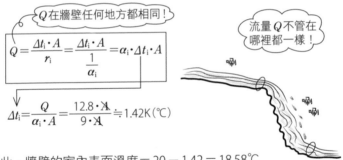

Q在牆壁任何地方都相同！

$$\boxed{Q=\frac{\Delta t_i\cdot A}{r_i}=\frac{\Delta t_i\cdot A}{\frac{1}{\alpha_i}}=\alpha_i\cdot\Delta t_i\cdot A}$$

$$\Delta t_i=\frac{Q}{\alpha_i\cdot A}=\frac{12.8\cdot A}{9\cdot A}\fallingdotseq1.42\text{K}(℃)$$

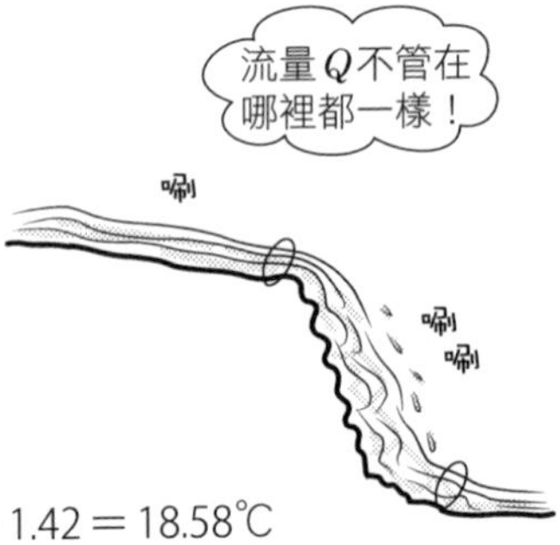
流量Q不管在哪裡都一樣！
唰
唰
唰

因此，牆壁的室內表面溫度＝20－1.42＝18.58℃
此溫度在露點9℃以上，所以可知並不會結露（答案為○）。

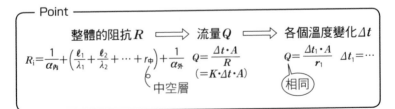

Point

整體的阻抗R ⟹ 流量Q ⟹ 各個溫度變化Δt

$$R_i=\frac{1}{\alpha_{內}}+\left(\frac{\ell_1}{\lambda_1}+\frac{\ell_2}{\lambda_2}+\cdots+r_{中}\right)+\frac{1}{\alpha_{外}}\qquad Q=\frac{\Delta t\cdot A}{R}\ (=K\cdot\Delta t\cdot A)\qquad Q=\frac{\Delta t_1\cdot A}{r_1}\quad \Delta t_1=\cdots$$

（$r_{中}$：中空層）（Q：相同）

答案 ▶ ○

Q **1**. 在北緯35°的地點，冬至那天的中天高度約30°。
2. 在北緯35°的地點，夏至那天的中天高度約60°。

A 太陽到達正南方位置時，日文稱為「南中」，而因為此時太陽在最高處，中文稱為「中天」。可利用太陽和地表的角度，求出中天時的太陽高度。

在東京（北緯35°），中天高度最高的是夏至（6月22日左右）的80°，最低的是冬至（12月22日左右）的30°（**1**是〇，**2**是×）。太陽從正東方升起、從正西方落下的兩日分別是春分（3月21日左右）和秋分（9月23日左右）。

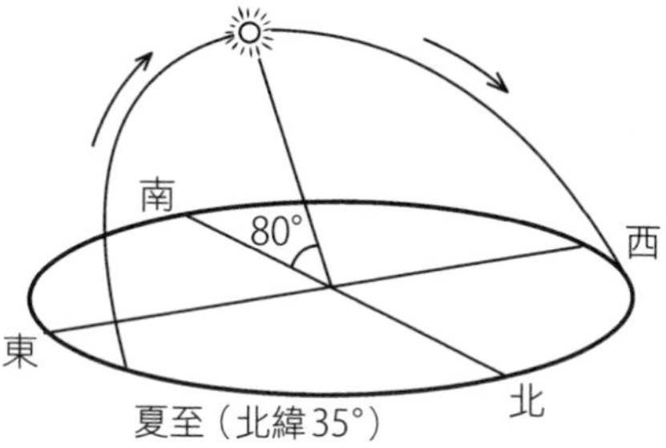

夏至（北緯35°）

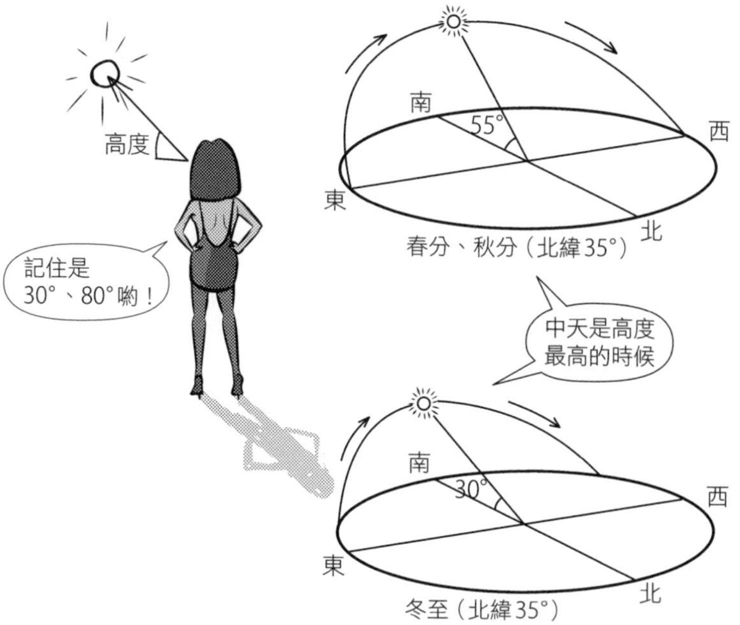

• 中天時刻定在12：00時，稱為真太陽時（true solar time）。

答案 ▶ 1. 〇　2. ×

Q 在日本，即使各地的經度和緯度不同，冬至和夏至的太陽在中天時的太陽高度差都相同，約47°。

A 東京附近（緯度35°）的中天高度如下圖。如前頁所述，冬至約30°（正確數字是31.6°），夏至約80°（正確數字是78.4°），差值約50°（正確數字是46.8°）。即使緯度改變，差值同樣是50°左右。經度是用來標示經縱向分割的地球位置，跟高度無關。

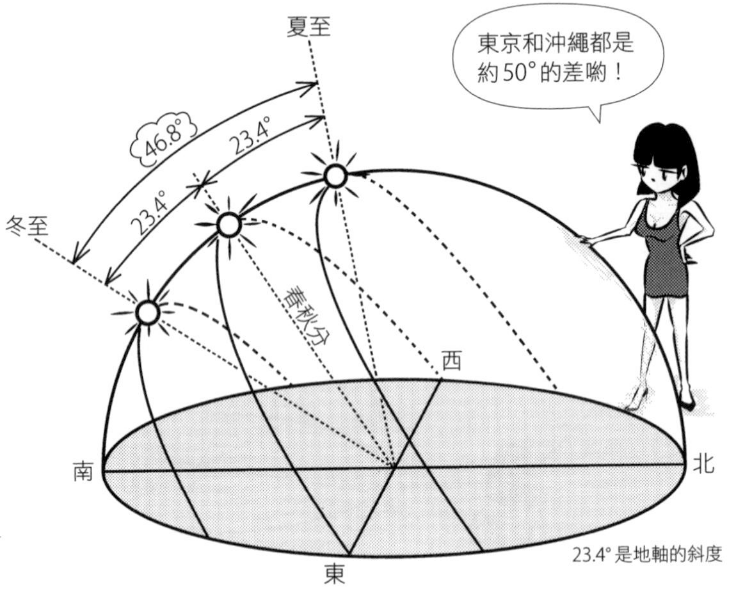

東京和沖繩都是約50°的差喲！

23.4° 是地軸的斜度

$$
\begin{array}{l}
\text{（北緯35°）} \\
\text{中天高度}
\end{array}
\left\{
\begin{array}{l}
\text{夏至78.4°（≒80°）} \\
\text{春秋分55°}\left(\leftarrow \dfrac{80+30}{2}\right) \\
\text{冬至31.6°（≒30°）}
\end{array}
\right\}
\text{差46.8°（≒50°）}
$$

答案 ▶ ○

Q **1**. 經度不同的兩地，如果緯度相同，同一天中天時的太陽高度相同。

2. 比較緯度相異的兩地在同一天中天時的太陽高度，緯度較高，也就是位置偏北的地點，太陽高度較低。

A 夏至中天時的太陽高度如下圖。因為地軸傾斜 23.4°，使得太陽高度比春分、秋分的中天時還高。A 點緯度 I 越高，A 點的太陽高度變得越低。和沖繩相比，北海道的太陽較低，憑直覺就能了解這種現象。若緯度相同，即便改變地球的縱向地點，也就是改變經度，中天高度仍然相同（**1**、**2** 是○）。

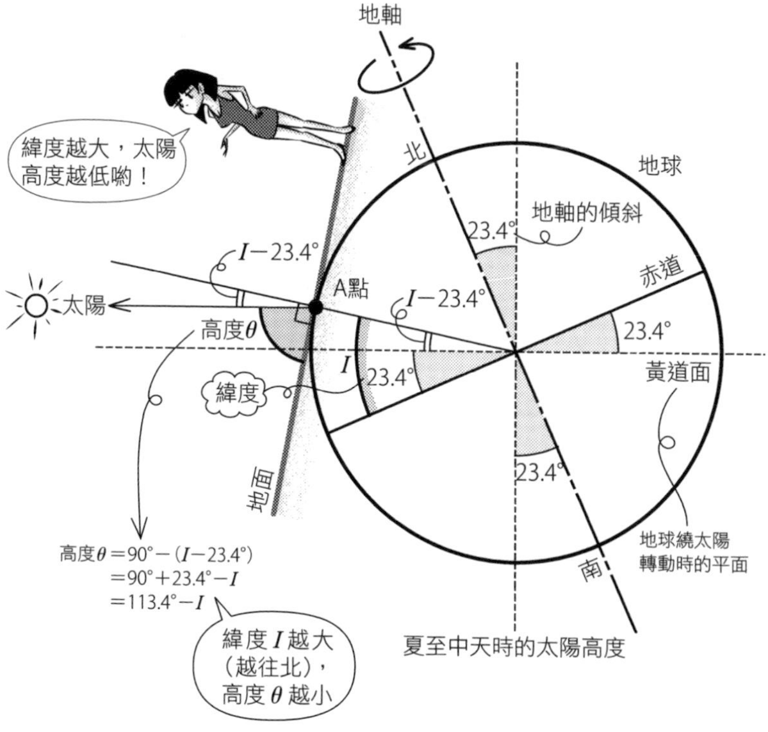

夏至中天時的太陽高度

答案 ▶ 1. ○　2. ○

Q 某地的日出到日落的時間稱為日照時數，實際受到日照的時間稱為可照時數。

A 可照時數，就是可能受到日照的時間，也就是日出到日落的時間。日照時數是實際受到日照的時間，所以被雲遮蔽時不列入計算（答案為×）。可照時數中，實際日照的時間比率為日照率。

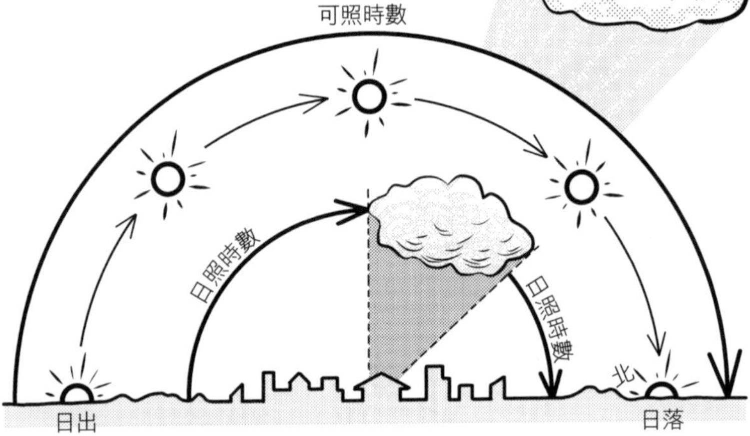

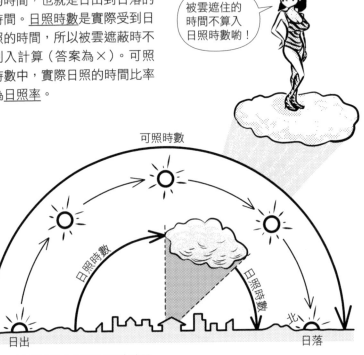

可照時數：可能日照的時間
日照時數：實際受到日照的時間

$$日照率 = \frac{日照時數}{可照時數}$$

答案 ▶ ×

Q 因大氣中的微粒而散射、反射到地上的日射稱為天空漫射。

A 從太陽直接抵達地面的日射稱為<u>直接日射</u>（direct solar radiation），因大氣雲層和微粒等散射、反射而從天空整體輻射出來的日射稱為<u>天空漫射</u>（diffuse sky radiation）（答案為○）。

也有因漫射從天空放出的日射喲！
直接日射
天空
微粒
雲
直射
天空漫射
日射量＝直接日射量＋天空漫射量

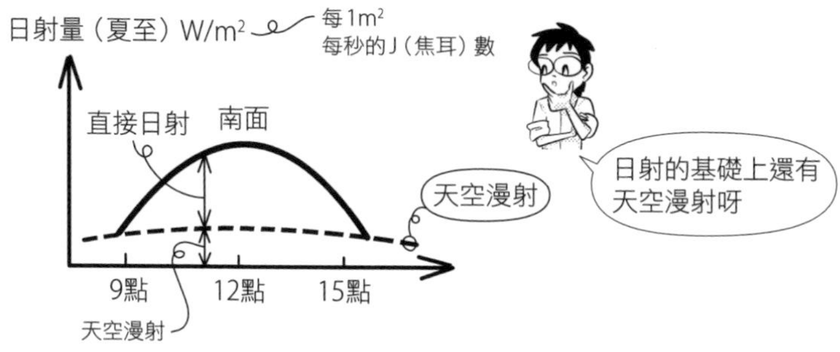

日射量（夏至）W/m2
每1m2 每秒的J（焦耳）數
直接日射
南面
天空漫射
9點
12點
15點
天空漫射
日射的基礎上還有天空漫射呀

答案 ▶ ○

Q **1**. 天空漫射量在大氣透射率（atmospheric transmissivity）越高時越大。

2. 日本晴天時的大氣透射率，通常是夏天比冬天低，天空漫射量變大。

A <u>大氣透射率</u>越高則漫射越少，天空漫射量也變少（**1**是×）。夏天時水蒸氣較多，造成大氣透射率低、漫射變多，所以天空漫射量也變大（**2**是○）。

$$\text{大氣透射率}=\frac{\text{直接日射量}}{\text{太陽的日射量}}$$

…太陽常數（約1370W/m^2）

用人造衛星測量

冬
大氣透射率0.7～0.8
直射
冬天空氣清澈，
所以天空漫射較少呀
夏
大氣透射率0.6～0.7
直射
漫射多
∴天空漫射　大
夏天水蒸氣多，
天空漫射量大喲！
大氣透射率　小
∴直接日射減少

答案 ▶ **1.** ×　**2.** ○

Q 直接日射中包含人眼看不見的紅外線和紫外線。

A 光是電磁波的一種，電磁波隨著波長（頻率＝振動次數）而有下圖各種種類。光分為人可見的可見光線以及看不到的紅外線和紫外線，而直接日射包含所有光線（答案為○）。可見光線因波長而分為紅色到紫色，不同的顏色有不同的折射率，所以穿過稜鏡會折射，產生彩虹（光譜：spectrum）。紅外線在紅色外面，紫外線在紫色外面。

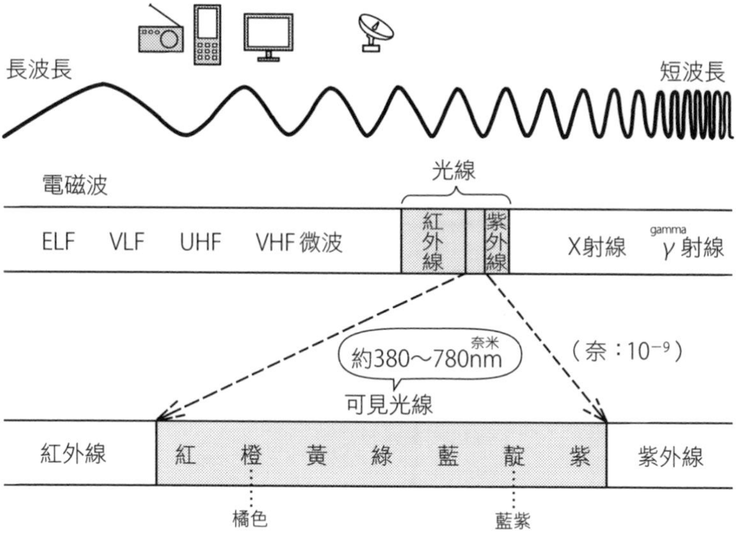

答案 ▶ ○

Q 一般透明板玻璃的光譜透射率（spectral transmissivity），比起「可見光線等的短波長區」，「紅外線等的長波長區」的透射率較低。

A 光譜透射率是因波長而光被分開時，各種光的穿透比率。透明板玻璃有90%以上的可見光線可穿透。另一方面，一定波長以上的紅外線和一定波長以下的紫外線則幾乎無法穿過（答案為○）。

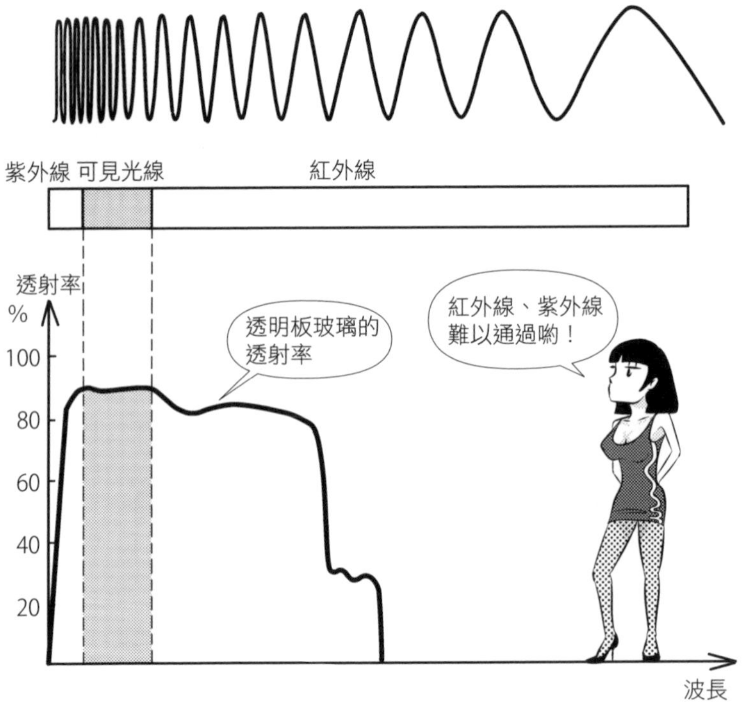

答案 ▶ ○

Q 牆壁塗有白漆時，太陽輻射能（solar radiant energy）的吸收率，比起「可見光線等的短波長區」，「紅外線等的長波長區」的透射率較低。

A 塗有白漆的牆壁會如下圖，可見光線幾乎不被吸收而被反射。另一方面，短波長的紫外線和長波長的紅外線的吸收率變高（答案為×）。

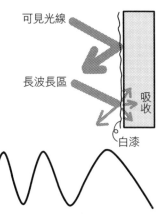

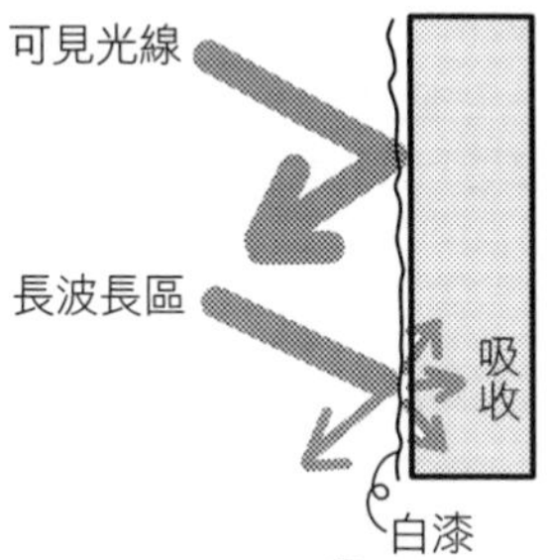
可見光線
長波長區
吸收
白漆

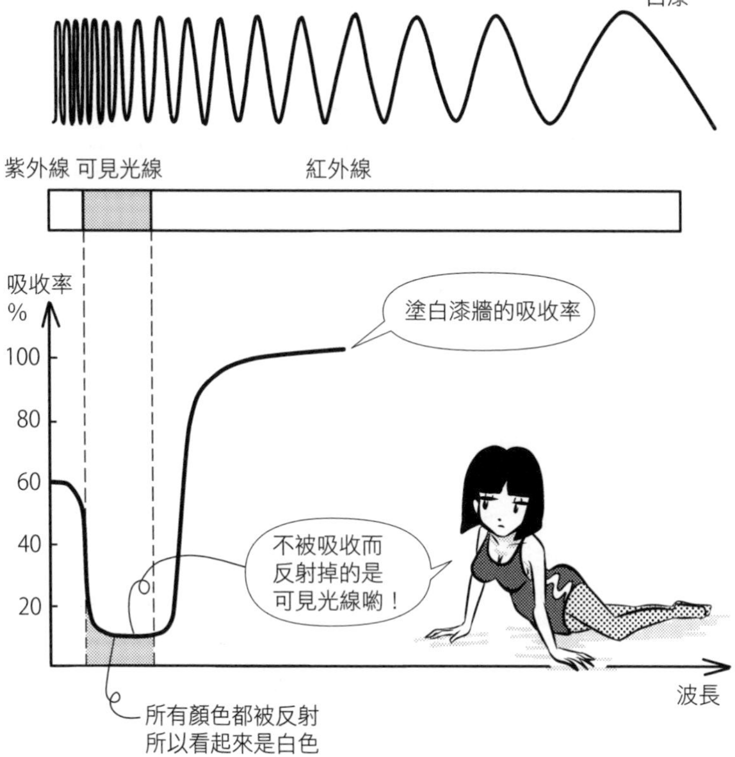
紫外線 可見光線
紅外線
吸收率
%
100
80
60
40
20
波長
塗白漆牆的吸收率
不被吸收而反射掉的是可見光線喲！
所有顏色都被反射所以看起來是白色

答案 ▶ ×

Q 在北緯35°的地點，冬至中天時到水平牆面的日射量比到南向垂直牆面大。

A 日射量（亦稱太陽輻射量）是每單位面積、每單位時間接收的熱量（W/m^2）。下圖中，冬至中天的太陽高度是一年中最低的中天高度。比起水平屋頂，南側的牆壁接收到較多陽光（答案為×）。夏至中天的太陽高度是最高的中天高度，所以屋頂的日照變多。

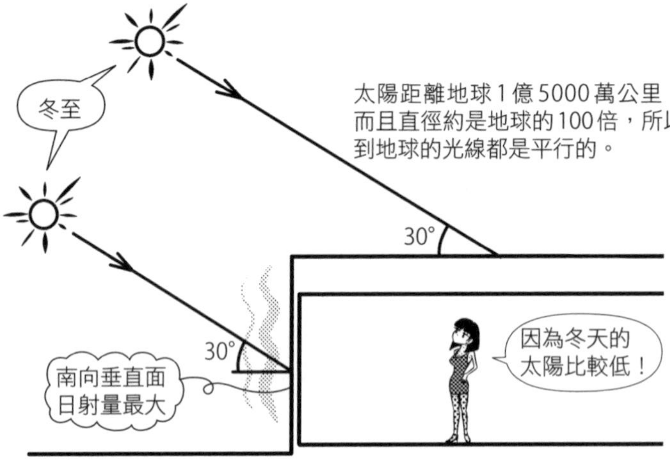

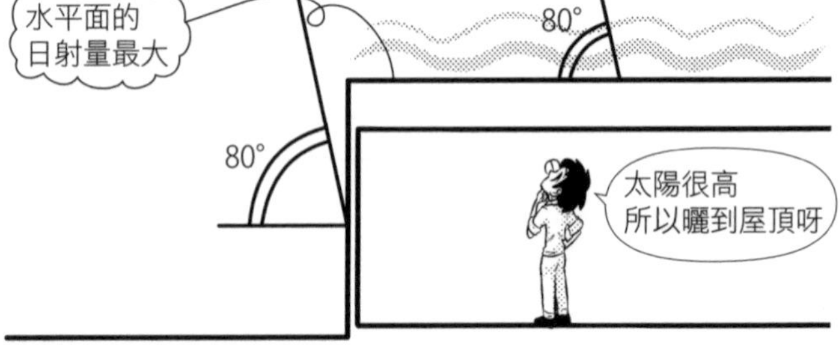

答案 ▶ ×

Q 在北緯35°的地點，春分、秋分中天時的日射量，水平面比南向垂直面小。

A 中天高度在冬至約30°，夏至約80°，春分、秋分則是兩者之間的55°。

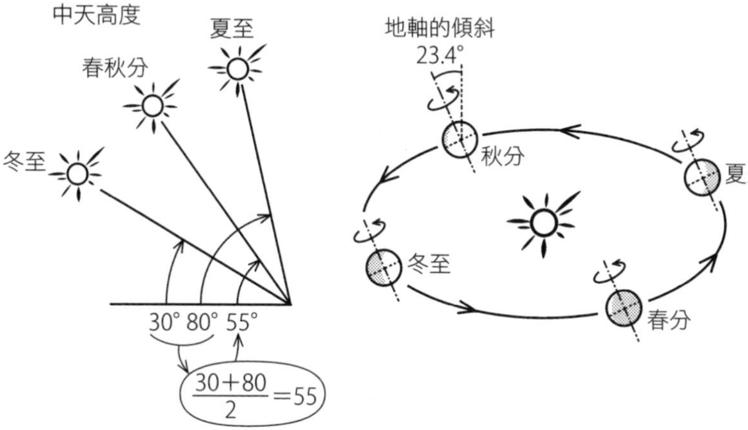

將55°射入的熱射線分解成垂直和水平方向來思考。具有大小和方向的向量，可以將一個向量分解成多個向量的和。將55°的向量垂直水平分解，垂直向量較大，所以接受此熱射線的水平面的日射量（從太陽接收的熱量）較大（答案為×）。

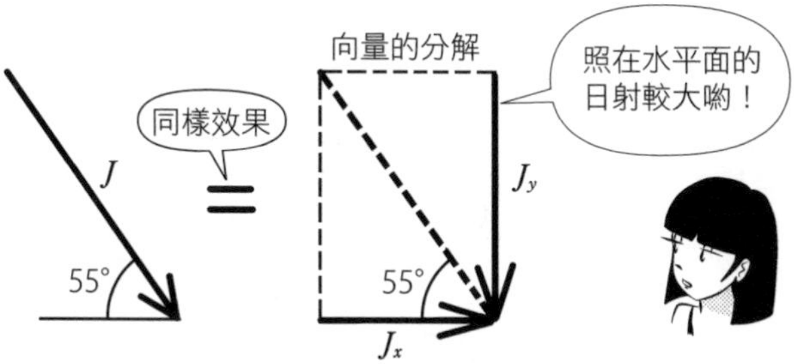

J：日射（日射量具有大小和方向的向量）

答案 ▶ ×

Q 日本的南向垂直牆壁的可照時數，在春分和秋分兩日是一年之中最長的。

A 夏至的太陽如右圖，在靠近東邊或西邊時，太陽位置在東西連線的北邊。此時南向的垂直牆壁曬不到太陽。

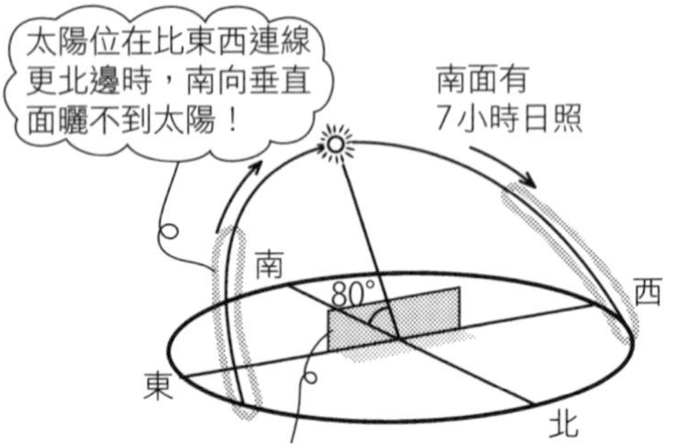

春分、秋分的太陽從正東升起，在天球上畫半圓移動12個小時後，沉入正西邊。此時南向垂直面一直曬到太陽（答案為○）。

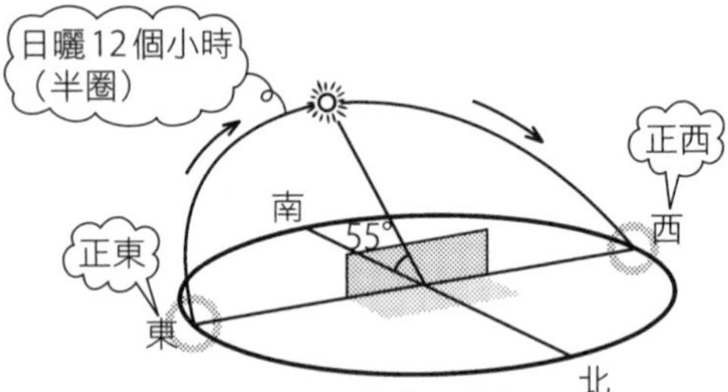

冬至的太陽晚升早落，南向垂直面的日曬時間比春分、秋分少。

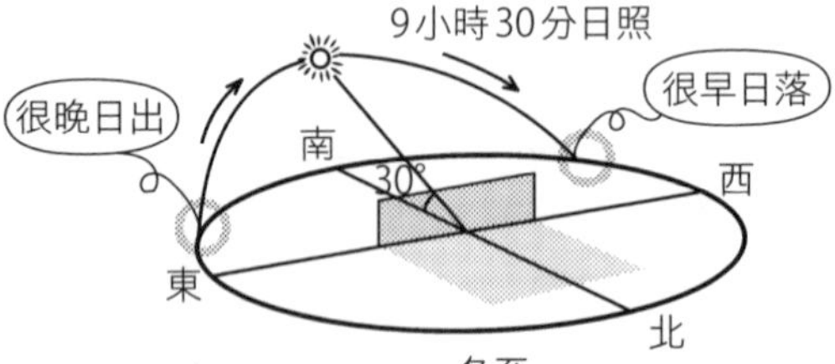

答案 ▶ ○

Q 在北緯35°的地點，南向垂直面一天的可照時數，最長的是春分和秋分的12小時，最短的是冬至。

A

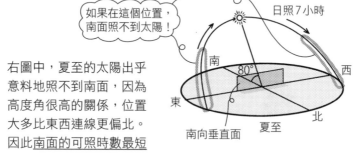

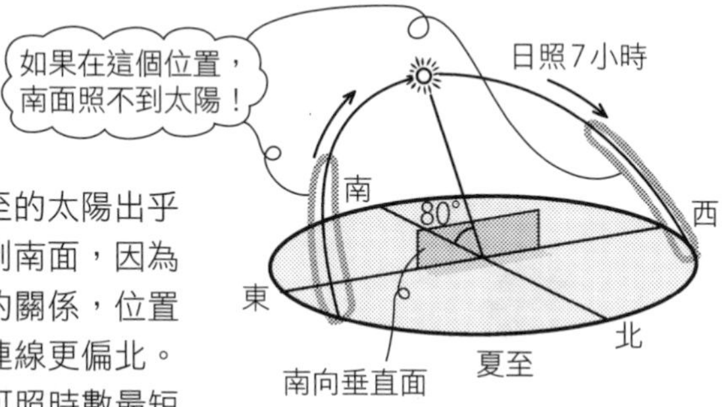
如果在這個位置，
南面照不到太陽！
日照7小時
南
80°
西
東
北
南向垂直面
夏至

右圖中，夏至的太陽出乎意料地照不到南面，因為高度角很高的關係，位置大多比東西連線更偏北。因此南面的可照時數最短的是夏至（答案為×）。

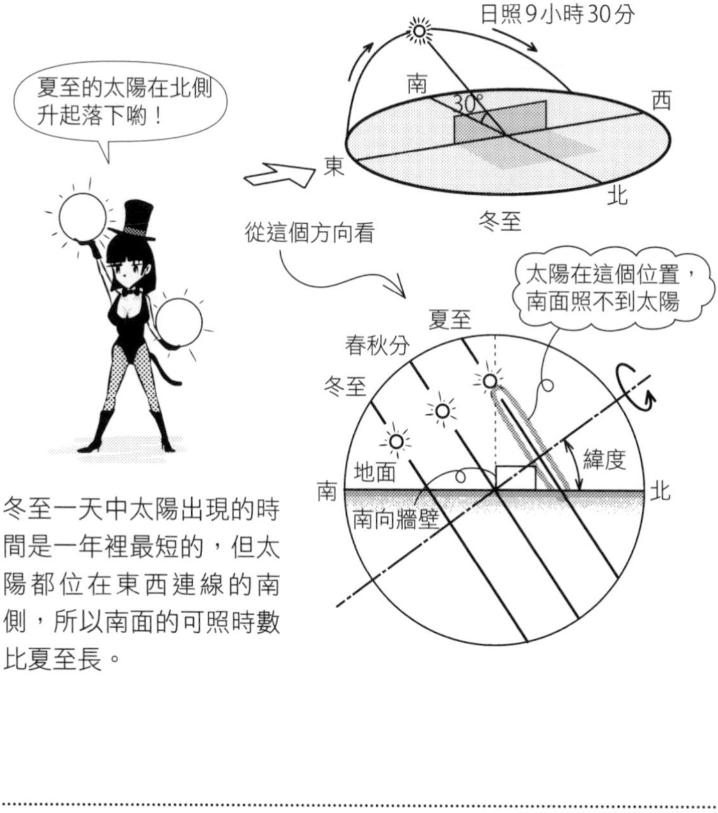
日照9小時30分
夏至的太陽在北側
升起落下喲！
南
30°
西
東
北
冬至
從這個方向看
太陽在這個位置，
南面照不到太陽
夏至
春秋分
冬至
緯度
地面
南
北
南向牆壁

冬至一天中太陽出現的時間是一年裡最短的，但太陽都位在東西連線的南側，所以南面的可照時數比夏至長。

答案 ▶ ×

Q 在日本的北向垂直面，從秋分到春分期間照不到太陽。

A 北向的牆壁如下圖所示，從秋分到春分為止的6個月都照不到太陽（答案為○）。春秋分時，太陽從正東方升起從正西方落下，秋分到春分的期間，太陽不會移動到東西連線以北的區域。

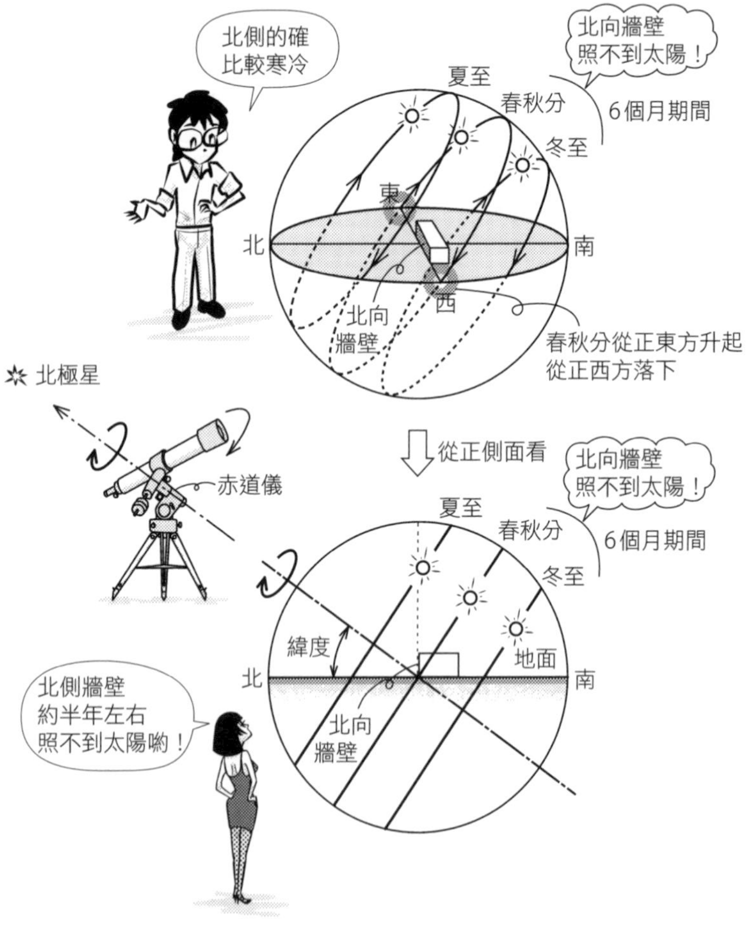

答案 ▶ ○

Q 在北緯35°的地點，相較於南向垂直面，北向垂直面的夏至可照時數較長。

A 如右圖所示，夏至時太陽位在比東西連線偏北的時間變長，也就是說比起南側牆面，北側牆面的可照時數變長（答案為○）。

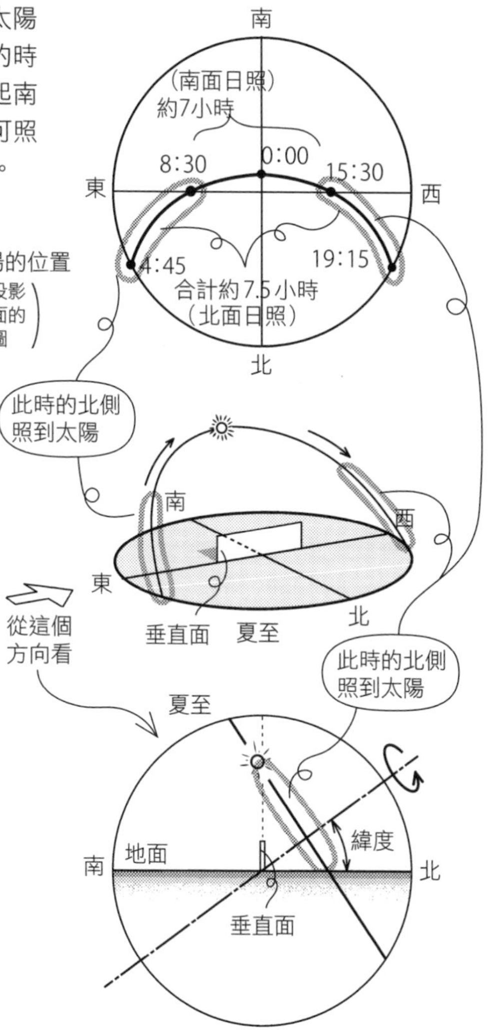

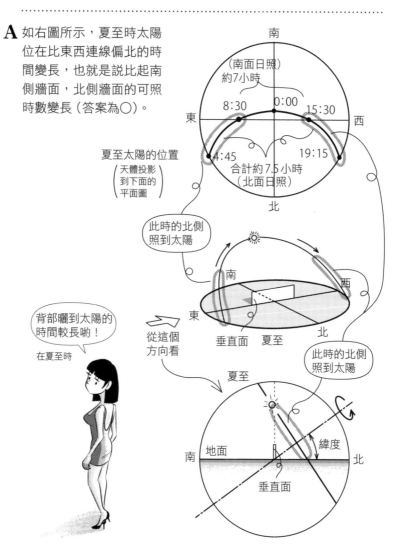

可照時數：可能日照的時間
日照時數：實際受到日照的時間

答案 ▶ ○

Q 1. 冬至的全天日射量是：南面＞東西面＞水平面。
2. 夏至的全天日射量是：水平面＞東西面＞南面。
（水平面以外的面，都是指垂直面）

A 一整天的日射量（從太陽接收到的熱量）的合計值是全天日射量。

水平面接收的全天日射量，在太陽高度很高的夏至最大，太陽高度低的冬至最小。

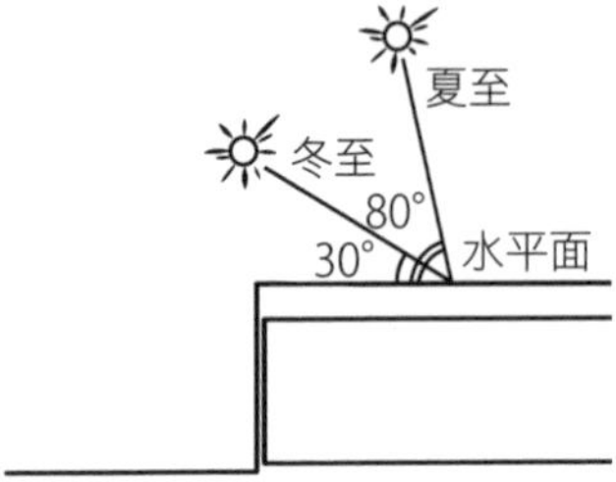

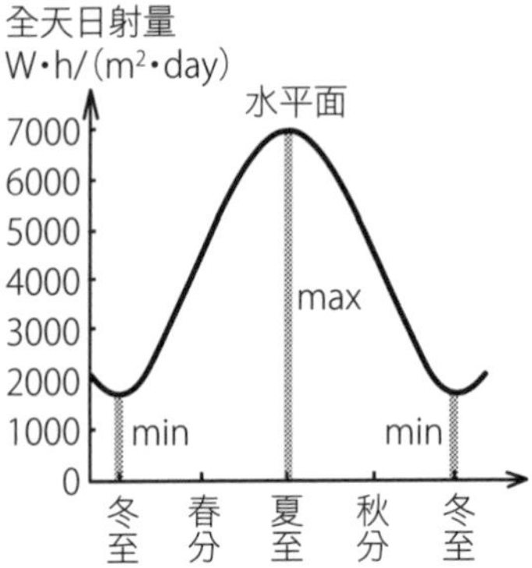

南面（南垂直面）接收的全天日射量，在太陽高度很高的夏至時，因為熱射線的水平成分變小（參見R156），全天日射量最小。冬至的太陽高度低，所以南面日照很強，但因為日照時數短，所以全天日射量並非最大值。

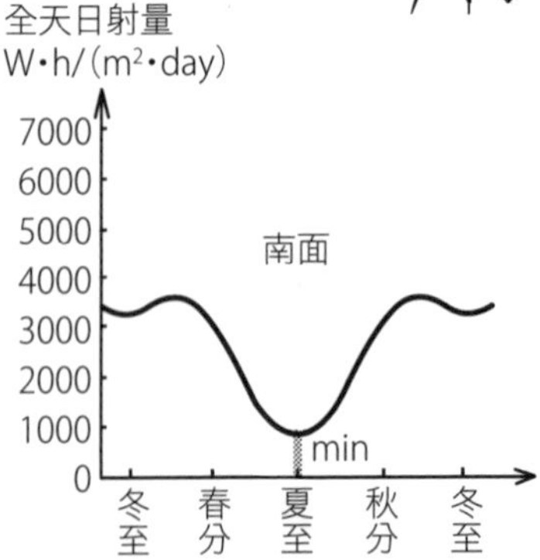

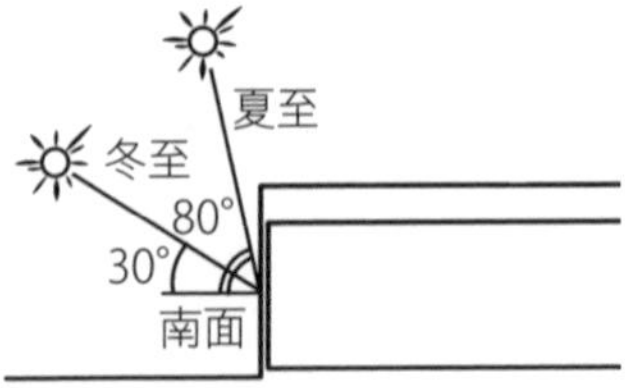

東西面（東西垂直面）的全天日射量，在太陽比東西連線偏北且行進路徑很大的夏至最大，可照時數很短的冬至最小。此外，北面的全天日射量一年四季都很小，在夏至時最大（**1**是×，**2**是○）。

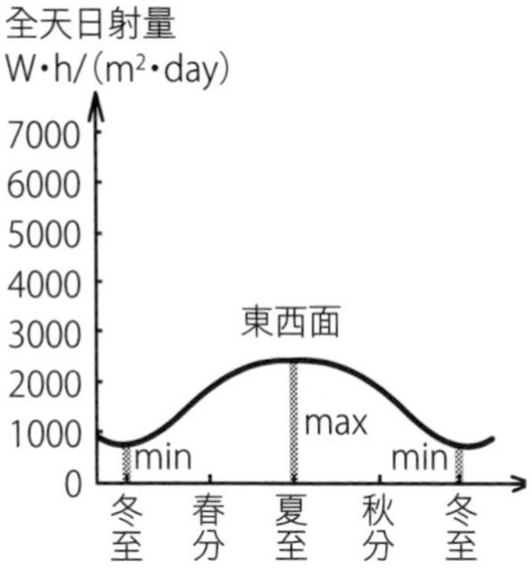

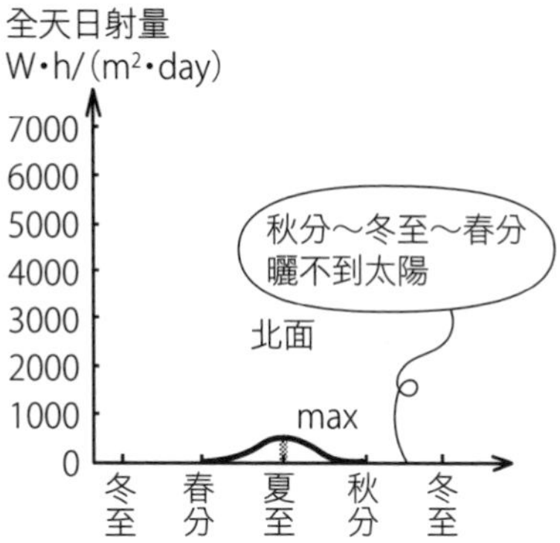

將以上的圖統整為一張圖如右，會呈現下面的大小關係。

冬至：南面＞水平面＞東西面

夏至：水平面＞東西面＞南面

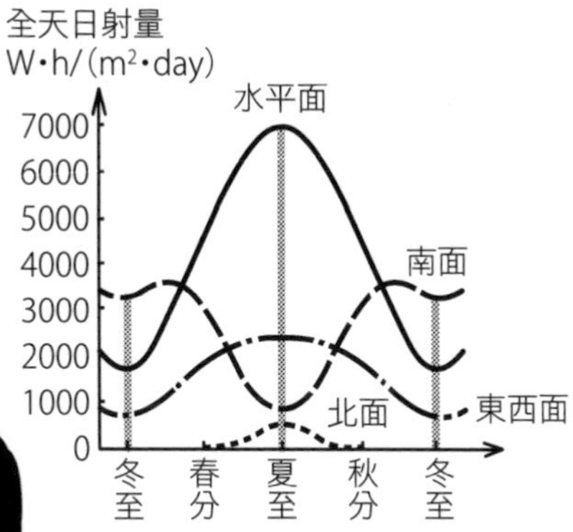

答案 ▶ 1. ×　2. ○

Q 北緯35°的全天日射量是：夏至的水平面＞夏至的東西面＞冬至的南面。

A 前頁是夏至和冬至時各方向面的比較。本頁是統整夏至和冬至的各面比較。重點是<u>冬至南面的全天日射量比夏至東西面的大</u>（答案為×）。

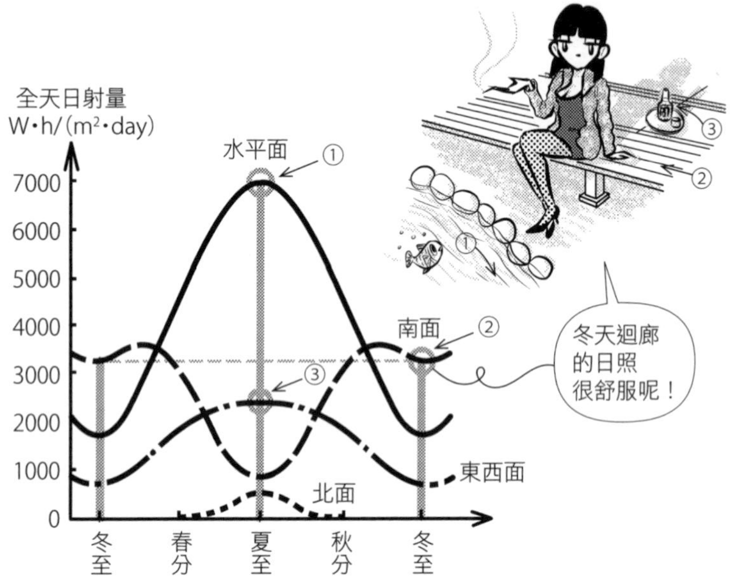

①夏至的水平面＞②冬至的南面＞③夏至的東西面

答案 ▶ ×

Q 夏季為了減少冷房負擔，比起東西面採光，南面採光的效果更佳。

A 夏天的全天日射量是東西面>南面（參考前頁圖）。太陽在南邊時因為高度高，所以南面即使曬到太陽，也因為角度很高而使得接收到的熱量變得很少。此外，太陽移動到東西連線以北時，南面就沒有日照了。另一方面，東西面和太陽軌道幾乎成直角，不僅有日照，而且日射量也很多，所以冷房的負荷很大（答案為○）。水平面會接收更多日射量，所以屋頂的隔熱或換氣非常重要。

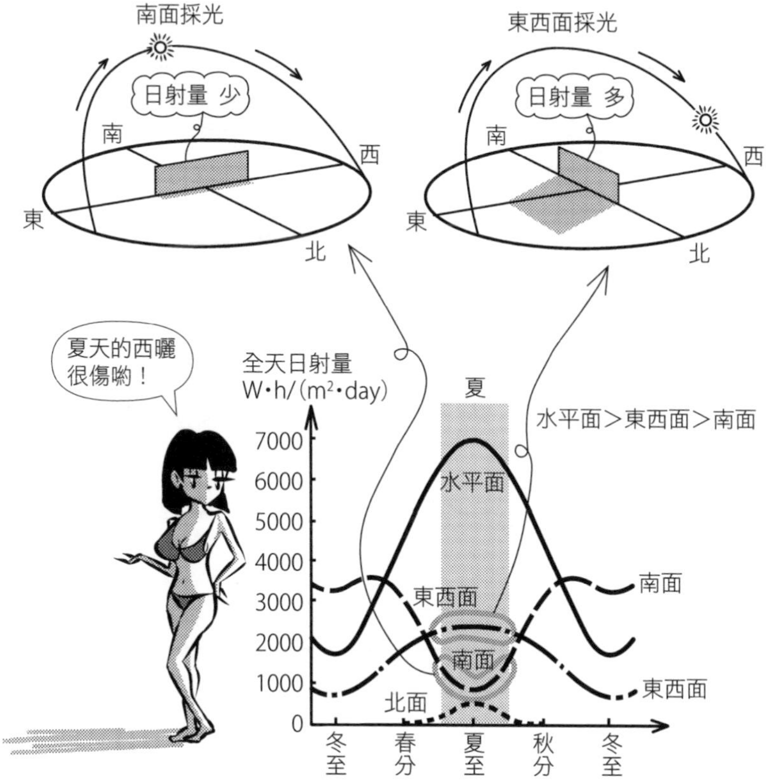

答案 ▶ ○

Q 規畫需要防暑的建築物的平面時，相較於東西軸，拉長建築物的南北軸較理想。

A 如下圖所示，拉長南北軸的話，東面和西面會接收到很多高度低的日射。如果要減少夏天的日射，增加冬天的日射，拉長東西軸的方式很有效（答案為×）。

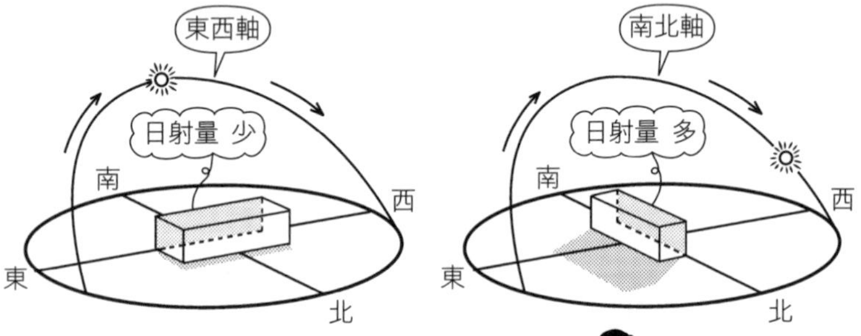

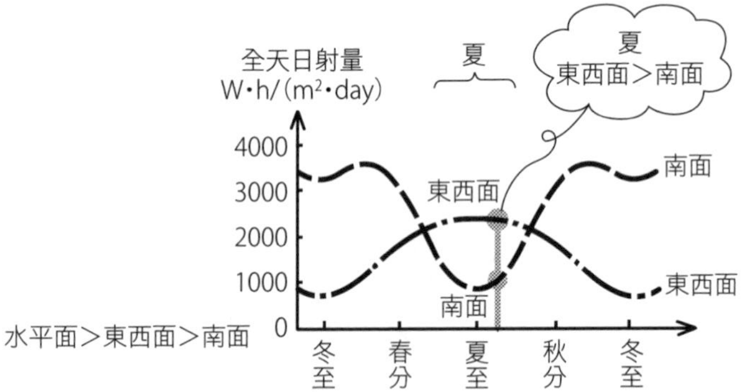

- 柯比意設計的馬賽公寓（Unité d'Habitation），建物坐落在南北軸，居室的窗面向東西。詢問一位馬賽公寓的居民關於建物沒有南向的想法，對方表示不太喜歡東西向窗戶開口，因為遮陽板（brise-soleil）也無法擋住很低的日光，但對日射量似乎沒有任何不滿。

答案 ▶ ×

Q 窗戶玻璃的日射取得率是，透射比例（透射率）與被玻璃吸收比例（吸收率）中釋放在室內側的比例的和。

A 日射取得率（日射穿透率）是日射中有多少傳遞到室內，或是有多少穿透到室內的比例。除了透射部分之外，還要加上變暖的玻璃等經對流、輻射再釋出的部分（答案為○）。

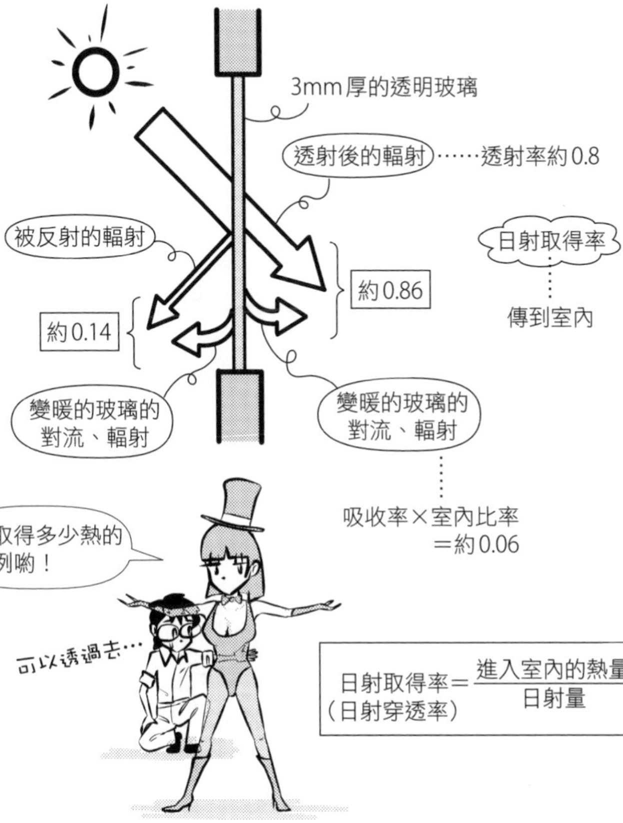
3mm厚的透明玻璃
透射後的輻射……透射率約0.8
被反射的輻射
約0.86
約0.14
日射取得率
傳到室內
變暖的玻璃的對流、輻射
變暖的玻璃的對流、輻射
吸收率×室內比率＝約0.06
是取得多少熱的比例喲！
可以透過去…

$$\text{日射取得率（日射穿透率）}=\frac{\text{進入室內的熱量}}{\text{日射量}}$$

審訂註：日射取得率在台灣又稱為日光輻射取得率（solar heat gain coefficient, SHGC）。

答案 ▶ ○

Q 日射遮蔽係數越大的窗戶，日射的遮蔽效果越小。

A <u>日射遮蔽係數</u>（solar shading coefficient）是和3mm厚的透明玻璃相比，有多少日射進入室內的比例。這個名稱讓人混淆，它不是指屏蔽了多少日光，而是表示得到多少日光。所以日射遮蔽係數越大，室內得到的日射越多，遮蔽效果越小（答案為○）。

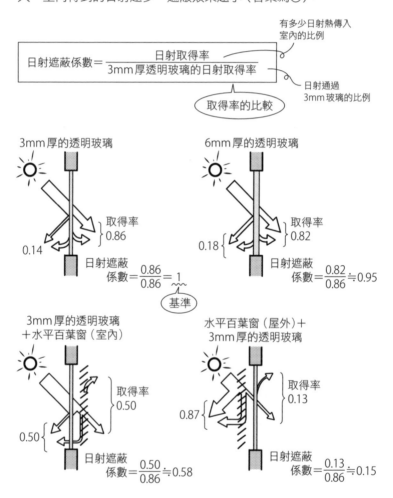

$$\text{日射遮蔽係數}=\frac{\text{日射取得率}}{\text{3mm厚透明玻璃的日射取得率}}$$

有多少日射熱傳入室內的比例（日射取得率）

日射通過3mm玻璃的比例（3mm厚透明玻璃的日射取得率）

取得率的比較

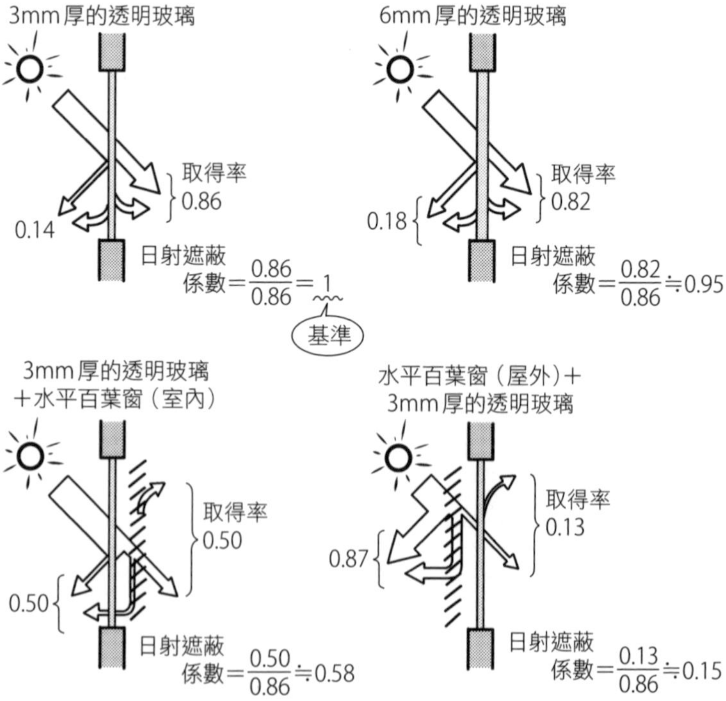

審訂註：台灣常用的遮蔽係數符號為 Sc。

答案 ▶ ○

Q **1**. 在西向窗戶設置水平格柵，能有效調整西曬的日照和日射。
2. 在南向窗戶設置垂直格柵，能有效調整夏日的日照和日射。

A 水平格柵能有效抵擋高度高的夏天日曬，但無法遮擋高度低的西曬（**1**是×）。在南面窗戶裝置水平格柵作為屋簷，夏日可擋日曬，冬天能使陽光照入，所以南面至少設置屋簷較佳。如果設置深屋簷，即使在濕熱的梅雨季節，下雨時也可防止雨水進入，所以能開著窗。南向窗戶裝垂直格柵，無法擋住日曬，沒有裝設水平格柵那樣的效果（**2**是×）。

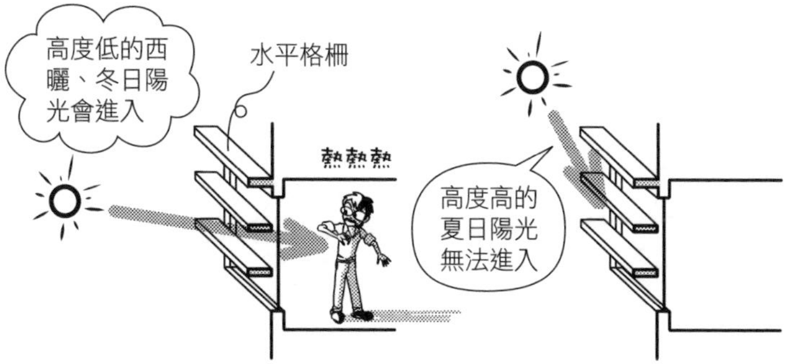

如果要擋住高度低的日曬，水平格柵沒有太大用處。而垂直格柵如下圖所示，能依日照和格柵的角度來遮擋日曬。

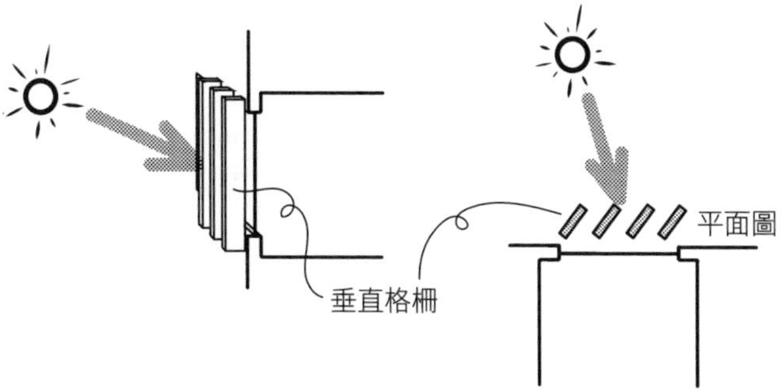

答案 ▶ 1. ×　2. ×

Q 相較於裝在窗戶的室內側，將百葉窗裝在屋外較能遮蔽日射熱。

A 裝在室內的百葉窗一旦變熱，就會藉由輻射、對流將熱轉移到室內。即便一部分的熱能會向外溢散，仍比不上裝在屋外的百葉窗對外散熱的程度（答案為○）。但是百葉窗裝在屋外，缺點是容易因風吹雨打或沾染灰塵而破損。改善方式是改用簾子或綠窗簾（種植植物遮陽）、在雙層玻璃的內側加工，或將百葉窗改成格柵作為建築的一部分等。

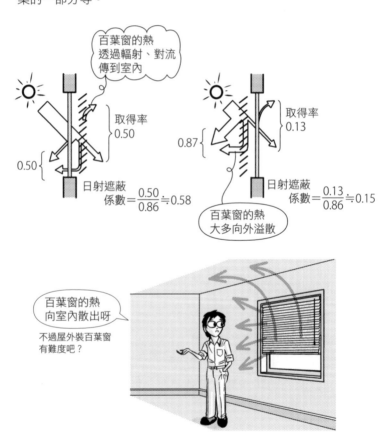

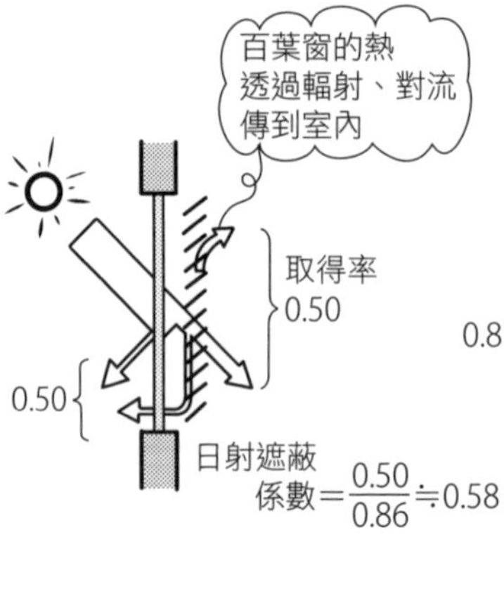
百葉窗的熱
透過輻射、對流
傳到室內
取得率
0.50
0.50
日射遮蔽
係數＝0.50/0.86≒0.58
取得率
0.13
0.87
日射遮蔽
係數＝0.13/0.86≒0.15
百葉窗的熱
大多向外溢散

百葉窗的熱
向室內散出呀
不過屋外裝百葉窗
有難度吧？

• 水平百葉窗（橫式百葉窗）也稱為軟百葉簾（venetian blind）。

答案 ▶ ○

Q 建築物的日射取得是「直接日射」、「從地面等的反射」、「因日射受熱產生的高溫物體的再輻射」中取得的熱的總和。

A 除了直接從太陽接收到的直接日射，也有從天球接收到的天空漫射（答案為×）。有來自周圍物體反射後的輻射，還有來自溫暖物體藉由對流、輻射所傳遞的熱。

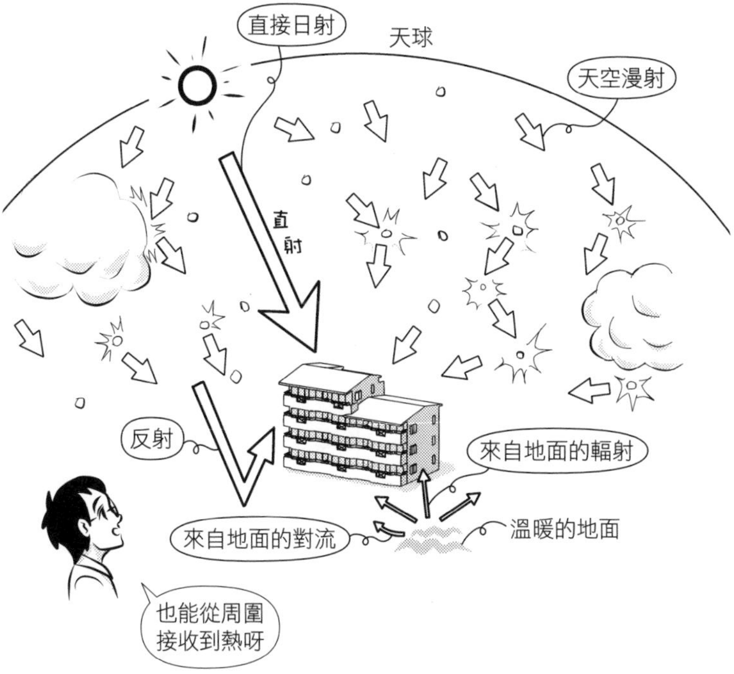

建物受到的日射＝直接日射＋天空漫射 ←——— 來自天空的熱
＋反射＋來自地面的輻射和對流 ←— 來自周圍的熱

答案 ▶ ×

Q 春分日和秋分日時，立於水平面上的垂直棒在直射日光下，影子頂端的軌跡幾乎是直線。

A 將棒影頂端畫成圖即為日影曲線（sun shadow curve）。將北朝上，冬至的圖是下凸，夏至是上凸，春秋分為直線。因為地軸傾斜，春秋分時太陽是正橫向移動，不受傾斜地軸影響，甚至地球自轉軌跡也呈直線。春秋分的圖，記住「凹凸的正中央是直線」。

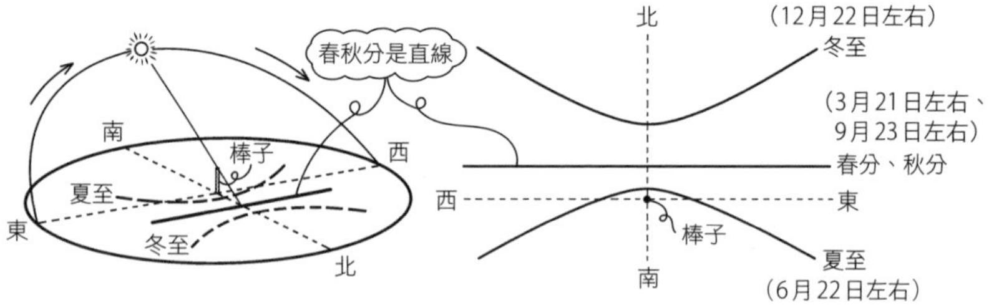

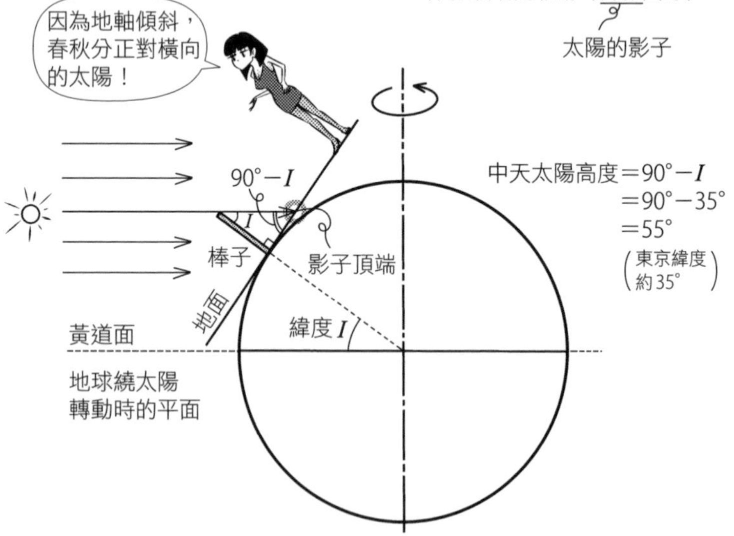

答案 ▶ ○

Q 從日影曲線找出影子的長度（倍率）和方位角，就能製作出建物的日影圖。

A 以平面來看，太陽位在從正南幾度的位置（方位角），以及影子的長度，都可從日影曲線求得。因此可以畫出建物的日影平面圖（日影圖）（答案為○）。

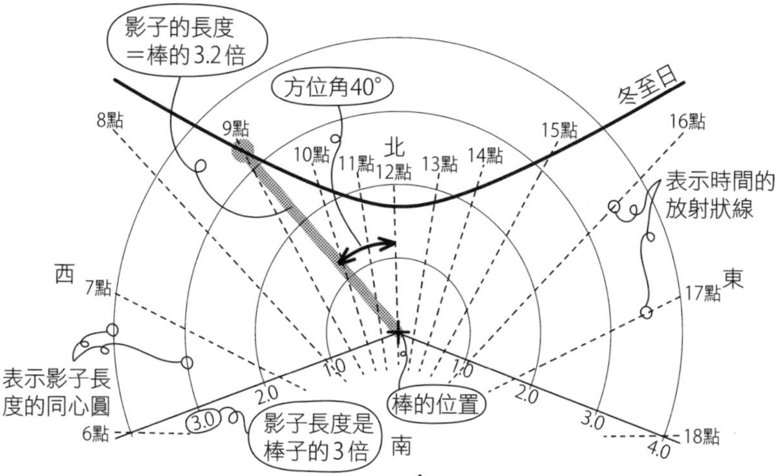

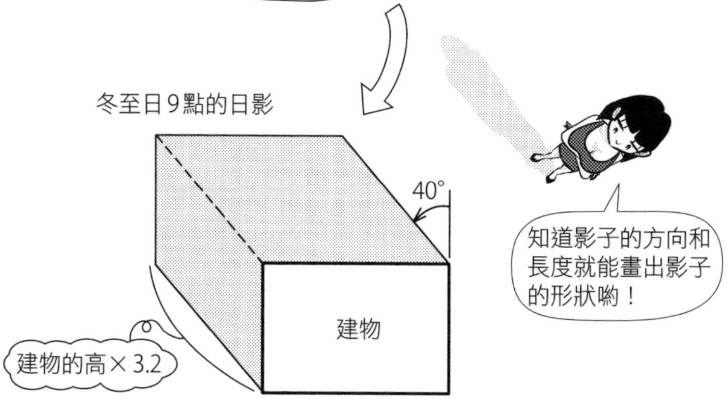

答案 ▶ ○

Q 日光曲線是從某一點畫連到太陽的直線，與固定高度的水平面的交點，用來表示太陽軌跡的圖。

A 日光曲線如下圖所示，為某一點和太陽連線後與水平面的交點圖，可以看出太陽的位置和移動（軌跡）（答案為○）。另一方面，表示棒影頂端的位置和移動的是日影曲線。

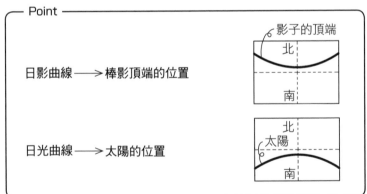

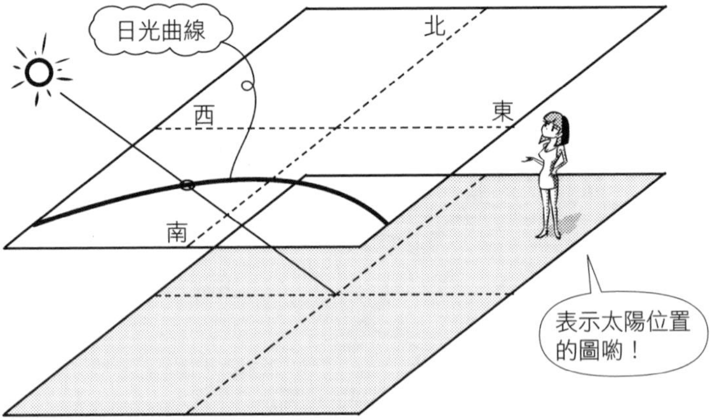

Point

日影曲線 ——> 棒影頂端的位置

日光曲線 ——> 太陽的位置

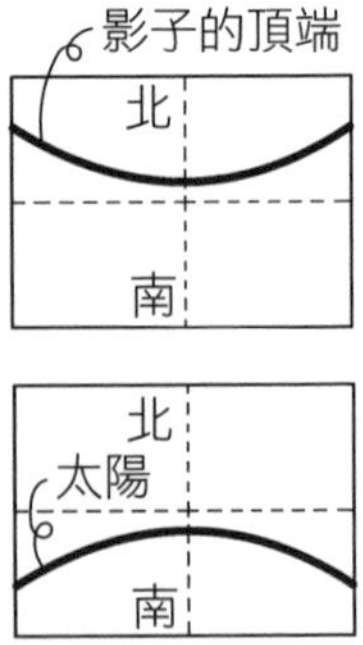

答案 ▶ ○

Q 同樣在水平面上量測的日光曲線和日影曲線，形成點對稱的圖表。

A 如下圖所示，太陽的位置和棒影頂端的位置以基準點O為中心，形成點對稱的關係。因此圖表也是點對稱（答案為○）。圖表的形狀是上下的線對稱，但考量到依時間變化的位置，就變成點對稱。再加上如果水平面的高度 h 和棒高 h 相同，會變成大小相同的圖。

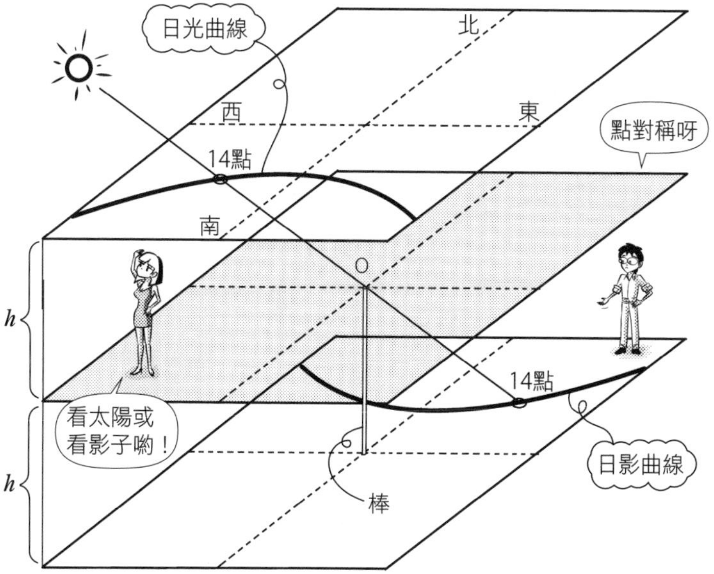

答案 ▶ ○

Q 日照圖表是將一整年的日光曲線整合成一張的圖。

A 將任意一天和任一緯度的高度5m、10m、15m、20m、25m等水平面的日光曲線，整合成一張圖，即為<u>日照圖表</u>。日照圖表並非整年度的日光曲線，而是整合某一天各種高度的日光曲線（答案為×）。

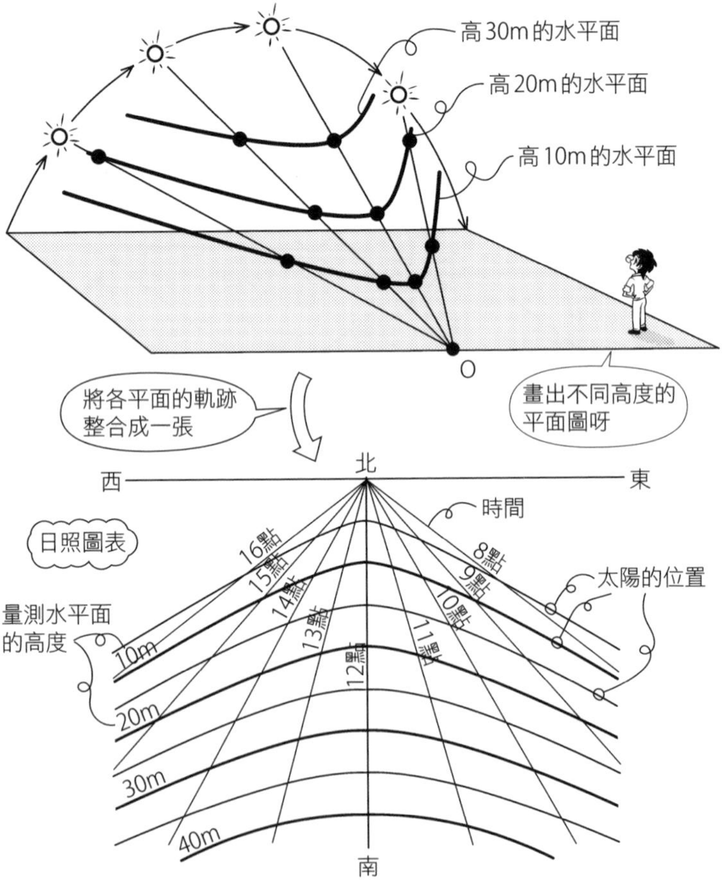

答案 ▶ ×

Q 如下的日照圖表，是在日期時間和太陽高度的條件下，於高度20m的建物西北側的檢視點O從9點30分到13點之間的日影。

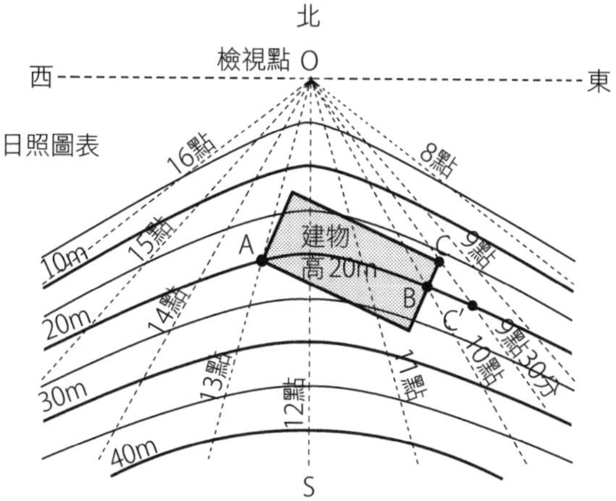

A 換個角度想，這是從點O看太陽的圖。假設太陽位在高度20m的位置，從點O看不見延長OC到點C′的太陽。同樣地，點O也無法看到點B、點A的太陽。因此點C′到點A，也就是9點30分到13點之前，點O都照不到陽光（答案為○）。

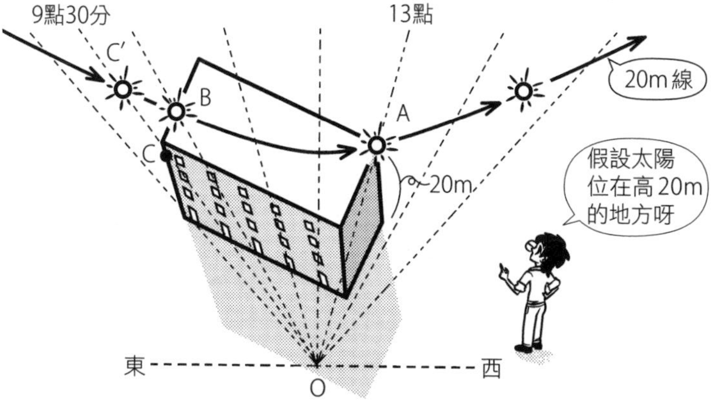

答案 ▶ ○

日影曲線 棒影頂端的軌跡。如下圖依據日期選擇曲線，就可得知不同時間的影子長度和角度。如需考量建物日影會產生哪個方向幾倍高度的影子，也可製作日影圖。大多是做影子最長的冬至日影曲線。

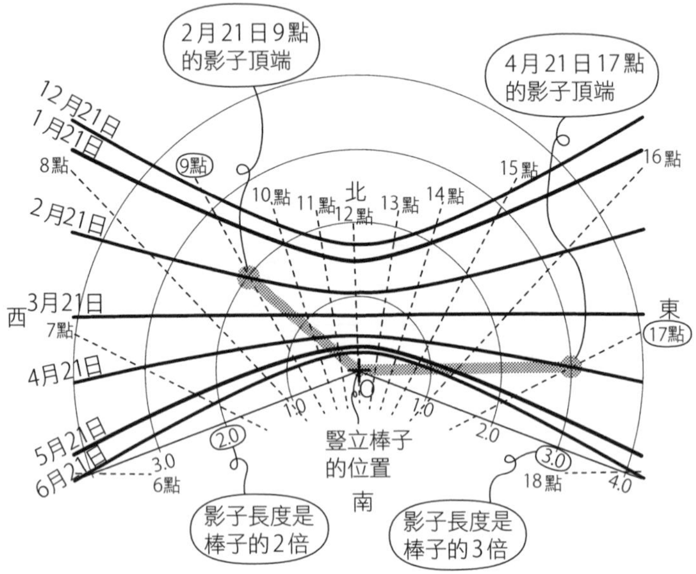

日光曲線 ⟹ 日照圖表 各種高度的日光曲線整合成一張圖

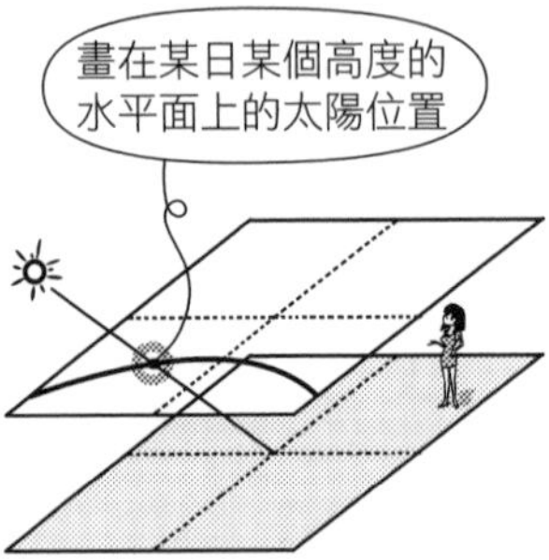

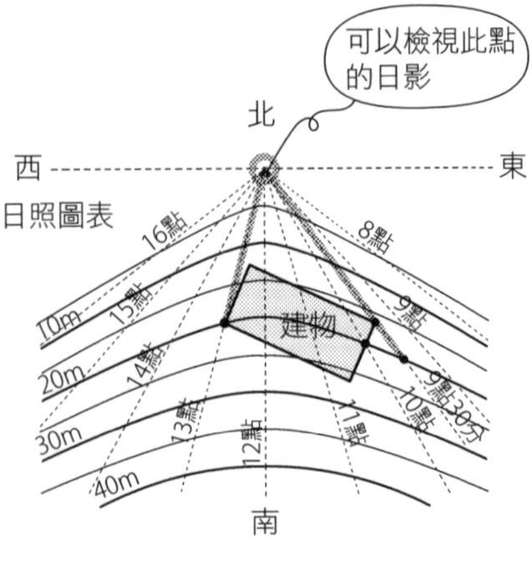

Q **1**. 一天中形成日影的部分，稱為全天日影。
2. 一年中形成日影的部分，稱為永久日影。
3. 夏至的一天中形成全天日影的部分，也是永久日影。

A <u>全天日影</u>是一天中形成日影的部分，<u>永久日影</u>則是一年中，也就是永久形成日影的部分（**1**、**2**是○）。夏至太陽的中天高度最高（東京約80°），太陽一直在比東西連線更北邊升落，因此夏至的全天日影是最小的。因為是一年中最小的全天日影，所以也是永久日影（**3**是○）。

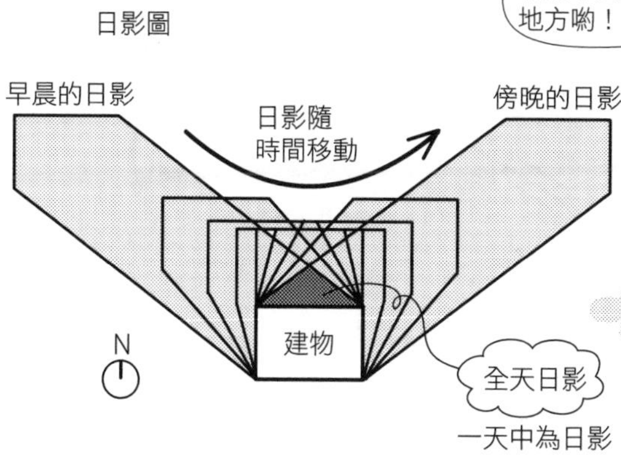
日影圖
早晨的日影
日影隨
時間移動
傍晚的日影
N
建物
全天日影
一天中為日影

有照不到太陽的
地方喲！

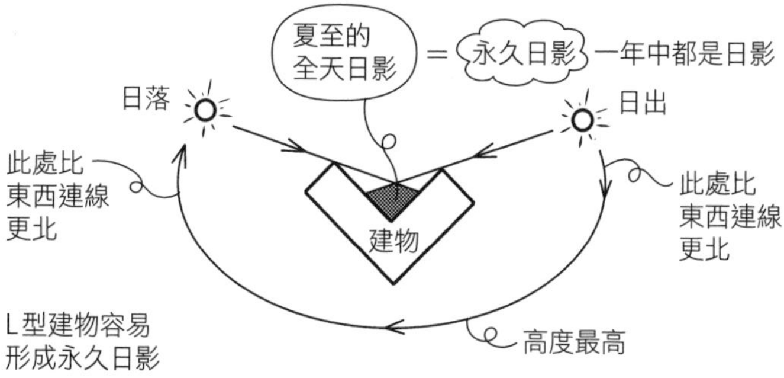
夏至的
全天日影
＝
永久日影
一年中都是日影
日落
日出
此處比
東西連線
更北
建物
此處比
東西連線
更北
L型建物容易
形成永久日影
高度最高

答案 ▶ 1. ○　2. ○　3. ○

Q 表示2.5小時、4小時等一定時間內的日影圖是等時間日影圖。

A 日影圖是能表示特定時間點的日影的圖。等時間日影圖則是表示一定時間內的日影圖（答案為○）。根據日本建築基準法，為了符合日影時間的規定，需在地盤面往上1.5m的高度水平面製作日影圖，再畫出等時間日影圖。

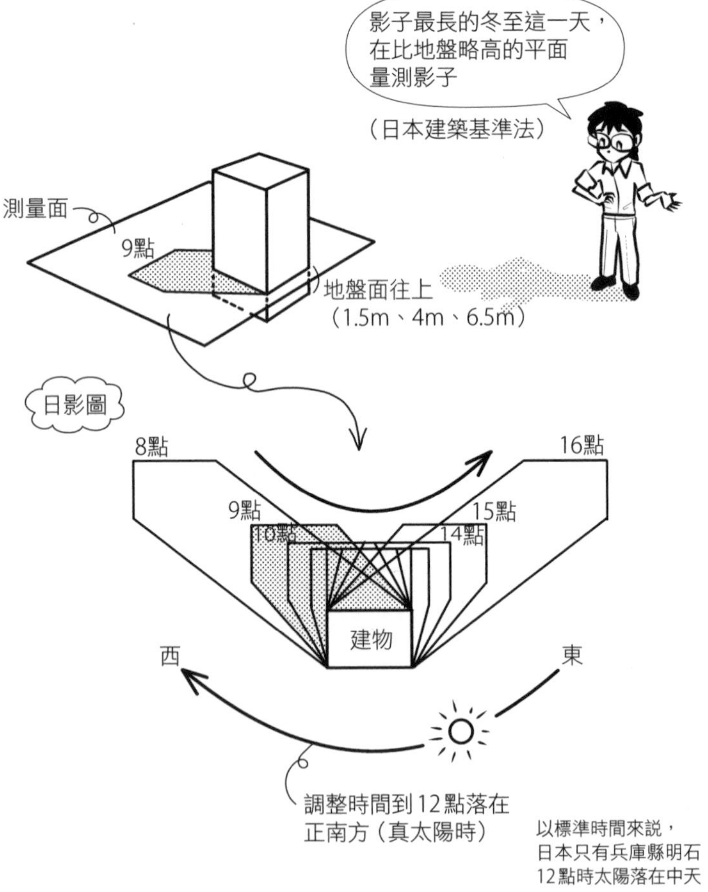
影子最長的冬至這一天，
在比地盤略高的平面
量測影子
（日本建築基準法）
測量面
9點
地盤面往上
（1.5m、4m、6.5m）
日影圖
8點
16點
9點
15點
10點
14點
建物
西
東
調整時間到12點落在
正南方（真太陽時）
以標準時間來說，
日本只有兵庫縣明石
12點時太陽落在中天

查閱日本建築基準法「附表4」製作日影的水平面高度，以及距離基地邊界10m和5m以內容許的日影時間。在規定的水平面製作日影圖，接著描繪等時間日影圖，最後確認是否在10m線、5m線內。

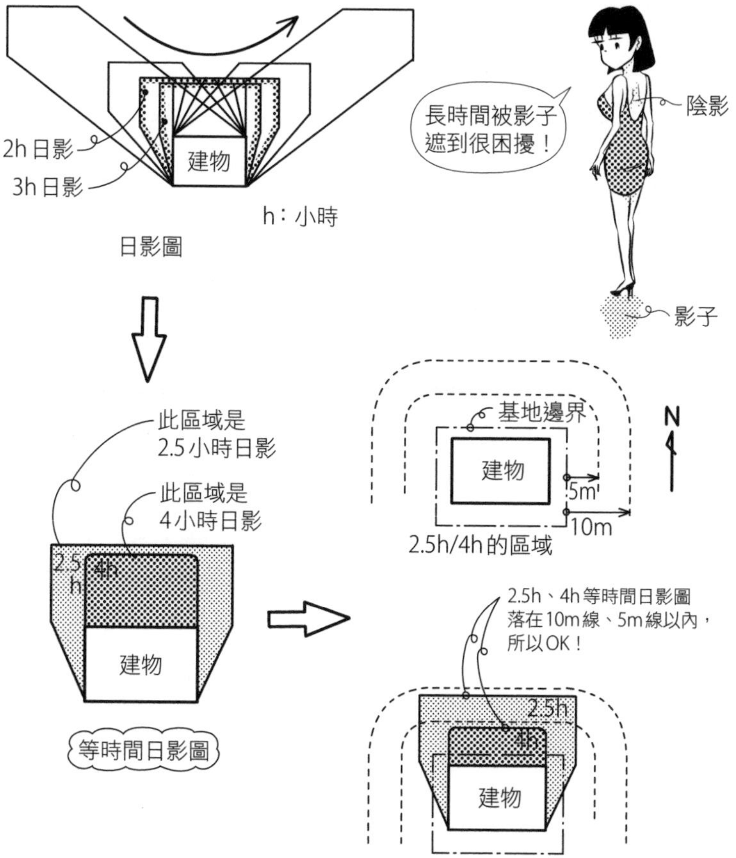
2h日影
3h日影
建物
h：小時
日影圖
長時間被影子遮到很困擾！
陰影
影子
此區域是2.5小時日影
此區域是4小時日影
2.5h
4h
建物
等時間日影圖
基地邊界
建物
5m
10m
2.5h/4h的區域
N
2.5h、4h等時間日影圖落在10m線、5m線以內，所以OK！
2.5h
4h
建物

- 筆者剛踏入社會時，曾為了手繪日影圖吃足苦頭。建物高度幾倍的影子會在幾點落在哪個方向，都是看過日影曲線後才畫出一個又一個影子。現在用電腦一下子就能完成日影圖和等時間日影圖。

答案 ▶ ○

Q 下面是某地點水平面上的建物（長方體）冬至日每間隔1小時的日影圖（數字為真太陽時）。判斷**1**、**2**對或錯。

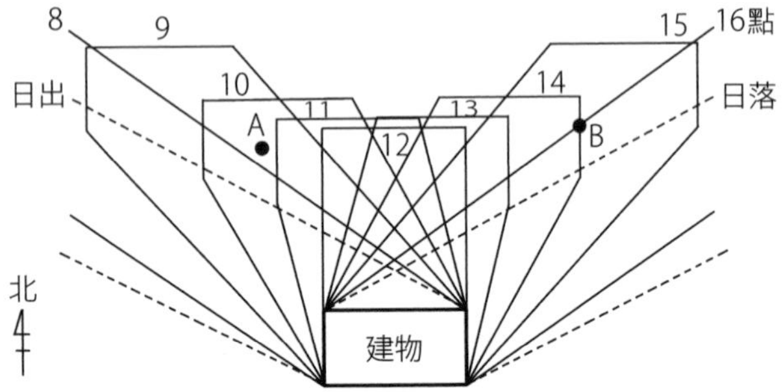

1. 點A是一天之中，2小時以上的日影。
2. 點B是一天之中，剛好2小時的日影。

A 真太陽時是太陽在中天時剛好是12點的時刻。以日本來說，用標準時間來量測的話，12點時太陽位在中天的地點只有兵庫縣的明石，東京則是早16分鐘到中天。

左下圖可看到點A在稍過8點之後進入日影，中間圖是9點、10點的日影，右下圖是即將11點時日影離開。假設等時間日影圖從8點20分到10點40分，2小時20分鐘內點A都是日影（**1**是○）。

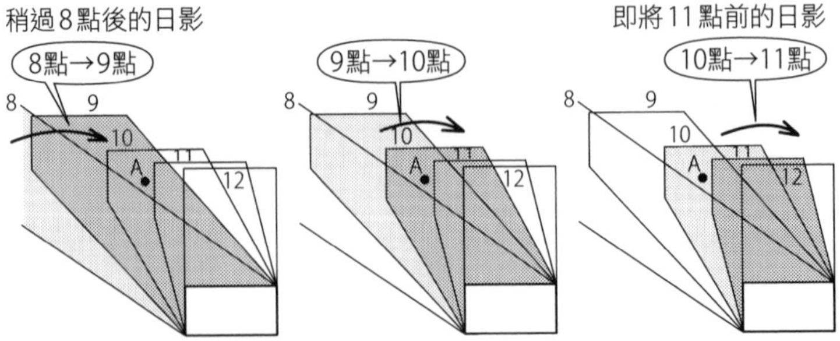

如下圖點B從14點到16點，剛好形成2小時的日影（**2**是○）。

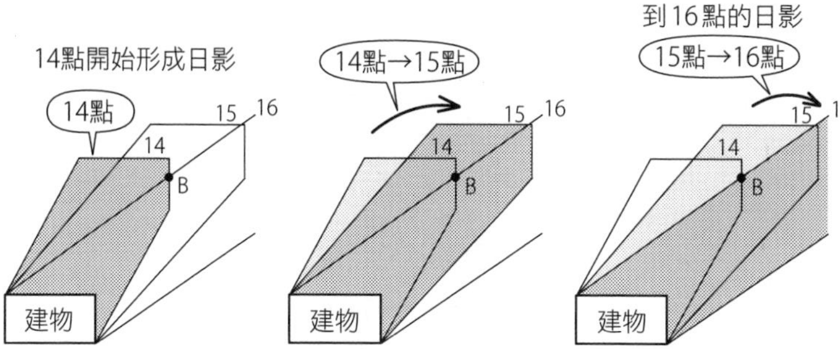

等時間日影圖一般是用8點到16點之間的日影圖來製作。如下圖所示，連結每2小時的交點，就能畫出大致的2小時日影圖。每30分鐘、每10分鐘等時間間隔越小，越能畫出正確的等時間日影圖。收集1小時日影圖、2小時日影圖……等各種等時間日影圖所合成的一張圖，稱為日影時間圖。

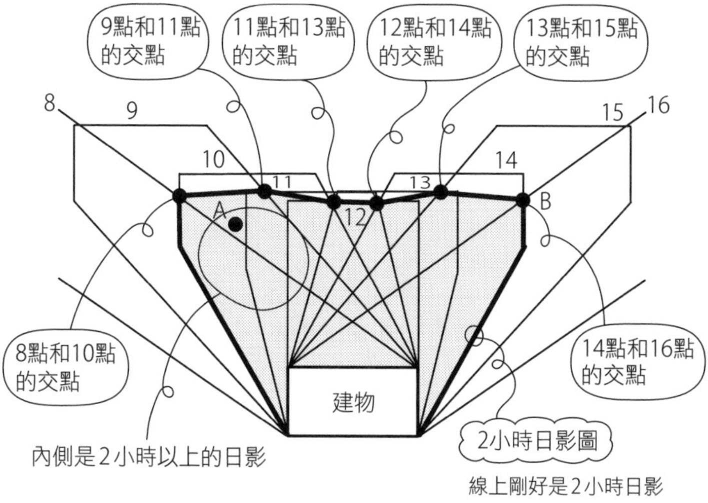

5
日照・日射

答案▶1. ○　2. ○

Q 下面是某地點水平面上的建物（長方體）冬至日每間隔 1 小時的日影圖（數字為真太陽時）。判斷**1**、**2**對或錯。

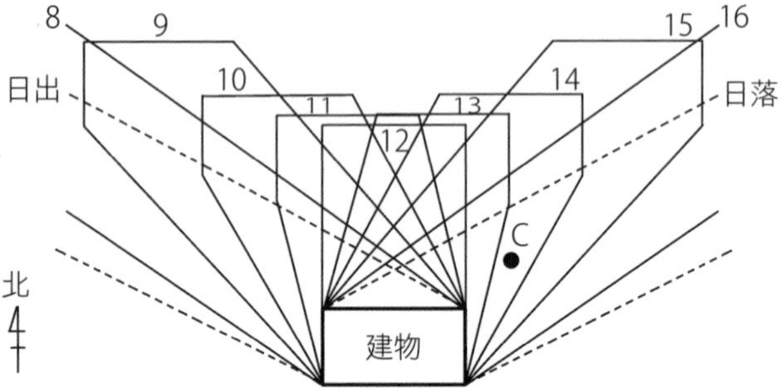

1. 建物的高度變成3倍，也不會影響點C的日影。

2. 建物的高度變成2倍，4小時日影圖會改變。

A

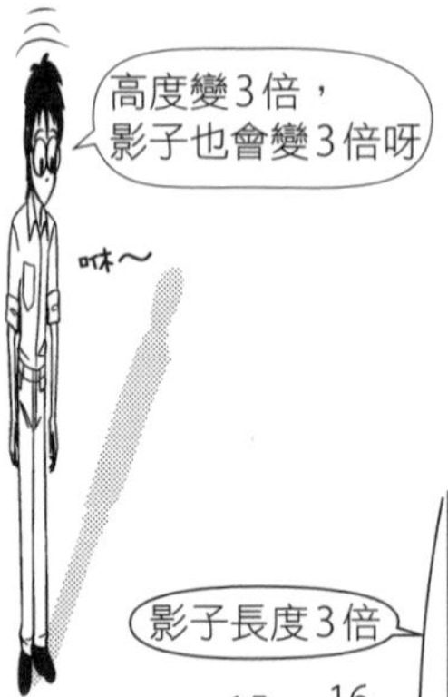

高度變3倍，影子長度也會變3倍。對距離建物很近的點C而言，就算高度改變，如下圖所示日影不受影響（**1**是○）。

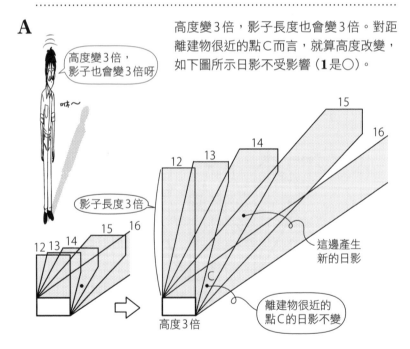

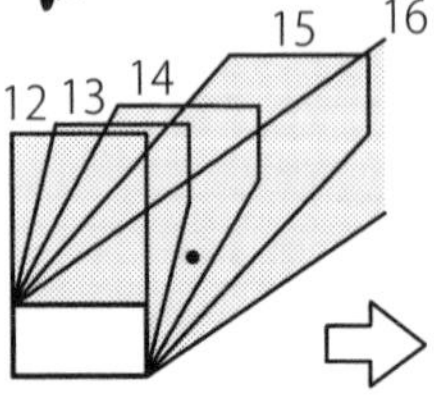

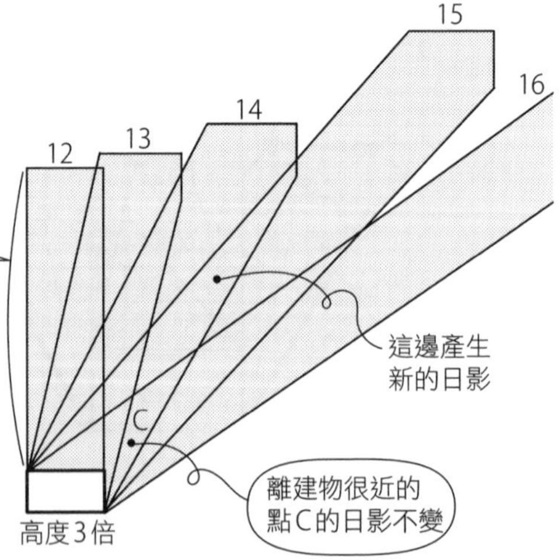

8點的日影和12點的日影交點D，剛好是4小時日影。9點和13點的日影交點E，果然仍是4小時日影。每4小時的日影交點，剛好是4小時日影，連結4小時日影的交點，就能畫出4小時日影圖。

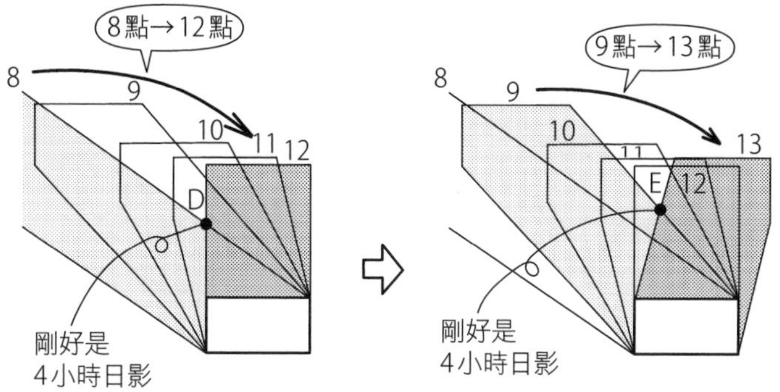

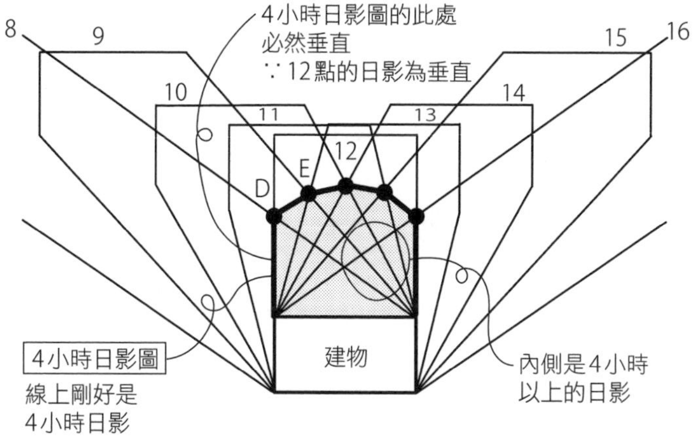

當建物高度變2倍時，影子長度也變2倍。影子頂端會影響1小時日影圖，但影子基部的交點畫出的4小時日影圖沒有變化（**2**是×）。

答案 ▶ **1.** ○　**2.** ×

Q 圖A、B是長方體建物冬至日的等時間日影時間圖（圖中數字為日影時間）。各建物的寬（W）、深（D）、高（H）的比是2：1：3和2：1：1。判斷**1**、**2**對或錯。

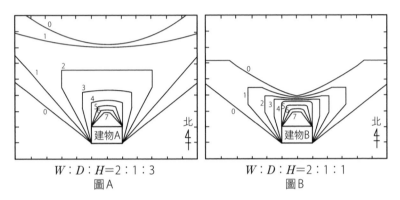

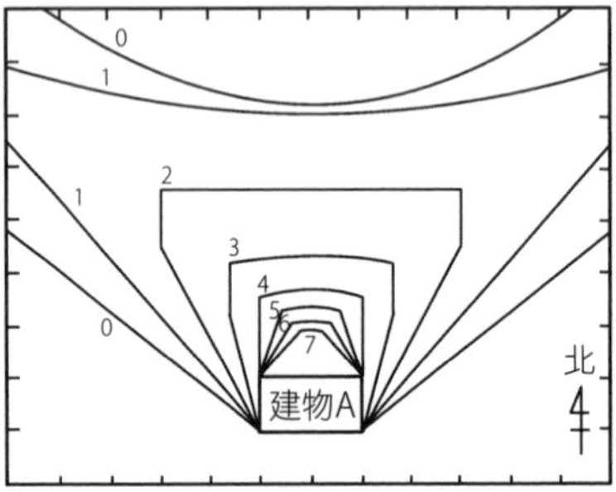

$W:D:H=2:1:3$
圖A

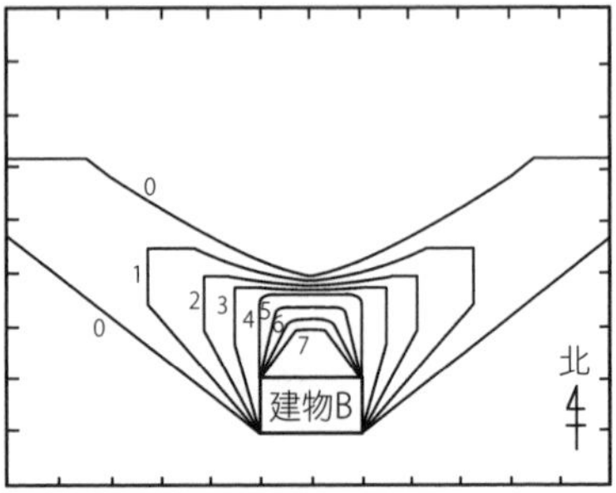

$W:D:H=2:1:1$
圖B

1. 2小時以上的日影範圍，建物B比建物A小。

2. 4小時以上的日影範圍，建物A和建物B差距不大。

A

A比B高3倍，因此各時間的日影長度較長，每2小時的日影圖也變長。取每2小時日影圖的交點，影子較長的建物會有較大的2小時日影圖（**1**是○）。

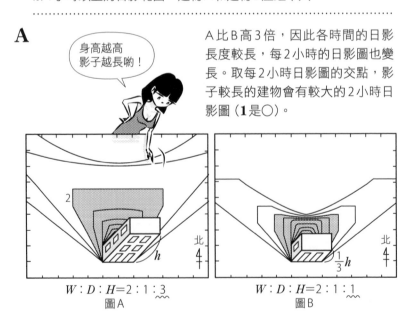

$W:D:H=2:1:3$
圖A

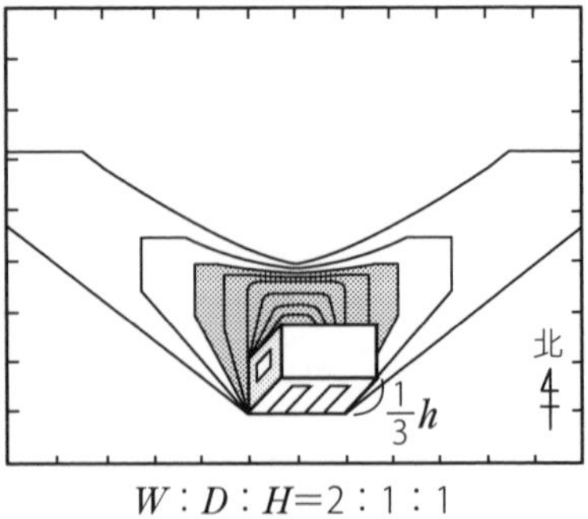

$W:D:H=2:1:1$
圖B

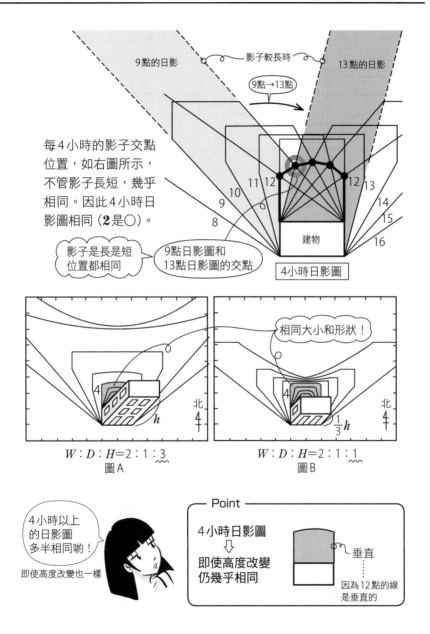

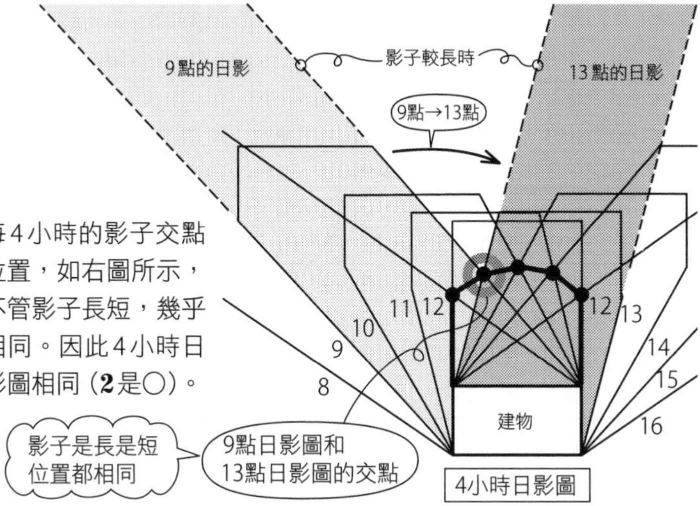

每4小時的影子交點位置，如右圖所示，不管影子長短，幾乎相同。因此4小時日影圖相同（**2**是○）。

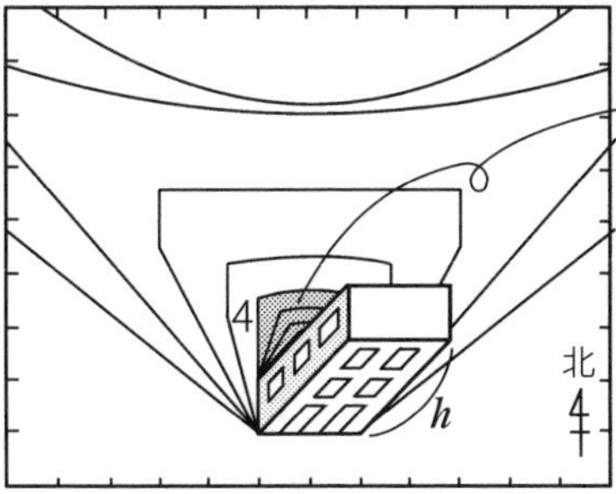

$W:D:H=2:1:3$
圖A

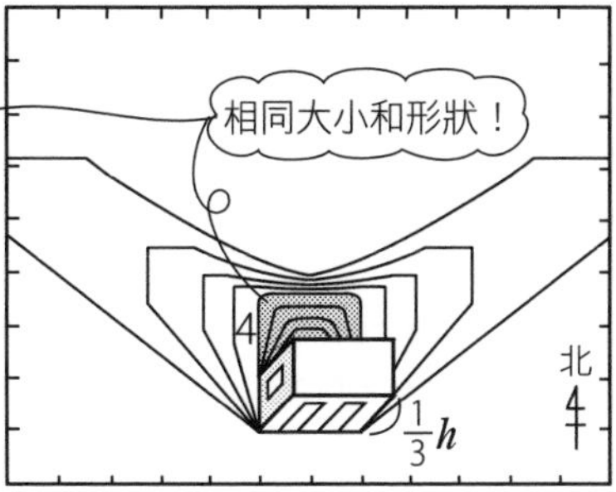

$W:D:H=2:1:1$
圖B

Point

4小時日影圖
⇩
即使高度改變
仍幾乎相同

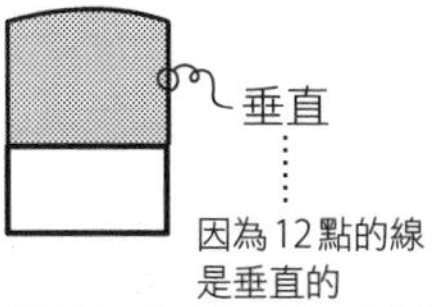

答案 ▶ 1. ○　**2.** ○

Q 圖A、B是長方體建物冬至日的等時間日影時間圖（圖中數字為日影時間）。各建物的寬（W）、深（D）、高（H）的比是2：1：3和3：1：3。判斷下面的敘述對或錯。

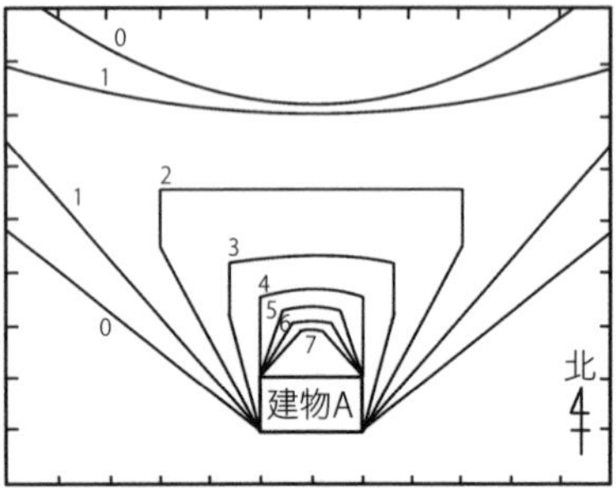

$W:D:H=2:1:3$
圖A

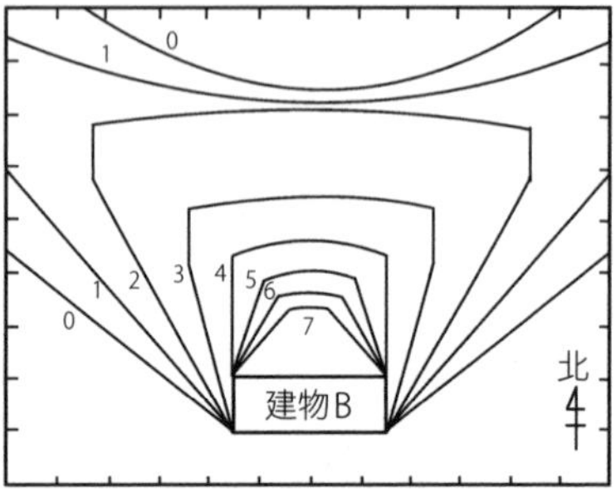

$W:D:H=3:1:3$
圖B

4小時以上日影的範圍，圖B比圖A更大。

A 圖B的寬（W）較大，深（D）和高（H）和圖A相同。寬度越寬，影子的寬度也變寬，所以等時間日影圖也跟著變大，憑直覺即可解答（答案為○）。

$W:D:H=2:1:3$
圖A

$W:D:H=3:1:3$
圖B

身材寬
很討厭喲！

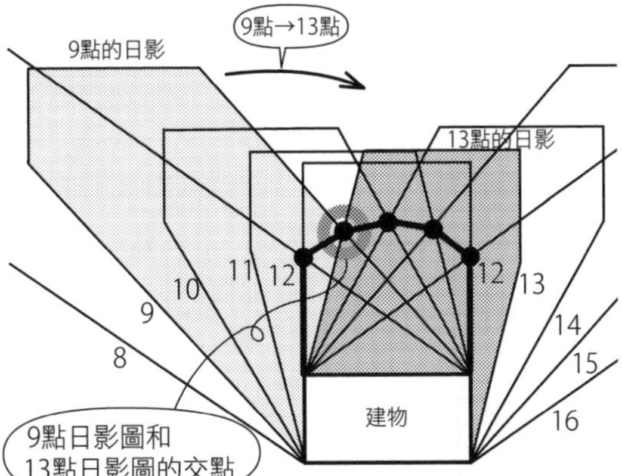

圖A的4小時日影圖

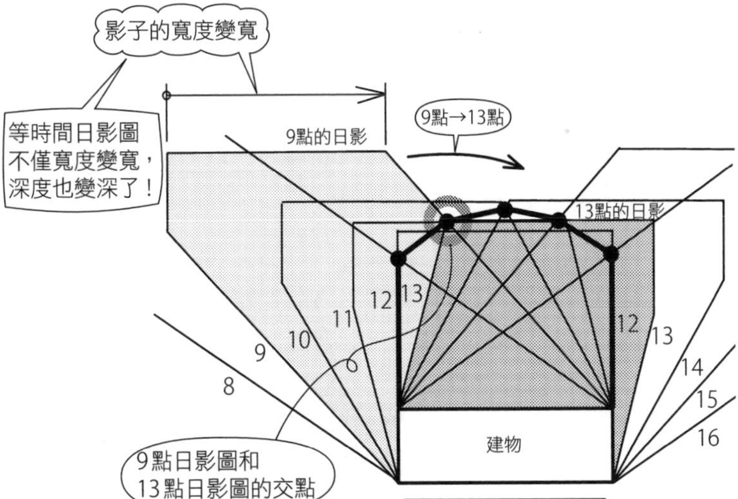
影子的寬度變寬
等時間日影圖
不僅寬度變寬，
深度也變深了！
9點的日影
9點→13點
13點的日影
8
9
10
11
12
13
12
13
14
15
16
建物
9點日影圖和
13點日影圖的交點

圖B的4小時日影圖

答案 ▶ ○

Q 圖A是北緯35°的建物冬至日的4小時日影圖（表示4小時以上日影範圍的圖）。判斷不同形狀的**1**、**2**、**3**的4小時日影圖是否正確。

（尺寸單位是m）

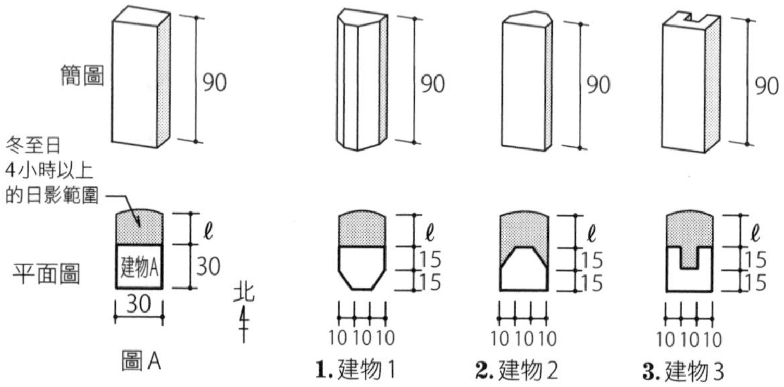
簡圖
90
90
90
90
冬至日
4小時以上
的日影範圍
平面圖
ℓ
建物A
30
30
北
ℓ
15
15
10 10 10
ℓ
15
15
10 10 10
ℓ
15
15
10 10 10
圖A
1.建物1
2.建物2
3.建物3

A 每4小時的日影圖交點，剛好是形成4小時日影的點。建物1南側的斜面切角並不影響求出4小時日影的線，所以4小時日影圖與建物A相同（**1**是○）。

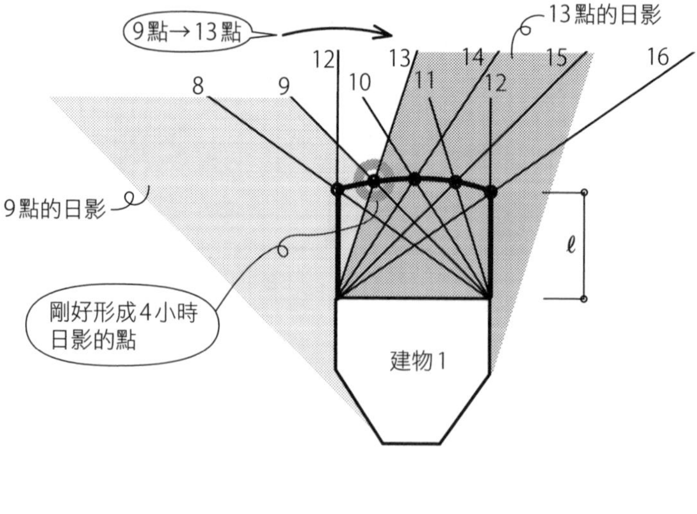

從建物2北側中央的凸出角延伸出8點、9點、10點的日影線。因為日影的寬度變窄，所以相較於建物A，建物2的4小時日影圖北方長度較短（**2**是×）。

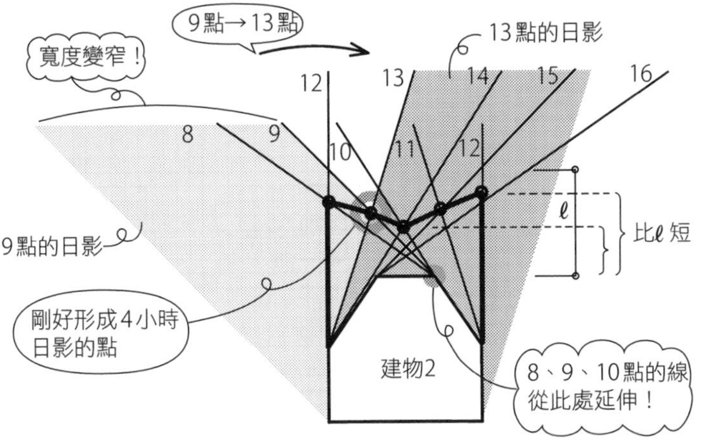

建物3北側中央的凹部不影響日影，所以4小時日影圖與建物A相同（**3**是○）。

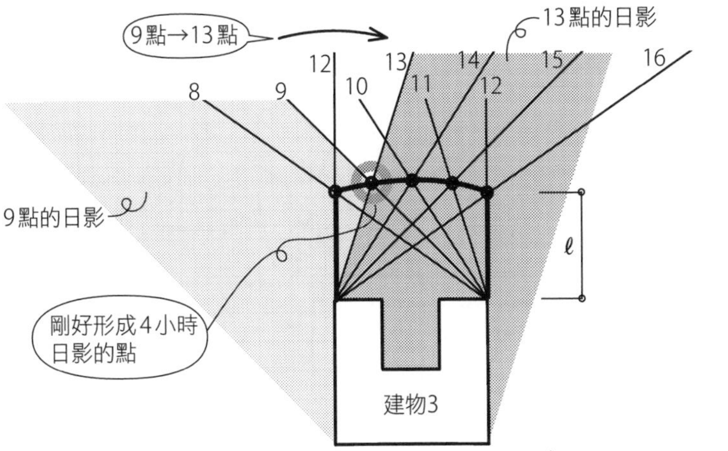

答案 ▶ **1.** ○　**2.** ×　**3.** ○

Q 圖A是北緯35°的建物冬至日的4小時日影圖。判斷不同形狀的**1**、**2**的4小時日影圖是否正確。

（尺寸單位是m）

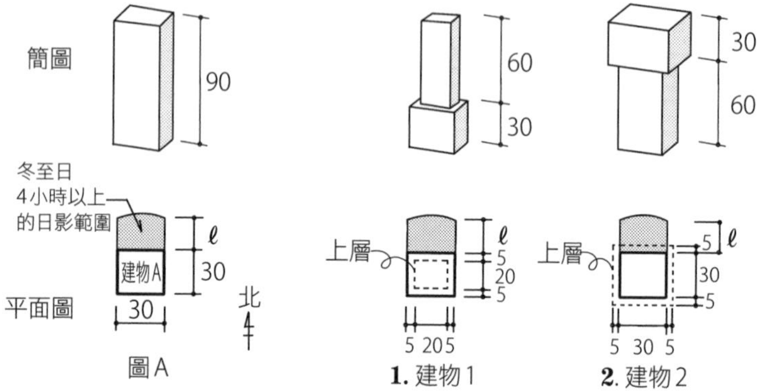
簡圖
90
60
30
30
60
冬至日
4小時以上
的日影範圍
ℓ
建物A
30
平面圖
30
北
圖A
上層
ℓ
5
20
5
5 20 5
1. 建物1
上層
5
ℓ
30
5
5 30 5
2. 建物2

A 冬至12點（中天時）的影子長度約是高度的1.5倍，和8點線的交點如下圖所示，由下層較粗部位的影子交點來決定。

其他點也是由下層較厚部位的影子交點來決定，建物1的4小時日影圖和建物A相同（**1**是○）。

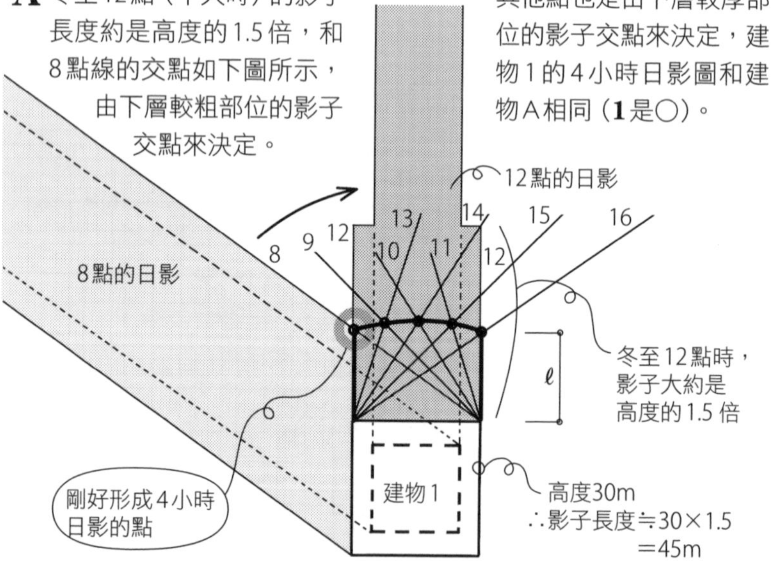
12點的日影
8點的日影
8
9
12
13
10
11
14
15
16
12
ℓ
冬至12點時，
影子大約是
高度的1.5倍
建物1
剛好形成4小時
日影的點
高度30m
∴影子長度≒30×1.5
=45m

8點和12點的交點，以及9點和13點的交點，如果邊畫影子邊思考，就能理解只需要腳邊的影子就能完成4小時日影圖。

建物2上層較寬部位的影子，如下圖所示，在12點時投影在北邊。但4小時日影圖是用腳邊的日影圖的交點求出，所以和變寬的部位無關（**2**是○）。

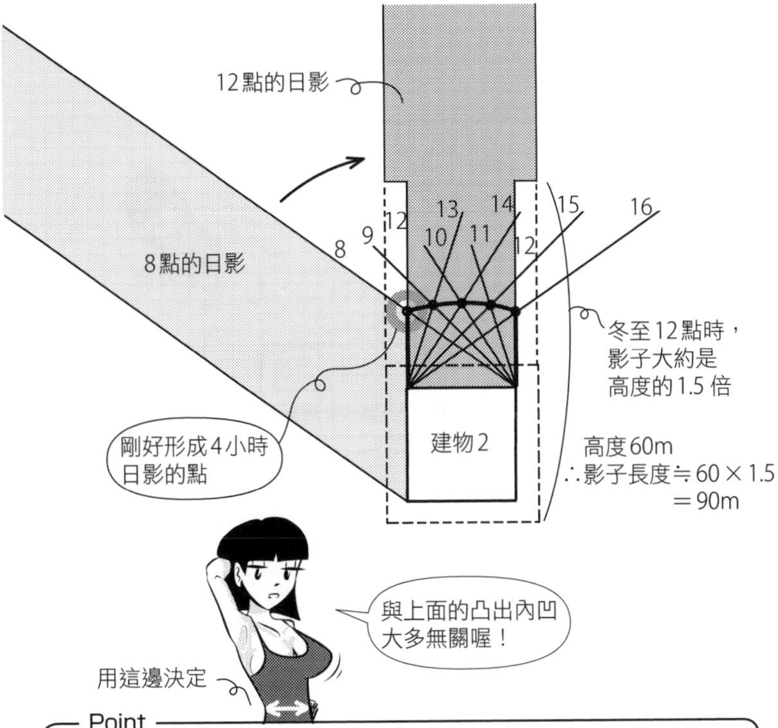
12點的日影
8點的日影
8
9
12
13
10
11
14
12
15
16
冬至12點時，
影子大約是
高度的1.5倍
剛好形成4小時
日影的點
建物2
高度60m
∴影子長度≒60×1.5
＝90m
與上面的凸出內凹
大多無關喔！
用這邊決定

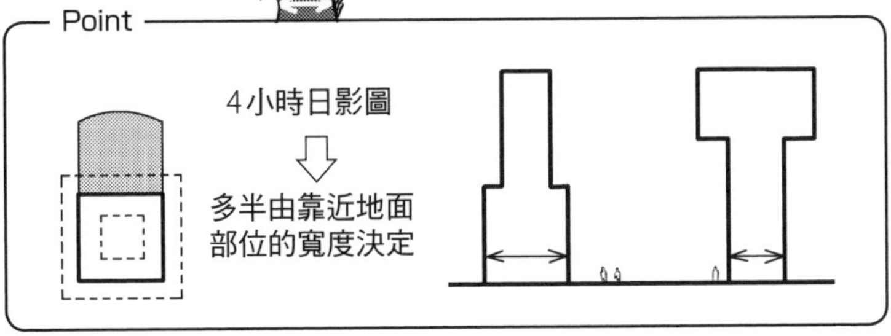
Point
4小時日影圖
多半由靠近地面
部位的寬度決定

答案 ▶ 1. ○　2. ○

Q 有兩個以上建物時，可以分別製作出等時間日影圖再加法計算。

A 分別計算日影和一起計算，兩者結果會有差異。2個以上的日影複合後會變大，有時會產生島狀日影（島日影）（答案為×）。

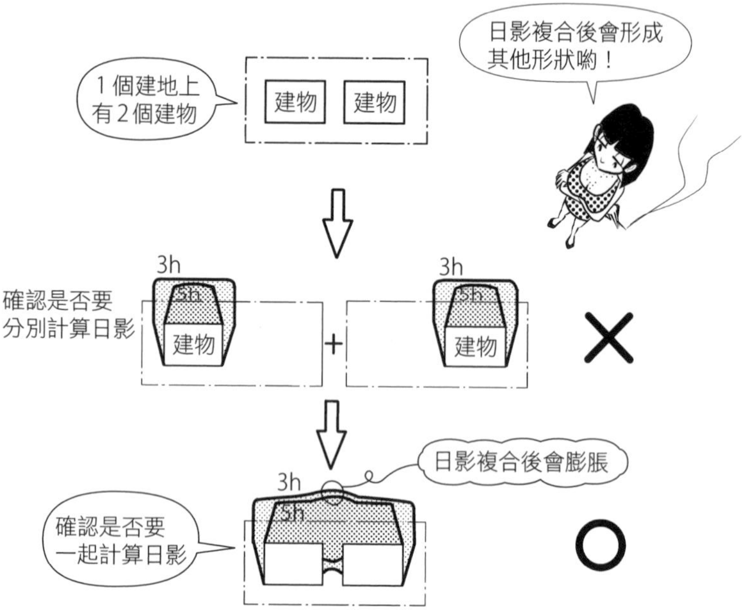

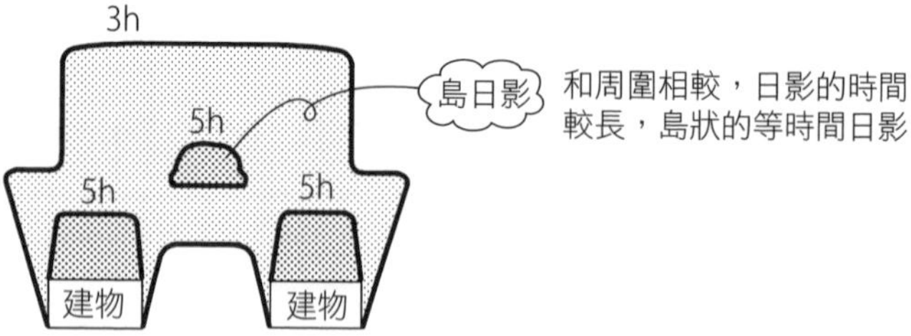

答案 ▶ ×

Q 將人類感覺光亮的程度最大定為1，用來表示不同波長的設定，稱為比視感度（relative luminous efficiency）。

A 人類眼睛的感度，對紅光和紫光較低，對綠光和黃光較高。將感度最高的波長的視感度設定為1時，黃是0.8、藍是0.1等用比例表示視感度的指標，稱為比視感度（答案為○）。

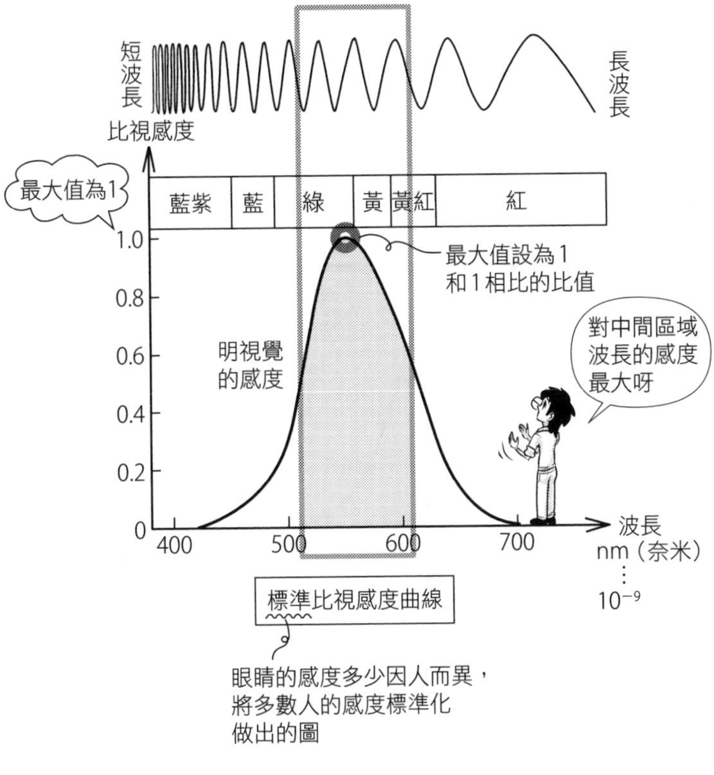

答案 ▶ ○

Q 在暗處，比起同樣亮度的黃色或紅色，綠色和藍色看起來較亮。

A 在明亮處，綠色到黃色波長的視感度最大，但環境變暗時，比視感度圖會向左移動，變成從綠色到藍色波長的視感度最大。視感度往藍色、波長往短的方向偏移的現象，稱為浦肯頁現象（Purkinje phenomenon），以19世紀捷克生理學家為名。

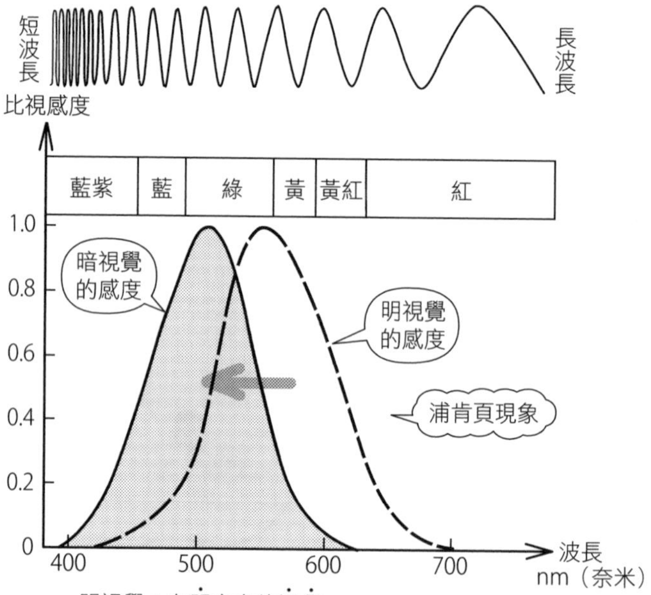

明視覺：在明亮處的視覺

暗視覺：在暗處的視覺

答案 ▶ ○

Q 光通量是根據人眼感應的亮度所設定的光能量值，單位是lm。

A 光能既是熱，也有亮度。若在明亮處直接使用能量的J（焦耳）或每秒單位能量的W（瓦特），會和人眼感覺的亮度有很大的落差。因此用視感度來修正每個波長，合計可見光線的全部波長能量，便稱為光通量（lm，亦稱光束）。已修正符合人眼感覺亮度的光能為光通量，單位是lm（流明）（答案為○）。

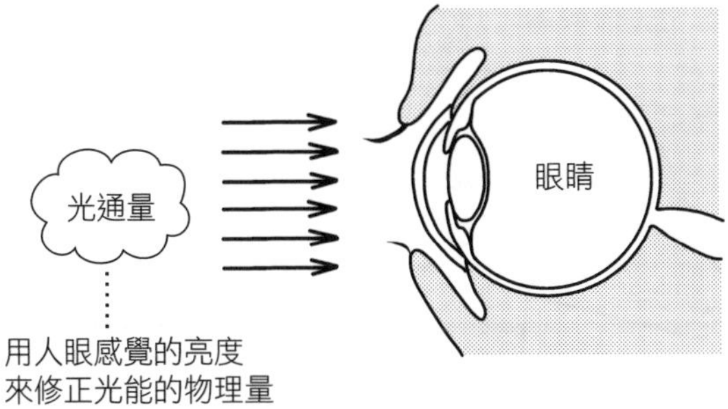
光通量
眼睛
用人眼感覺的亮度
來修正光能的物理量

答案 ▶ ○

Q 弧度的單位是sr。

...

A 將一周360等分成360°的單位較難
用在數學計算，所以常用表示角度
的弧度的單位。用扇形的弧長為半
徑幾倍的比來表示角度。因為是長
度÷長度，不具物理單位的比，所
以用 rad（radian）。sr（steradian）是
立體角的單位（答案為╳）。

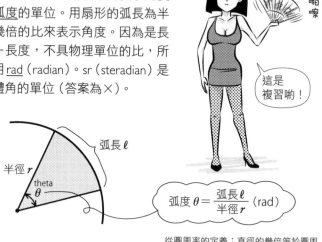

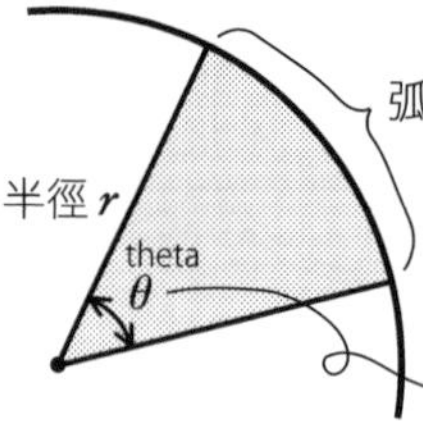

啪
嚓

這是
複習喲！

弧長 ℓ

半徑 r

theta
θ

$$弧度\ \theta = \frac{弧長\ ℓ}{半徑\ r}\ (\mathrm{rad})$$

從圓周率的定義：直徑的幾倍等於圓周
的比是圓周率（π：pi）

弧長＝圓周＝圓周率×直徑
　　　＝π×（2r）
　　　＝2πr

θ　r

$$360°的弧度\,\theta = \frac{2\pi r}{r} = 2\pi\ (\mathrm{rad})$$

θ

r

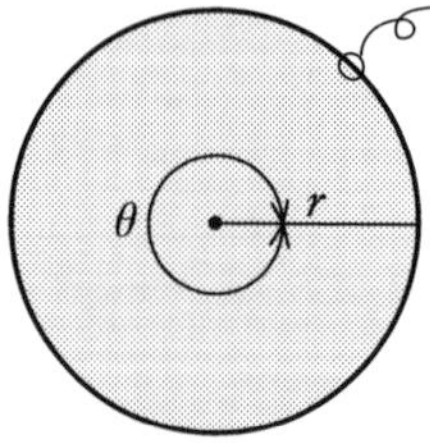

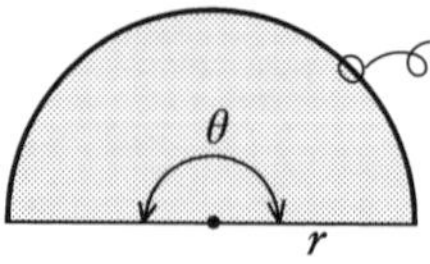

$$弧長 = \frac{1}{2} \times 圓周 = \frac{1}{2}\left\{\pi \times (2r)\right\} = \pi r$$

$$180°的弧度\ \theta = \frac{\pi r}{r} = \pi\ (\mathrm{rad})$$

...

答案 ▶ ╳

Q 立體角的單位是rad。

A 為了表示三維角度，會使用球體表面積。立體角度所占的球體表面積，和以半徑r為邊長的正方形面積r^2相比，即為立體角。扇形的角度，可用通過中心點兩半徑所夾的角度來計算，但形狀不定的立體角只能用球體表面積來表示。<u>半徑r的球體表面積和邊長r的正方形面積相比，所表示的角度就是立體角，單位是sr (steradian)</u>。rad (radian) 是平面角度的弧度單位（答案為×）。

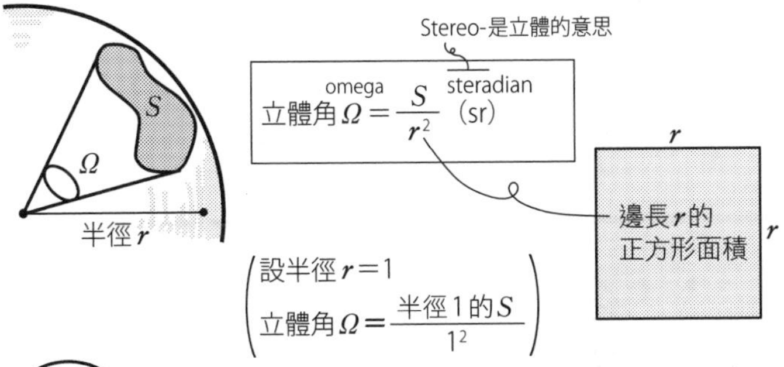

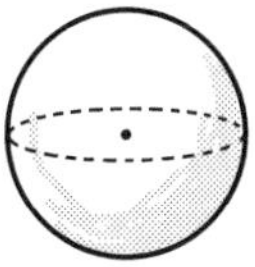

球整體的立體角

$$=\frac{4\pi r^2}{r^2}=4\pi\,(\mathrm{sr})$$

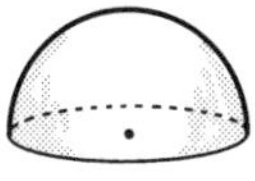

半球的立體角

$$=\frac{\frac{1}{2}(4\pi r^2)}{r^2}=2\pi\,(\mathrm{sr})$$

答案 ▶ ×

Q 從點光源放出每單位立體角的光通量稱為發光強度（luminous intensity），單位是cd。

A 測量從點光源放射狀發出的光通量時會使用立體角，每1sr有多少lm的光通量發散出來，稱為發光強度（簡稱光度）。發光強度的單位是每1sr有多少lm，lm/sr，也稱為cd（candela，燭光）（答案為○）。大蠟燭的亮度約1cd。candela一字來自candle（蠟燭）。

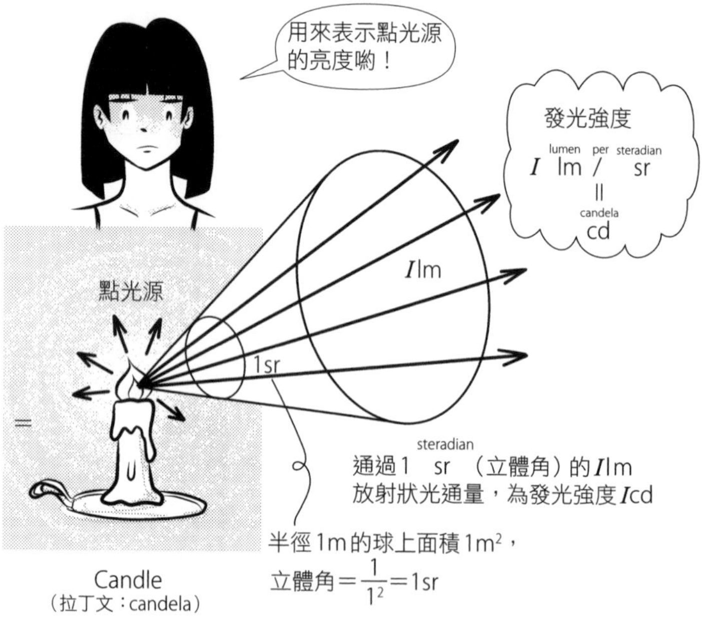
用來表示點光源的亮度喲！
發光強度
I lm / sr (lumen per steradian)
‖
cd (candela)
點光源
=
Ilm
1sr
通過1 sr（steradian）（立體角）的Ilm放射狀光通量，為發光強度Icd
半徑1m的球上面積1m²，
立體角＝$\frac{1}{1^2}$＝1sr
Candle
（拉丁文：candela）

答案 ▶ ○

Q 從某個平面的特定方向射出，每單位面積、每單位立體角的光通量，稱為輝度（luminance），單位是 cd/m^2。

A <u>發光強度是點光源的明亮程度，而測量所見被照面的明亮程度則是輝度</u>。測量本身會發光的螢幕、透光而發亮的汽車擋風玻璃和反射光而發亮的桌面等的明亮程度，都是在測量輝度。桌面會因為看的角度不同而明亮程度有別，所以考慮通過和視線方向垂直的面的光通量。桌子表面、螢幕表面都視為點光源集合而成的發光面，測量來自各部位的發光強度。輝度是將放射狀的光通量除以立體角，再除以所見被照面面積，所以單位是 $lm/(sr \cdot m^2)$，而 lm/sr 是 cd，最後單位是 cd/m^2（答案為○）。

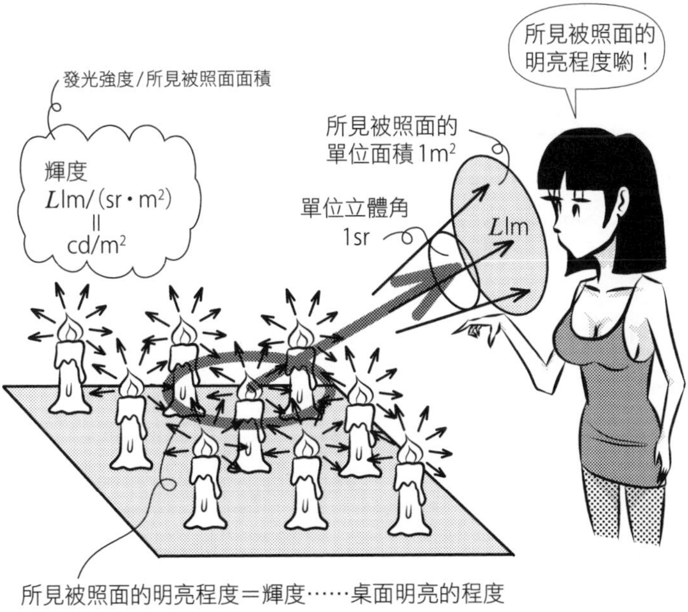
所見被照面的明亮程度喲！
發光強度/所見被照面面積
輝度
Llm/(sr・m²)
=
cd/m²
所見被照面的單位面積1m²
單位立體角1sr
Llm
所見被照面的明亮程度＝輝度……桌面明亮的程度

答案▶○

明亮程度的指標有好幾個，內容複雜難記，特別是發光強度（日文為光度）和輝度，很多學生記錯。在這裡好好理解兩者的原理並牢記吧。

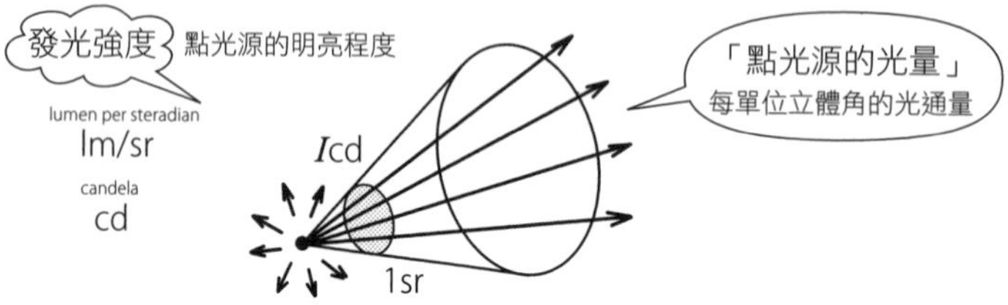
發光強度
點光源的明亮程度
lumen per steradian
lm/sr
candela
cd
Icd
1sr
「點光源的光量」
每單位立體角的光通量

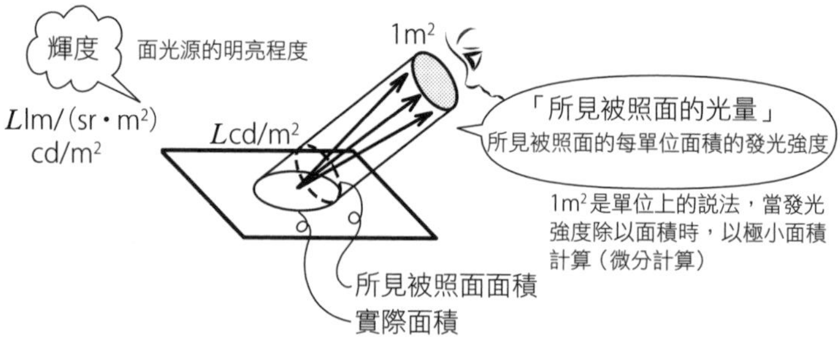
輝度
面光源的明亮程度
Llm/(sr・m²)
cd/m²
Lcd/m²
1m²
「所見被照面的光量」
所見被照面的每單位面積的發光強度
1m²是單位上的說法，當發光強度除以面積時，以極小面積計算（微分計算）
所見被照面面積
實際面積

Q 光束發散度是指光從某一面射出後每單位面積的光通量，單位是 lm/m^2。

A 從平面發散出來的光通量除以面積，求出光束的發散密度，即為光束發散度（亦稱發光發散度）。光通量 lm 除以面積 m^2，單位 lm/m^2（答案為○）。相對於輝度是用人眼所見的被照面計算，光束發散度是用發光面本身。

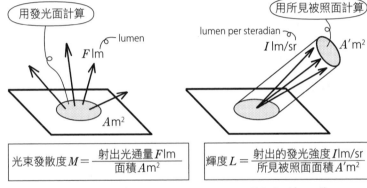

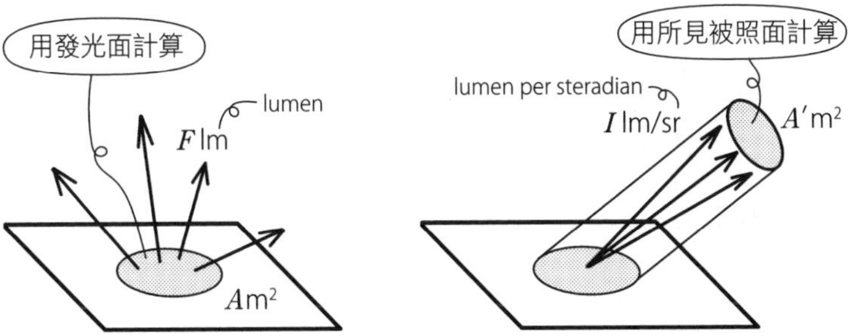

光束發散度	輝度
$光束發散度 M = \dfrac{射出光通量 F\,lm}{面積 A\,m^2}$	$輝度 L = \dfrac{射出的發光強度 I\,lm/sr}{所見被照面面積 A'\,m^2}$
$= F/A\ \ lm/m^2 \ \ = rlx$（radiation 放射）	$= I/A\ \ lm/(sr \cdot m^2) = cd/m^2$

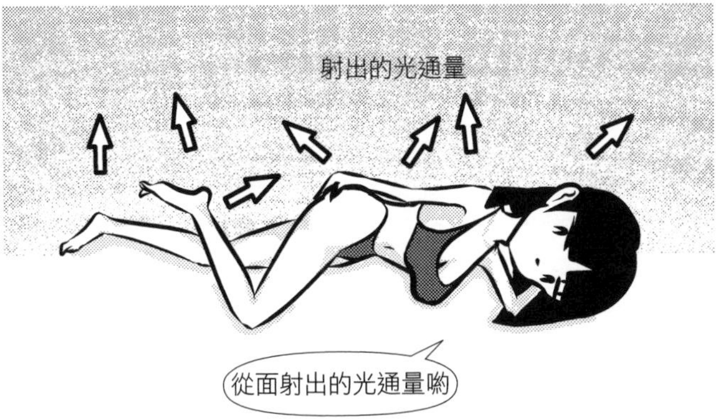

答案 ▶ ○

Q 入射到被照面的每單位面積光通量稱為照度（illumination），單位是 lm/m² 或 lx 或 lux。

A 入射到桌子等平面上的光除以面積得到的光通量密度，稱為照度。光束發散度是從平面發出的光通量，而照度是射入平面的光通量。當桌子全黑，即便照度和其他桌子相同，光束發散度和輝度也會變小（答案為○）。

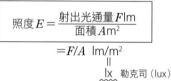

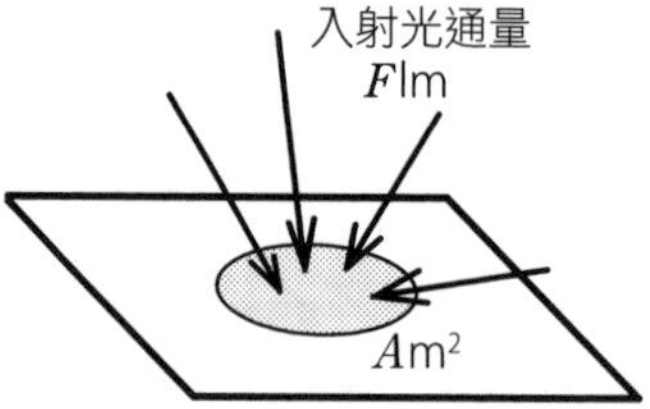

$$\text{照度}E=\frac{\text{射出光通量}F\text{lm}}{\text{面積}A\text{m}^2}$$

$$=F/A\ \ \text{lm/m}^2 = \text{lx}$$

lx 勒克司（lux）

桌子全黑時

入射光通量相同的話照度相同

因為反射光通量較少光束發散度變小

因為反射光通量較少輝度變小

答案 ▶ ○

Q **1**. 不管從哪個方向發光強度都一樣的面，為均勻擴散面（Lambertian surface）。

2. 在均勻擴散面上，光束發散度和輝度成正比。

A 均勻擴散面是不管從哪個方向看，輝度都相同的面。發光強度是點光源的指標，而輝度是面光源的指標（**1**是×）。均勻擴散面中，反射率或透射率100%者，稱為完全擴散面。

假設圓錐狀光通量在輝度固定的條件下計算，會導出光束發散度＝π×輝度的公式。換言之，均勻擴散面的光束發散度會和輝度成正比（**2**是○）。

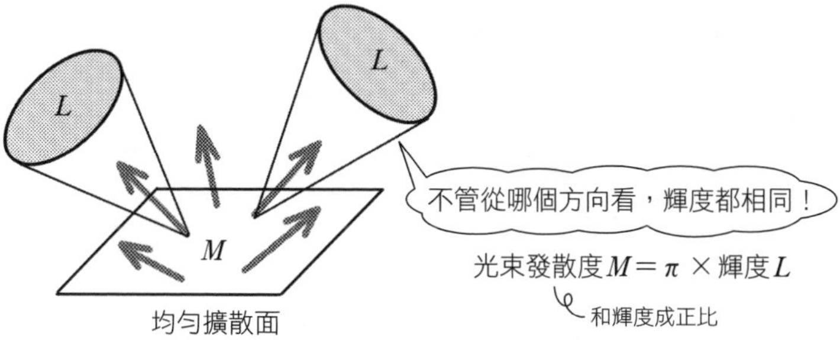
L
L
M
均勻擴散面
不管從哪個方向看，輝度都相同！
光束發散度M＝π × 輝度L
和輝度成正比

答案 ▶ 1. ×　2. ○

Q 均勻擴散面的輝度，與照度和反射率的積成正比。

..

A <u>照度 E 是照入光通量的面密度，光束發散度 M 是射出光通量的面密度</u>。射出光通量如果只有反射光的話，M 是 $E \times$ 反射率 ρ。射出光通量不管從哪裡看輝度 L 都相同的話，前頁的 $M = \pi L$ 就成立。從 $M = E\rho$ 和 $M = \pi L$，可求出 $L = E\rho/\pi$，得知輝度與照度和反射率的積成正比（答案為〇）。

面接收的光通量

面射出的光通量

E

M

照度 E（lx=lm/m²）

光束發散度 M（lm/m²）
∥
照度 $E \times$ 反射率 $\overset{rho}{\rho}$

若反射率50%，射出光通量只有一半

均勻擴散面

$\pi L = M$

L

L

光束發散度 $M = \pi \times$ 輝度 L

M

$M = \pi L = E\rho$

$M = E\rho$

$\therefore L = \dfrac{E\rho}{\pi}$

輝度 L 與照度 E 和反射率 ρ 的積成正比

..

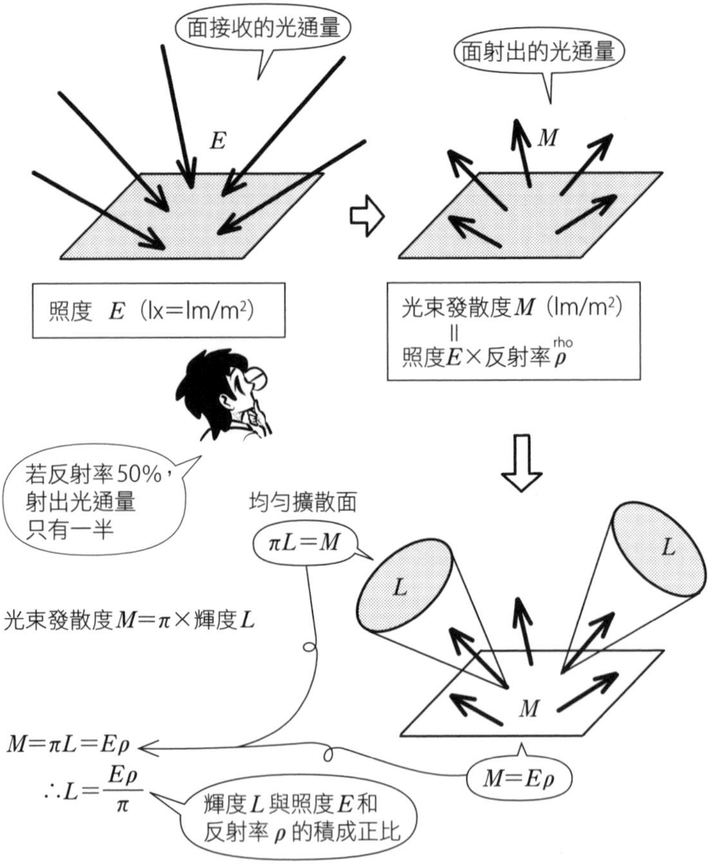

答案 ▶ 〇

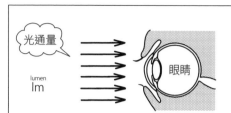

光通量

lumen
lm

眼睛

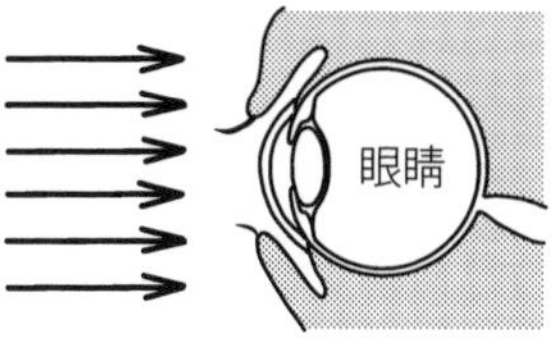

用人眼感覺的亮度來
修正光能的物理量

發光強度

lumen per steradian
lm/sr

candela
cd

點光源
Icd

Ilm

1sr

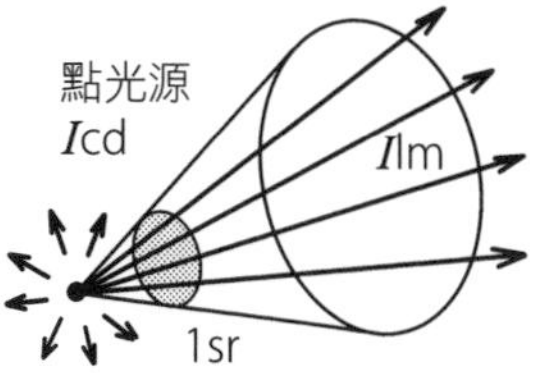

「點光源的光量」

每單位立體角的光通量

輝度

Llm/(sr·m²)
cd/m²

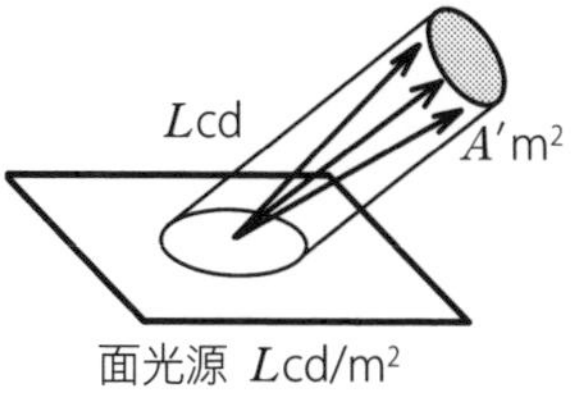

Lcd

A'm²

面光源 Lcd/m²

「所見被照面的光量」

$\dfrac{\text{射出的發光強度}L\text{cd}}{\text{所見被照面面積}A'\text{m}^2}$

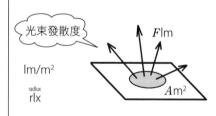

光束發散度

lm/m²

radlux
rlx

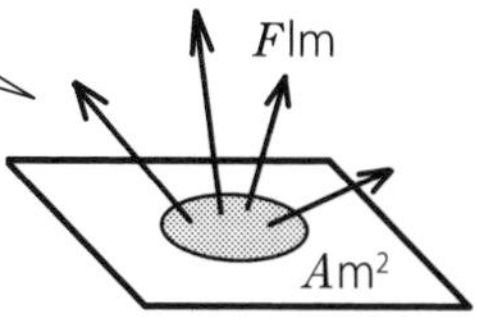

Flm

Am²

「面發出的光量」

$\dfrac{\text{射出光通量}F\text{lm}}{\text{面積}A\text{m}^2}$

照度

lm/m²

lux
lx

Flm

Am²

「面接收的光量」

$\dfrac{\text{入射光通量}F\text{lm}}{\text{面積}A\text{m}^2}$

6

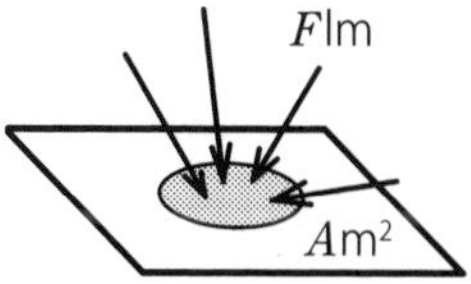

光通量「修正後的光量」

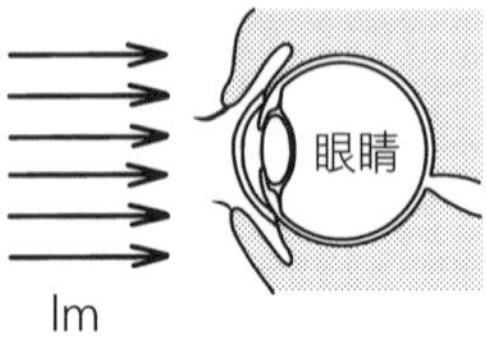

發光強度「點光源的光量」

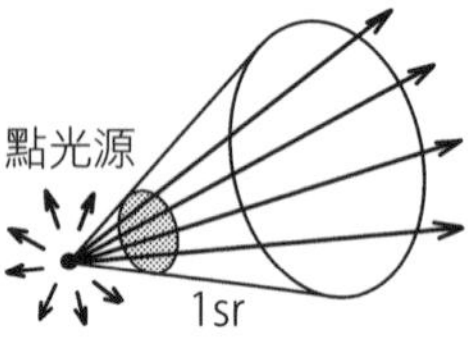

lm/sr＝cd

$\frac{\text{光通量}}{\text{面積}}$

$\frac{\text{發光強度}}{\text{所見被照面面積}}$

光束發散度

「面發出的光量」

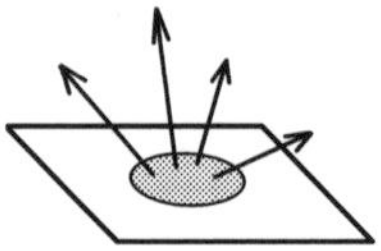

lm/m²

（如果是均勻擴散面）

π×輝度

輝度

「所見被照面的光量」

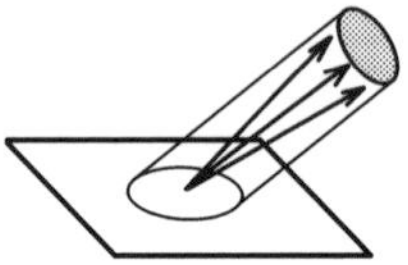

lm/（sr・m²）＝cd/m²

反射率×照度

照度

「面接收的光量」

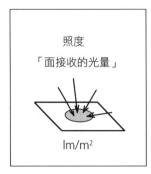

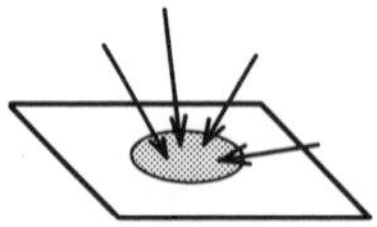

lm/m²

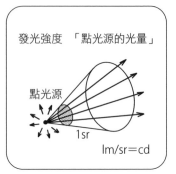

Q 求出如圖的點光源照到點A的水平面照度。

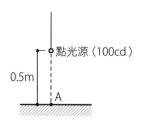

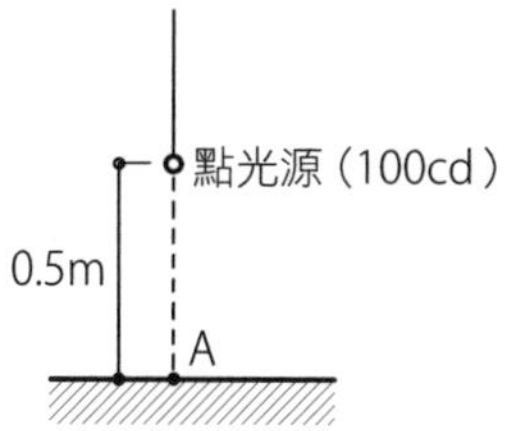

A 發光強度100cd是每1立體角（1sr）有100lm的放射狀光通量。從I（cd）的點光源到距離r（m）的點A，如下所示，照度是I/r^2（lm/m²＝lx：lux）。因此，$100 \div (0.5)^2 = 400$lx。

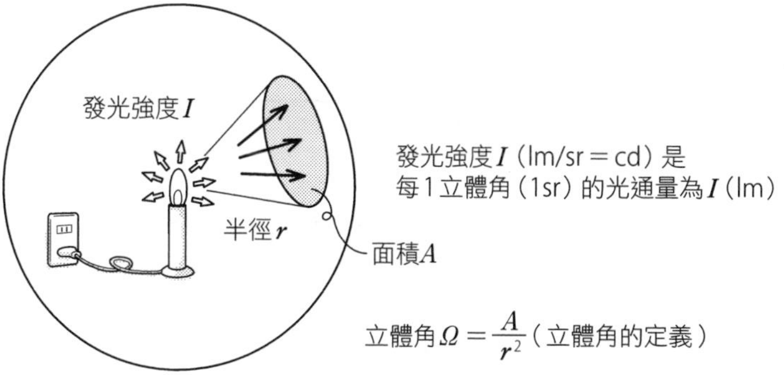

立體角$\Omega = \dfrac{A}{r^2}$（立體角的定義）

面積A內的光通量＝發光強度I×立體角Ω

$$= I \times \frac{A}{r^2}$$

$$面積A的照度E = \frac{光通量 I \times \dfrac{A}{r^2}}{面積A} = \frac{I}{r^2}$$

$$\therefore \boxed{E = \frac{I}{r^2}}$$

代入問題的數值100cd、0.5m

$$E = \frac{100\text{cd}}{(0.5)^2\text{m}^2} = \underline{\underline{400\text{lx}}}$$

答案 ▶ **400lx**

Q 求出如圖的點光源照到點A的水平面照度。

點光源（200cd）

1m

30°　A

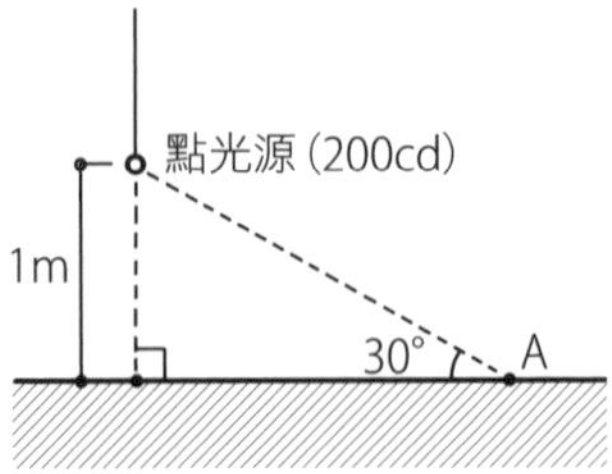

A 將正三角形對半而成的直角三角形，邊長比是 $1:2:\sqrt{3}$。從比得知，到光源的距離是2m。

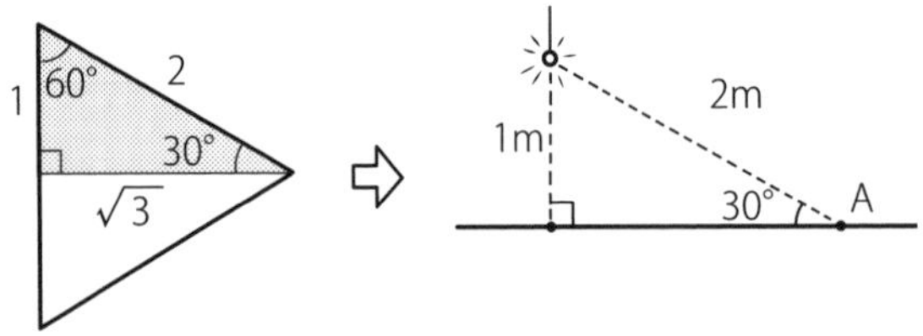

藉由照度 $E = I/r^2$，得出點A到光源的半徑方向的 E。E 具有大小和方向的向量，分解此向量，求出垂直於地面的照度。

發光強度
200cd

2m

面向此面的照度
$$E = \frac{200\text{cd}}{2^2\text{m}^2} = 50\text{lx}$$

E

30°

B

向量的分解喲！

E

30°

分解

$\frac{1}{2}E = 25\text{lx}$

$\frac{\sqrt{3}}{2}E = 25\sqrt{3}E$

1個向量和分解成2個的向量等量，具有相同效果

將向量分解在 x、y 方向

25lx

垂直於地面的向量是地面的照度

平行於地面的向量不會照到地面！

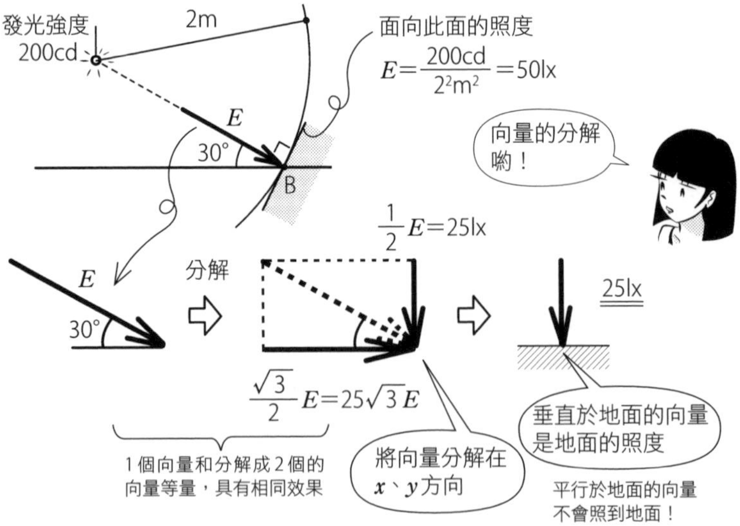

答案 ▶ 25lx

Q 求出如圖的點光源照到點 A、點 B 的垂直面照度。

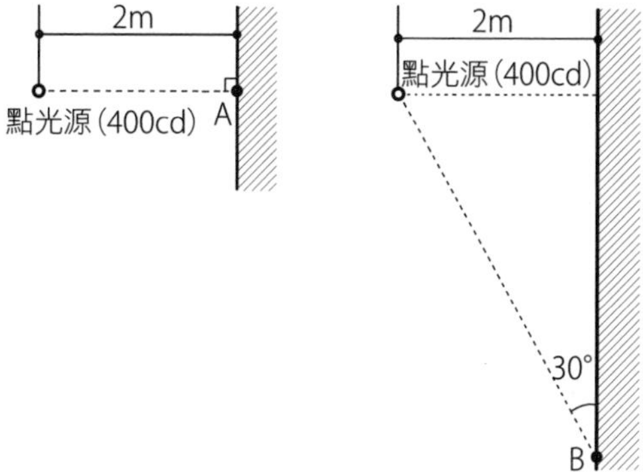

A

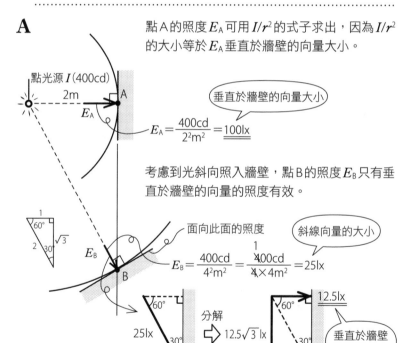

點 A 的照度 E_A 可用 I/r^2 的式子求出，因為 I/r^2 的大小等於 E_A 垂直於牆壁的向量大小。

垂直於牆壁的向量大小

$$E_A = \frac{400cd}{2^2m^2} = \underline{100lx}$$

考慮到光斜向照入牆壁，點 B 的照度 E_B 只有垂直於牆壁的向量的照度有效。

面向此面的照度

斜線向量的大小

$$E_B = \frac{400cd}{4^2m^2} = \frac{\frac{1}{4} \times 400cd}{4 \times 4m^2} = 25lx$$

分解 ⇨ $12.5\sqrt{3}$ lx

12.5lx

垂直於牆壁的向量大小

平行於牆壁的向量不會照到牆壁

6

光

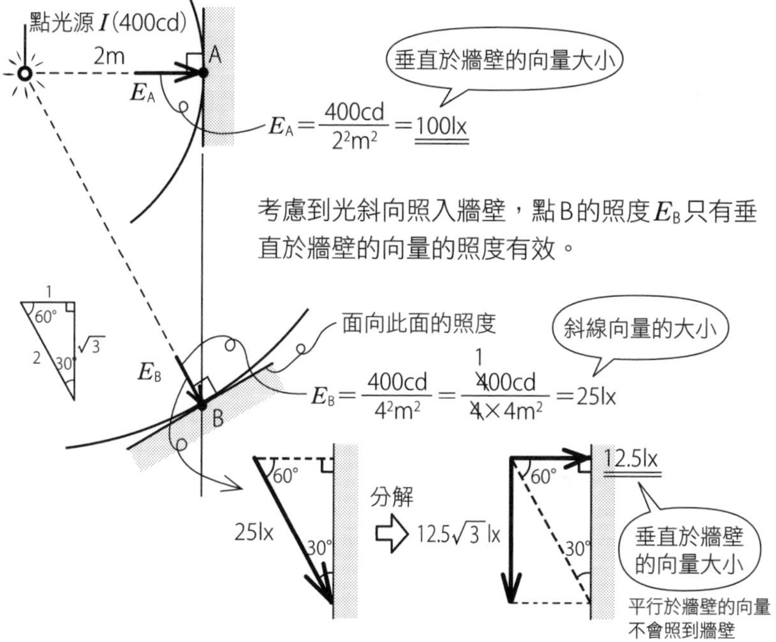

答案 ▶ 點 A 100lx、點 B 12.5lx

Q 如圖同時點亮點A、點B兩個點光源時，求出點C的水平面照度。

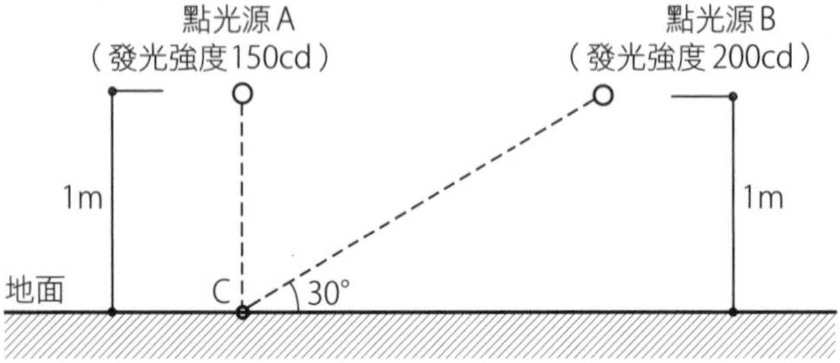

A

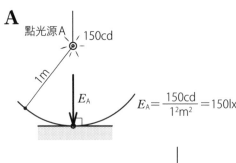

點光源A對點C產生的照度E_A是150/1²＝150lx。

點光源B對點C產生的照度E_B是200/2²＝50lx。因為E_B是傾斜地面的向量，所以分解成xy方向。y方向的照度E_{By}是25lx。

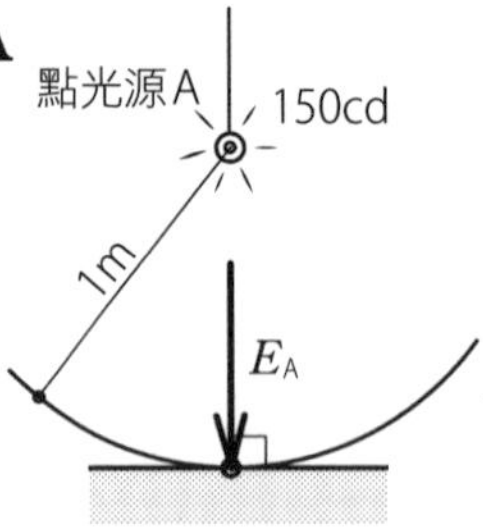

$$E_A=\frac{150cd}{1^2m^2}=150lx$$

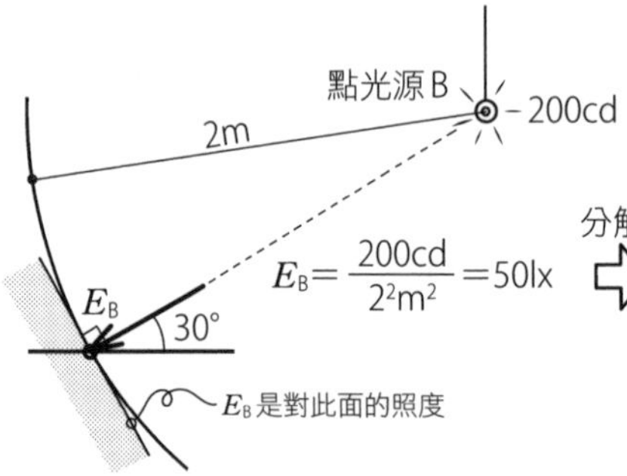

$$E_B=\frac{200cd}{2^2m^2}=50lx$$

分解

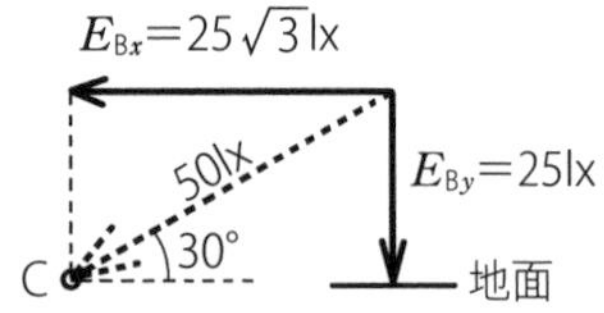

將垂直於地面的照度E_A和E_{By}相加，就得到點C的照度。

在點C的照度＝E_A+E_{By}＝150＋25＝175lx

答案 ▶ 175lx

Q 如圖求出點光源對點A產生的水平面照度。

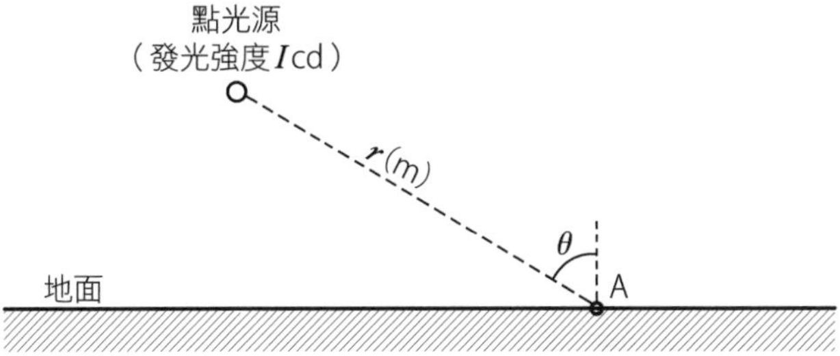

A 從光度I（cd）的光源放射出的球狀光，在r（m）位置的照度是I/r^2（lx）。此照度是以點光源到點A距離為半徑所成球面上的照度，也就是球半徑方向的照度。入射角為θ時，分解求出垂直於地面的向量，其大小是乘上cosθ的$I/r^2 \cdot \cos\theta$。

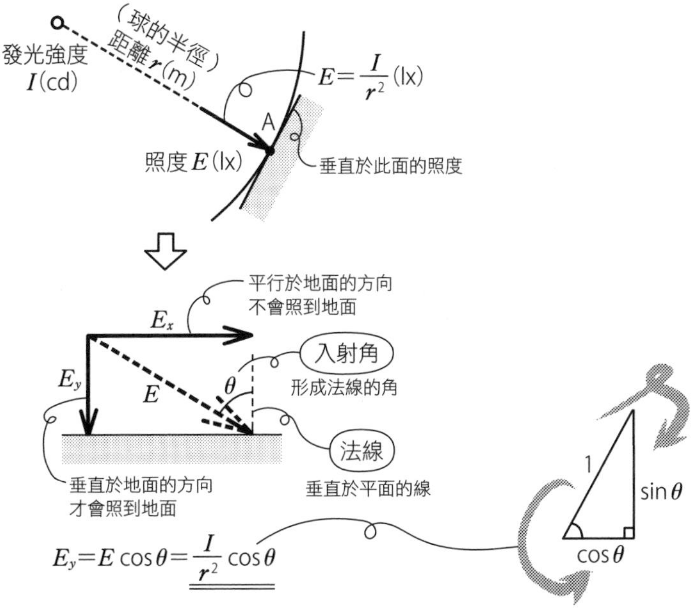

$$E_y = E\cos\theta = \frac{I}{r^2}\cos\theta$$

答案 ▶ $\frac{I}{r^2}\cos\theta$

點光源的發光強度→面接收的照度

(1sr)
每單位立體角的射出光通量

發光強度 I cd

和光的方向垂直的面

(1m²)
每單位面積的入射光通量

照度 $E = \dfrac{I}{r^2}$ (lx)

半徑 r

向量 E 斜向被照面時

E 和垂直於平面的線（法線）
所形成的角 θ

$E_x = \dfrac{I}{r^2} \cos\theta$ (lx)

$E\sin\theta$

E
入射角 θ
$E\cos\theta$

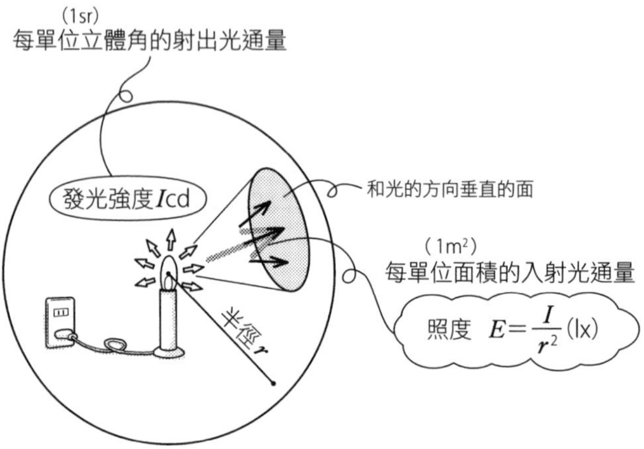

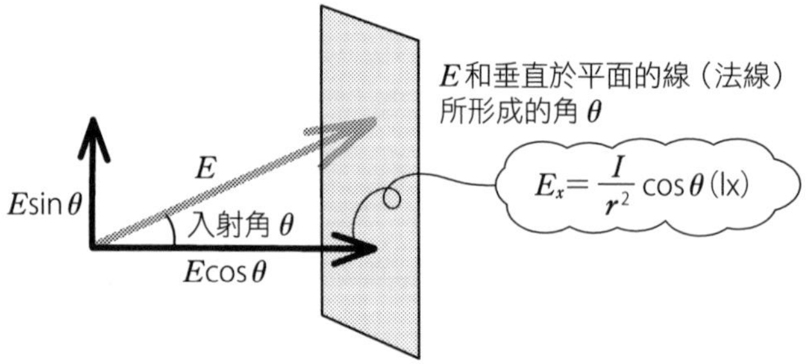

Q 光配曲線（distribution curve of luminous intensity）是用來表示光源在各個方向的照度分布的曲線。

A 照度是表示受光面的每1m²面積上，照入的光通量（lx：lux）。光源發出光的一側如果是點光源，用發光強度表示，單位lm/sr或cd；面光源則用光束發散度表示，單位lm/m²。
光配曲線是用來表示射出的光在哪個方向、發光強度多少的圖（答案為×）。即使同樣是點光源，根據燈罩或燈泡的種類，射出周圍的光通量也有差異。從點光源球狀均勻射出時，自照明的中心向外形成圓形圖；如果只向下放射，會形成只在下方突出的圖。

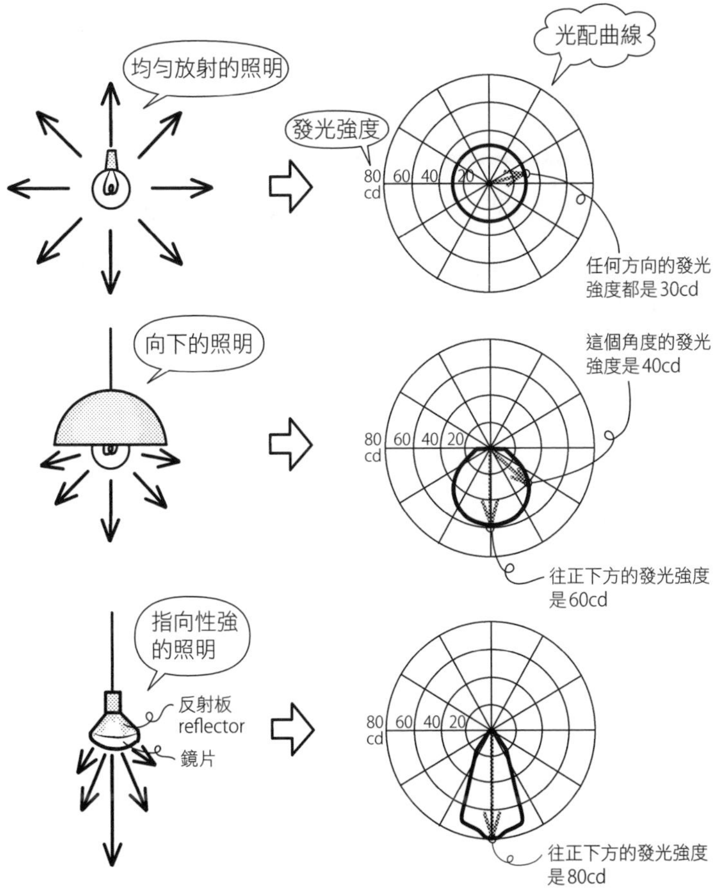

光配曲線
均勻放射的照明
發光強度
80
cd
60
40
20
任何方向的發光強度都是30cd
向下的照明
這個角度的發光強度是40cd
往正下方的發光強度是60cd
指向性強的照明
反射板
reflector
鏡片
往正下方的發光強度是80cd

答案 ▶ ×

Q 眩光（glare）是視線內因高輝度的部分或極端的輝度對比，造成看不清楚對象物的現象。

A glare是刺眼光線、耀眼的光之意。直接看太陽或強烈的照明時，會感覺非常刺眼。強光意味著高發光強度的光。夜間車輛行駛時，對向來車的車頭燈讓人覺得刺眼。這是因為車頭燈的光線是15000cd以上的高發光強度，加上周圍一片黑暗，使得視線的輝度對比很大。白天因為周圍明亮，車頭燈光線的輝度對比較小，不像晚上那麼刺眼（答案為○）。

設置照明器具時，不要讓強光照入人的水平視線的30°以內，或者加裝擴散板或反射罩以避免直視燈光等，利用間接照明的方式來防止眩光。

答案 ▶ ○

Q 明視4條件是亮度、輝度對比、大小和距離。

A 明視（distinct vision）是指可清楚看見物體或文字，或是容易看見的意思。如字面所示，明亮可見是第一要點。雖然明亮，但亮度相同，也就是相同輝度的物體，有時不容易看清楚。此時就需要亮度的差異，也就是輝度對比。但極端的輝度對比會造成前頁所提的眩光，所以適度的輝度對比是明視的條件。

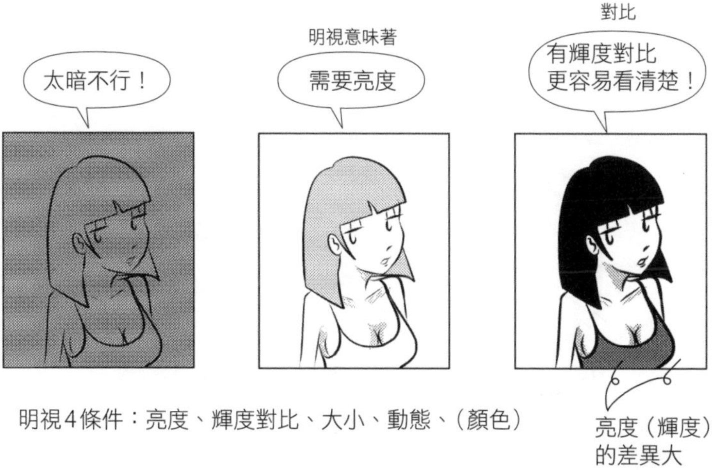
太暗不行！
明視意味著
需要亮度
對比
有輝度對比
更容易看清楚！
亮度（輝度）
的差異大

明視4條件：亮度、輝度對比、大小、動態、（顏色）

文字太小的話很難看清楚，所以大小也是明視的條件。雖然距離很遠的東西看不清楚，但距離和大小成正比，所以大小為條件之一時，不需要考量距離（答案為×）。
明視的另一個條件是動態。比起完全靜止的物體，有適度動作的物體更容易看見。有時會加上第五個條件顏色。

答案 ▶ ×

Q 與明適應相比，暗適應需時較長。

A 進入隧道突然變暗時，眼睛適應黑暗需要時間。眼睛適應黑暗到看清楚稱為暗適應。從隧道出來的一瞬間，光線刺眼讓眼睛適應也需要時間，此時稱為明適應。暗適應所需的時間比明適應更長（答案為○）。

答案 ▶ ○

Q **1**. 全天空照度的單位是 lm/m^2，或是lx。
2. 天空漫射量的單位是 lm/m^2，或是lx。

A 照度是接收光的平面上，每單位面積有多少光通量，表示亮度的指標。全天空照度是扣除直射日光的全天空光所產生的水平面照度。也就是太陽光因大氣中的微粒或雲而漫射到天空整體，從天空整體照到水平面上的照度。光通量（lm）是根據人類的感覺，並依據波長加權再合計的數值。每 $1m^2$ 的光通量即為照度（**1**是○）。

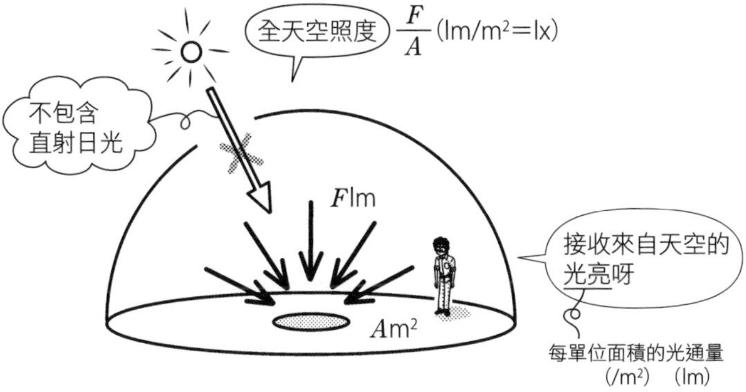

另一方面，日射（量）是來自太陽光的能量。跟人類感覺無關，用單位時間內每 $1m^2$ 接收到的能量（$J/(s \cdot m^2) = W/m^2$）來表示（**2**是×）。天空漫射量是扣除直射日射量後，經漫射從天空傳來的日射量。

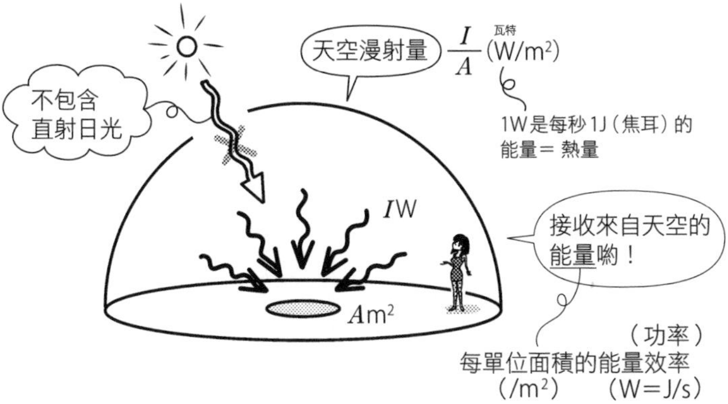

答案 ▶ 1. ○　2. ×

6 光

Q 少雲天氣的全天空照度，比大晴天的全天空照度大。

A 直射日光的水平面照度是6萬～10萬lx，數值非常大。在漫射多的少雲天氣，全天空照度約5萬lx，完全沒有漫射的好天氣則約1萬lx（答案為○）。大晴天的天空，沒有太陽的部分看起來是較暗的藍色。

設計用全天空照度

最大！

天候條件	lx
特別明亮的日子（少雲、多雲晴天）	50000
明亮的日子	30000
普通（標準狀態）	15000
大晴天的天空	10000
陰暗的日子	5000
非常暗的日子（雷雲、下雪時）	2000

（不包含直射日光）

答案 ▶ ○

Q 晝光率是室內某一點因日光產生的照度與全天空照度的比例。

...

A 晝光率是用來表示室內某一點與室外的明亮程度的比（答案為○）。
如下圖，比較室內桌上的照度和沒有建物時的照度。隨著室內位置
不同，晝光率也不一樣。

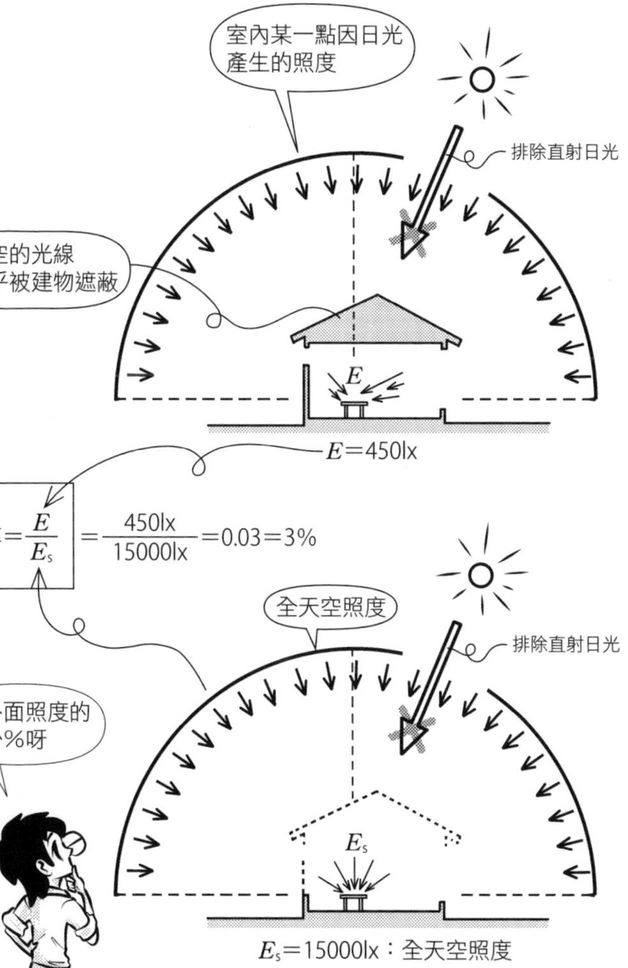

室內某一點因日光
產生的照度

排除直射日光

天空的光線
幾乎被建物遮蔽

E

$E = 450\text{lx}$

$$晝光率 = \frac{E}{E_s} = \frac{450\text{lx}}{15000\text{lx}} = 0.03 = 3\%$$

全天空照度

排除直射日光

指外面照度的
多少%呀

E_s

$E_s = 15000\text{lx}$：全天空照度

6

光

...

答案 ▶ ○

Q 全天空照度越大，室內某一點的畫光率越大。

. .

A 畫光率是室內某一點與室外明亮程度的比。室外越亮，室內某點也越亮；反之，室外越暗，室內某點也越暗。換言之，室外與室內某一點的照度比是固定的（答案為×）。

排除直射日光

天空明亮時

畫光率＝$\dfrac{600\text{lx}}{30000\text{lx}}$＝2%

E_s＝30000lx

不管外面是亮是暗，比都是相同的喲！

E

E_s＝600lx

排除直射日光

天空陰暗時

畫光率＝$\dfrac{100\text{lx}}{5000\text{lx}}$＝2%

如果窗戶大小和位置關係相同，畫光率也會相同

E_s＝5000lx

E

E_s＝100lx

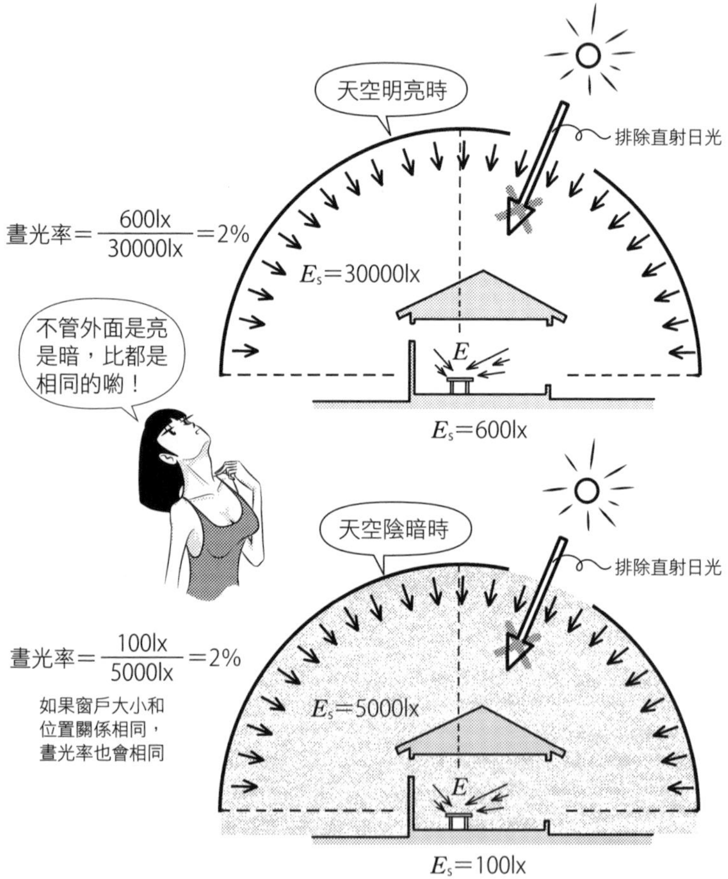

答案 ▶ ×

Q 除了窗與被照點的位置關係，計算畫光率時也需考量窗外的建築物
和樹木等影響。

A 畫光率是表示與天空光線的照度相比，當下環境中的照度是多少。
除了牆壁、天花板，當下環境周遭的樹木和建物也要列入考量（答
案為○）。

當下環境中

室內某一點因日光
產生的照度

除了天花板、牆壁，
周遭還有樹木或建物
時的照度

排除直射日光

E

有樹木時，
光量變少

$E=150\text{lx}$

現在狀況下的
照度呀

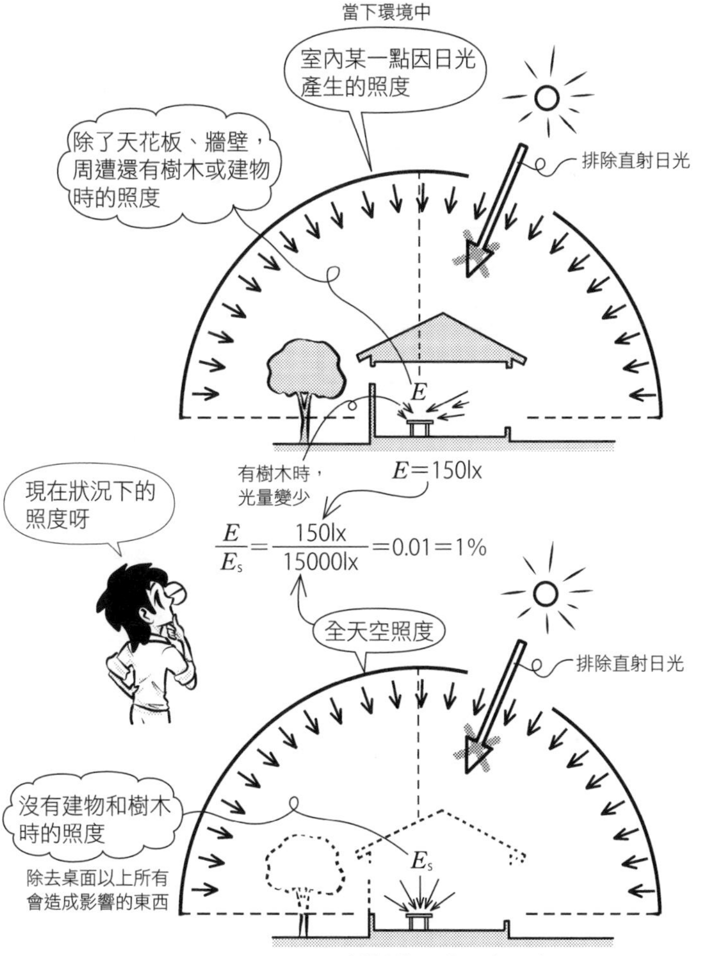

$$\frac{E}{E_s} = \frac{150\text{lx}}{15000\text{lx}} = 0.01 = 1\%$$

全天空照度

排除直射日光

沒有建物和樹木
時的照度

除去桌面以上所有
會造成影響的東西

E_s

$E_s=15000\text{lx}$：全天空照度

6

Q 室內某一點的晝光率與距窗戶的距離有關。

A 離窗戶越近，越能獲得晝光，所以晝光率越大（答案為○）。照度計能簡單測量晝光率，從圖面求得則需要較麻煩的計算。此外，天空的輝度因場所而異、並非均一等原因，使得計算值與測量值出現誤差。

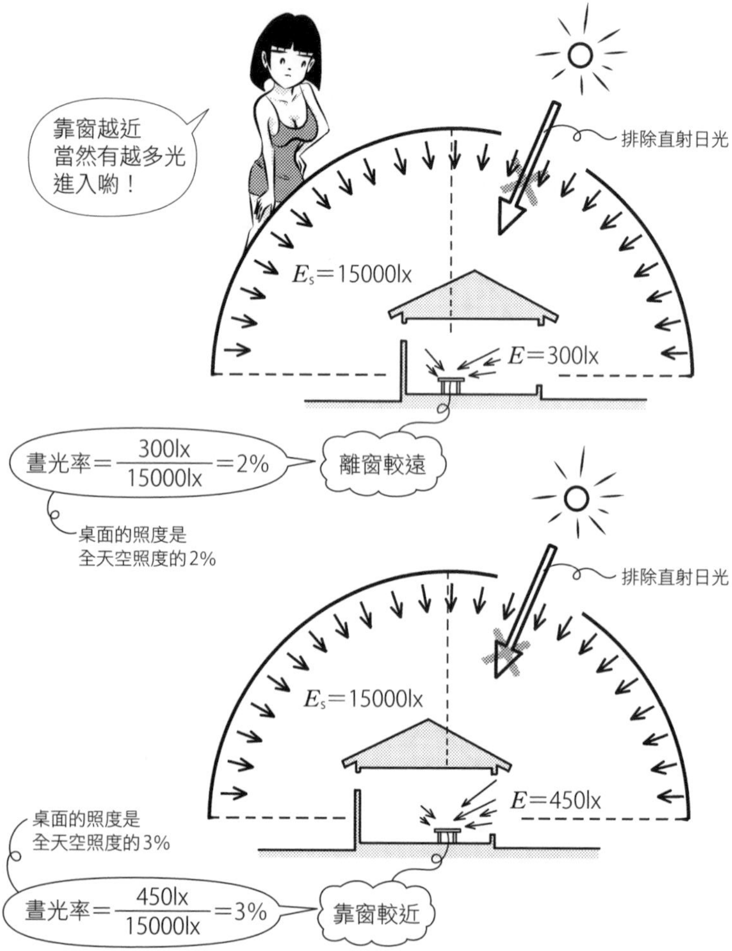

答案 ▶ ○

Q 除了開口部的大小、形狀、位置等因素，晝光率也會受到玻璃面的狀態和室內裝修的影響。

A 如下圖所示，窗戶的高度、玻璃的透射率、室內面的反射率也會影響晝光率（答案為○）。直接從窗戶進入的晝光所產生的照度為直接照度，此時的晝光率稱為直接晝光率。另一方面，因室內面的反射光產生的是間接照度、間接晝光率。晝光率是直接值和間接值的和。

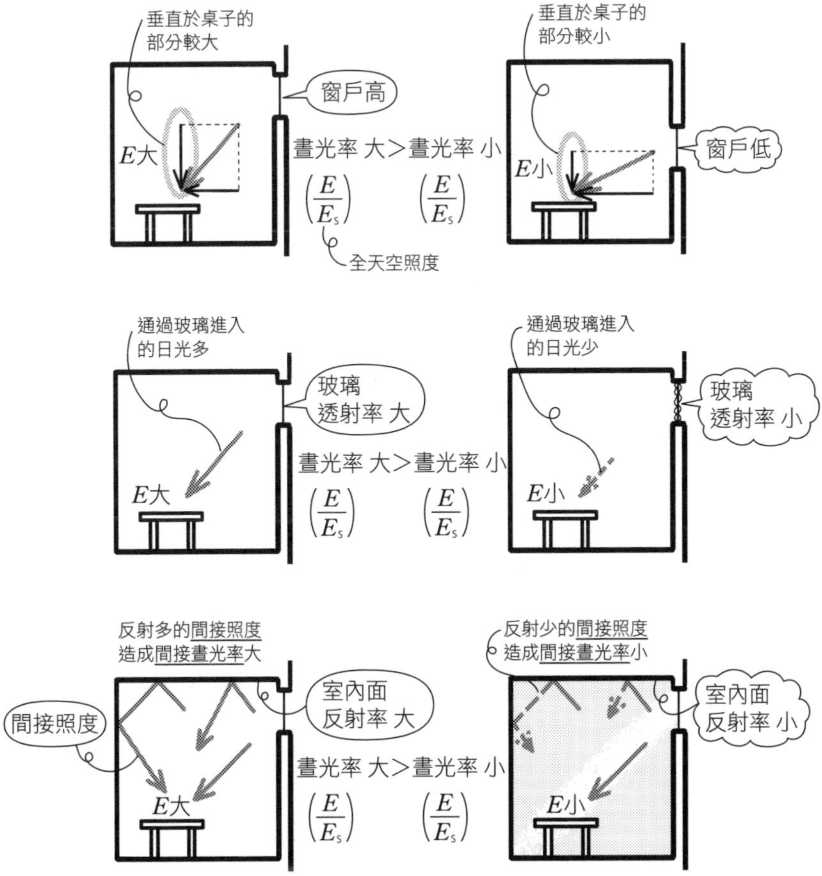

晝光率＝直接晝光率＋間接晝光率

答案 ▶ ○

Q **1.** 普通教室桌面和黑板的照度，500lx以上為佳。
2. 普通教室的晝光率，2%左右較佳。

A 根據JIS（日本工業規格）的照度基準，教室是200～750lx，製圖室是300～1500lx。此外，根據日本文部科學省（相當於台灣的教育部）的公告，桌面和黑板有500lx以上為佳（**1**是○）。
為了達到照度基準，根據不同類型教室算出的晝光率是基準晝光率。普通教室是1.5%，一般製圖室是3%（**2**是○）。大致記住普通教室是500lx、1.5%，一般製圖室是1000lx、3%。

照明＋日光（照度）
只有日光時，達到照度基準的情況（晝光率）

	照度	晝光率
普通教室	約500lx	1.5%
一般製圖室	約1000lx	3%

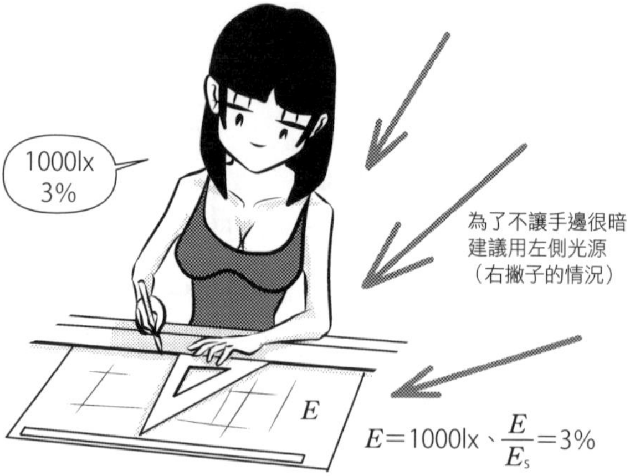
1000lx
3%
為了不讓手邊很暗
建議用左側光源
（右撇子的情況）
E
E=1000lx、$\frac{E}{E_s}$=3%

答案 ▶ **1.** ○ **2.** ○

Q 右圖中產生 A 面積的點 P 的
立體角投射率 U 是用

$U = \dfrac{S''}{r^2}$ 來表示。

半球

S'

P 半徑 r

S''

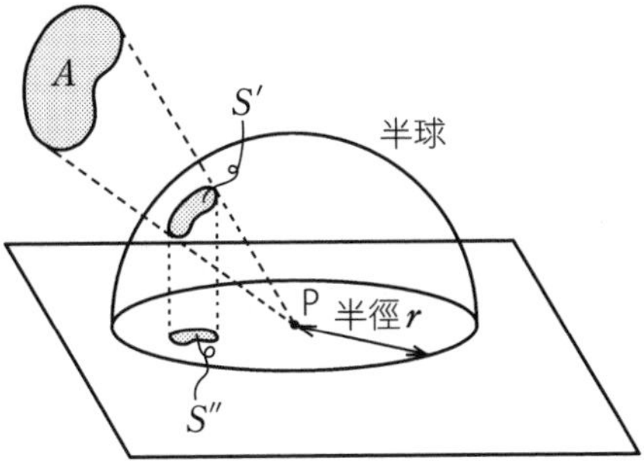

A ①求出從半球的中心 P
所見的 A 投影在半球
上的面積 S'。

②求出 S' 投影在底圓上
的面積 S''。

③算出 S'' 除以底圓面積
πr^2 的比，即為立體角
投射率（答案為×）。

從點 P 往上用魚眼鏡頭
拍照時，窗戶面積占整
個視野的多少比例，就
是立體角投射率。

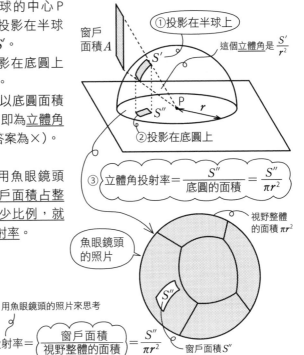

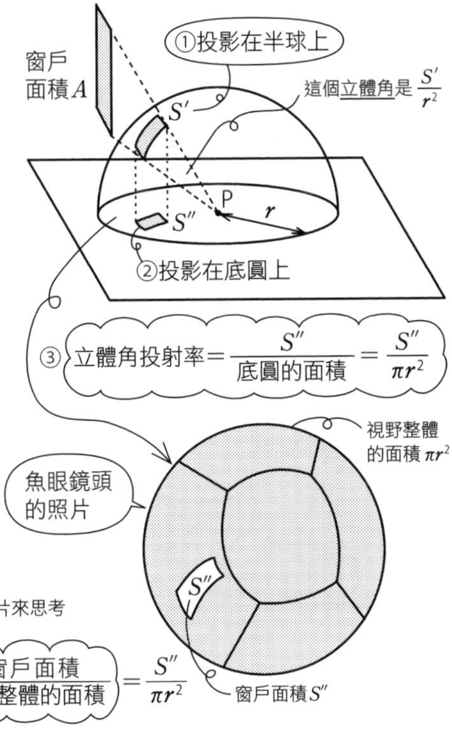

窗戶
面積 A

①投影在半球上

這個立體角是 $\dfrac{S'}{r^2}$

S'

P　r

S''

②投影在底圓上

③ 立體角投射率 $= \dfrac{S''}{\text{底圓的面積}} = \dfrac{S''}{\pi r^2}$

視野整體
的面積 πr^2

魚眼鏡頭
的照片

S''

用魚眼鏡頭的照片來思考

立體角投射率 $= \dfrac{\text{窗戶面積}}{\text{視野整體的面積}} = \dfrac{S''}{\pi r^2}$

窗戶面積 S''

6

光

• 實際上魚眼鏡頭的照片並沒有形成正確的立體角投射，所以需要修正
　照片。

答案 ▶ ×

Q 立體角投射率可用以表示建物在視野中所占的比例。

...

A 如下圖所示，從某一點 P 看向建物時，建物面積占整個視野多少比
例，可用建物的<u>立體角投射率</u>來表示（答案為○）。反之，沒被建
物遮擋的天空部分占整個視野的比例為<u>天空率</u>，常設有法規限制。
建物的立體角投射率越大，建物造成的壓迫感越大。天空率越大，
開放感越大。

①建物在半球上的投影 S'

建物

②投影建物再次在水平面上的投影 S''

天空率是往上看時天空占視野的比例喲

建物 S''

天空 $\pi r^2 - S''$

無視其他建物！

用魚眼鏡頭往上拍的照片

③

$$\text{建物的立體角投射率} = \frac{S''}{\pi r^2}$$

整個視野中建物的比例
↑
表示壓迫感

④

$$\text{天空率} = \frac{\text{天空面積}}{\text{圓的面積}} = \frac{\pi r^2 - S''}{\pi r^2}$$

整個視野中天空的比例
↑
表示開放感

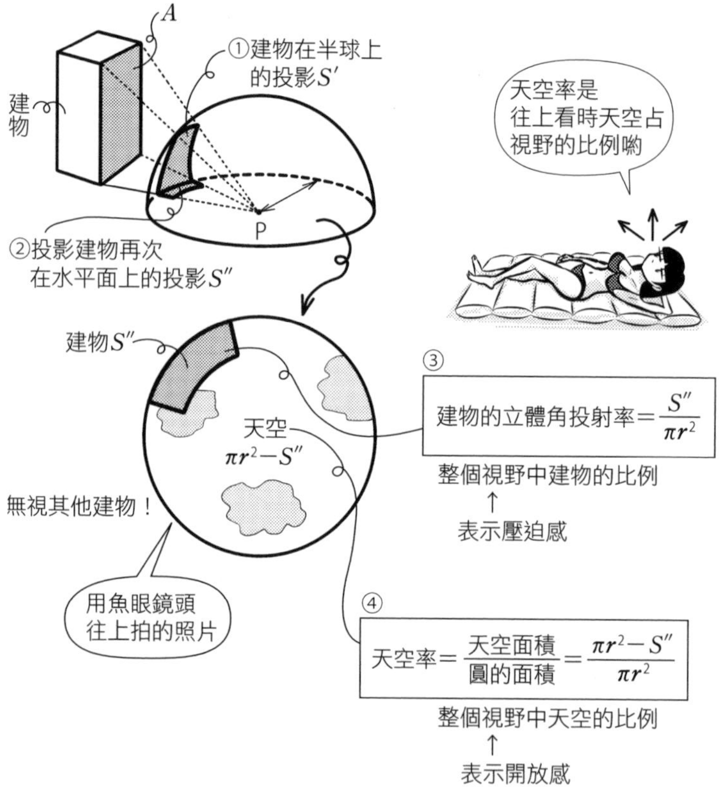

• 半徑 1 的半球上取 S''，則建物的立體角投射率 $= \dfrac{S''}{\pi r^2} = \dfrac{S''}{\pi \cdot 1^2} = \dfrac{S''}{\pi}$，

　簡化成天空率 $= \dfrac{\pi r^2 - S''}{\pi r^2} = \dfrac{\pi \cdot 1^2 - S''}{\pi \cdot 1^2} = 1 - \dfrac{S''}{\pi}$。

...

答案 ▶ ○

Q 室內某一點的直接晝光率在假設窗玻璃100%透光時，會等於從此點所見的窗戶立體角投射率。

A 晝光率包括從窗戶直接進入的日光產生的<u>直接晝光率</u>，以及從窗戶進入的光在室內面反射後的<u>間接晝光率</u>。<u>直接晝光率等於以測定點為半球中心求得的立體角投射率</u>（答案為○）。

①求出窗戶面積A_1、A_2在半球上的投影S_1'、S_2'。
②求出S_1'、S_2'在底圓的投影S_1''、S_2''。
③計算$S_1''+S_2''$和底圓面積的比來求出立體角投射率。
這個立體角投射率就是直接晝光率。

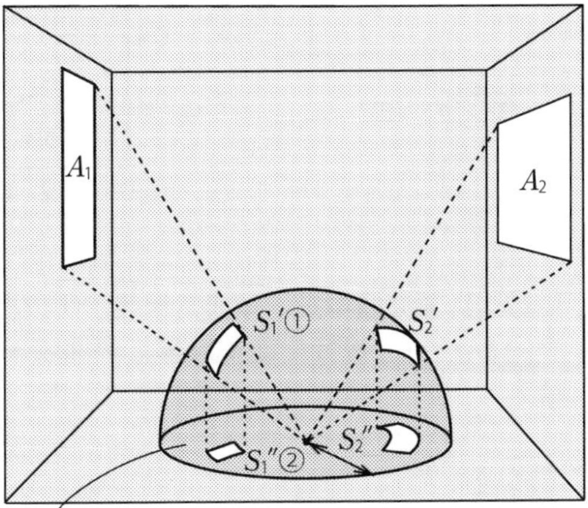

③ $$立體角投射率=\frac{S_1''+S_2''}{底圓的面積}=\frac{S_1''+S_2''}{\pi r^2}$$

$$\frac{建物有屏蔽時的照度}{沒有任何屏蔽時的照度}$$

就是直接晝光率。直覺來說，就是在魚眼鏡頭的照片中窗戶占整體的比例，這樣理解比較好懂。

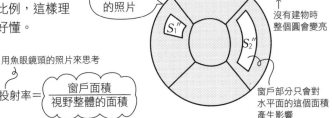

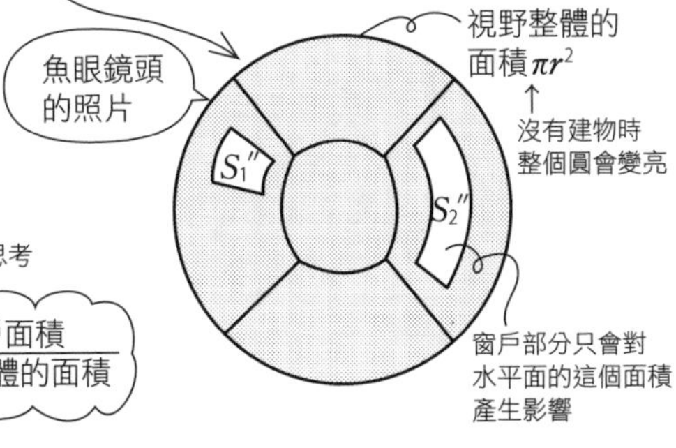

魚眼鏡頭的照片
視野整體的面積πr^2
沒有建物時整個圓會變亮
S_1''
S_2''
窗戶部分只會對水平面的這個面積產生影響

用魚眼鏡頭的照片來思考

$$立體角投射率=\frac{窗戶面積}{視野整體的面積}$$

• 正確來說，只有在天空的明亮程度（輝度）均一時，直接晝光率＝窗戶的立體角投射率。天空一部分明亮、一部分陰暗時，用照度計量出的直接晝光率和計算值會出現誤差。

答案 ▶ ○

Q 利用如右的立體角投射率的設計曲線圖，求出下圖窗戶在點P的直接晝光率。

立體角投射率的設計曲線圖

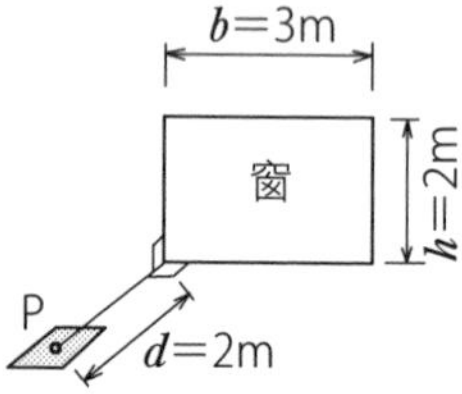

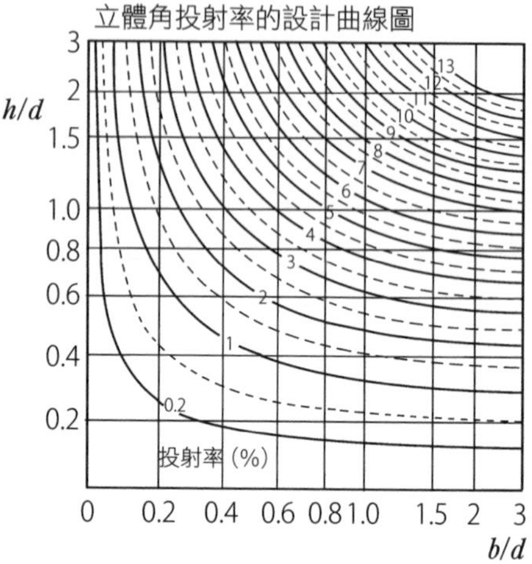

A 用數學計算立體角投射率非常複雜，所以提供設計曲線圖。計算圖表的b/d、h/d後找出離交點最近的曲線，得出立體角投射率的數值。

用 $\dfrac{b}{d}$、$\dfrac{h}{d}$
找圖中的數值喲

$$\begin{cases} \dfrac{h}{d} = \dfrac{2m}{2m} = 1 \\[2mm] \dfrac{b}{d} = \dfrac{3m}{2m} = 1.5 \end{cases}$$

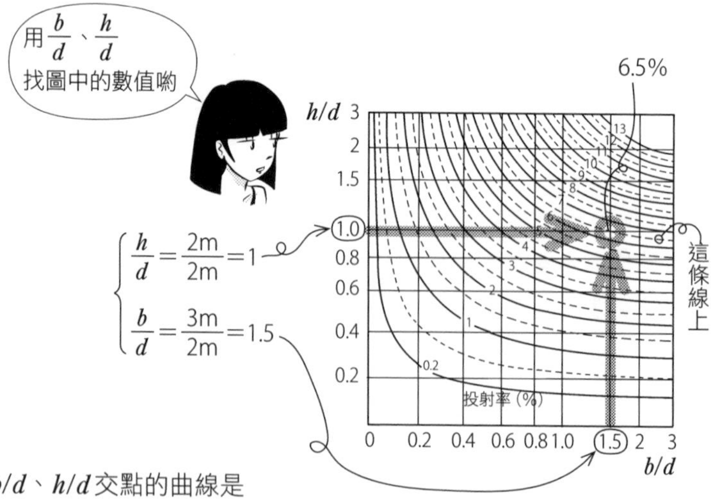

b/d、h/d交點的曲線是6.5，所以可得知立體角投射率，也就是直接晝光率是6.5%。

答案 ▶ 6.5%

Q 利用如右的立體角投射率的設計曲線圖，求出下圖窗戶在點P的直接晝光率。

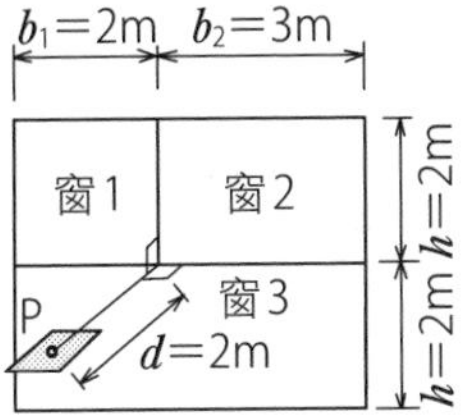

立體角投射率的設計曲線圖

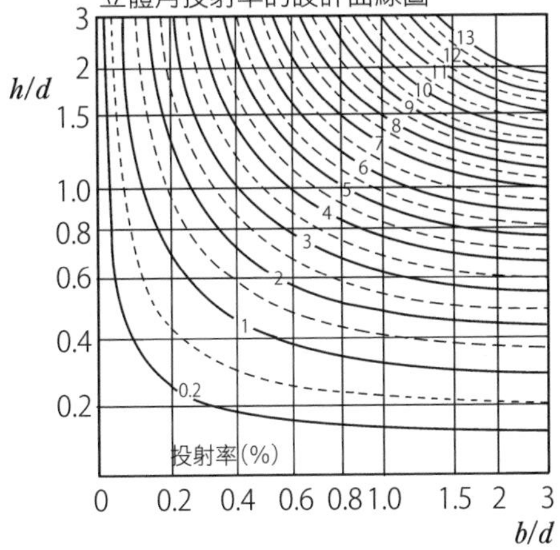

A
$$\begin{cases} \dfrac{b_1}{d}=\dfrac{2m}{2m}=1 \\[2mm] \dfrac{h}{d}=\dfrac{2m}{2m}=1 \end{cases}$$

從圖得知窗1的
直接晝光率U_1＝5.6%

$$\begin{cases} \dfrac{b_2}{d}=\dfrac{3m}{2m}=1.5 \\[2mm] \dfrac{h}{d}=\dfrac{2m}{2m}=1 \end{cases}$$

從圖得知窗2的
直接晝光率U_2＝6.5%

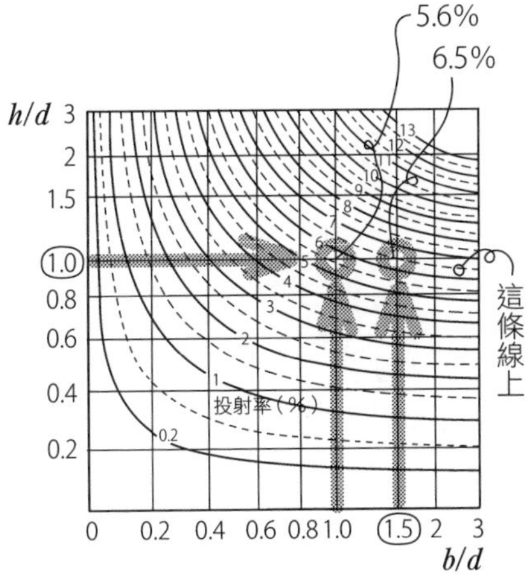

位在包含點P的水平面（例如桌子）
以下的窗3，並不會照到水平面，
所以窗3的直接晝光率U_3＝0%。

點P的直接晝光率＝U_1+U_2＝5.6%＋6.5%＝<u>12.1%</u>

6

光

答案 ▶ 12.1%

Q 利用如右的立體角投射率的設計曲線圖，求出下圖窗戶在點P的直接晝光率。

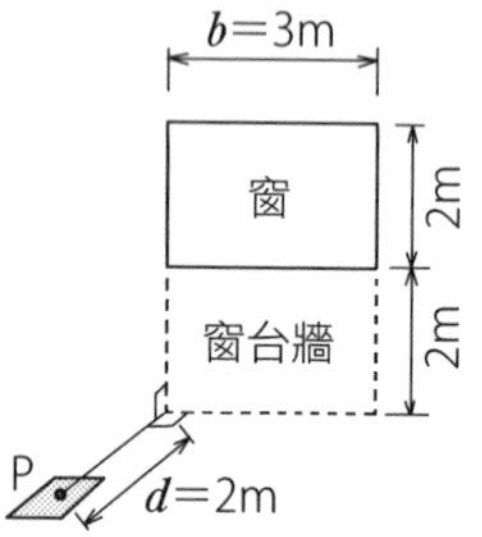

立體角投射率的設計曲線圖

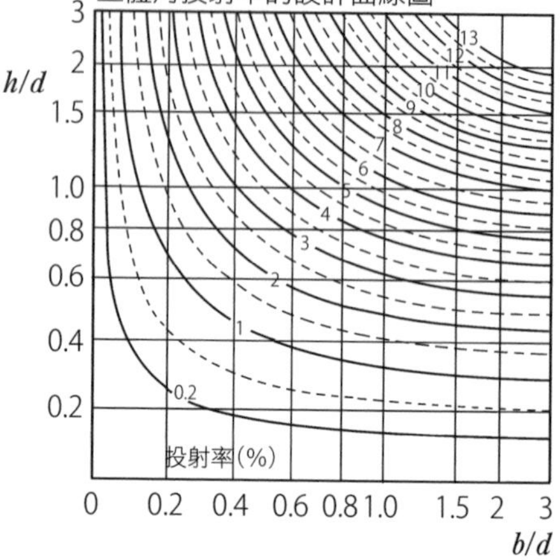

A

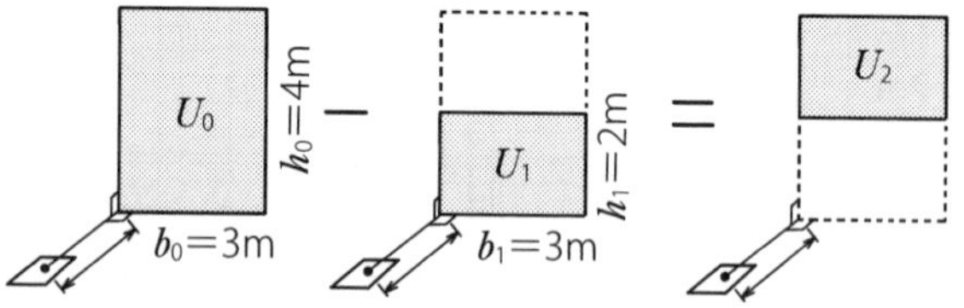

如上圖，從<u>窗＋窗台牆的立體角投射率 U_0 扣掉窗台牆的立體角投射率 U_1，求出窗戶的立體角投射率 U_2</u>。

$\begin{cases} b_0=3\text{m} \\ h_0=4\text{m} \end{cases} \rightarrow \begin{cases} b_0/d=3/2=1.5 \\ h_0/d=4/2=2 \end{cases}$

求出$U_0=11.5\%$

$\begin{cases} b_1=3\text{m} \\ h_1=2\text{m} \end{cases} \rightarrow \begin{cases} b_1/d=3/2=1.5 \\ h_1/d=2/2=1 \end{cases}$

求出$U_1=6.5\%$

$\therefore U_2=U_0-U_1=11.5-6.5=\underline{5\%}$

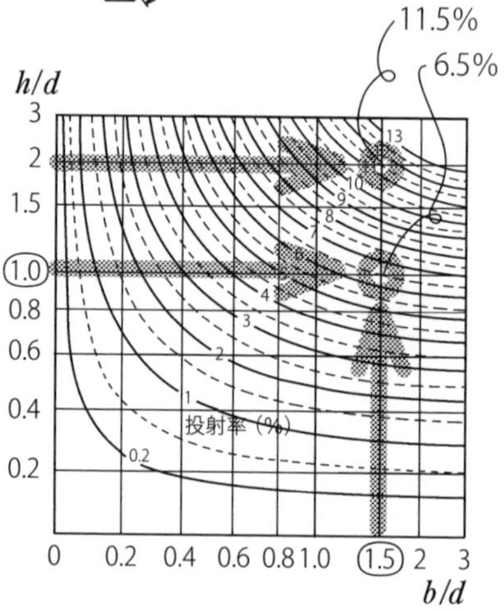

題目中窗戶的立體角投射率是5%，所以直接晝光率也是5%。

答案 ▶ **5%**

Q 利用如右的立體角投射率的設計曲線圖，求出下圖窗戶在點P的直接晝光率。

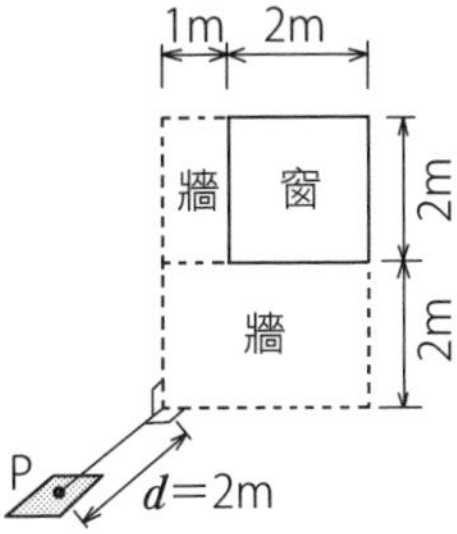

立體角投射率的設計曲線圖

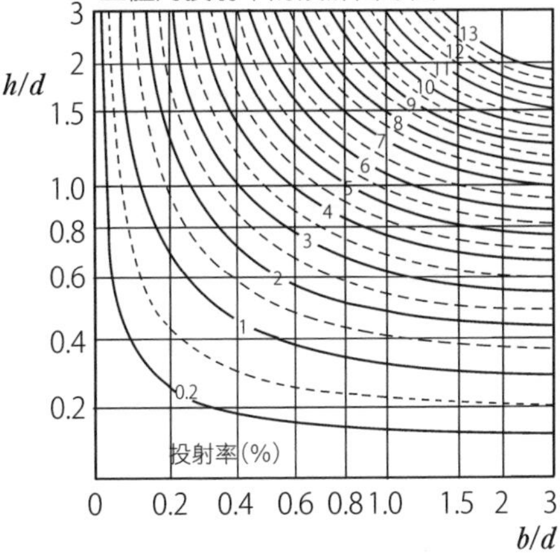

A ①首先同前頁，先扣掉窗台牆部分。

②接著扣除 b＝1m、h＝4m的部分。用設計曲線圖<u>計算長方形時，長方形的左下角或右下角需和點P延伸的垂足一致</u>。圖中的⊖部分是多扣的。

③加回多扣的部分，就能求出題目的窗戶立體角投射率，即直接晝光率。

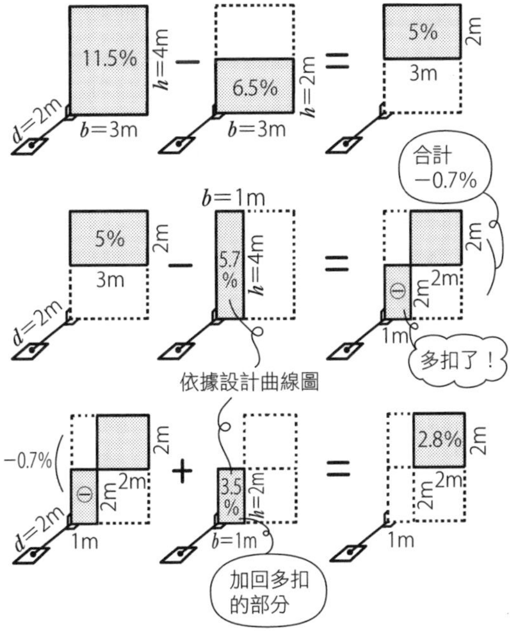

11.5%−6.5−5.7+3.5=2.8%

答案 ▶ 2.8%

這裡彙總用立體角投射率的設計曲線圖求出窗戶的立體角投射率（直接畫光率）的方法。

從右上（左上）的角

$U=U_1$

用 b/d、h/d 來判讀圖喲！

窗戶從測量點到垂足的立體角投射率

$U=U_1+U_2$

測量面以下的窗戶不影響水平面照度

$U=U_1-U_2$

窗戶到垂足的 U_1 扣掉窗台牆的 U_2

$U=U_1-U_2-U_3+U_4$

$U_1-U_2-U_3$ 會多扣加回⊖的 U_4

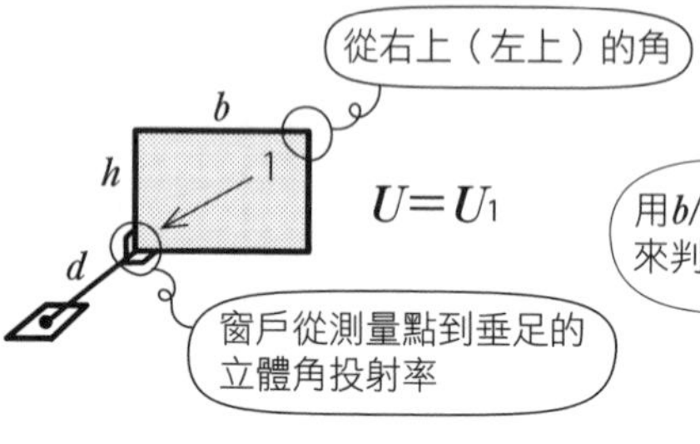

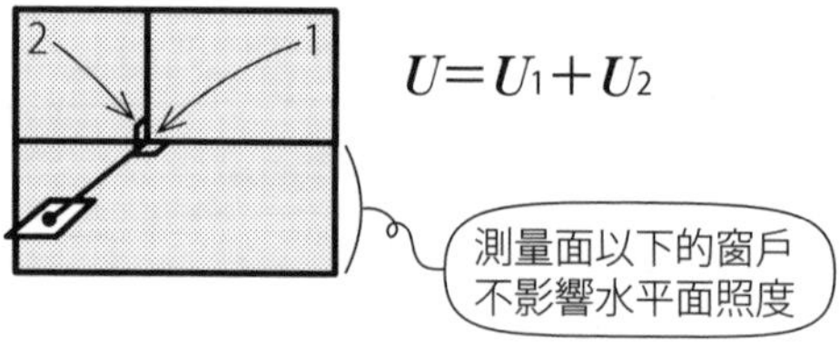

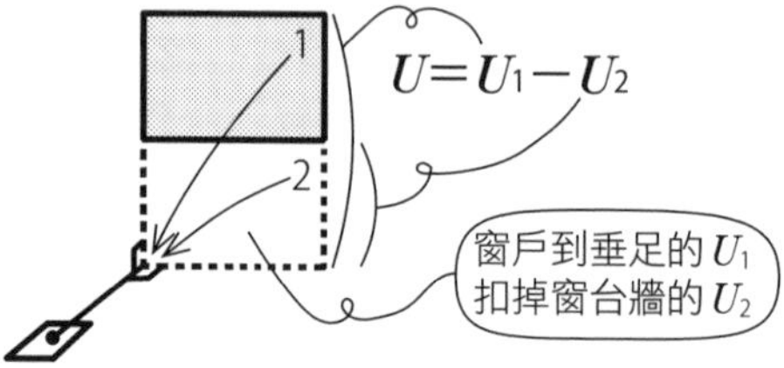

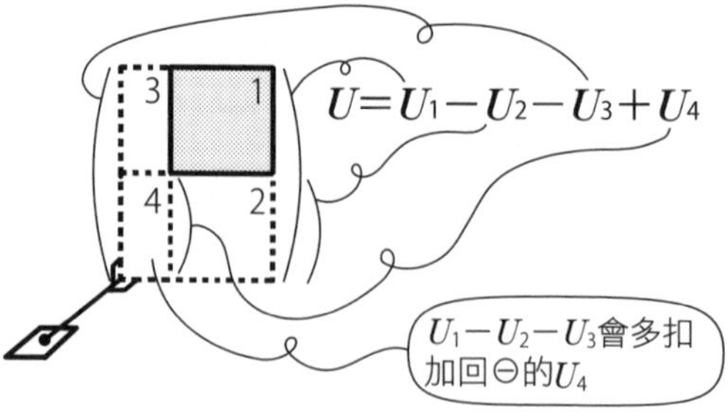

Q 如圖寬4m、高1m的窗戶，點Q的直接晝光率比點P大。

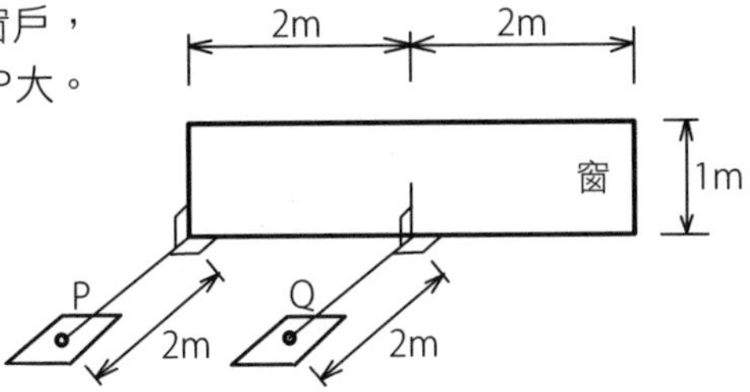

A 用R224的圖來計算，

點P $\begin{cases} \dfrac{b}{d}=\dfrac{4\text{m}}{2\text{m}}=2 \\ \dfrac{h}{d}=\dfrac{1\text{m}}{2\text{m}}=0.5 \end{cases}$

根據R224的圖，值為2.5%

點Q　右半邊的窗戶 $\begin{cases} \dfrac{b}{d}=\dfrac{2\text{m}}{2\text{m}}=1 \\ \dfrac{h}{d}=\dfrac{1\text{m}}{2\text{m}}=0.5 \end{cases}$

根據R224的圖，值為2%。整體為2倍，所以是4%

∴點Q較大（答案為○）。

即使不這樣計算，用往上看的平面圖來思考立體角投射的圖，就能憑直覺了解。越靠近窗戶中央，立體角投射率越大。

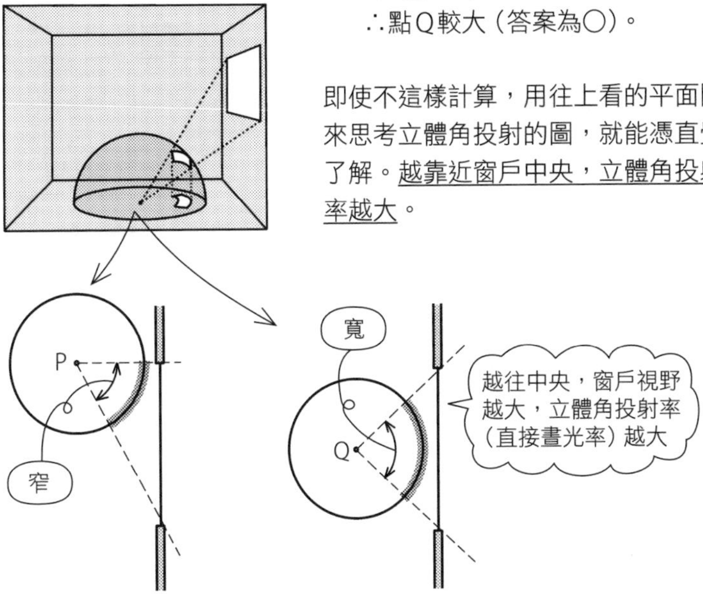

答案 ▶ ○

Q 除了窗戶的立體角投射率之外，窗戶玻璃的透射率、維護因數（maintenance factor）、窗戶的有效面積率也會影響直接晝光率的值。

A 直接晝光率＝窗戶的立體角投射率，只有在窗戶上沒有玻璃時才成立。實際上若有玻璃，光不可能100%透過，而且玻璃也會變髒變霧。有窗框時，有效的開口面積也不是100%（答案為○）。利用下式計算，來修正直接晝光率中的這些因素。

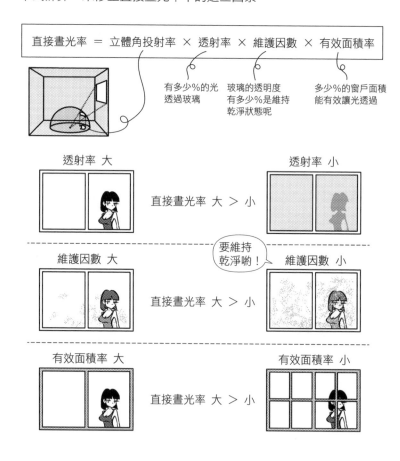

直接晝光率 ＝ 立體角投射率 × 透射率 × 維護因數 × 有效面積率

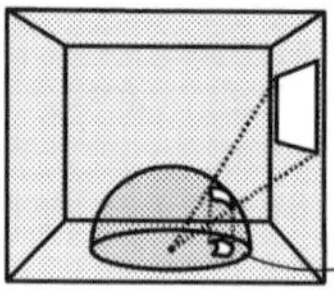

有多少%的光透過玻璃

玻璃的透明度有多少%是維持乾淨狀態呢

多少%的窗戶面積能有效讓光透過

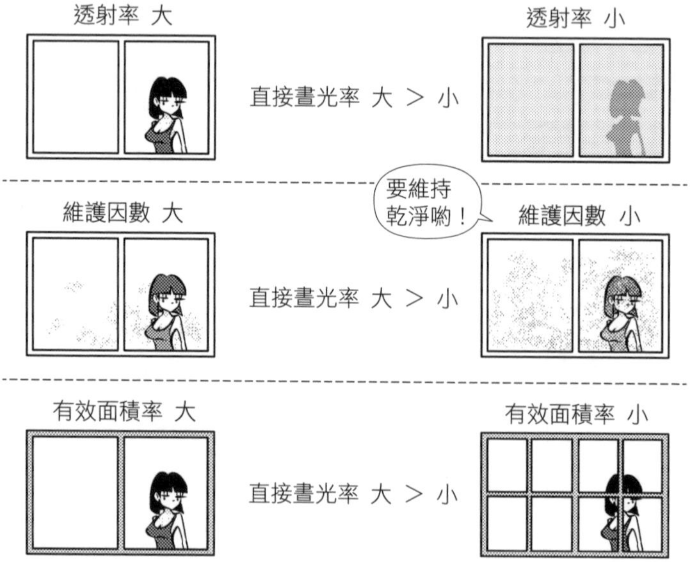
透射率 大
透射率 小
直接晝光率 大 ＞ 小
要維持乾淨喲！
維護因數 大
維護因數 小
直接晝光率 大 ＞ 小
有效面積率 大
有效面積率 小
直接晝光率 大 ＞ 小

答案 ▶ ○

Q 表示照度均一程度的均勻度（uniformity ratio of illuminance），是最低照度除以最高照度得出的值。

...

A 均勻度為最低照度÷最高照度的比，是用來表示明亮均一程度的指標（答案為○）。有時會將分母的最高照度設為平均照度。類似的指標還有輝度對比。照度是面接收光的單位，而輝度是所見被照面發出光的單位。

（輝度對比是發出的光）

$$均勻度 = \frac{最低照度}{最高照度}$$

地面、作業面等接收光的均一程度。
越接近1（100%）越均一。

最小和大的比喲！

$$250lx \qquad 50lx \qquad 250lx$$

$$均勻度 = \frac{50lx}{250lx} = 0.2 = 20\%$$

50lx

250lx 250lx

6

光

...

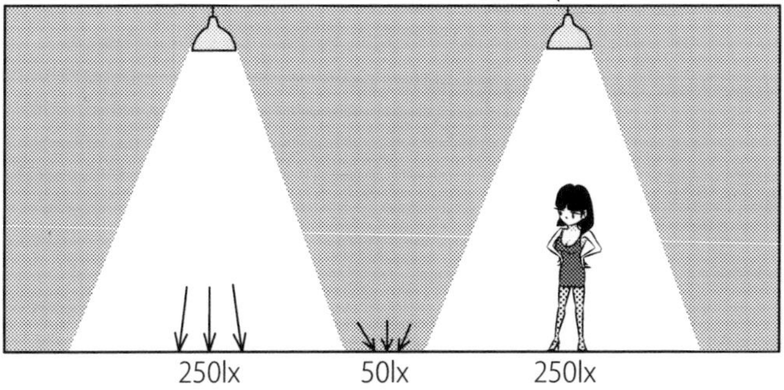

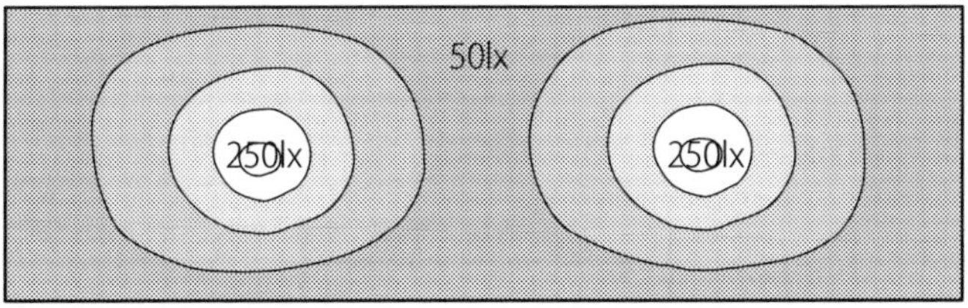

答案 ▶ ○

Q 桌面均勻度在使用人工照明時是1/3以上為佳，日光的單邊採光則是1/10以上為佳。

A 桌面作業時的照度盡可能均一，所以人工照明時1/3以上為佳，日光的單邊採光則是1/10以上較佳（答案為○）。如下圖，相較於單燈照明，多燈照明的桌面照度較均一，均勻度也較高。

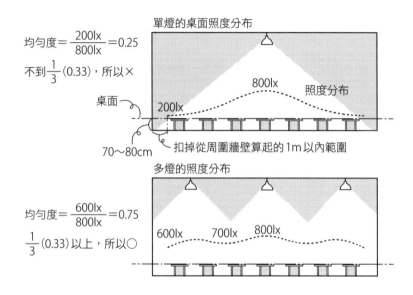

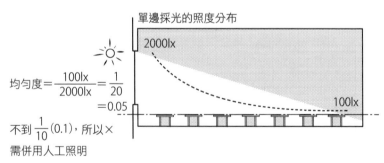

單燈的桌面照度分布

均勻度$=\frac{200\text{lx}}{800\text{lx}}=0.25$

不到$\frac{1}{3}$(0.33)，所以×

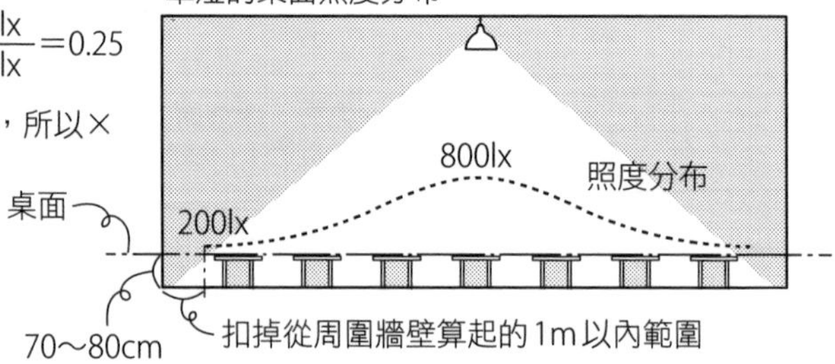

多燈的照度分布

均勻度$=\frac{600\text{lx}}{800\text{lx}}=0.75$

$\frac{1}{3}$(0.33)以上，所以○

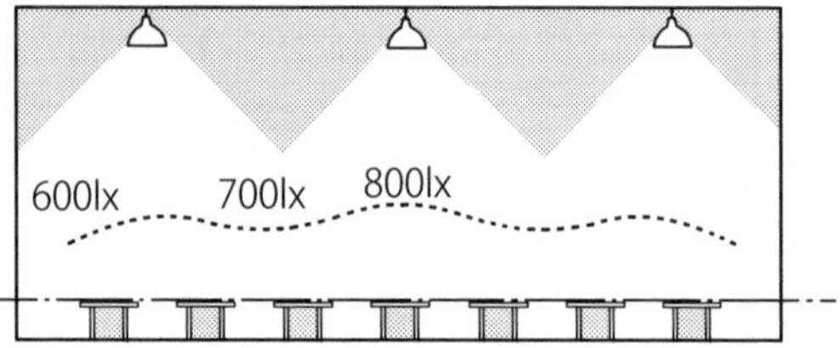

單邊採光的照度分布

均勻度$=\frac{100\text{lx}}{2000\text{lx}}=\frac{1}{20}=0.05$

不到$\frac{1}{10}$(0.1)，所以×

需併用人工照明

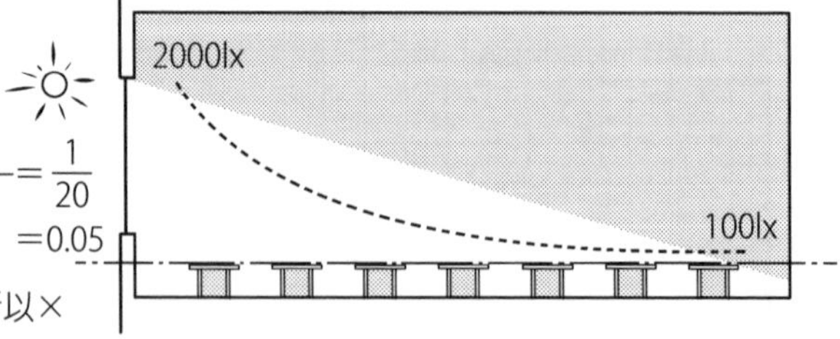

答案 ▶ ○

Q 在牆壁的中央附近裝設同面積的側窗時，相較於橫向長窗，縱向長窗產生的地面照度的均勻度較大。

A 地板是水平面，若採用縱向長窗，均勻度會降低（答案為×）。下圖是採用縱向長窗和橫向長窗的室內明亮程度示意圖。

均勻度$=\dfrac{40\text{lx}}{800\text{lx}}=\dfrac{1}{20}=0.05$

均勻度低→照度越分散

→根據在房間裡哪個位置，明亮程度大不同

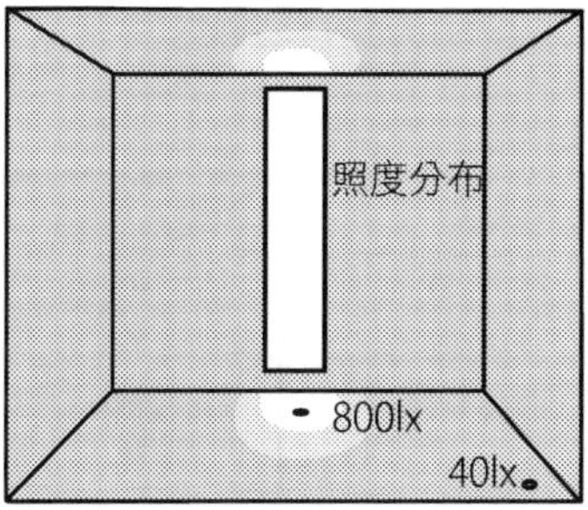

均勻度$=\dfrac{60\text{lx}}{600\text{lx}}=\dfrac{1}{10}=0.1$

均勻度高→照度越集中

→不管在房間裡哪個位置，明亮程度變化不大

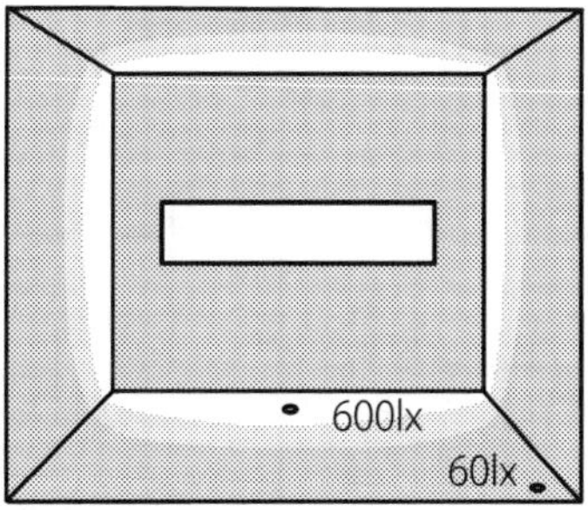

- 柯比意（1887~1965）在「新建築五點」（Cinq points de l'architecture moderne, 1926）中，提倡橫向連續長窗（水平長條窗）。他主張比起縱向長窗，橫向長窗更能讓房間整體明亮，並以均勻度證明。以紅磚堆砌而成的石造建築（masonry），因為牆壁要支撐重量，窗戶得做成縱長向。而柯比意倡議的橫向長窗是用在鋼筋混凝土或鋼骨構架的結構體中，全世界通行。房間裡光均一分布，卻也因光沒有層次，形成空間各處都相同而顯得無趣的缺點。

答案 ▶ ×

Q 採用正方形側窗且總面積相同時，相較於單一窗戶，分割成數個水平分布的窗戶，地面照度的均勻度較大。

A <u>側窗</u>是指開口在鉛直牆面上的一般窗戶。開在天花板的窗戶是<u>天窗</u>（top light），而天花板附近的鉛直牆面上的側窗稱為<u>頂側窗</u>（top side light，或high side light）。如下圖，相較於單一開窗，分割分散好幾個窗戶的亮度會接近均一，提高均勻度（答案為○）。

相同面積時，將窗戶分割、分散

$$均勻度 = \frac{40lx}{800lx} = \frac{1}{20} = 0.05$$

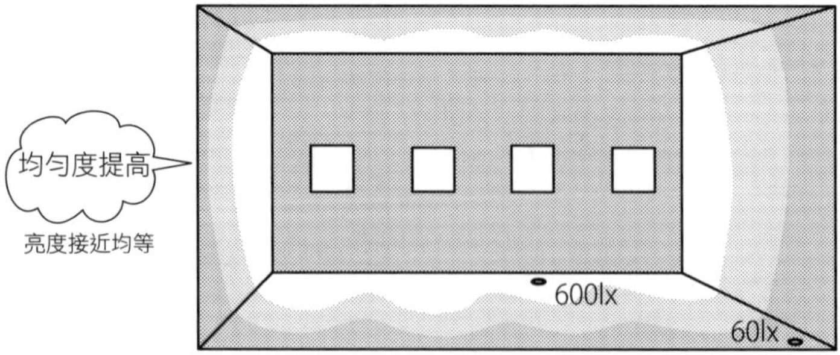

$$均勻度 = \frac{60lx}{600lx} = \frac{1}{10} = 0.1$$

答案 ▶ ○

Q 比較同樣用一個正方形側窗採光的同面積房間，相較於細長型房間，接近正方形的房間地面照度的均匀度較高。

A 在細長型房間裡，不管窗戶開口在哪裡，都會形成如下圖的暗處。因為光照不到房間的角落，所以角落的地面照度較低。和窗戶下面的最大照度相比，最低照度很低，均匀度也變低。反之，正方形房間的均匀度較高（答案為○）。

$$均匀度=\frac{80lx}{800lx}=\frac{1}{10}=0.1$$

$$均匀度=\frac{40lx}{800lx}=\frac{1}{20}=0.05$$

$$均匀度=\frac{40lx}{800lx}=\frac{1}{20}=0.05$$

$$均匀度=\frac{50lx}{800lx}=0.0625$$

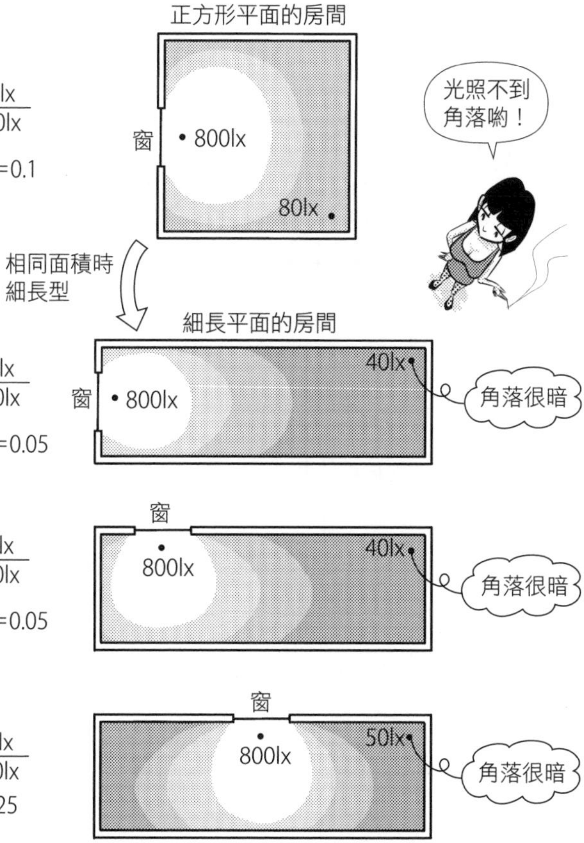

答案 ▶ ○

Q 導光板（light shelf）是提高室內照度的均勻度的同時，擋住直射日光卻又不影響視野的窗戶系統。

A 導光板（亦稱光棚）是用棚板將太陽光反射到天花板，天花板再次反射把光傳遞到房間角落。這樣室內的光更加均一，提高均勻度。導光板和屋簷相同，可以防止直射日光，下雨天也可開窗，但無法像百葉窗一樣屏蔽視野（答案為○）。

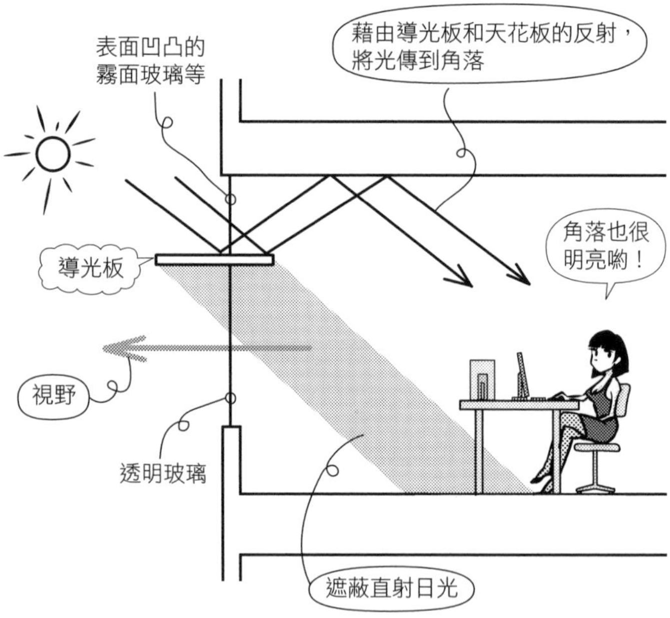
表面凹凸的
霧面玻璃等
藉由導光板和天花板的反射，
將光傳到角落
角落也很
明亮喲！
導光板
視野
透明玻璃
遮蔽直射日光

• 加上導光板，可強化外觀的水平性。因為符合水平性強的近代建築設計，所以導光板常作為強調水平性的要素。縱橫設置的導光板，也可稱為柯比意的遮陽板。

答案 ▶ ○

Q 設在高處垂直或接近垂直的窗戶，稱為頂側窗。特別是設在北側時，能讓光環境的採光穩定。

A 頂側窗一般稱為top side light或high side light，是裝在靠近天花板附近牆上的窗戶。南側側窗會因為太陽的位置或天氣狀況，顯著影響採光。北側頂側窗因為只接收穩定的天空漫射光，所以光環境穩定（答案為○）。畫家的畫室等空間常用北側頂側窗。

答案 ▶ ○

Q 在辦公桌的作業對象（工作面）周圍的輝度，與作業對象本身的輝度相比，有作業對象輝度的1/3以上較佳。

A 輝度是所見的面光源上有多少光發出的指標，照度是光照射面接收多少光的指標。對應照度時需考慮反射率。如果是螢幕等會自己發光的面，只能測量輝度。作業對象和周圍的輝度比，設定為1/3以上（答案為○）。若為1/5等其他比例，周圍過暗會使眼睛容易疲勞。

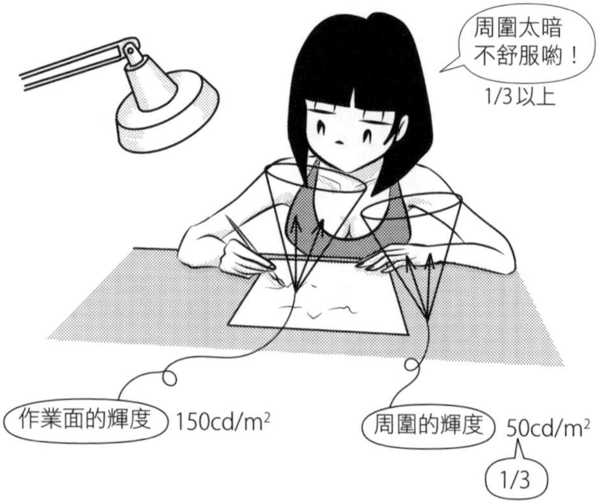

答案 ▶ ○

Q 為了改善打光，使用無方向性的擴散光。

A 為了創造出立體感而調整照明，稱為打光（modeling）。拍攝人或物時，使用均一光源的同時，照射有方向性的強光，會產生陰影創造出立體感。擴散光能使整體明亮，但為了創造立體感，需要有方向性的光（答案為×）。

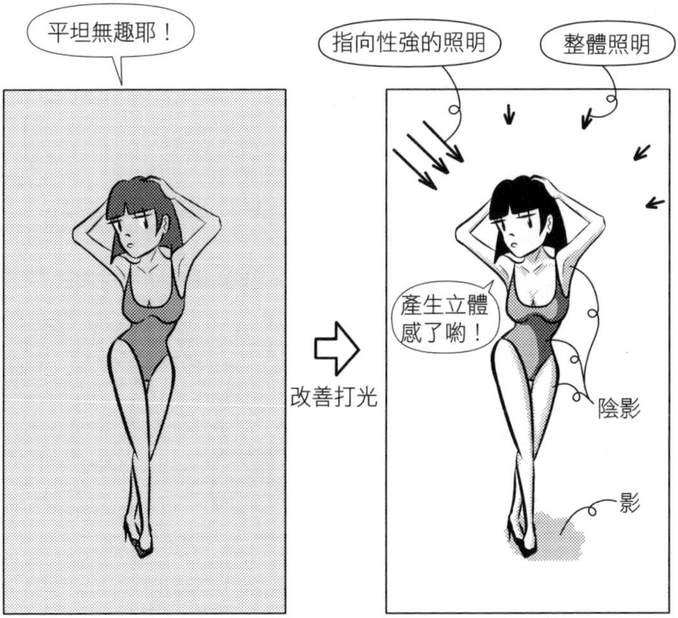

modeling：繪畫等利用陰影製造出立體感的表現法

答案 ▶ ×

Q 光的3原色是紅、黃、藍。

A 紅（R）、綠（G）、藍（B）是光的3原色（答案為×）。將各種光重疊加成後可形成其他顏色。電腦螢幕是將RGB的訊號轉換成光，同時打出各色光重疊加成後，製造出其他顏色。藉由改變各色的強度，就能產生各種顏色，稱為加法混色。無法混合製造出來的顏色是RGB的原色，為光的3原色，也稱為加法混色3原色。分別加入100%的RGB混合後，形成明亮的W（白）。

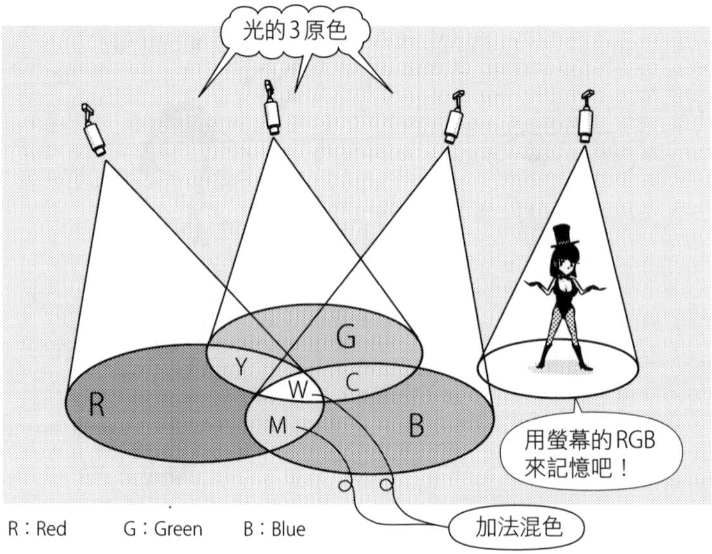

R：Red G：Green B：Blue
Y：Yellow C：Cyan 青 M：Magenta 洋紅 W：White

加上光（加法）形成明亮的顏色。分別加入100%的RGB的3原色就形成白色。

答案 ▶ ×

Q **1**. 減法混色是將吸收顏色的媒介重疊混合成其他顏色，重疊混合越多越接近黑色。

2. 減法混色的3原色是青、洋紅、黃。

A 顏料或墨水等媒介會吸收特定顏色，放出其他顏色。將這些媒介混合後會放出不同的顏色，但因為吸收更多光而形成更暗的顏色。混合100%的C（青）、M（洋紅）、Y（黃）會形成黑色，稱為減法混色3原色，或是色彩3原色（**1**、**2**是○）。

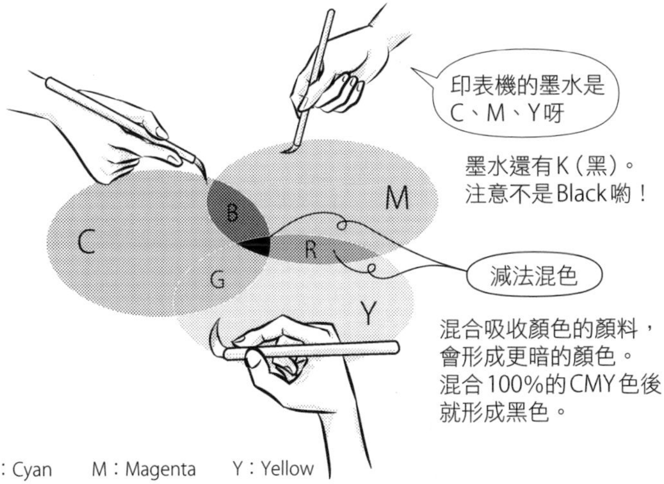
印表機的墨水是C、M、Y呀
墨水還有K（黑）。注意不是Black喲！
M
B
C
R
G
減法混色
Y
混合吸收顏色的顏料，會形成更暗的顏色。混合100%的CMY色後就形成黑色。

C：Cyan　M：Magenta　Y：Yellow

R：Red　G：Green　B：Blue

加法3原色……R（紅）、G（綠）、B（藍）←——螢幕的光源
（光的3原色）

減法3原色……C（青）、M（洋紅）、Y（黃）←——印表機的墨水
（色彩3原色）

答案 ▶ 1. ○　2. ○

Q **1**. 色彩3要素是色相、明度、彩度。

2. 曼賽爾表色系是用色相、明度、彩度3種要素來表示顏色的體系。

A <u>色彩3要素</u>分別是，表示紅、藍、綠等顏色種類的<u>色相</u>（Hue），表示顏色明亮程度的<u>明度</u>（Value），以及表示顏色強度、鮮豔程度的<u>彩度</u>（Chroma）（**1**是○）。用色彩的3要素將顏色配列並標上記號的表色系，包括<u>曼賽爾表色系</u>（Munsell color system）、<u>奧斯華德表色系</u>（Ostwald color system）、<u>*XYZ*表色系</u>等（**2**是○）。曼賽爾表色系最常使用。

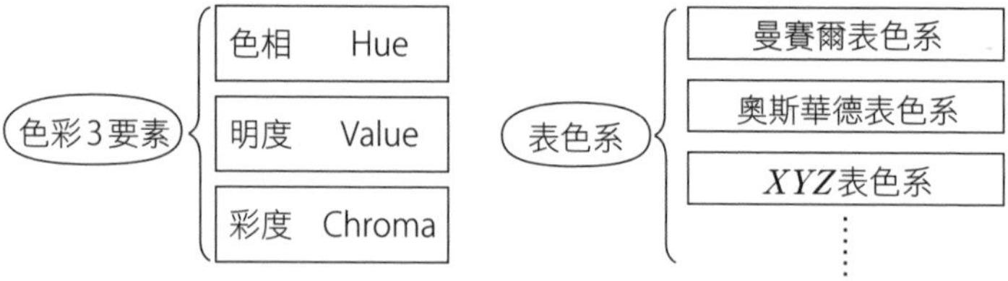

答案 ▶ 1. ○ 2. ○

Q 因混色而產生無彩色的兩個顏色，互為補色的關係。

A 將彩虹的光譜紅→橙→黃→綠→藍→靛→紫的7色並排成圓環狀，更細分化後，即為<u>色相環</u>。色相環的對角，也就是直徑兩端的顏色，為<u>補色</u>關係，混合兩色會形成灰、白或黑等無彩色（答案為○）。

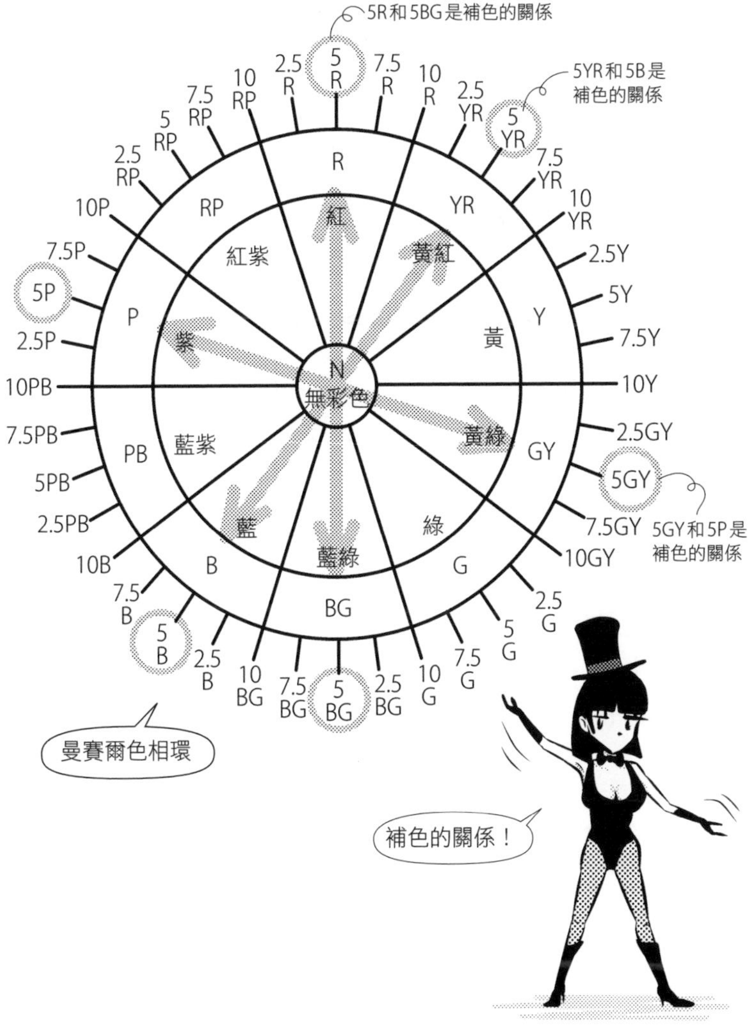

答案 ▶ ○

Q 曼賽爾記號5R/4/14，5R表示的是色相，4是彩度，14是明度。

A 曼賽爾記號的順序是色相、明度、彩度（答案為×）。美國色彩學家曼賽爾（A. H. Munsell）制定表示色彩的體系，JIS（日本工業規格）採用經美國光學學會（Optical Society of America）改良修正的曼賽爾表色系。紅（R）、黃（Y）、綠（G）、藍（B）、紫（P），以及各自的中間色YR、GY、BG、PB、RP共10色排列成圓環狀，形成曼賽爾色相環（參見前頁）。

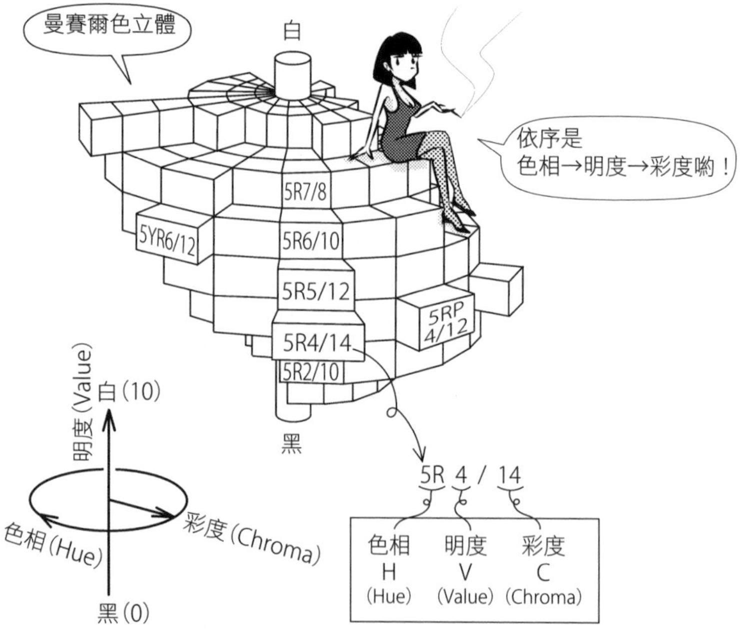

答案 ▶ ×

Q 曼賽爾記號的明度用明暗的階層來表示，全黑為10，全白為0，中間分成11階層。

A 在曼賽爾表色系中，明度是<u>白色的10最大，黑色的0最小</u>（答案為×）。曼賽爾色立體中，越往上越明亮，明度的設定越高。

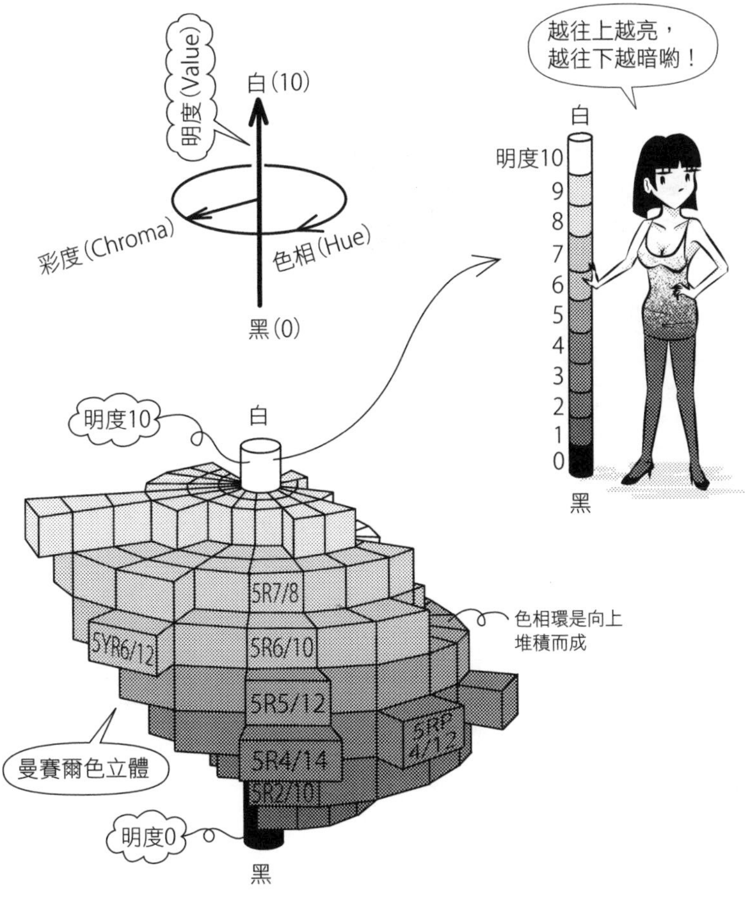

答案 ▶ ×

Q **1**. 明度和對光的反射率無關。
2. 曼賽爾明度5的顏色的反射率大約20%。

A 設定反射率0%的全黑是明度0，反射率100%的全白是明度10，根據反射率將明度分成11階層（**1**是×）。

反射率 ρ（rho）和明度的關係公式是，$\rho \fallingdotseq V(V-1)$（%）。
$V=5$時，$\rho \fallingdotseq 5(5-1)$（%）$=20\%$（**2**是○）。
這個公式是反射率和明度的簡易關係式，所以有時無法對應。

曼賽爾明度V	0	1	2	3	4	5	6	7	8	9	10
反射率ρ(%)	0	1.18	3.05	6.39	11.7	19.3	29.3	42.0	57.6	76.7	100

$\rho \fallingdotseq V(V-1)$

$V=5$時，
$\rho \fallingdotseq 5(5-1)=20\%$

答案 ▶ **1**. ×　**2**. ○

Q 曼賽爾記號的彩度是表示顏色的鮮豔程度，越鮮豔則數值越大。

A 在曼賽爾表色系中，顏色越鮮豔、強度越大，彩度的數值越大。無彩色為0，所以彩度越強則數值越大（答案為○），但是最大值會隨色相而異。5R的彩度最大14，5YR的彩度則是最大12。因為最大值隨色相而異，所以曼賽爾色立體並非圓柱狀，而是凹凸不平的形狀。各個色相中彩度最大的顏色，稱為純色。

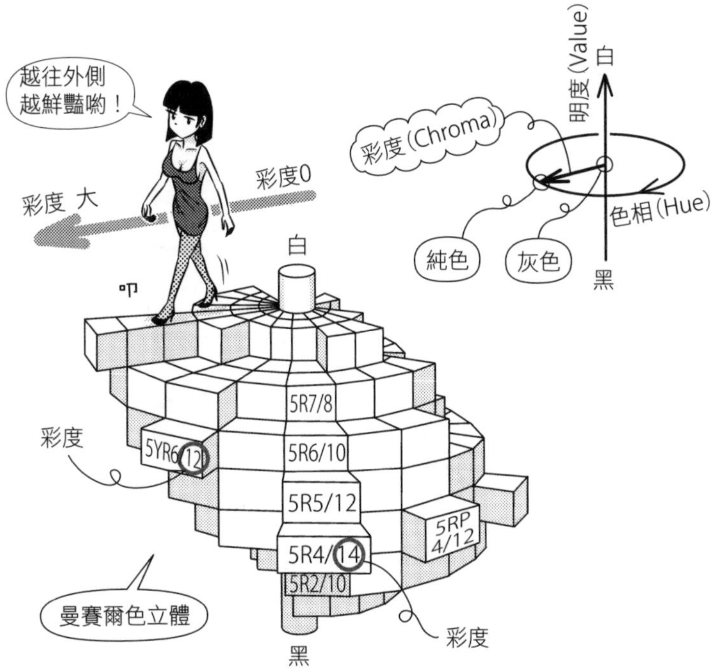

答案 ▶ ○

Q **1**. 純色是同一色相中彩度最高的顏色。

2. 純色的彩度在所有色相中都相同。

3. 無彩色是色彩3要素中只有明度的顏色。

A 純色是同一色相中彩度最高的顏色，但不同色相的純色彩度不同（**1**是○，**2**是×）。因此曼賽爾色立體無法呈現完美的圓筒形，而是凹凸起伏的形狀。色立體最外圍排列著純色。無彩色是白、黑、灰等只有明度的顏色（**3**是○），位在色立體的中央，記號為N。

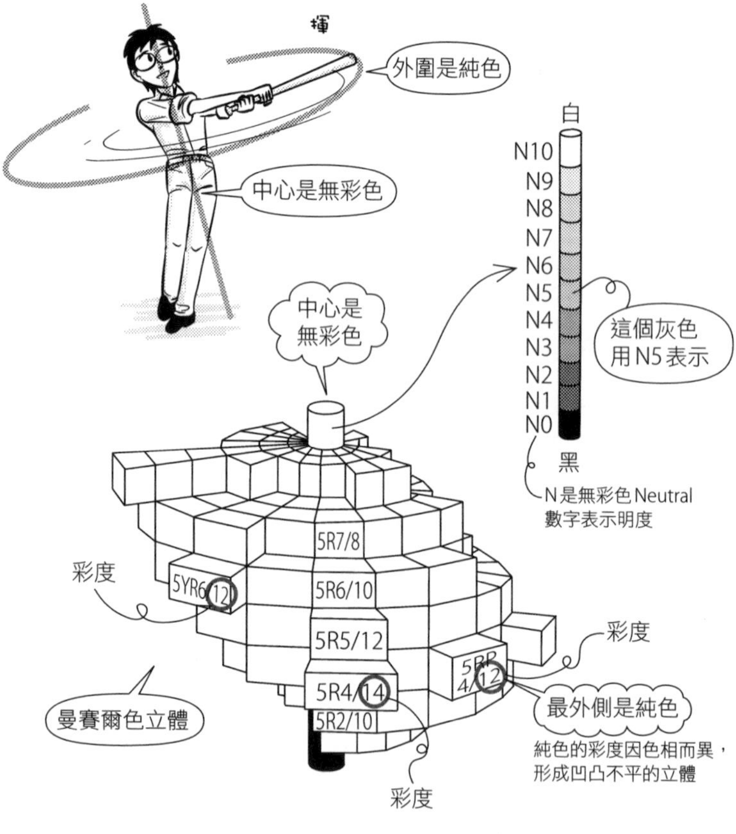

答案 ▶ **1**. ○　**2**. ×　**3**. ○

Q 奧斯華德表色系不是用明度、彩度來制訂，而是用白色量、黑色量和純色的混合比來定出所有顏色。

A 奧斯華德表色系是德國化學家奧斯華德（F. W. Ostwald）設計來表示色彩的體系。藉由24色相的純色、反射率100%的白和反射率0%的黑的混合比例，來表示色彩的系統（答案為○）。

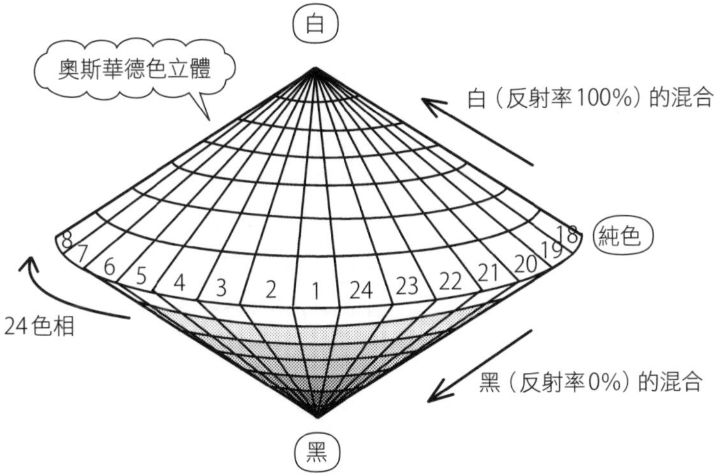

答案 ▶ ○

Q 奧斯華德表色系記號17ig，17是色相，i是白色的混合比例，g是黑色的混合比例。

A 白色、黑色的混合比例如下所示，用a～p（除了j）記號來設定。黑、白都用a～p的英文字母，但兩者都是從較明亮的一端（較白、較不黑）的順序填入a到p。

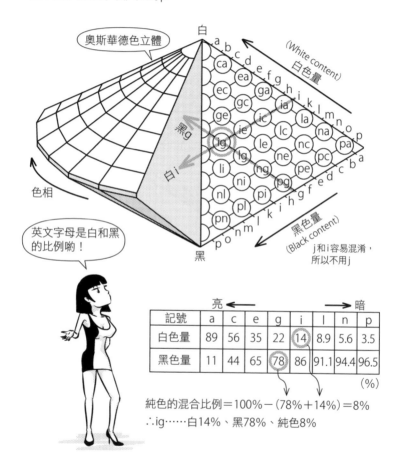

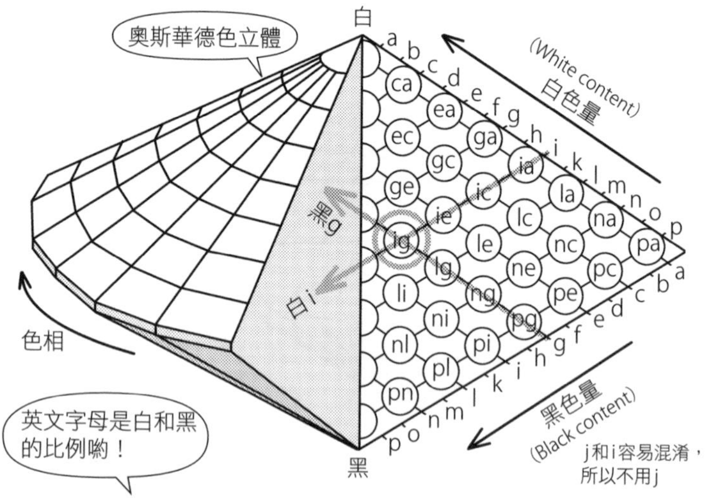

亮 ⟵ ⟶ 暗

記號	a	c	e	g	i	l	n	p
白色量	89	56	35	22	14	8.9	5.6	3.5
黑色量	11	44	65	78	86	91.1	94.4	96.5

(%)

純色的混合比例＝100%－(78%＋14%)＝8%

∴ig……白14%、黑78%、純色8%

答案 ▶ ○

Q *XYZ*表色系是用大略對應RGB的三刺激值*XYZ*混色量來表示色彩的體系。

A <u>*XYZ*表色系</u>是定量表示色彩的體系。用RGB光的3原色加法混色時，會產生無法形成藍紫～黃綠的問題。因此為了能用混色表示所有的顏色，用RGB做出大略對應的原色[*X*]、[*Y*]、[*Z*]，以*XYZ*的混色量來表示色彩（答案為○）。*X*、*Y*、*Z*稱為<u>三刺激值</u>。[*X*]、[*Y*]、[*Z*]非真實存在的顏色，而是為了將所有顏色用混色來數據化所做出的虛構顏色（虛色）。雖然*XYZ*表色系很難用感覺表示，但能正確地數據化，所以作為國際標準通行世界。

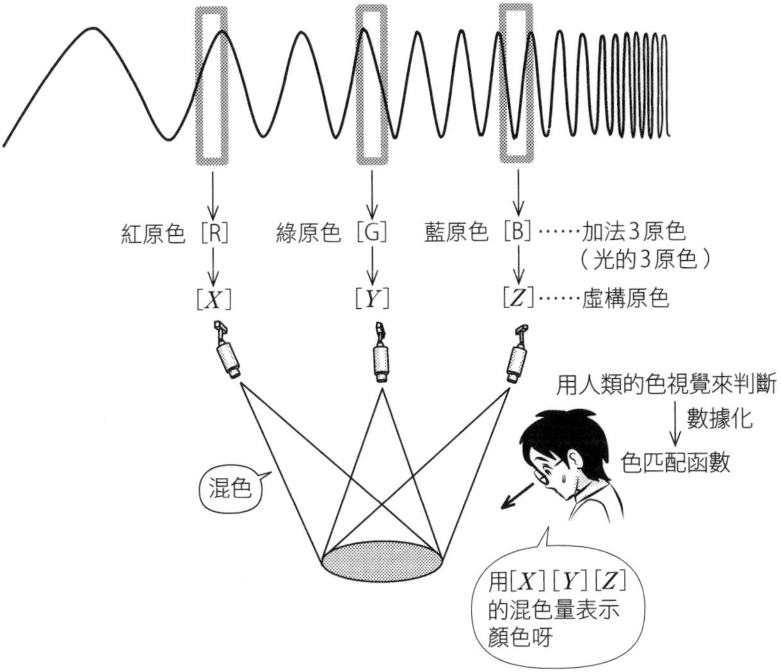
紅原色［R］
綠原色［G］
藍原色［B］……加法3原色（光的3原色）
［X］
［Y］
［Z］……虛構原色
用人類的色視覺來判斷
數據化
色匹配函數
混色
用[X][Y][Z]的混色量表示顏色呀

答案 ▶ ○

Q XYZ表色系中，刺激值X的比例設為x，刺激值Y的比例設為y時，以xy和色彩的對應做成的圖是xy色度圖。

A 如果直接用RGB的混色來表示顏色，有時數值會出現負數。修正這種情況的方法就是用XYZ混色表示顏色的XYZ表色系。修正RGB各原色的混合比例r、g、b，使用XYZ的混合比值x、y、z作為指定顏色的數值。因為是比例關係，$x+y+z=1$，確定x、y就能決定z了。也就是說，用x、y就能決定顏色。以x、y和顏色的對應做成的圖是xy色度圖（答案為○）。

$$\begin{cases} \text{R的比例}\,r = \dfrac{R}{R+G+B} \xrightarrow{\text{修正}} X\text{的比例}\,x = \dfrac{X}{X+Y+Z} \\ \text{G的比例}\,g = \dfrac{G}{R+G+B} \xrightarrow{\text{修正}} Y\text{的比例}\,y = \dfrac{Y}{X+Y+Z} \end{cases}$$

$$\left(Z\text{的比例}\,z = 1-(x+y)\right)$$

決定x、y就可得z，所以圖上只標出x、y

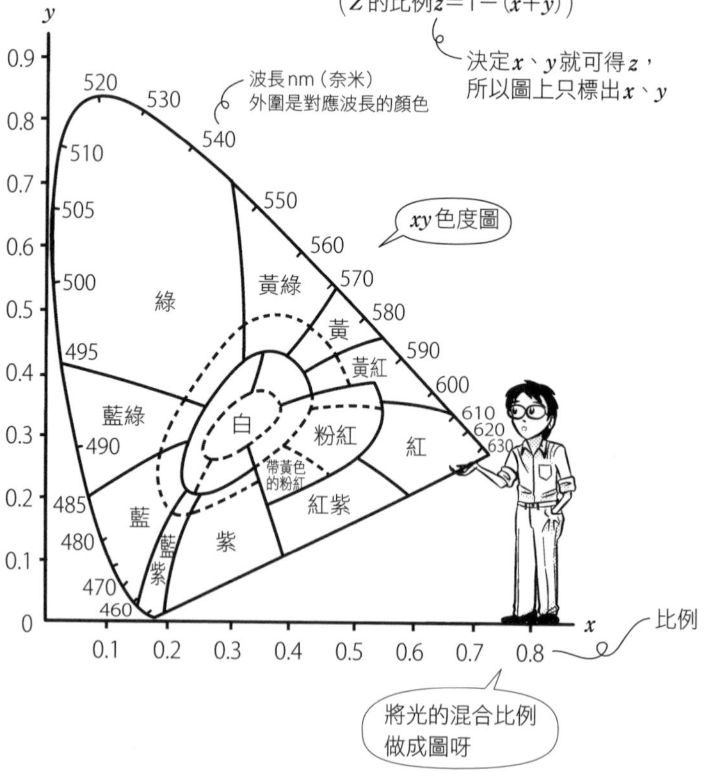

答案 ▶ ○

Q *XYZ*表色系的*xy*色度圖上，*x*值越大則顏色越紅，*y*值越大則顏色越綠。

..

A *XYZ*是源自RGB的虛構顏色。假設幾乎和RGB相同，則混合比例的*x*越大，R（紅）越強，*y*越大則是G（綠）越強。*z*越大（*x*、*y*小）時，B（藍）越強（答案為○）。

加法3原色 ……… R　　　G　　　B
　　　　　　　　　↓　　　↓　　　↓
虛構原色 ………… X　　　Y　　　Z
　　　　　　　　　↓　　　↓　　　↓
混合比 …………… x　　　y　　　z

*x*越大，R越多所以越紅

*y*越大，G越多所以越綠

x、*y*越小，*z*越大，B越多所以越藍

$x + y + z = 1$
$\therefore z = 1 - (x + y)$

| x | : | y | : | z |

(X) R　　(Y) G　　(Z) B

混色

*xy*色度圖

(Y) G的混合比

G(Y)多

藍綠

白

帶黃色的粉紅

藍

藍紫

紫

黃綠

綠

黃

黃紅

粉紅

紅

紅紫

R(X)多

R G B

R、G少時 B(Z)多

(X) R的混合比

7

色彩

..

答案 ▶ ○

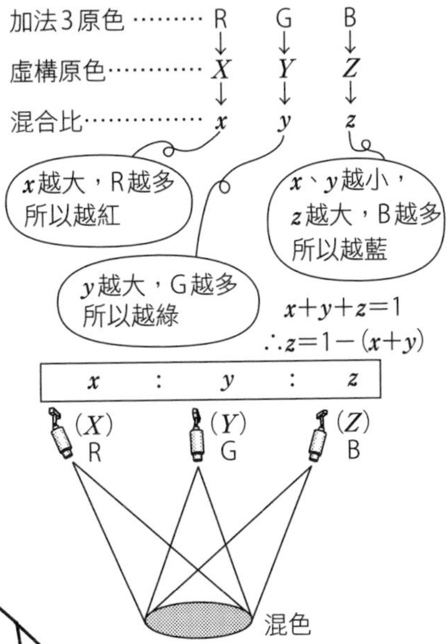

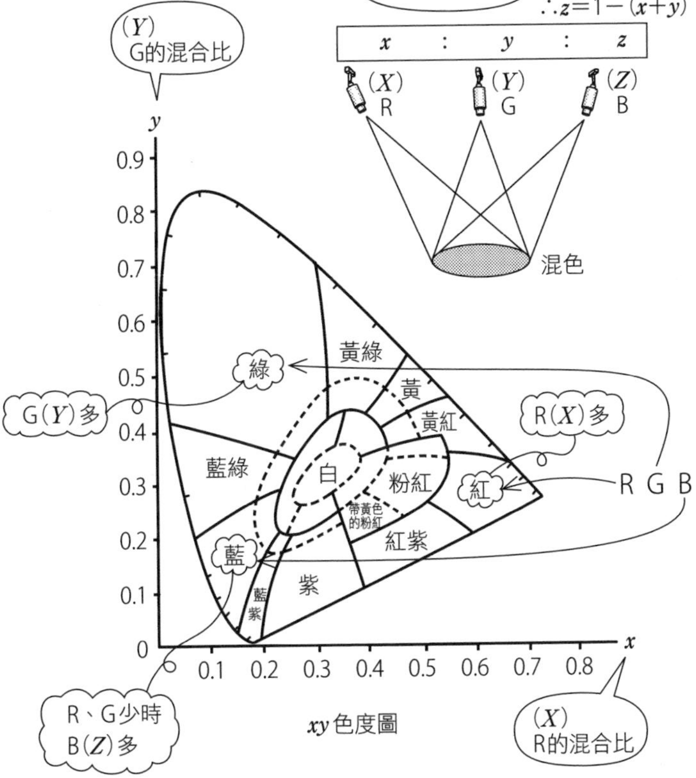

Q 紅和藍綠這樣的補色並排時，彼此的彩度看起來會變低。

A 當補色並排時，會使彼此的彩度看起來變高（答案為×）。這個現象稱為補色對比。背景放上其他顏色時，如下所示，物體會和背景色完全相反而被強調出來，稱為對比。反之在大面積的包圍下，或是圖樣很細微時，顏色會看起來很接近，稱為同化。

- 補色對比 …將補色並排，彼此的彩度看起來變高。
- 色相對比 …色相看起來接近背景色的相反（補色）。
- 明度對比 …背景色明度越低則看起來物體明度越高，反之越低。
- 彩度對比 …背景色越鮮豔則看起來物體顏色越暗沉，反之越鮮豔。

答案 ▶ ×

Q 即使顏色相同，面積越大者，明度和彩度看起來越高。

A 面積越大，明度、彩度看起來越高（答案為○）。色彩的面積效果，也稱為面積對比。若用一塊磁磚樣本來決定顏色，貼出大面積後，明度和彩度看起來都會比想像中高。所以要決定磁磚或油漆的顏色時，最好做出越大的樣本越好。

用小樣本做決定
很危險喲！
色彩的面積效果
（面積對比）
明度、彩度看起來變高了

答案 ▶ ○

Q 1. 顏色的膨脹收縮感，在明度、彩度越高時看起來越膨脹。
2. 顏色的輕重感，在明度越高時感覺越輕。

A 明度、彩度高，看起來較膨脹（**1**是○）。

明度較高者，看起來較輕（**2**是○）。

答案 ▶ 1. ○　2. ○

Q 演色性是照明光對所見顏色的影響。

A 有時會有在店家看顏色喜歡而購入衣服，在太陽底下看顏色卻變得不同的經驗。橘色低壓鈉燈這類有亮度卻不太顯色的光源，演色性很低。表示演色性的數值有平均演色評價指數（Ra）等。Ra最大為100，美術館是90以上，住宅、餐廳等則是80以上。光源方面，白熾燈泡和高演色性白色LED的演色性通常較高（答案為〇）。

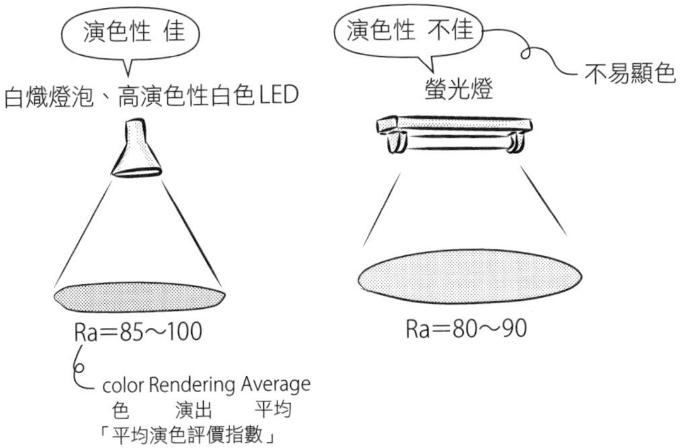
演色性 佳
白熾燈泡、高演色性白色LED
演色性 不佳
螢光燈
不易顯色
Ra=85～100
Ra=80～90
color Rendering Average
色 演出 平均
「平均演色評價指數」

答案 ▶ 〇

Q 色溫度是表示和光源發出相同顏色之黑體的絕對溫度。

A 長時間待在帶黃色光源的屋內，人眼會自動修正看成白色光（色彩適應：chromatic adaptation）。測量光源的顏色（光色）時不能仰賴視覺，需用正確的物理量，就是黑體的溫度。和黑體變熱放出的光色相同時，對應光色的絕對溫度，即為色溫度（亦稱色溫）（答案為○）。舉例而言，星星有顏色。雖然恆星是氣體，但其顏色跟依據黑體溫度表示的色溫度密切相關。

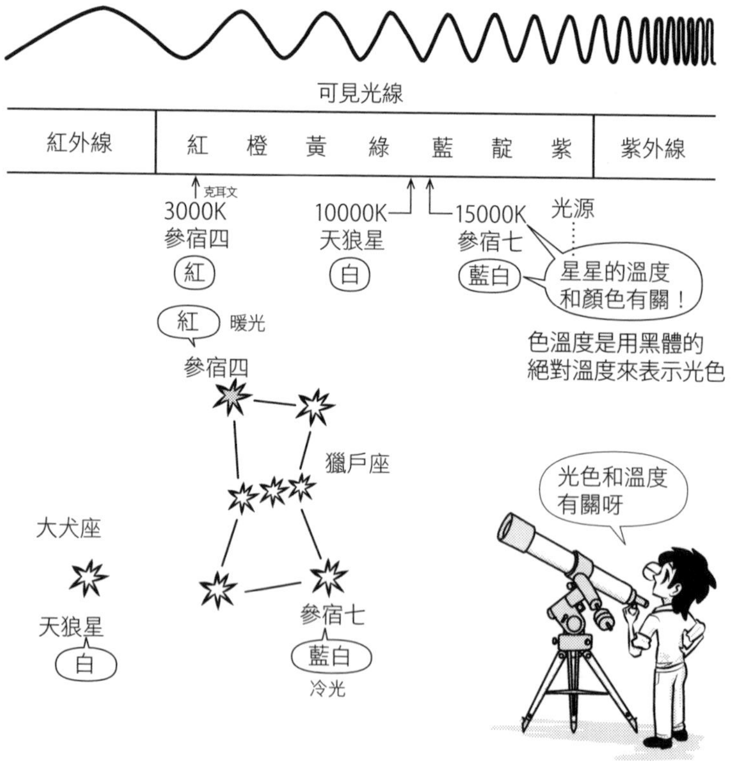

答案 ▶ ○

Q 為了營造溫暖的氣氛，可使用色溫度高的光源。

A 色溫度低時，光色偏紅；色溫度越高，光色會依橙、黃、白、藍變化。色溫度低的照明，帶有紅色、黃色光，會產生溫暖的氛圍。色溫度高時，色光偏藍白，營造出涼爽的氣氛（答案為×）。

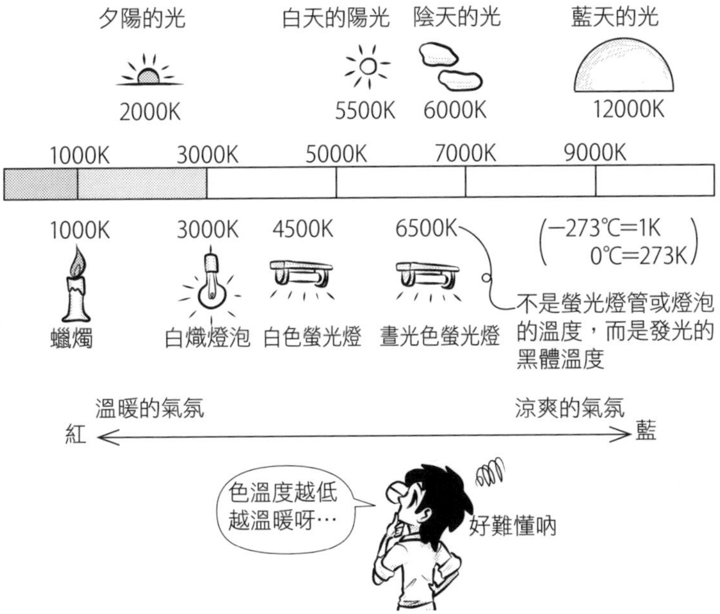

• 啤酒瓶做成紅褐色是為了避免日光直射，保持啤酒風味。

答案 ▶ ×

Q 聽覺上的聲音3要素是聲音的大小、高低和音色。

A 聲音是藉由空氣的疏密傳遞的疏密波，因為介質（傳遞波的媒介物質）沿著波的行進方向振動，所以又稱為縱波。水波則是垂直於行進方向振動傳遞，所以是橫波。用圖表示聲音疏密時，介質往右移動時標示在*x*軸上方，往左移動時標在*x*軸下方，就能用橫波圖的形式表示出縱波。聲音的3要素是大小、高低和音色。大小是振動的幅度（振幅），高低是每秒的振動次數（頻率），音色則是對應波的形狀（答案為〇）。

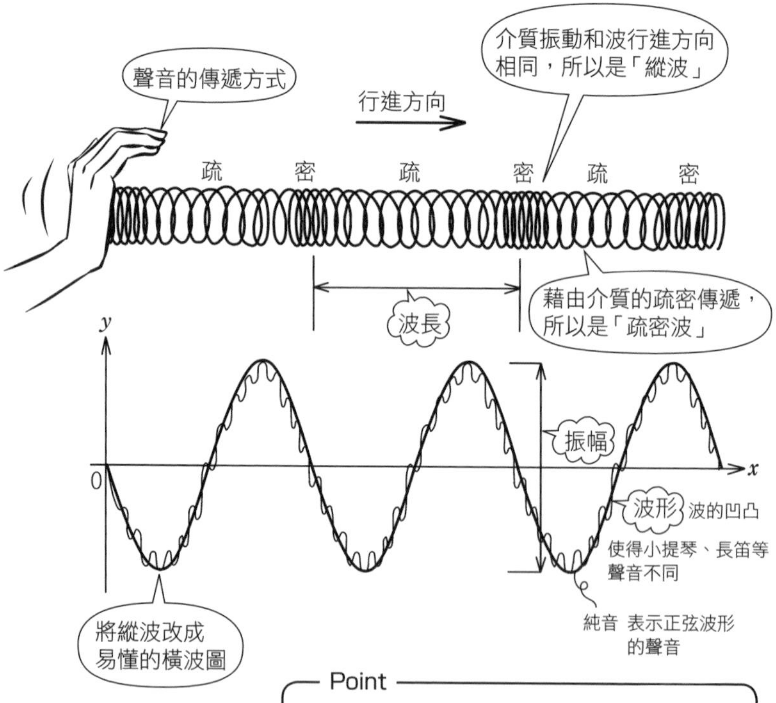
聲音的傳遞方式
行進方向
介質振動和波行進方向相同，所以是「縱波」
疏
密
疏
密
疏
密
波長
藉由介質的疏密傳遞，所以是「疏密波」
y
0
x
振幅
波形 波的凹凸
使得小提琴、長笛等聲音不同
純音 表示正弦波形的聲音
將縱波改成易懂的橫波圖

介質往右移動時標示在上方，往左移動時標示在下方，就能用橫波圖的形式表示出縱波

Point

聲音的3要素
- 大小……振幅
- 高低……頻率（振動次數）
- 音色……波形

答案 ▶ 〇

Q **1**. 頻率的單位是Hz（赫茲）。

2. 頻率高的聲音是高音。

A 橫軸為時間，將某處空氣的振動畫成圖時，$x-y$圖很類似正弦波。1次振動行進1個波長的時間，稱為週期。下圖的波，1個波長費時2秒，所以週期是2秒。1秒鐘振動幾次，或是完成幾個波，稱為頻率（振動次數），所以1次/2秒＝0.5次/秒。單位次/秒又可寫成Hz（赫茲）。頻率越高，聲音越高（**1**、**2**是○）。

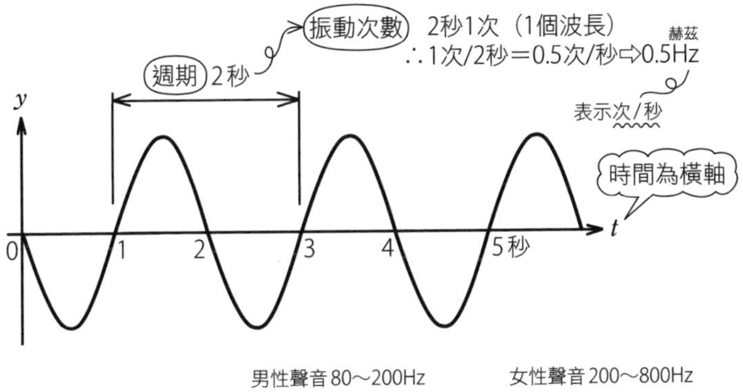

答案 ▶ 1. ○　2. ○

Q **1**. 二十歲上下具有正常聽力的人，聽音頻率（audio frequency）的範圍在20～20000Hz左右。

2. 人的可聽音域上限隨年齡增長而降低，所以高齡者較難聽到高頻的聲音。

A 人耳可聽見的頻率範圍從20Hz到20000Hz（20kHz）左右（**1**是○）。隨著年齡增長，越來越難聽到高頻的聲音（高音）（**2**是○）。

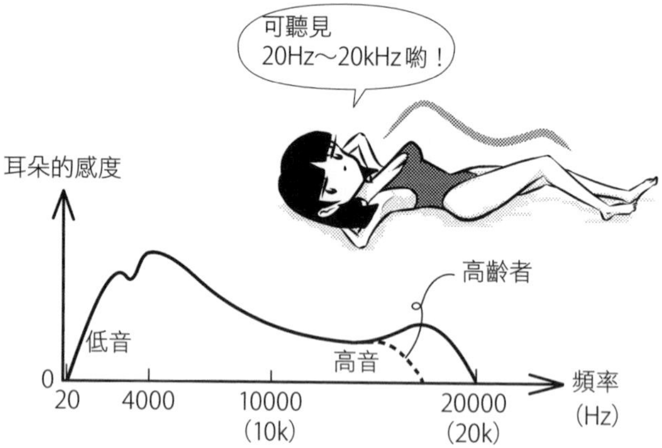

答案 ▶ **1**. ○　**2**. ○

Q 氣溫越高，空氣中的音速越快。

A 氣溫（t℃）和音速的關係是，音速＝331.5＋0.6t(m/s)。換言之，氣溫越高，聲音傳遞越快（答案為○）。20℃時約340m/s。將340m/s換算成時速，

$$1\text{h(小時)}=3.6\times10^3\text{s}$$

$$340\text{m/s}=340\times(10^{-3}\text{km})\times\frac{1}{\left(\frac{1}{3.6\times10^3}\right)\text{h}}$$

$$=340\times10^{-3}\times3.6\times10^3\text{km/h}$$

$$=1224\text{km/h}$$

時速約1224km/h。

> 氣溫 t℃時
> 空氣中的音速＝331.5＋0.6t（m/s）

空氣20℃ ……音速＝331.5＋0.6×20＝343.5m/s
水17℃ ……音速＝1430m/s
混凝土 ……音速＝3100m/s

水和混凝土中的音速遠比空氣中的音速快呀……

Point

氣溫 ⟶ 影響音速

氣壓、濕度 ⟶ 幾乎不影響音速

- 水中也能傳遞聲音，速度比在空氣中快。人類的喉嚨無法在水中發聲，但海豚能像潛水艇的聲納一樣，用聲音探測魚群。筆者三十多歲時熱衷潛水活動，在水深20m處可清楚聽見船的引擎聲，讓人印象深刻。
- 聲音是藉由分子振動來傳遞，所以分子彼此靠近的固體，聲音傳遞較快。再加上固體不像氣體那樣密度易隨溫度改變，所以音速不受溫度影響。

答案 ▶ ○

Q 音速340m/s時

1. 求出聲音頻率20Hz的波長。

2. 求出聲音頻率20kHz的波長。

A 頻率（振動次數）是指1秒鐘振動幾次，或是1秒鐘產生幾個波的意思。當1秒鐘有n個波，頻率就是n（Hz）。如字面所述，波長是一個波的長度，從波峰到波峰、波谷到波谷，任何一點測量的值都相同。若是正弦波，一般是測量S形的起迄與x軸的交點。假設波長為ℓ（m），1秒鐘通過n個波，則速度＝波長ℓ×頻率n。

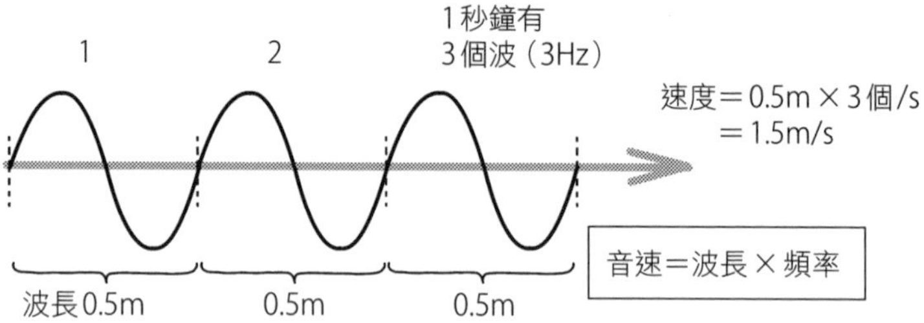

題目中設定音速是340m/s定值，若波長為x，

1. $x \times 20 = 340$　　$\therefore x = 17\text{m}$
2. $x \times 20000 = 340$　$\therefore x = 0.017\text{m}$（1.7cm）

速度固定時，呈現的關係是：頻率低→波長長、頻率高→波長短。

Point

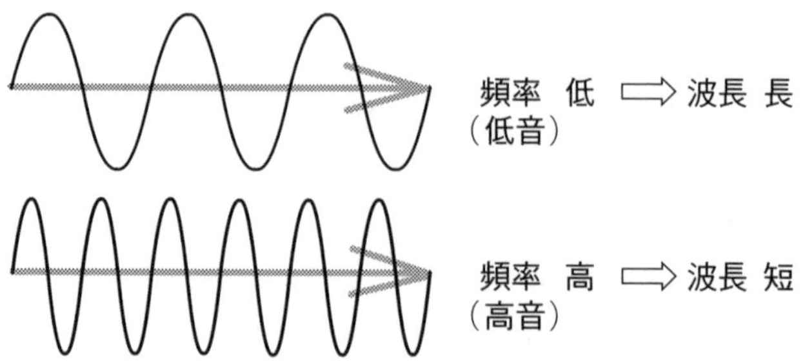

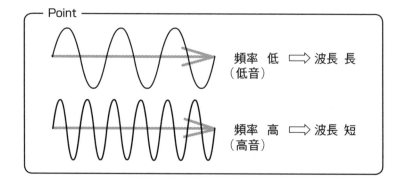

答案 ▶ **1. 17m　2. 0.017m**

Q 聲音強度的單位是J/m^2。

A 聲音強度（簡稱音強）是用每秒鐘通過垂直於行進方向的1m^2面上的能量來表示。每秒鐘的能量單位是J/s＝W。每1m^2每秒鐘的能量是（J/s）・（1/m^2）＝W/m^2（答案為×）。

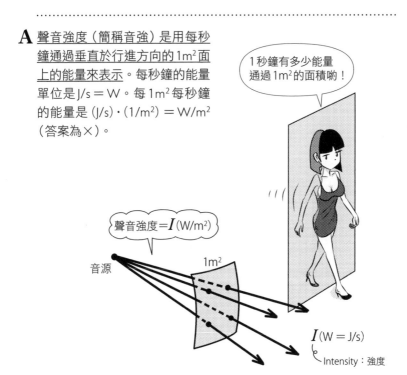

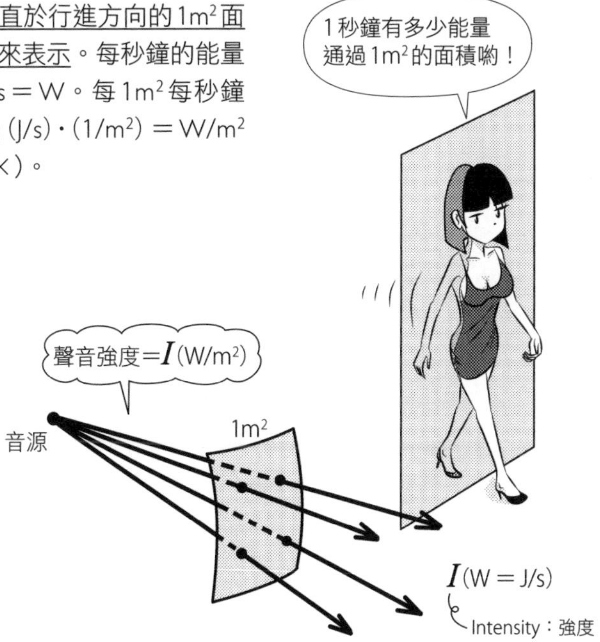
1秒鐘有多少能量
通過1m²的面積喲！
聲音強度＝I（W/m²）
音源
1m²
I（W＝J/s）
Intensity：強度

牛頓 N ……力的單位。使質量1kg物體以加速度1m/s^2移動的力。
1N＝1kg・m/s^2（力＝質量×加速度）

⇩

焦耳 J ……功、能量的單位。用1N的力讓物體移動1m的功量、能量。
1J＝1N・m（功＝力×距離）

⇩

瓦特 W ……功率、能量效率的單位。每秒鐘作功1J的功率。
1W＝1J/s＝1N・m・1/s（功率＝功/時間）

答案 ▶ ×

Q **1**. $\log_{10}10=$ ☐ **3**. $\log_{10}1000=$ ☐

2. $\log_{10}100=$ ☐ **4**. $\log_{10}10000=$ ☐

A 要將以1、10、100、1000遞增的數直接標在圖上很困難。

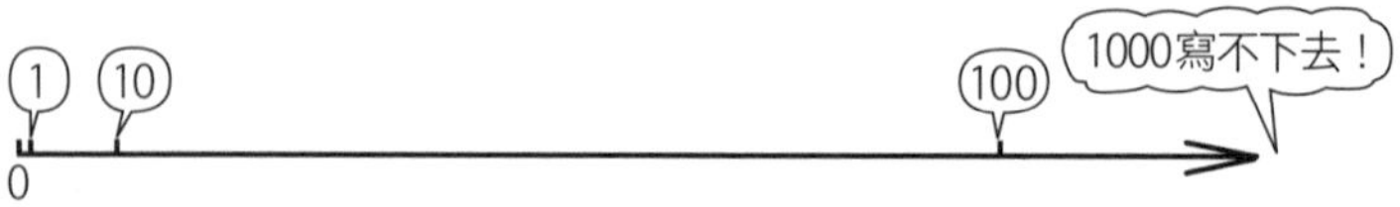

因此將10^1寫成1、10^2為2、10^3為3、10^4為4。

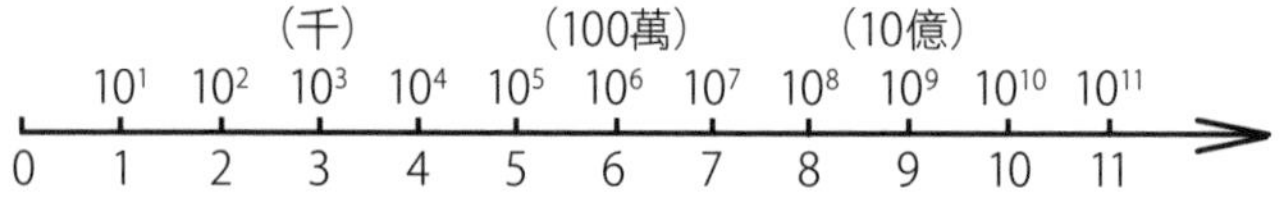

這樣的圖稱為對數尺。$\log_{10}10^1=1$、$\log_{10}10^2=2$、$\log_{10}10^3=3$、$\log_{10}10^4=4$，即使位數很大的數，也能用1、2、3、4來表示。$\log_{10}$☐是用☐來表示10的幾次相乘（次方）的記號，以10為底的對數。因為這種對數經常使用，也稱為常用對數。

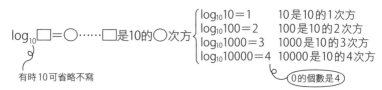

$\log_{10}$☐＝○……☐是10的○次方

- $\log_{10}10=1$ 10是10的1次方
- $\log_{10}100=2$ 100是10的2次方
- $\log_{10}1000=3$ 1000是10的3次方
- $\log_{10}10000=4$ 10000是10的4次方

有時10可省略不寫

0的個數是4

答案▶1. 1 2. 2 3. 3 4. 4

Q **1.** $\log_{10}(100\times1000)=$ ☐　**4.** $\log_{10}\dfrac{10^4}{10^2}=$ ☐

2. $\log_{10}(10^2\times10^3)=$ ☐　**5.** $\log_{10}(10^2)^3=$ ☐

3. $\log_{10}\dfrac{10000}{100}=$ ☐

A **Q1**　100×1000＝100000，計算0的個數，

$\log_{10}(100\times1000)=\log_{10}100000=5$（100000是10的5次方）

$100=10^2$、$1000=10^3$，故 $100\times1000=10^2\times10^3=10^{2+3}=10^5$

像這樣用指數計算很輕鬆。

Q2　$\log_{10}(10^2\times10^3)=\log_{10}10^5=5$

將$\log_{10}$中的相乘分解，$\log_{10}(10^2\times10^3)=\log_{10}10^2+\log_{10}10^3=2+3=5$。也就是將2位數×3位數變成2位數＋3位數＝5位數。

Q3　10000÷100等於100，故

$\log_{10}\dfrac{10000}{100}=\log_{10}100=2$

$10000=10^4$、$100=10^2$，故 $10000\div100=10^4\div10^2=10^{4-2}=10^2$

像這樣用指數計算很輕鬆。

Q4　$\log_{10}\dfrac{10^4}{10^2}=\log_{10}{}^{4-2}=\log_{10}10^2=2$

將$\log_{10}$中的相除分解，$\log_{10}\dfrac{10^4}{10^2}=\log_{10}10^4-\log_{10}10^2=4-2=2$。

4位數÷2位數變成4位數－2位數＝2位數。

Q5　$(10^2)^3$可分解成$(10^2)\times(10^2)\times(10^2)$，故

$\log_{10}(10^2)^3=\log_{10}(10^2\times10^2\times10^2)$

$=\log_{10}10^2+\log_{10}10^2+\log_{10}10^2$

$=3\log_{10}10^2=3\times2=6$

變成指數提到$\log_{10}$前面的形式（註）。

$(10^2)^3=10^6$，所以寫成$\log_{10}10^6=6$，當然也OK。

Point

$\log(A\times B)=\log A+\log B$

$\log\dfrac{A}{B}=\log A-\log B$

$\log A^a=a\log A$

註：$\log_{10}10^2=2\log_{10}10=2$

答案 ▶ 1. 5　2. 5　3. 2　4. 2　5. 6

Q 人類的感覺和刺激量的對數成正比。

A 刺激的物理量變成100倍、1000倍，人類的感覺也不會變成100倍、1000倍，而是對數 $\log_{10}100=2$ 倍、$\log_{10}1000=3$ 倍。若將刺激量定為橫軸、感覺定為縱軸，形成如下圖的對數圖。刺激量從10、100、1000、10000變大往右移動，感覺只是1、2、3往上逐層增加而已（答案為○）。這種現象稱為韋伯—費希納定律（Weber–Fechner law，簡稱韋伯定律）。

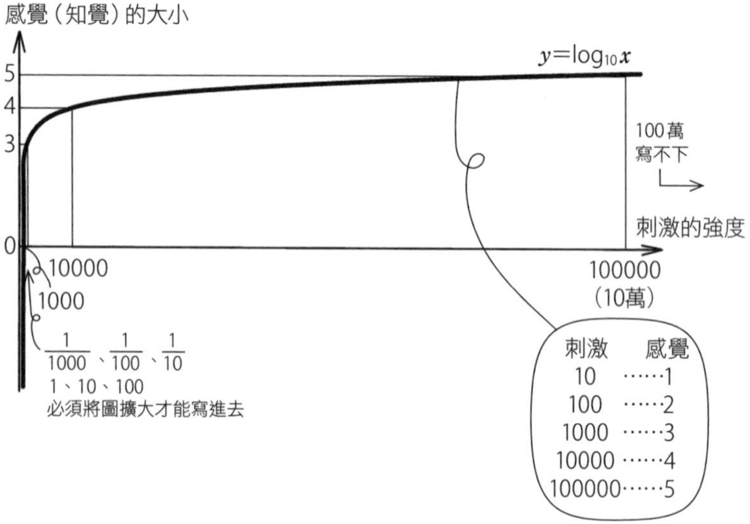

答案 ▶ ○

Q 假設聲音的強度是I(W/m^2)，最小可聽聲音強度是I_0(W/m^2)，則聲音強度位準（sound intensity level）可用$\log_{10}\frac{I}{I_0}$來表示。

A 耳朵能聽到的最小可聽聲音從$I_0=10^{-12}$(W/m^2)，最大到1(W/m^2)。舉例來說，直接取$I=10^{-6}$(W/m^2)的對數，數值變成負值。

$$\log_{10}I=\log_{10}10^{-6}=-6$$

計算聲音強度為最小可聽聲音$I_0=10^{-12}$(W/m^2)的幾倍，再求其比的對數。

$$\log_{10}\frac{I}{I_0}=\log_{10}\frac{10^{-6}}{10^{-12}}=\log 10^{-6+12}=\log_{10}10^6=6$$

（是最小的幾倍）

假設$\frac{I}{I_0}$用的對數，最小為$\log_{10}\frac{10^{-12}}{10^{-12}}=\log_{10}1=0$（註），最大則是$\log_{10}\frac{1}{10^{-12}}=\log_{10}10^{12}=12$，為0～12。因為0.5或3.4等小數不便計算，所以主要用兩位數的整數，因此再乘上10倍（答案為×）。

$$10\log_{10}\frac{I}{I_0}=10\log_{10}\frac{10^{-6}}{10^{-12}}=10\log_{10}10^6=10\cdot 6=60$$

（10倍）

像這樣計算出和聽覺一致的指標，$10\log\frac{I}{I_0}$稱為聲音強度位準。

聲音強度位準IL$=10\log_{10}\frac{I}{I_0}$

取和最小可聽聲音的比可避免出現負值

用以避免產生小數

註：$10^a\div 10^a$是相同數字相除得1。另外根據指數法則，$10^a\div 10^a=10^{a-a}=10^0$。因此$10^0=10^{a-a}=10^a\div 10^a=1$，所以$10^0=1$，$\log_{10}1=0$。

審訂註：聲音強度位準亦稱音強級（同日文）；同理，音壓位準亦稱音壓級（R268），響度位準亦稱響度級（R273）。

答案 ▶ ×

Q 聲音強度位準的單位為dB（分貝）。

A 聲音強度從10^{-12}～1（W/m^2），最小和最大差10^{12}倍（1兆倍）。直接用這些數值不方便，所以取對數。這是根據「人類的感覺和刺激量的對數成正比」的韋伯一費希納定律（參見R265）。

$\log_{10}\frac{I}{I_0}$一般稱為位準（level），單位為貝爾（B）。進一步調整單位後$10\log_{10}\frac{I}{I_0}$的單位為分貝（dB）。一般來説，dB比B更廣為使用（答案為○）。

聲音強度I從最小（I_0）10^{-12}（W/m^2）～最大1（W/m^2），使用不便

⇩

根據「感覺和刺激的對數成正比」求$\frac{I}{I_0}$的對數……$\log_{10}\frac{I}{I_0}$（B：貝爾）

⇩

乘上10倍來調整單位……$10\log_{10}\frac{I}{I_0}$（dB：分貝）

答案 ▶ ○

Q **1**. 音壓的單位是W/m^2。

2. 音壓P的音壓位準在假設最小可聽聲音為P_0時，用$10\log_{10}\frac{P}{P_0}$表示。

A 壓應力（compressive stress）、氣壓、水壓等壓力，是力/面積計算出的每單位面積的力。一般使用的單位是N/m^2＝Pa（帕）（註）。至於音壓，則是大氣壓加上聲音對空氣造成的壓力，單位是Pa（**1**是×）。

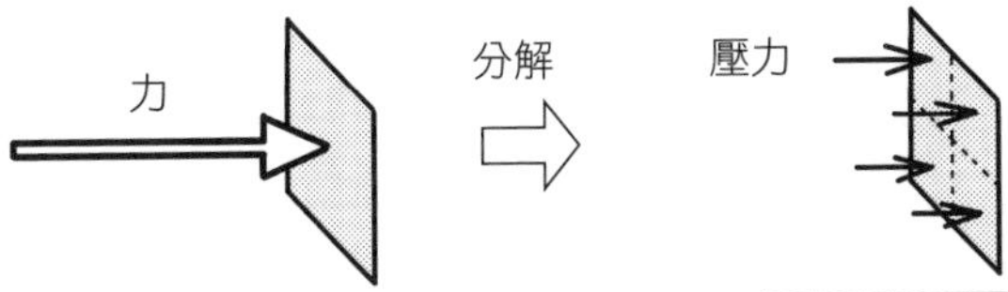

$$\frac{力}{面積}=\frac{N}{m^2}=Pa\ (帕)$$

測量音壓比測量聲音強度（1秒鐘通過的能量）容易，所以用音壓的平方比求出強度的比來表示位準。因為音壓P的平方和聲音強度成正比。假設最小可聽聲音的音壓2×10^{-5} Pa為P_0，強度10^{-12}W/m^{2}為I_0，構成下式：

$$\frac{P^2}{P_0^2}=\frac{I}{I_0}$$　P：Pressure（壓力）　I：Intensity（強度）

假設音壓位準和聲音強度位準相同，則

$$聲音強度位準=10\log_{10}\frac{I}{I_0}=10\log_{10}\frac{P^2}{P_0^2}=10\log_{10}\left(\frac{P}{P_0}\right)^2=20\log_{10}\frac{P}{P_0}$$

$20\log_{10}\frac{P}{P_0}$是音壓位準（**2**是×）。

Point

$$聲音強度位準\ (IL)=10\log_{10}\frac{I}{I_0}$$

$$音壓位準\ (PL)=10\log_{10}\left(\frac{P}{P_0}\right)^2=20\log_{10}\frac{P}{P_0}$$

IL：Intensity Level　PL：Power Level

註：結構的壓應力單位等常用N/mm^2。

答案 ▶ **1**. ×　**2**. ×

Q 音壓位準的單位是Pa（帕）。

A 音壓位準的單位和強度位準相同，都是dB（分貝）（答案為×）。除了強度位準、音壓位準，也有能量密度位準（energy density level）。三個位準的單位都是dB，在一般的音場（sound field），這三個位準數值相等。

在一般的音場，

聲音強度位準＝音壓位準＝聲音的能量密度位準

（單位是dB）

答案 ▶ ×

Q 兩個聲音強度位準60dB的聲音同時存在時，聲音強度位準變成120dB。

A 假設聲音強度為I(W/m^2)，兩個聲音是$2I$(W/m^2)。強度位準是$2I$除以最小強度I_0取對數再乘10倍，故

增加這部分

$$\text{強度位準} = 10\log_{10}\frac{2I}{I_0} = 10(\log_{10}2 + \log_{10}\frac{I}{I_0}) = 10\log_{10}\frac{I}{I_0} + 10\log_{10}2$$

$$(\because \log_{10}A \times B = \log_{10}A + \log_{10}B)$$

只比I的位準$10\log_{10}\frac{I}{I_0}$多了$10\log_{10}2$的部分。

$\log_{10}2 \fallingdotseq 0.3$（註），所以大約增加3dB（答案為×）。$I$變成4倍時，變成

$$10\log_{10}4 = 10\log_{10}2 \times 2 = 10(\log_{10}2 + \log_{10}2) = 3 + 3 = 6\text{dB}$$

所以是+6dB。有兩個同位準的聲音時，記住是+3dB。

位準的加法

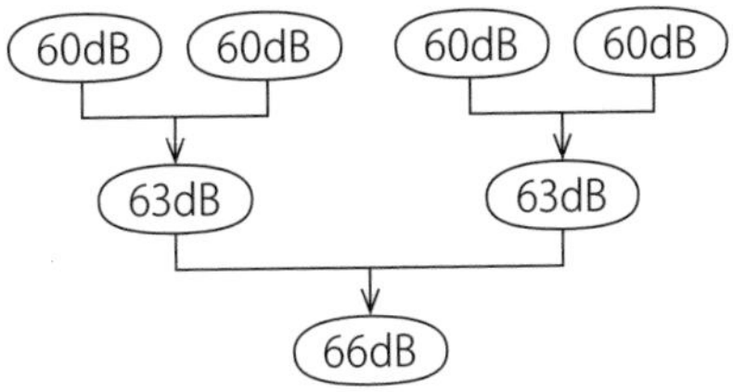

註：$\log_{10}2 = 0.3$，是指$10^{0.3} = 2$。0.3次方＝乘上$\frac{3}{10}$，10的10次方根（乘上10次會形成10的數）的3次方。

答案 ▶ ×

Q **1**. 三個聲音強度位準60dB的聲音同時存在時，聲音強度位準變成約65dB。

2. 十個聲音強度位準60dB的聲音同時存在時，聲音強度位準變成70dB。

A **1**. 有三個I(W/m^2)的聲音存在，強度為3I(W/m^2)。用位準表示，

$$聲音強度位準 = 10\log_{10}3\times\frac{I}{I_0} = 10\log_{10}\frac{I}{I_0} + \overbrace{10\log_{10}3}^{增加這部分}$$

$\log_{10}3 \fallingdotseq 0.48$，所以$10\log_{10}3 \fallingdotseq 4.8$，<u>大約增加5dB</u>（**1**是○）。
聲音強度2倍是+3dB，4倍是+6dB，所以記住3倍就是增加中間值$4.5 + \alpha \fallingdotseq 5$dB。

2. 有十個I(W/m^2)的聲音存在，強度為10I(W/m^2)。用位準表示，

$$聲音強度位準 = 10\log_{10}10\times\frac{I}{I_0} = 10\log_{10}\frac{I}{I_0} + \overbrace{10\underbrace{\log_{10}10}_{1}}^{增加這部分}$$

10的1次方是10，所以$\log_{10}10 = 1$，故$10\log_{10}10 = 10$dB，<u>增加10dB</u>（**2**是○）。

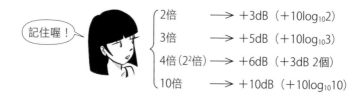

- 2倍 → +3dB（$+10\log_{10}2$）
- 3倍 → +5dB（$+10\log_{10}3$）
- 4倍（2^2倍）→ +6dB（+3dB 2個）
- 10倍 → +10dB（$+10\log_{10}10$）

答案 ▶ **1**. ○　**2**. ○

Q 聲音從點音源平均擴張到球面狀時
　　1. 聲音強度和距音源的距離成反比。
　　2. 距音源的距離變成 2 倍時，聲音強度位準變小 6dB。

..

A 距離變 2 倍時，如下圖所示，聲音通過的面積為 2^2 倍＝4 倍。距離
3 倍時，面積為 3^2 倍；n 倍時為 n^2 倍，<u>面積是距離的 2 次方倍</u>。
面積為 4 倍時，由於聲音強度是 1 秒鐘通過每 $1m^2$ 的能量（W/m^2），
所以是 1/4。<u>聲音強度和距離的 2 次方成反比（**1** 是×）</u>。聲音強度
2 倍則位準是＋3dB，4 倍是＋6dB，反之 <u>1/2 倍是－3dB，1/4 倍是
－6dB</u>。距離變 2 倍時強度是 1/4，所以位準是－6dB（**2** 是○）。

均質擴散的點音源

I（W/m^2）　　　面積4倍

$\dfrac{I}{4}$（W/m^2）

面積（m^2）變4倍
所以強度是 $\dfrac{I}{4}$

r

$2r$

（音壓）　（音壓位準）
$\begin{cases} 2倍 \longrightarrow +3dB \\ \dfrac{1}{2}倍 \longrightarrow -3dB \end{cases}$
$\begin{cases} 4倍 \longrightarrow +6dB \\ \dfrac{1}{4}倍 \longrightarrow -6dB \end{cases}$

聲音強度和距離
的2次方成反比

強度是 $\dfrac{I}{4}$ 倍，
所以位準是－6dB

8

聲音

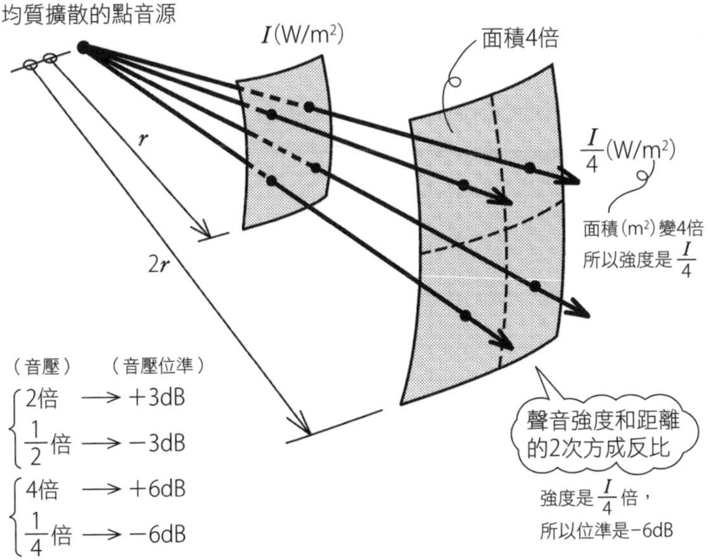

• 線音源、面音源因為傳遞時面積增加的比例較小，所以聲音能傳得比
　較遠。

..

答案 ▶ 1. ×　**2.** ○

Q 響度位準（loudness level）是用人耳可聽到的1000Hz純音的音壓位準（dB）來表示聲音大小，單位是phon。

A 純音是單一正弦波的聲音。聲音強度位準（dB）或音壓位準（dB）是用對數表示的物理量，和人類的聽覺無關。聽覺的感度會因頻率而異。將物理量的位準修正成符合聽覺的位準，就是響度位準（答案為○）。

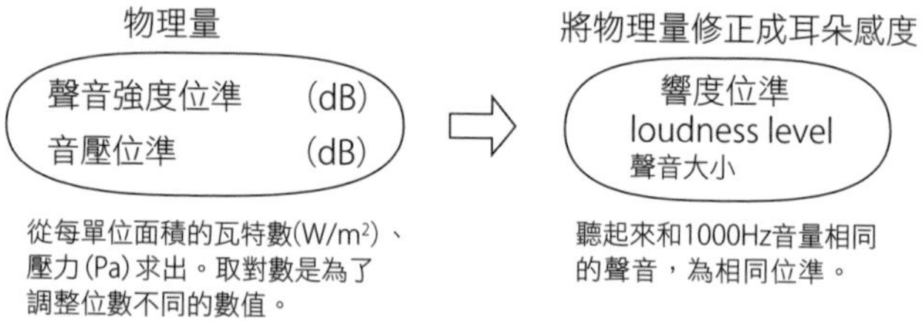

物理量
聲音強度位準　(dB)
音壓位準　(dB)
從每單位面積的瓦特數(W/m2)、壓力(Pa)求出。取對數是為了調整位數不同的數值。
將物理量修正成耳朵感度
響度位準
loudness level
聲音大小
聽起來和1000Hz音量相同的聲音，為相同位準。

舉例來說，聽起來和1000Hz、40dB的聲音大小相同的聲音，全部為40phon。將聲音聽起來大小相同的點連線而成的圖，稱為等響曲線（Equal Loudness Contour）。

等響曲線

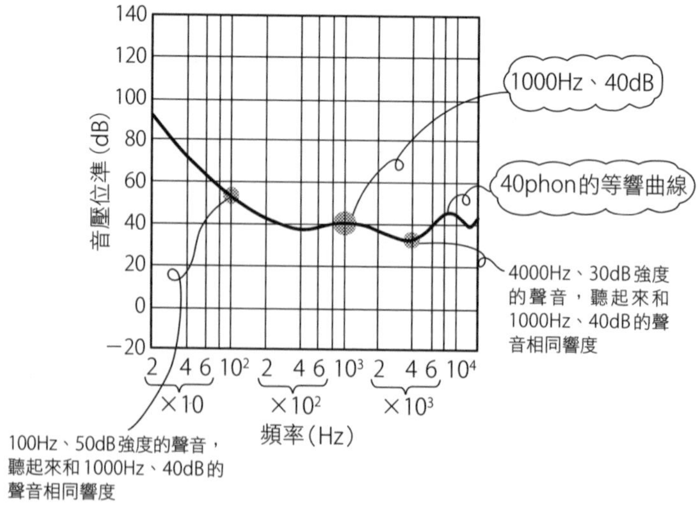

140
120
100
80
60
40
20
0
−20
音壓位準（dB）
1000Hz、40dB
40phon的等響曲線
4000Hz、30dB強度的聲音，聽起來和1000Hz、40dB的聲音相同響度
2 4 6 10²　2 4 6 10³　2 4 6 10⁴
×10　×10²　×10³
頻率（Hz）
100Hz、50dB強度的聲音，聽起來和1000Hz、40dB的聲音相同響度

答案 ▶ ○

Q **1**. 40phon的等響曲線上，1000Hz為40dB。

2. 聲音大小的感覺量於音壓位準固定時，在低音域很小，3～4kHz左右最大。

A 等響曲線是以1000Hz的聲音為基準，將聽起來相同大小（響度）的點連線而成的圖。和1000Hz、40dB相同大小的聲音為40phon（**1**是○）。

等響曲線中，最低的位置為最低的音壓，也能聽到相同響度的聲音。也就是耳朵感度最高的位置（**2**是○）。

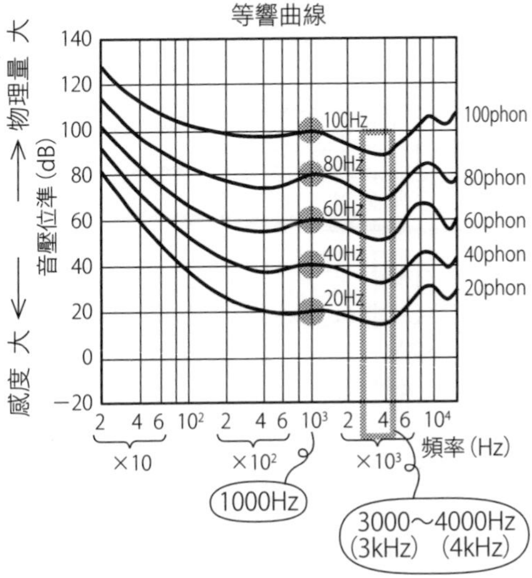

最低的音壓聽起來響度也相同
∴感度最高

答案 ▶ 1. ○　2. ○

Q A加權音壓位準是反映聽覺頻率特性之後，修正成A加權的音壓位準。

A 將聽覺像等響曲線一樣可視化，3000～4000Hz的感度最高，頻率低的聲音的感度變低。

測量噪音時，用A加權的聽感修正將音壓調整到符合40phon的等響曲線。將測量器測到的音壓，用A加權聽感修正回路來表示音壓位準。

修正後的音壓位準，稱為A加權音壓位準或噪音位準，單位是用dB(A)（分貝(A)）（答案為○）。dB(A)是將低頻聲音的dB值往下修正。C加權的修正則是使和物理量的音壓幾乎相同。

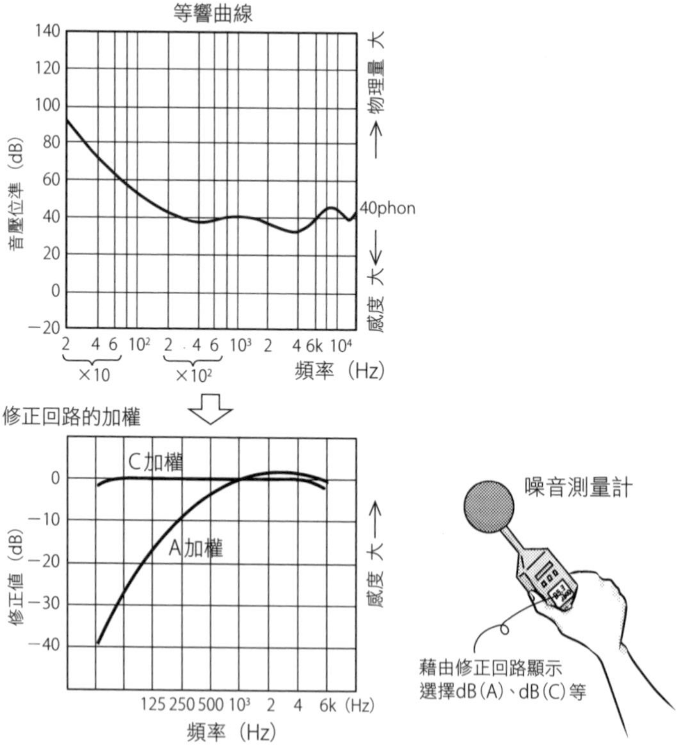

答案 ▶ ○

Q 室內噪音的容忍值用NC值表示，NC值越大表示可容忍的噪音位準越高。

A 噴射戰鬥機的嘰一聲讓人極度不舒服。將同等程度的噪音畫成圖表就是<u>NC曲線</u>，指某個頻率下某個音壓以內的聲音可以容忍，用以表示容忍值的基準。
容忍的程度用NC後面的數字表示，數值越高，可容忍的噪音音壓位準越高（答案為○）。

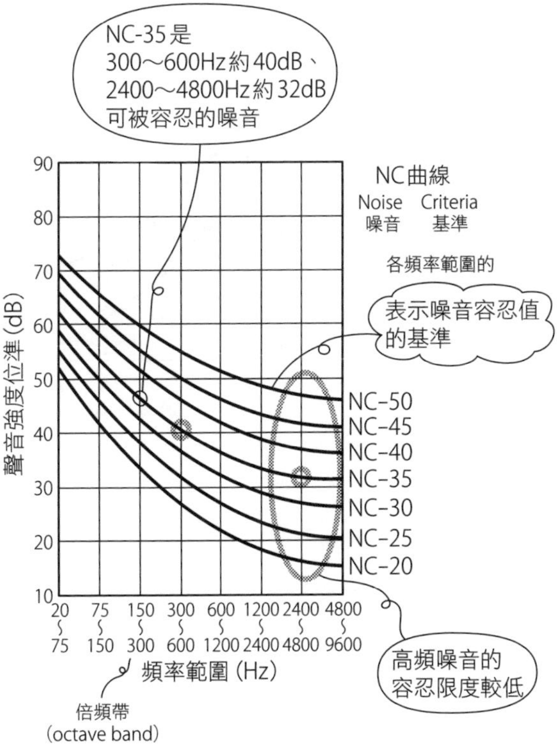

答案 ▶ ○

Q 室內噪音的容忍值，「音樂廳」的容忍值比「住宅的寢室」小。

A 容忍值隨音樂類型而異，以室內古典樂來說，很小的噪音也會造成干擾，同時須避免空調的聲音。以NC值而言，音樂廳是NC-15，住宅寢室則是NC-30。至於A加權音壓位準，容忍值是NC值+10（答案為○）。

	噪音的容忍值
住宅的寢室	NC-30 40dB(A)
音樂廳	NC-15 25dB(A)

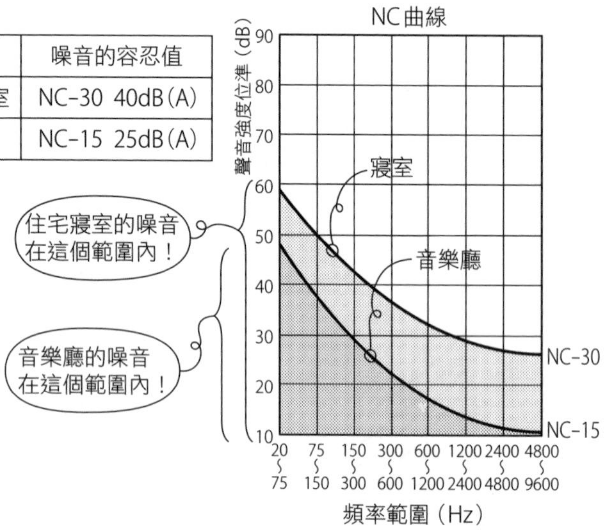

答案 ▶ ○

Q **1**. 吸音率是與「射入牆壁的聲音能量」相比，「沒有被牆壁反射的聲音能量」的比例。

2. 透過率是與「射入牆壁的聲音能量」相比，「穿透到牆壁另一側的聲音能量」的比例。

A 與入射音的能量I(W/m^2) 相比，有多少聲音進到牆壁中，即為吸音率 (**1**是○)。「沒有被反射的聲音能量」這種有點複雜的說法，是指包含穿透牆壁的透過音。入射音能量I中，有多少穿透到牆壁另一側，即為透過率 (**2**是○)。

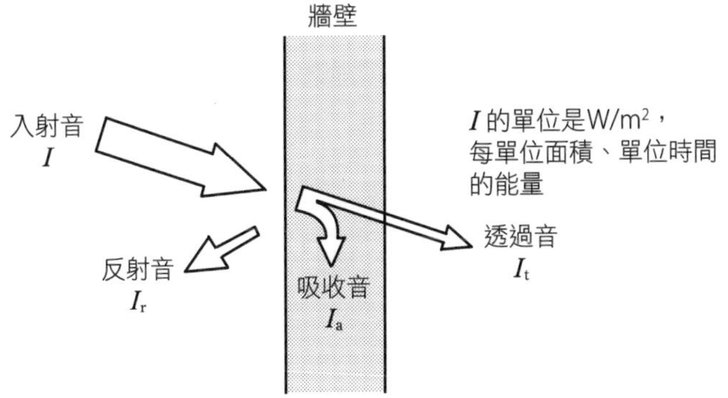

牆壁
入射音 I
I的單位是W/m^2，每單位面積、單位時間的能量
透過音 I_t
反射音 I_r
吸收音 I_a

r：reflection（反射） a：absorption（吸收） t：transmission（透過）

$$吸音率=\frac{I_a+I_t}{I}$$

$$透過率=\frac{I_t}{I}$$

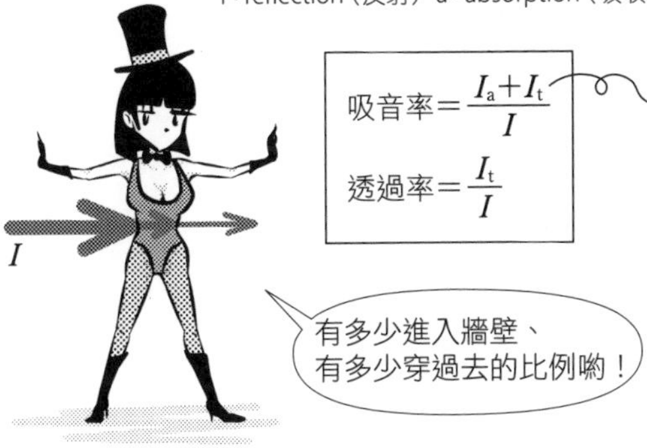

I
不只是吸收音，注意也包含透過音！
有多少進入牆壁、有多少穿過去的比例喲！

答案 ▶ 1. ○　2. ○

Q 透過損失是用「dB」表示透過率倒數的值。

A 將隔音量用位準表示，即為透過損失（亦稱穿透損失）。穿透過牆壁時，用位準表示（dB）有多少因反射或吸收而損失的量，為隔音性能的指標（答案為〇）。雖說是損失（loss），請注意是用來表示好的性能。<u>透過損失越大，隔音性能越佳</u>。

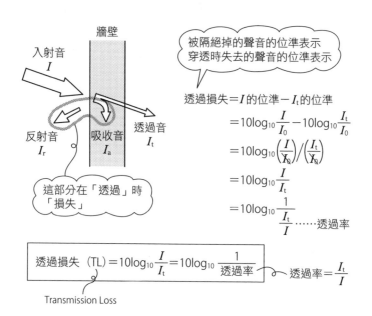

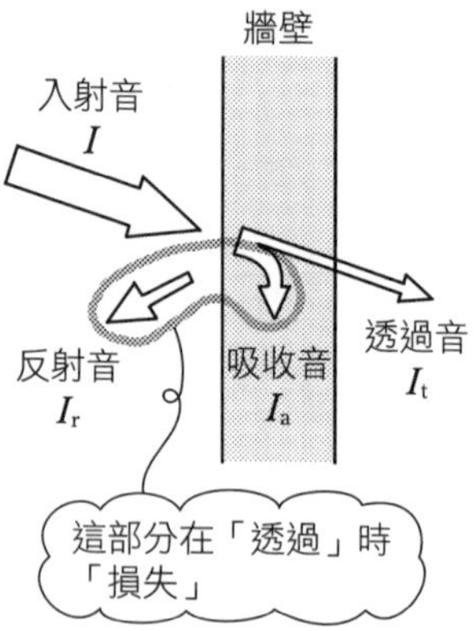

被隔絕掉的聲音的位準表示
穿透時失去的聲音的位準表示

透過損失＝I的位準－I_t的位準

$$=10\log_{10}\frac{I}{I_0}-10\log_{10}\frac{I_t}{I_0}$$

$$=10\log_{10}\left(\frac{I}{I_0}\right)/\left(\frac{I_t}{I_0}\right)$$

$$=10\log_{10}\frac{I}{I_t}$$

$$=10\log_{10}\frac{1}{\frac{I_t}{I}}$$ ……透過率

透過損失（TL）$=10\log_{10}\frac{I}{I_t}=10\log_{10}\frac{1}{\text{透過率}}$

Transmission Loss

透過率＝$\frac{I_t}{I}$

答案 ▶ 〇

Q **1**. 透過損失的值越小，隔音性能越佳。

2. 即使是同樣厚度的單層牆壁，每單位面積的質量越大，透過損失越大。

A 透過損失越大，穿透牆壁時損失的聲音越多；透過損失越小，則損失的聲音越少。因此透過損失越大表示隔音性能越佳，越小則隔音性能越差（**1**是×）。

空氣的振動（聲音）讓牆壁振動，使另一側空氣振動，聲音穿過牆壁。要讓質量越大的物體動作，需要越大的力。因此很難讓質量大的牆壁振動，透過損失也越大。就像是朝牆壁投一顆球，如果是薄板會被穿透，但混凝土牆則球會彈回（**2**是○）。

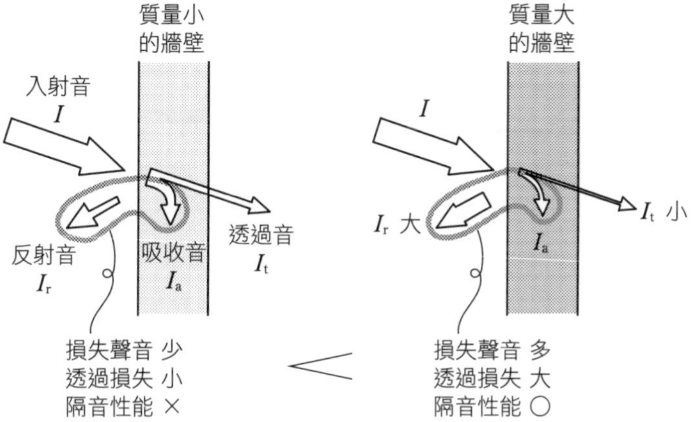

Point

（穿透時的）

透過損失　大 ⇨ 聲音損失　大 ⇨ 隔音性能　○

答案 ▶ 1. ×　2. ○

Q 牆壁的透過損失是從低音到高音逐漸減少。

A 頻率低的聲音打到牆壁時，牆壁會對應其頻率而輕微搖晃。物體隨大小、質量和材料而有自己的自然週期（natural period）。從外施加和自然週期相近週期的振動時，會產生共振而搖動變大。牆壁的自然週期大多接近低音的長週期，所以會因低音共振而大幅振動，聲音容易穿透到牆壁的另一側，透過損失較小。反之，高音不易產生共振，所以透過損失較大（答案為×）。

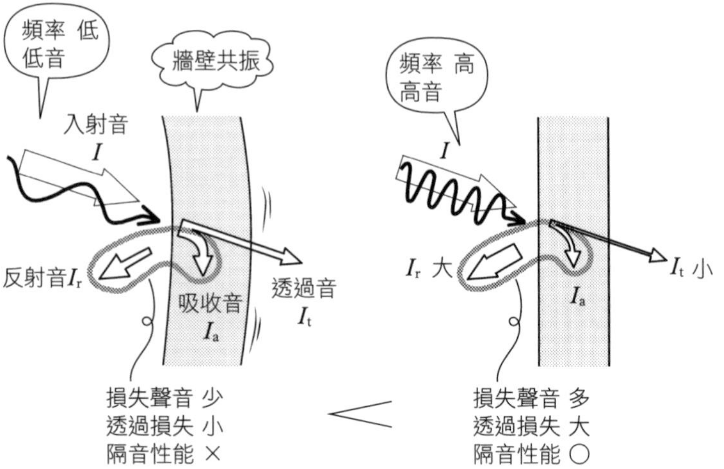

• 聲音的週期和牆壁週期一致（coincidence）造成單層牆壁振動，使得隔音性能降低的現象，稱為重合效應（coincidence effect）。

答案 ▶ ×

Q **1**. 在和堅硬牆壁之間架板子，設有空氣層的情況下，對高音域的吸音效果比低音域的吸音效果好。

2. 使用玻璃絨等多孔材料，對高音域的吸音效果比低音域的吸音效果好。

A 在距RC牆一段距離的地方架設板子，如前頁説明，長波長的低音容易造成板子共振，容易吸音（**1**是×）。包覆玻璃絨（將玻璃纖維做成棉狀物）的墊子，細纖維和氣泡會振動吸收短波長的高音（**2**是○）。一般而言，低音比高音難吸收，所以利用薄板共振等方法來吸音。

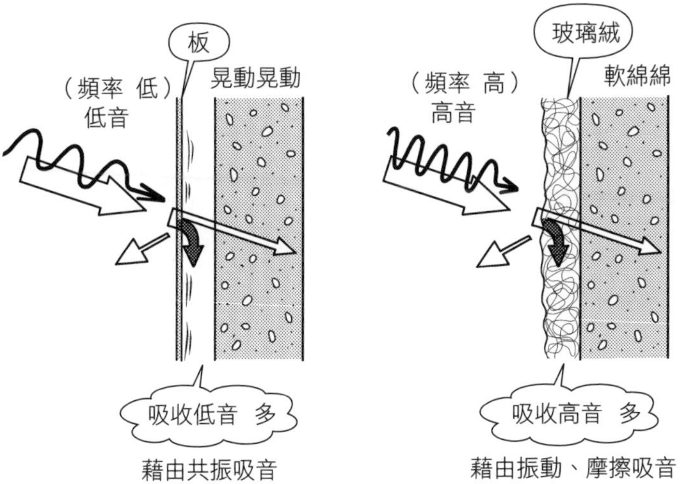

答案 ▶ 1. × 2. ○

Q 關於中空雙層牆的共鳴穿透（resonance transmission），牆間的空氣層越厚，共振頻率越高。

A 中空層的空氣如同彈簧的作用，中空層越寬則彈力越弱，低頻率越容易造成共振（共鳴）（答案為×）。兩側的板子因低頻而共振，所以不管單層或雙層牆，都使低頻率聲音容易通過。再加上空氣層變寬使得空氣也跟著共振，造成更多聲音穿透。

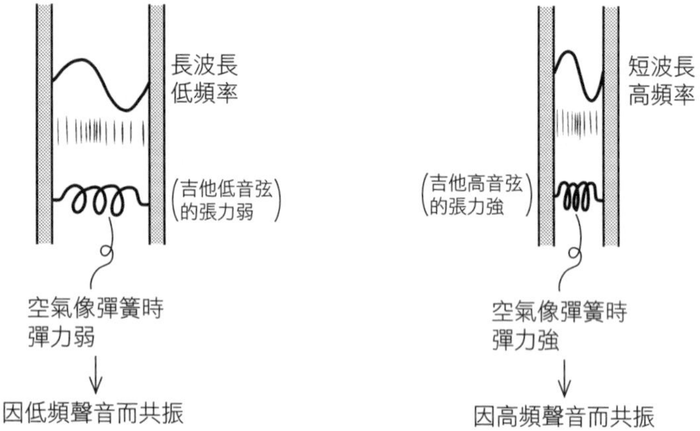

答案 ▶ ×

Q 根據下圖的雙層牆，判斷**1**～**4**是否正確。

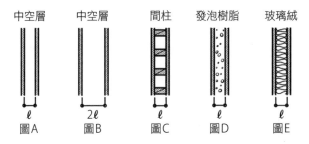

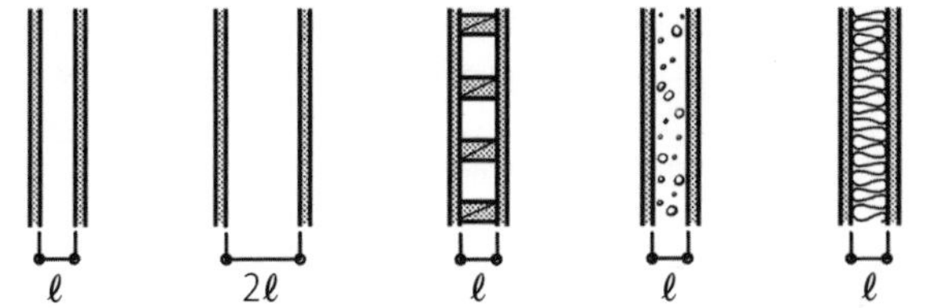

1. 圖A的中空層變得像圖B的一樣厚時，引起共鳴穿透的頻率會變高。

2. 如圖C設置間柱的雙層牆，會表現出單層牆的透過損失特性。

3. 如圖D填入發泡樹脂的雙層牆，容易因中高音域產生共振穿透。

4. 如圖E填入玻璃絨的雙層牆，全頻率的透過損失會增加。

A **1**. 如前頁所述，空氣層越寬則空氣的彈力越弱，長波長、低頻的聲音會共振而容易透過（×）。

2. 設置間柱會加強固定左右兩塊板子，成為一體產生振動，所以會有類似單層牆的透過損失特性（○）。

3. 填入發泡樹脂等的雙層牆，內層比空氣堅硬，增加牆壁固有的振動次數（較易振動的部位），所以會因中高音域的高頻而產生共振（○）。

4. 填入玻璃絨，會吸收空氣的振動能量，所以透過損失增加（○）。

「透過損失」一詞因有「損失」二字，讓人誤以為有負面的意思，容易混淆。換個說法比較好懂，透過損失＝隔音量。透過損失越大則隔音量越大，馬上就能聯想到是好的意思。

Point

透過損失＝隔音量（dB）

答案 ▶ 1. ×　2. ○　3. ○　4. ○

Q 樓板衝擊音的隔音等級中，L_r-45的隔音性能比L_r-60好。

A 用音壓位準測量上層的樓板衝擊音會傳遞多少到下層，並加以分級，即為L_r值。L_r值越小，各頻率衝擊音的音壓位準越低，隔音性能越佳（答案為○）。

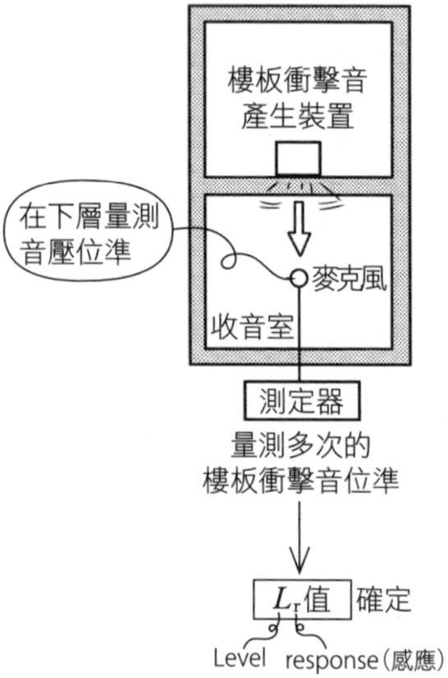

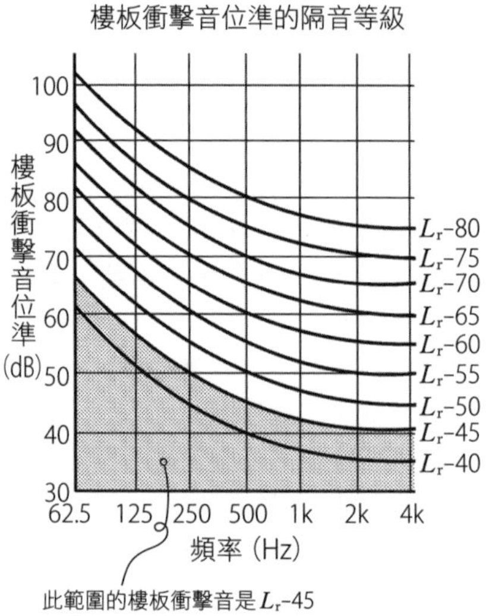

答案 ▶ ○

Q **1**. 量測模擬小孩蹦跳所產生的樓板衝擊音時，主要是用落下的輪胎作為模擬振源。

2. 即使樓板厚度變2倍，對降低重量樓板衝擊音也沒有效果。

A 樓板衝擊音分為物體落下或拖曳椅子聲等輕量樓板衝擊音，以及小孩蹦跳聲等重量樓板衝擊音。如下圖所示，各種樓板衝擊音的測試，包括用槌子輕輕敲打的輕衝擊器，以及使用輪胎落下的重衝擊器等（**1**是○），各種樓板衝擊音的隔音等級分別稱為*LL*值和*HL*值，同時達到兩者基準，就能確定L_r值。為了降低輕量樓板衝擊音，可鋪上地毯等；重量樓板衝擊音則是加厚RC樓板，上面鋪發泡材，其上再施作RC等，就可以降低樓板衝擊音（**2**是×）。

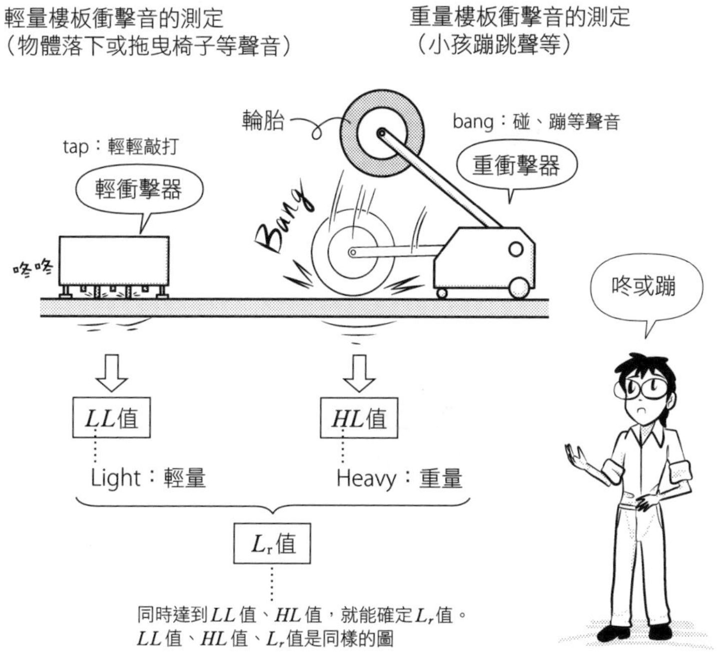
輕量樓板衝擊音的測定
（物體落下或拖曳椅子等聲音）
重量樓板衝擊音的測定
（小孩蹦跳聲等）
輪胎
bang：碰、蹦等聲音
tap：輕輕敲打
輕衝擊器
重衝擊器
Bang
咚咚
咚或蹦
LL值
HL值
Light：輕量
Heavy：重量
Lr值
同時達到LL值、HL值，就能確定Lr值。
LL值、HL值、Lr值是同樣的圖

答案 ▶ **1**. ○　**2**. ×

Q 隔音等級D_r-30的牆壁，隔音性能比D_r-55的牆壁好。

A D_r值是表示兩個房間之間隔音性能的等級。如下圖，測量兩個房間的音壓位準差值（透過損失），將其分級的指標。音壓位準的差值，也就是D_r值越大，隔音性能越好（答案為×）。

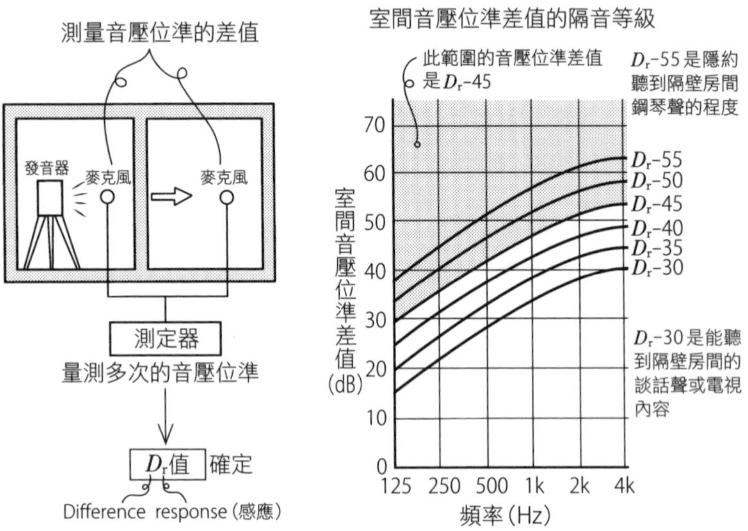
測量音壓位準的差值
發音器
麥克風
麥克風
測定器
量測多次的音壓位準
D_r值 確定
Difference response（感應）
室間音壓位準差值的隔音等級
此範圍的音壓位準差值是D_r-45
D_r-55是隱約聽到隔壁房間鋼琴聲的程度
D_r-55
D_r-50
D_r-45
D_r-40
D_r-35
D_r-30
D_r-30是能聽到隔壁房間的談話聲或電視內容
室間音壓位準差值 (dB)
0
10
20
30
40
50
60
70
125
250
500
1k
2k
4k
頻率（Hz）

L_r越小越○
D_r越大越○

Point

(L_r值)…下層的音壓位準…越小越○

(D_r值)…音壓位準差值……越大越○

答案 ▶ ×

Q 餘響時間（reverberation time）是

1. 房間容積越大時越長。

2. 室內表面積越大時越長。

3. 平均吸音率越大時越長。

4. 室溫越高時越長。

A 音源停止後還有聲音殘存的現象稱為餘響，聲音強度位準（音壓位準）衰退60dB所需的時間是餘響時間。

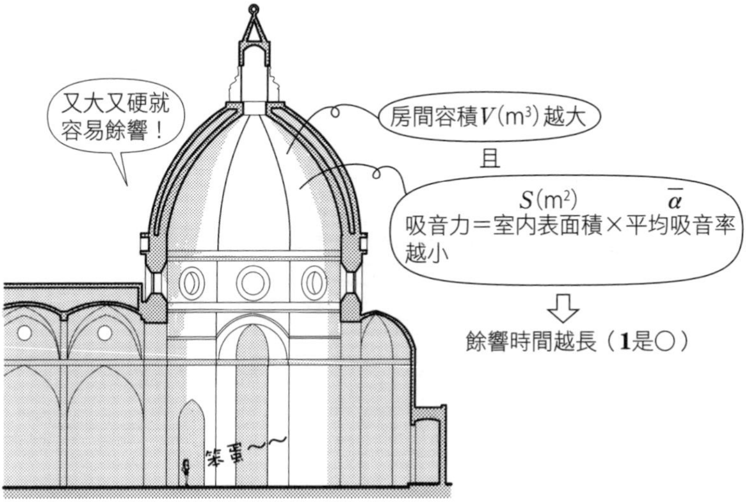

又大又硬就容易餘響！
房間容積V(m³)越大
且
吸音力＝室內表面積S(m²)×平均吸音率$\overline{\alpha}$越小
⇩
餘響時間越長（**1**是○）
笨蛋～～

聖母百花大教堂（Cattedrale di Santa Maria del Fiore）
（佛羅倫斯，1436，布魯內列斯基〔Filippo Brunelleschi〕設計）

沙賓（Wallace Clement Sabine）的餘響公式如下，餘響時間和房間容積V成正比，與$S\times\overline{\alpha}$成反比，跟室溫無關（**2**～**4**是×）。

$$餘響時間\ T=\frac{0.161\times V}{S\times\overline{\alpha}}$$

答案 ▶ 1. ○　2. ×　3. ×　4. ×

Q **1**. 和演講的最佳餘響時間相比，音樂的最佳餘響時間較長。
2. 演奏廳的餘響時間無關房間容積，理想值是2秒以上。

A 為了能聽清楚演說內容，餘響時間較短（**1**是○）。反之，古典樂的餘響時間較長。最佳餘響時間因演講或音樂類型、房間容積等而異（**2**是×）。

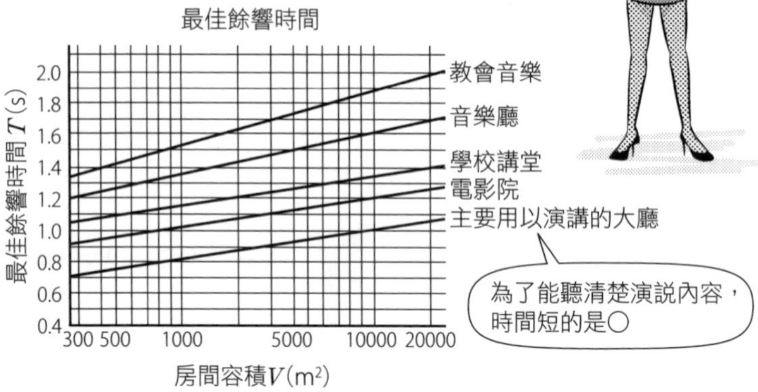

Point

最佳餘響時間

音樂廳 ＞ 學校講堂 ＞ 電影院 ＞ 主要用以演講的大廳

教會音樂＞古典樂＞搖滾樂（音樂廳）　　**音樂＋演講**（學校講堂）

- 三得利音樂廳（Suntory Hall）等建築的音響設計者永田穗，在其著作《靜，好音，好聲》（静けさ　よい音　よい響き，彰國社，1986）頁124提到，堅持餘響時間2秒是愚蠢的作法。文中寫道，除了音樂類型，同時必須考量初期反射音、頻率、房間容積等其他重要因素。

答案 ▶ 1. ○　2. ×

Q 回聲（echo）是聽到從音源直接傳來的聲音後，聽見和聲音分離的反射音，造成聽不清楚對話或音樂的現象。

A 對著山吶喊，聲音分成好幾段回傳的回音，就是回聲的代表範例。來自近處的山的反射音與來自遠處山的反射音有時間差，所以分段聽到回音。若有1/20秒以上的時間差，人的耳朵就會聽到兩個聲音（答案為○）。

$\frac{1}{20}$ 秒以上的時間差
反射音
直接音
嗡
嗡
嗡
聽到兩個聲音！
回聲
聽不清楚說話內容，音樂節奏也亂掉喲！

答案 ▶ ○

Q 當天花板和地面平行或牆壁正面相對時，容易產生顫動回聲。

A flutter是羽翼拍動或高音重複發出的聲音。flutter echo（顫動回聲）是聲音在堅硬的平行面之間重複反射所產生的有害回聲（答案為○）。

日光東照宮藥師堂的內陣裡，聲音在平坦的天花板與地板間來回反射，產生顫動回聲。因為天花板繪有龍圖，所以別稱「龍鳴」。

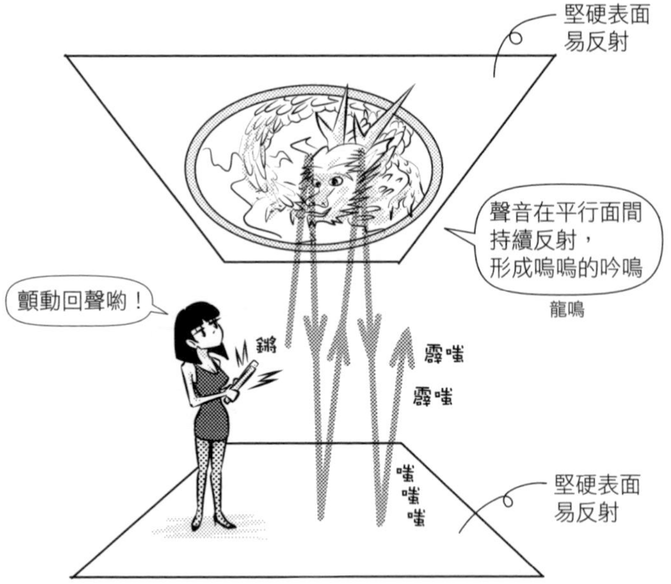

答案 ▶ ○

Q 聽覺的遮蔽（masking）容易發生在妨害音（遮蔽音）的頻率比目標音（被遮蔽音）的頻率更低時。

A 因為某個聲音的存在，使得目標聲音難以聽見的現象，稱為聲音的遮蔽效應。當遮蔽的妨害音比目標音更大聲且低頻時，不容易聽見目標音（答案為○）。

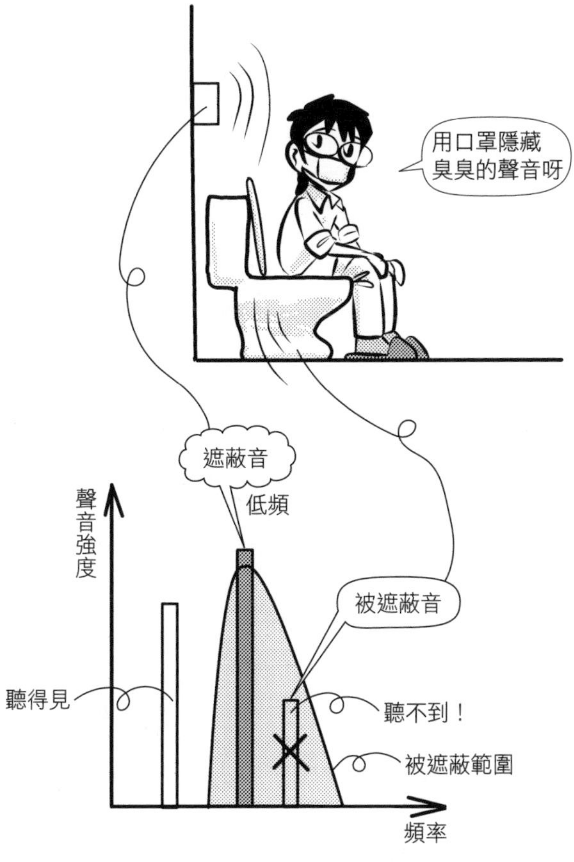
用口罩隱藏
臭臭的聲音呀
遮蔽音
低頻
聲音強度
被遮蔽音
聽得見
聽不到！
被遮蔽範圍
頻率

答案 ▶ ○

		單位
絕對濕度	1kg 乾空氣伴隨的 水蒸氣質量 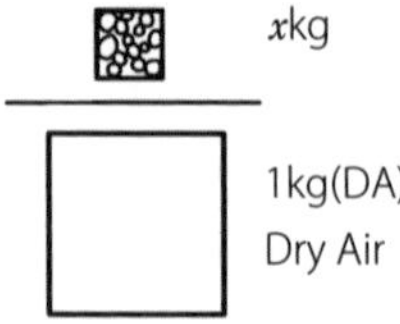	kg/kg(DA) kg/kg'
相對濕度	現在的水蒸氣和 飽和水蒸氣的比 （%） 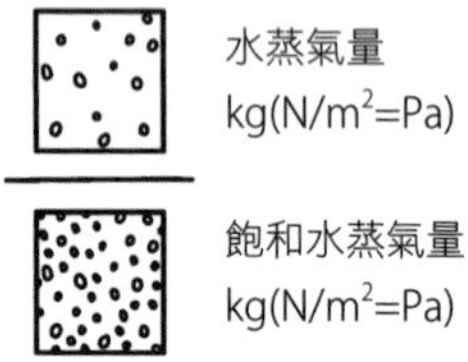	%
空氣線圖	設縱軸為絕對濕度、 橫軸為乾球溫度， 表示濕空氣狀態的圖 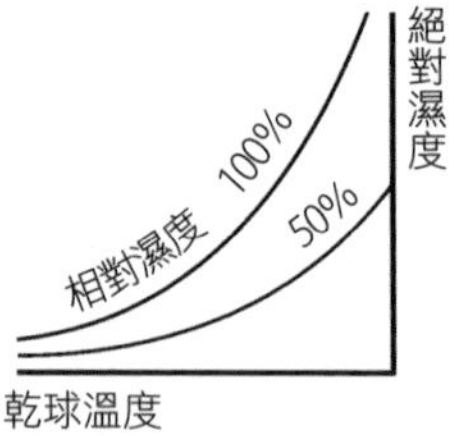	縱軸 kg/kg(DA) 橫軸 ℃
露點	空氣中的水蒸氣凝結成 液態水的點（溫度）， 結露的點（溫度） 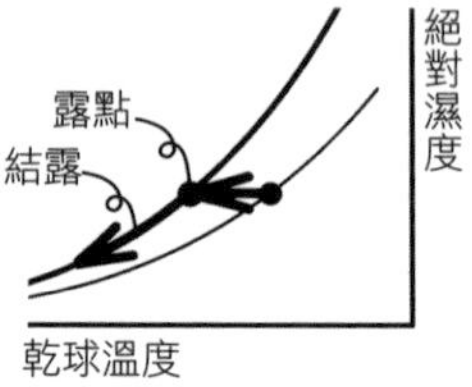	縱軸 kg/kg(DA) 橫軸 ℃
濕球溫度 的高低	濕球溫度(低)→易蒸發→濕度(低) 濕球溫度(高)→難蒸發→濕度(高) 【濕球溫度的高低≒濕度的高低】 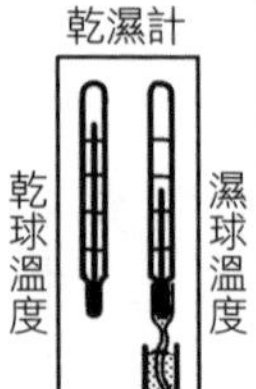	℃
阿斯曼 通風乾濕計	氣流在一定的風速下 吹向乾球、濕球的乾濕計 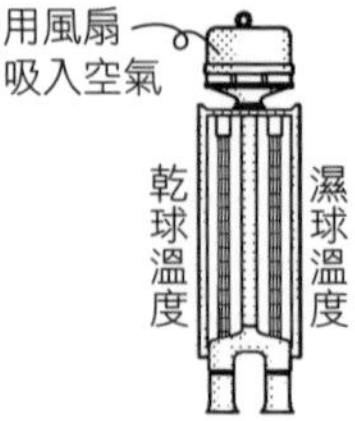	℃

		單位
比焓	每1kg乾空氣中的濕空氣內部能量和0℃、0%時的比值 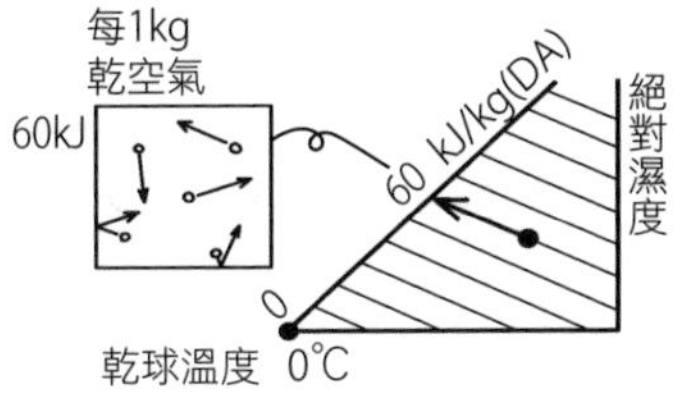	kJ/kg(DA)
比容積	每1kg乾空氣中濕空氣的容積 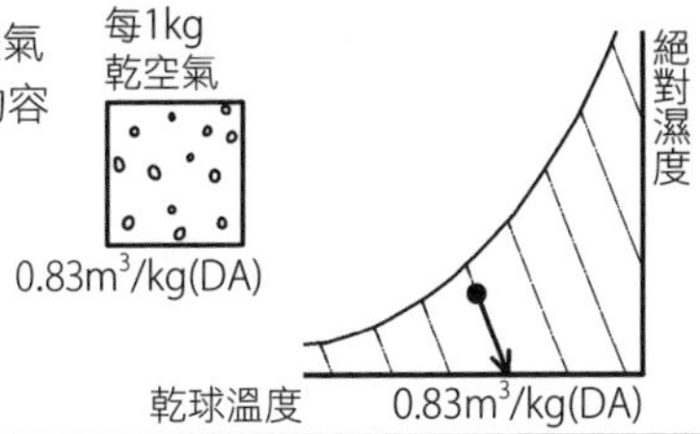	m^3/kg(DA)
水蒸氣壓	大氣壓＝乾空氣壓＋水蒸氣壓 1013hPa（百帕） ‖ 101.3kPa 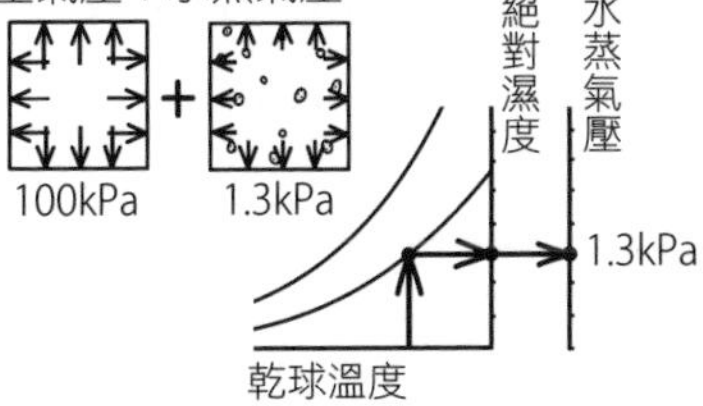	k Pa（千 帕） (Pa=N/m^2)（牛頓）
熱水分比	熱水分比＝$\frac{熱變化量}{水分變化量}$ $=\frac{h_2-h_1}{x_2-x_1}$ 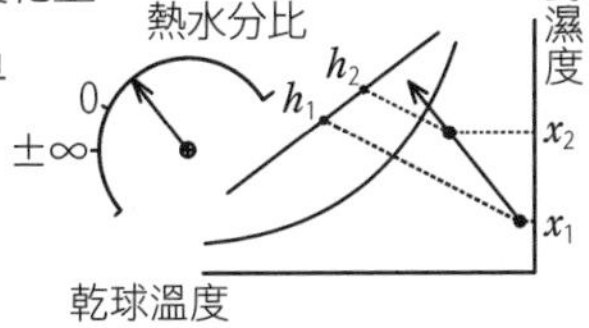	kJ/~~kg(DA)~~ kg/~~kg(DA)~~ ‖ kJ/kg
顯熱	不改變水蒸氣量只有乾球溫度變化的熱 「（溫度計）可見的熱」 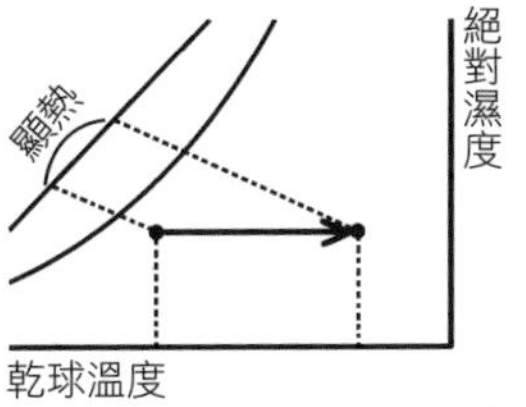	kJ
潛熱	不改變乾球溫度只有水蒸氣量變化的熱 「（溫度計）不可見的熱」 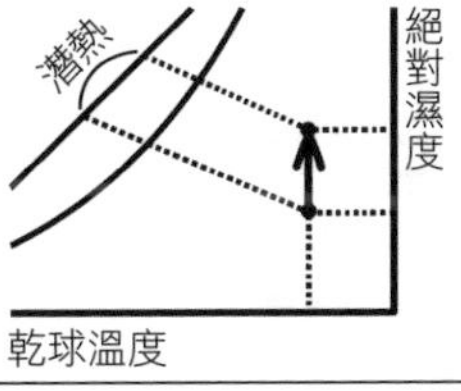	kJ

		單位
顯熱比 SHF	顯熱和總熱量的比 $\frac{顯熱}{全熱}=\frac{顯熱}{顯熱+潛熱}$ 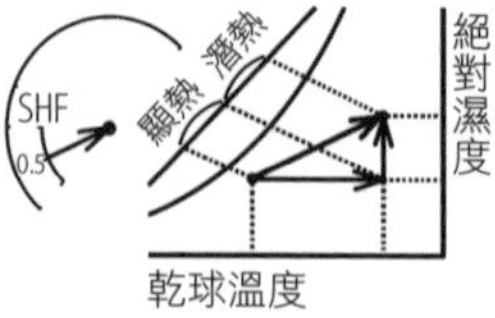	（比）
將A：am^3 和B：bm^3 混合	取AB中 b：a的內分點 空氣線圖上的狀態點 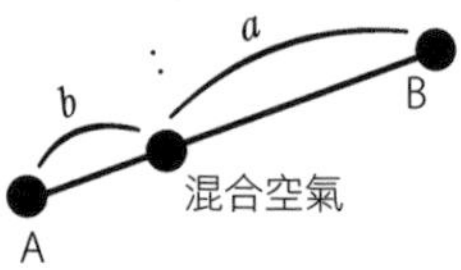	
溫熱6要素	環境方面…溫度、濕度、氣流、輻射熱（溫熱4要素） 人體方面…代謝量、衣著量	
代謝當量	$\frac{作業時的能量代謝量（W）}{靜坐時的能量代謝量（W）}$	Met
代謝量 ‖ (　　) ＋ (　　)	代謝量　＝　顯熱發熱量　＋　潛熱發熱量 （總發熱量）（體表向外對流、輻射）（水分蒸發）	瓦特 W 焦耳每秒 （J/s）
衣著量		特性保溫值 clo
熱的 傳遞方式	傳導 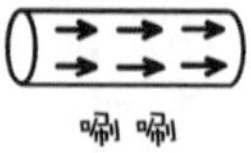物體中傳遞 對流 隨空氣流動傳遞 輻射 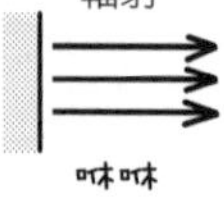用電磁波傳遞	

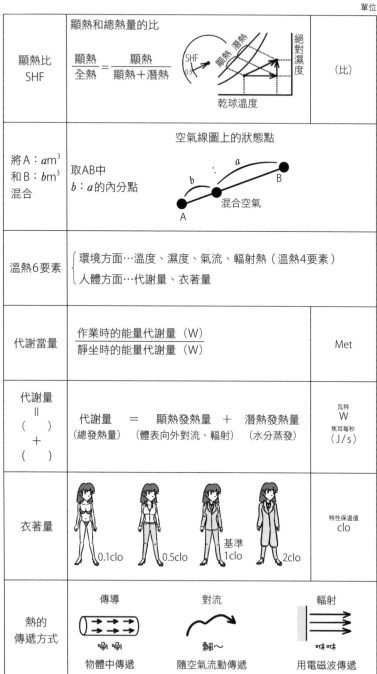

單位

黑球溫度	包含塗黑銅球接收的熱輻射，黑球溫度計測出的溫度	黑球溫度比室溫高 熱的牆壁 輻射	℃
輻射能量與絕對溫度 T 的關係	輻射能量＝常數×材料的輻射率× T^4		W/m²
平均輻射溫度 MRT Mean Radiant Temperature	將室內某一點接收到的熱輻射平均後的溫度	t_g 大　t_a 小 MRT 大	℃
作用溫度（效果溫度） OT Operative Temperature	綜合氣溫和輻射溫度對人體產生的作用和效果的溫度	$OT = \dfrac{氣溫＋MRT}{2} ≒ 黑球溫度$ （平穩氣流下） OT ⇨ ○ ⇨ 黑球溫度	℃
不舒適指數 DI Discomfort Index	表示濕熱的指標，用氣溫和相對濕度求得	80以上為不舒適	
有效溫度 ET Effective Temperature	組合氣溫、濕度和氣流來表示體感的指標	有效溫度箱　各種環境箱 ET(　)℃ 100% 0m/s 比較	℃

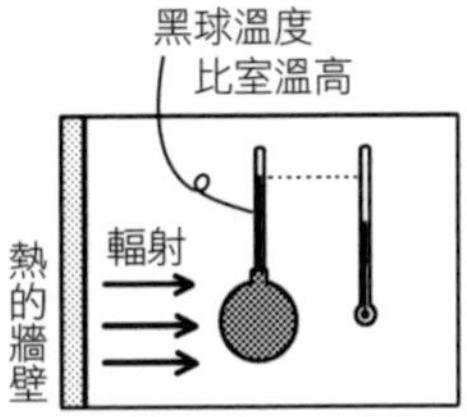

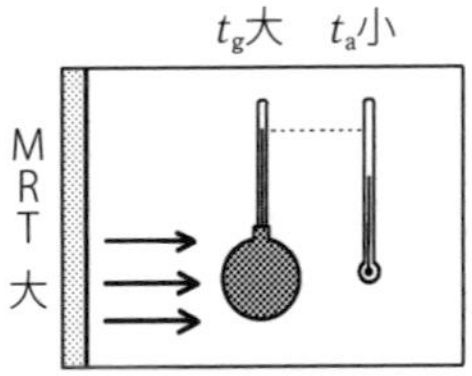

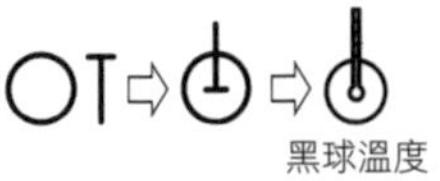

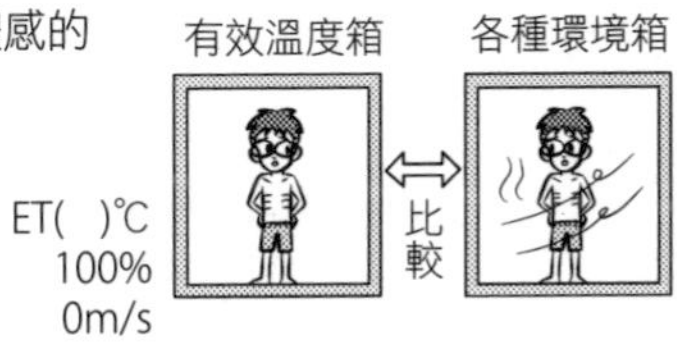

單位

修正有效 溫度 CET Corrected ET	用黑球溫度時（也考慮輻射）的 ET CET ⇒ 黑球溫度	℃
新有效溫度 ET* new ET	考慮到溫度、濕度、氣流、輻射、代謝量、衣著量6個要素的 ET ET*()℃ 50% vm/s MRT()℃ M Met I clo	℃
新標準有效 溫度 SET* Standard new ET	6要素都為變數的 ET SET*24℃±α 為舒適範圍 ()℃ ()% ()m/s MRT()℃ ()Met ()clo 各種環境箱	℃
熱舒適度 指標 PMV Predicted Mean Vote	預測因6要素的溫冷感而感覺不舒適的人的比例指標 預測不滿意度(PPD)% -3 -2 -1 0 +1 +2 +3 PMV	
PMV的 舒適範圍 ()<PMV<()	-0.5<PMV<+0.5 預測不滿意度(PPD)% 不滿意者10%以下 10% 不滿意者 -3 -2 -1 0 +1 +2 +3 PMV	
空氣分佈 性能指標 ADPI Air Distribution Performance Index	不舒適氣流（讓人不舒適的局部氣流）的指標 舒適空氣的容積 室內全部容積

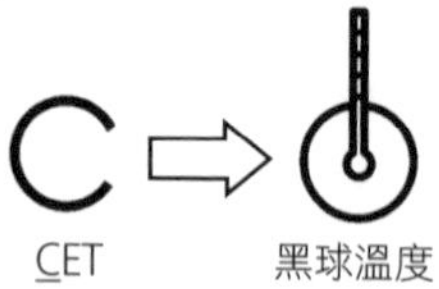

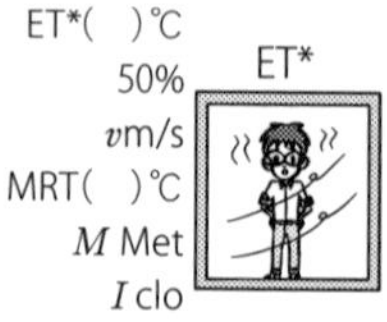

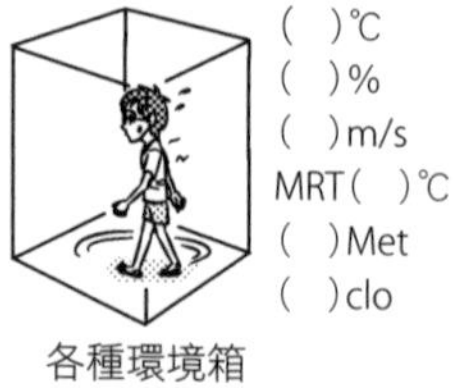

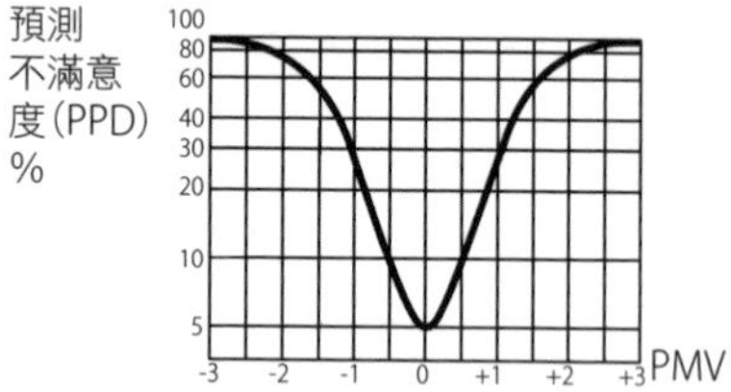

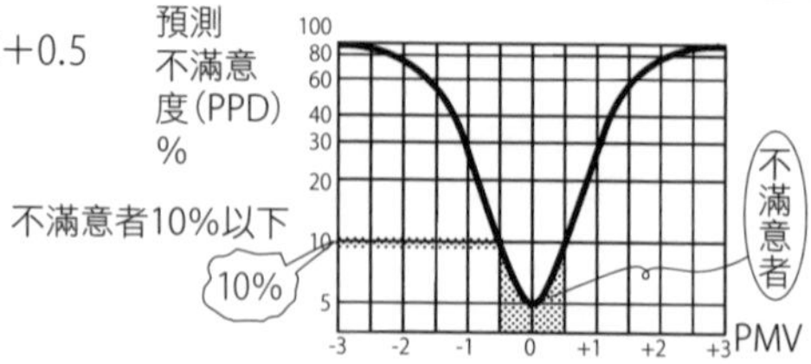

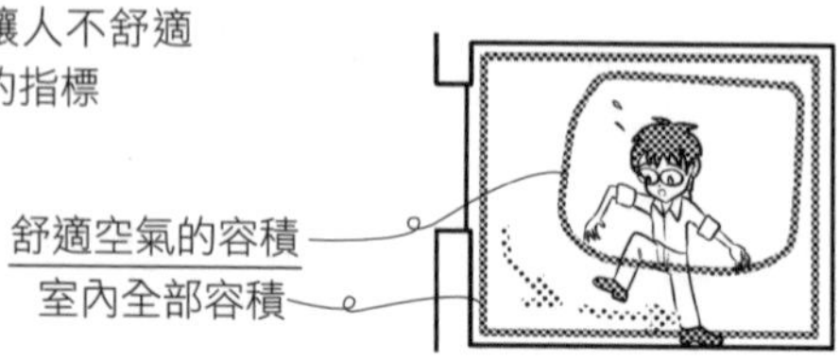

坐在椅子上的上下溫差 （　）℃以內	3℃以內	
保暖地板 （　）℃以下	29℃以下	
窗、牆壁的輻射溫度差 （　）℃以內	10℃以內	
開放型 燃燒器具	燃燒部位開口向室內，供排氣都在室內進行的器具	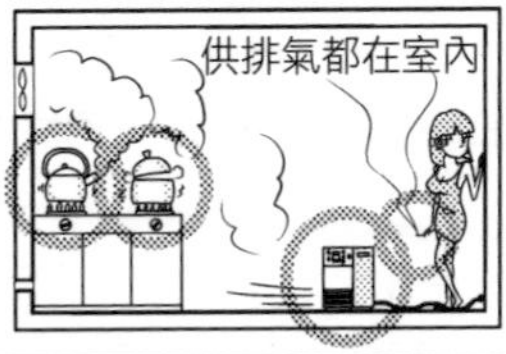
密閉型 燃燒器具 半密閉型 燃燒器具	燃燒部位與室內隔離，供排氣都在室外進行的器具 只有供氣從室內進行的器具	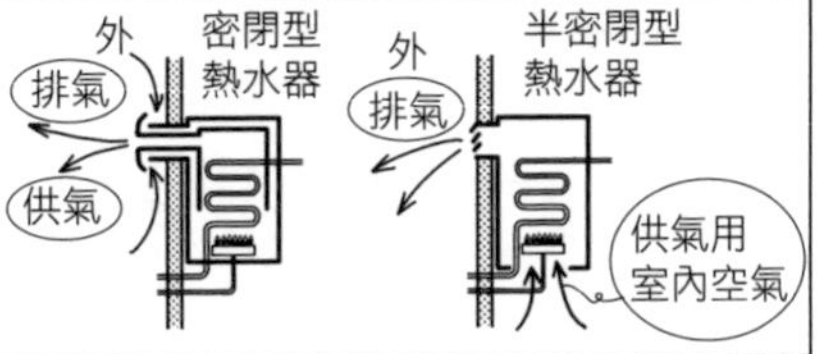
氧氣不足的濃度	18%以下	・多數人感覺呼吸困難 ・開放型燃燒器具有不完全燃燒的危險
二氧化碳濃度 一氧化碳濃度	1000ppm以下 10ppm以下	ppm：parts per million　100萬分之1＝10^{-6} 1000ppm＝0.1%
懸浮微粒濃度	0.15mg/m^3以下	

<div align="right">單位</div>

第1種 機械換氣	供氣機＋排氣機 （壓力任意值）	
第2種 機械換氣	供氣機（吹入式）…抑制從天花板或地板下滲入的VOC、手術室 （正壓）	
第3種 機械換氣	排氣機（吸出式）…浴室、洗面台、廁所、廚房 （負壓）	
全熱交換型 換氣	將排氣中的顯熱和潛熱（水蒸氣）回收，再用於供氣過程的換氣	全熱＝顯熱＋潛熱 （水蒸氣） 全熱交換機 回收熱和水蒸氣 排氣 供氣
置換通風	新鮮空氣不會和混濁空氣混合的換氣方式。從下面低溫供氣，上面高溫排氣	不混合直接置換 混濁空氣 → 高溫 新鮮空氣 ← 低溫
必要換氣量	$\dfrac{每小時的汙染物質產生量}{每換氣1m^3的汙染物質去除量}$	m^3/h
必要換氣次數	$\dfrac{必要換氣量}{室內容積}$	換氣次數 6次/h ↓ 1小時交換6倍 室內容積的空氣 次/h
流體的質量守恆定律	流入空氣的質量＝流出空氣的質量 質量＝密度×體積　質量＝密度×體積 $=\rho_1(A_1 v_1)$　$=\rho_2(A_2 v_2)$ $\therefore \rho_1(A_1 v_1) = \rho_2(A_2 v_2)$	$v_1(m)$　$v_2(m)$ $A_2(m^2)$ $A_1(m^2)$ 體積 $A_2 v_2(m^3)$ 體積 $A_1 v_1(m^3)$

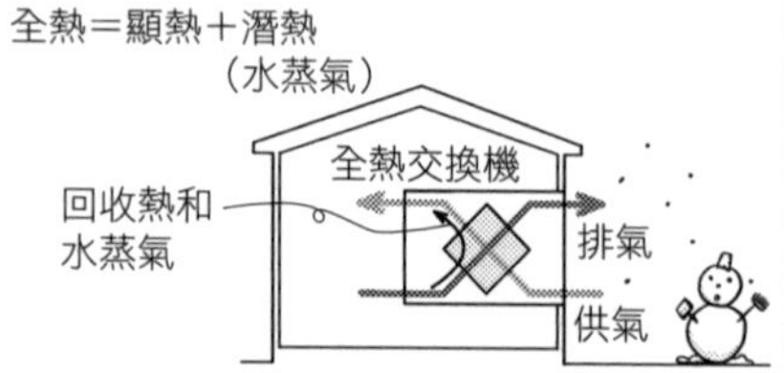

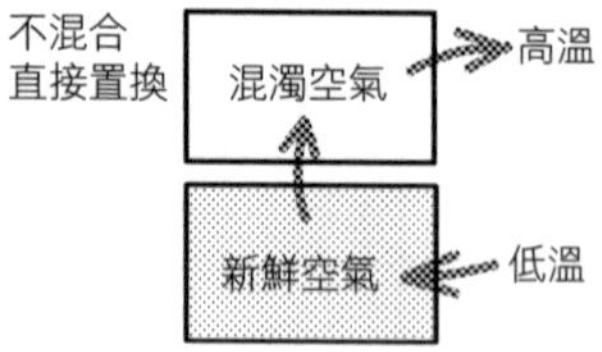

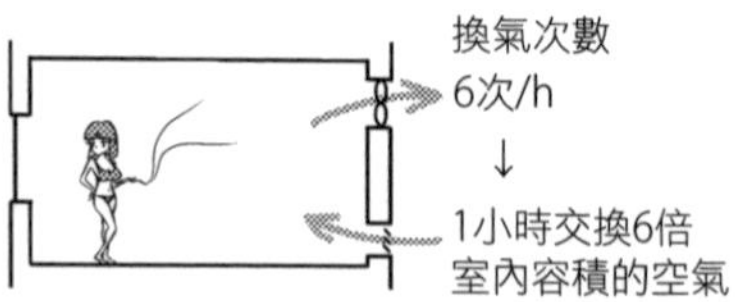

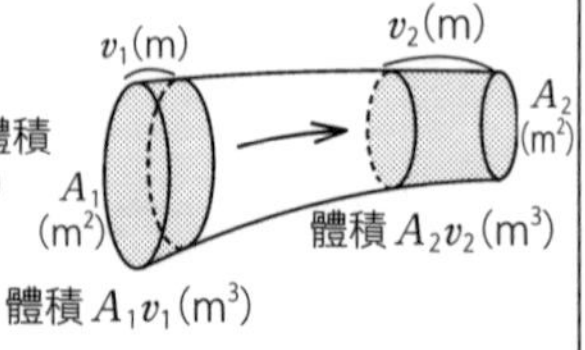

		單位
流量係數α	開口形狀會影響流動難易，用以修正開口面積的係數 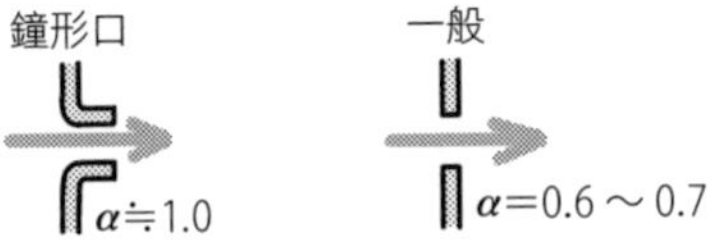 	
換氣量Q和壓力差ΔP的關係	Q和$\sqrt{\Delta P}$成正比 （間隙和$\sqrt[n]{\Delta P}$成正比）	
換氣量Q和高度差Δh溫度差Δt的關係	Q和$\sqrt{\Delta h}$、$\sqrt{\Delta t}$成正比 （重力通風＝溫度差通風） 和$A\times\sqrt{\Delta P}$成正比，和$A\times\sqrt{\Delta h\times\Delta t}$成正比	
換氣量Q和風速v風壓係數差ΔC的關係	Q和v成正比，和$\sqrt{\Delta C}$成正比 （風力通風）	
空氣年齡 空氣餘命 空氣壽命 的關係	空氣壽命 ＝空氣年齡＋空氣餘命 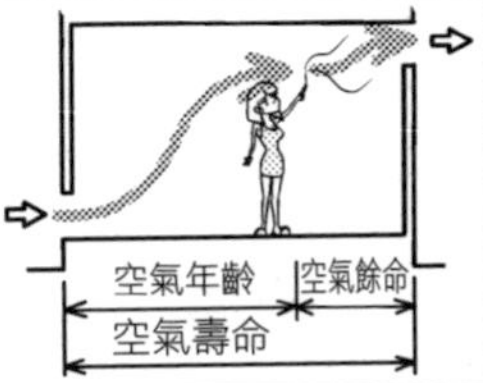 	秒
熱量Q和比熱c質量m溫度變化Δt的關係	$Q=cm\Delta t$ （cm：熱容量）	焦耳 J （卡路里 cal 1cal=4.2J）
熱傳導 熱傳遞 熱傳透	・熱在物體中流動 ・熱在空氣和物體間流動 ・經熱傳遞、熱傳導、熱傳遞而穿透物體的熱流動	
傳導熱量Q和熱傳導率λ溫度差Δt長度ℓ截面積A的公式	$Q=\lambda\times\underbrace{\frac{\Delta t}{\ell}}\times A$ 溫度梯度 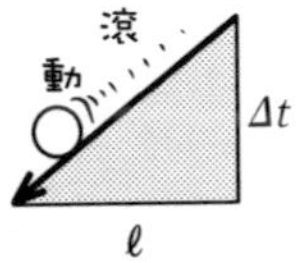 	瓦特 W 焦耳每秒 （J/s）

		單位
熱傳導率 λ	熱傳導難易的係數	W/(m・K)
混凝土的 熱傳導率	1.4～1.6	W/(m・K)
傳遞熱量Q 和 熱傳遞率α 溫度差 Δt 表面積A 的公式	$Q=\alpha\times\Delta t\times A$ 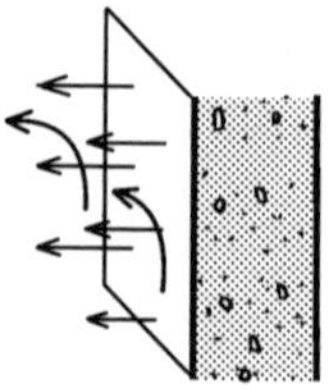	W (J/s)
熱傳遞率α	熱傳遞難易的係數　$\frac{W}{m^2\cdot K}$ ↑ 每1m²牆壁	W/(m²・K)
設計用 熱傳遞率α	外牆表面　23 W/(m²・K) 內牆表面　9 W/(m²・K)	W/(m²・K)
熱傳透量Q 和 熱傳透率K 溫度差 Δt 表面積A 的公式	$Q=K\times\Delta t\times A$　$\frac{W}{m^2\cdot K}$ ↑ 每1m²牆壁 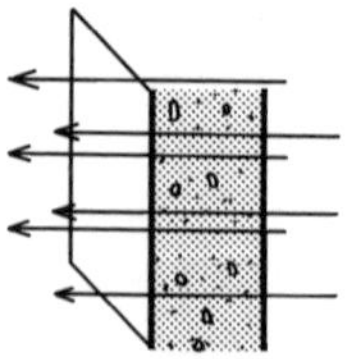	W (J/s)
熱傳透量Q和 熱傳透阻抗R 溫度差 Δt 表面積A 的公式	$Q=\frac{\Delta t}{R}\times A$ $(R=\frac{1}{K})$ 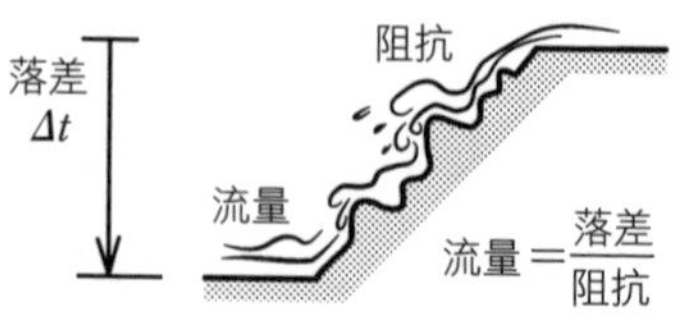	W (J/s)

		單位
熱傳導阻抗	$\frac{\ell}{\lambda}$ 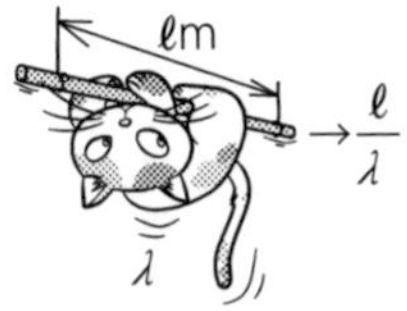	$m^2 \cdot K/W$
熱傳遞阻抗	$\frac{1}{\alpha}$ 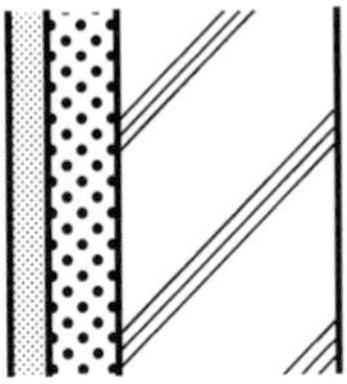	$m^2 \cdot K/W$
熱傳透阻抗	$\frac{1}{K}$ 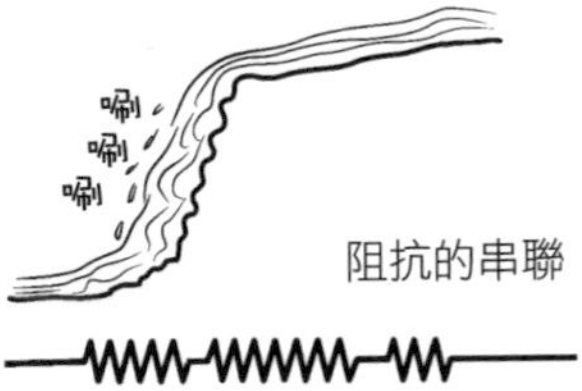	$m^2 \cdot K/W$
牆壁的熱傳透阻抗R的計算	外牆的熱傳遞阻抗＋牆內的熱傳導阻抗的和＋內牆的熱傳遞阻抗 $=\frac{1}{\alpha_{外}}+\left(\frac{\ell_1}{\lambda_1}+\frac{\ell_2}{\lambda_2}+\cdots\right)+\frac{1}{\alpha_{內}}$	$m^2 \cdot K/W$
北緯35°（東京）的中天高度	冬至　約30° 春秋分　約55° 夏至　約80°	
日照率	$\frac{\text{實際受到日照的時間}}{\text{日出到日落的時間}}=\frac{\text{日照時數}}{\text{可照時數}}$	
南面可照時數最長的一天	春秋分日 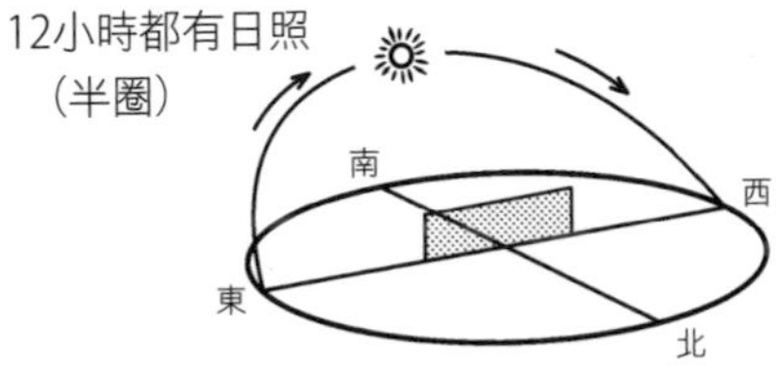	

單位

		單位
日射量 ‖ （　）量 ＋ （　）量	直接日射量 ＋ 天空漫射量  	W・h/m^2
冬至的 全天日射量 比較	南面＞水平面＞東西面	W・h/(m^2・day)
夏至的 全天日射量 比較	水平面＞東西面＞南面	W・h/(m^2・day)
一年的 全天日射量 比較	夏至的水平面＞冬至的南面＞夏至的東西面	W・h/(m^2・day)
日射取得率	日射量中有多少進入室內的比例　$\frac{\text{進入室內的熱量}}{\text{日射量}}$	
日射遮蔽係數	和3mm厚的透明玻璃的日射取得率相比，進入室內的取得率有多少的比例　$\frac{\text{日射取得率}}{\text{3mm厚透明玻璃的日射取得率}}$	
日影曲線	將棒影頂端畫成圖的曲線 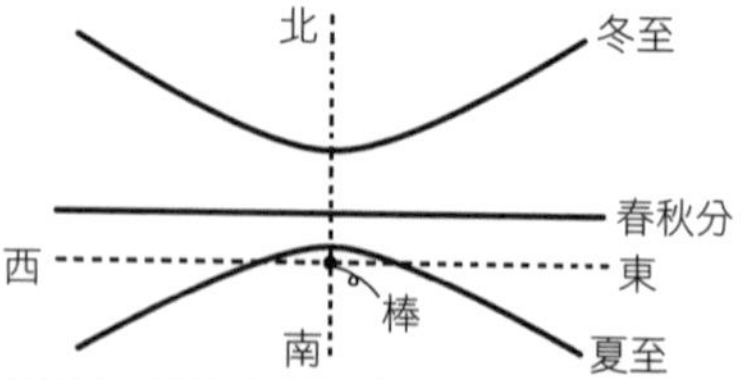 	
日光曲線	某一點與太陽的連線，和水平面的交點的軌跡 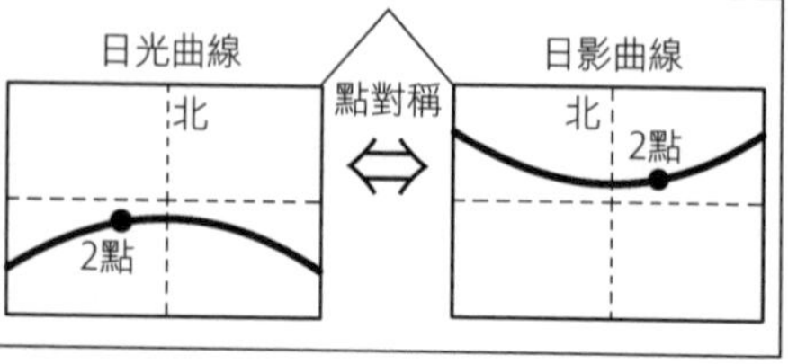 	

		單位
日照圖表	將某一日各種高度的日光曲線整合成一張圖的圖表 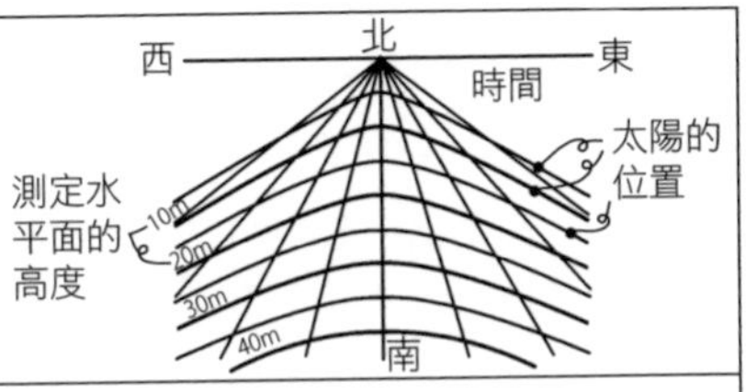	
日影圖	表示某個時間、某個水平面形成的日影的圖 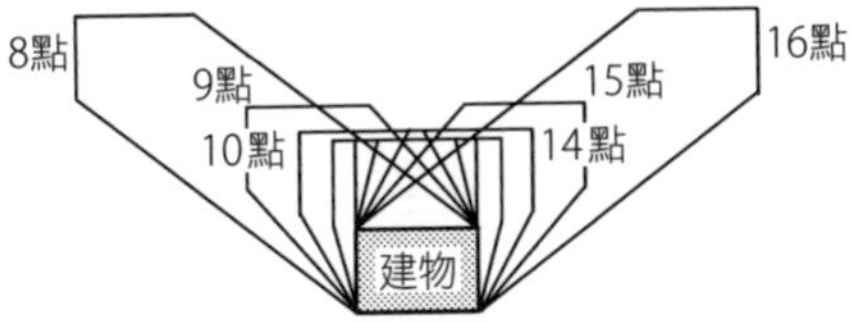	
等時間日影圖	表示一定時間內所形成的日影範圍的圖 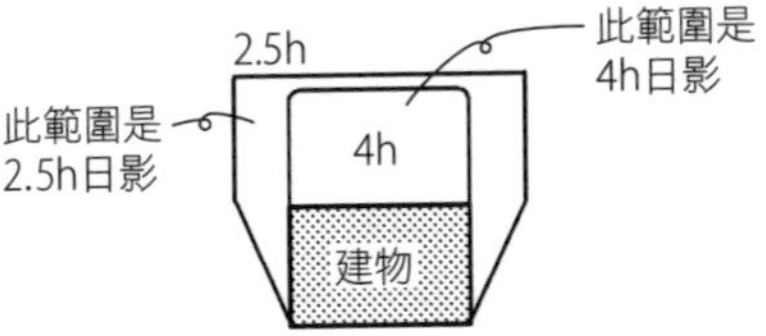	
島日影	和周圍相較，日影的時間較長，島狀的等時間日影 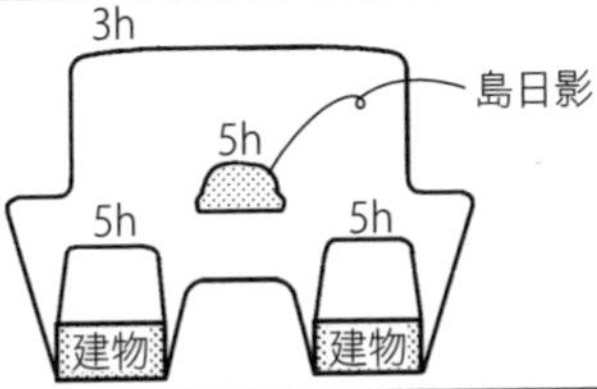	
浦肯頁現象	在暗處，同樣亮度的綠色或藍色看起來較亮的現象	
光通量	用視覺感度修正光的能量的物理量 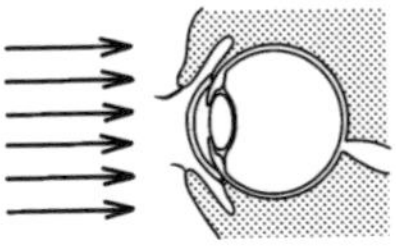	lm (lumen 流明)
發光強度	點光源的光量 $\frac{光通量}{立體角}$ 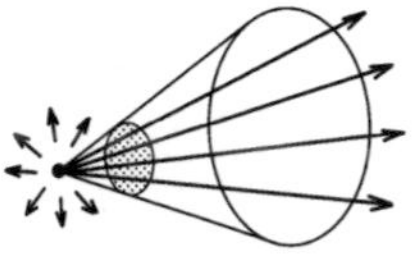	cd (candela 燭光) lm/sr (lumen per steradian)

單位

<table>
<tr><td>輝度</td><td>所見被照面的光量

$\frac{\text{射出發光強度}}{\text{所見被照面面積}}$
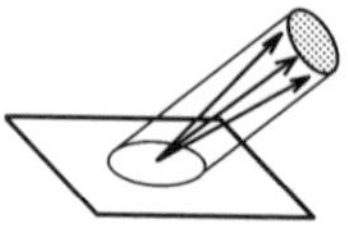</td><td>cd/m^2
(lm/(sr・m^2))</td></tr>
<tr><td>光束發散度</td><td>面發出的光量

$\frac{\text{射出光通量}}{\text{面積}}$
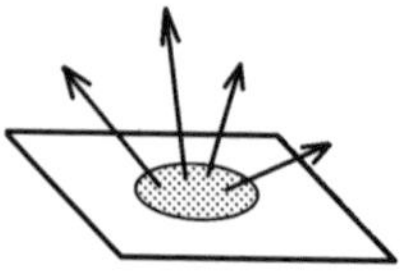</td><td>lm/m^2
radlux
(rlx)</td></tr>
<tr><td>照度</td><td>面接收的光量

$\frac{\text{入射光通量}}{\text{面積}}$
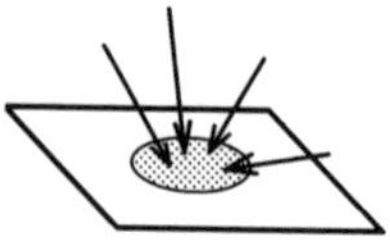</td><td>lux
lx
(lm/m^2)</td></tr>
<tr><td>和 I(cd)
點光源
距離r(m)的
照度E(lx)</td><td>$E=\frac{I}{r^2}\cos\theta$
（θ ：入射角）</td><td>lx
(lm/m^2)</td></tr>
<tr><td>少雲天氣的
全天空照度</td><td>約50000 lx
大晴天　約10000lx
標準　15000lx
不包含
直射日光
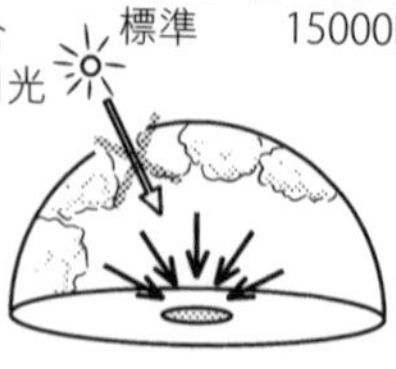</td><td>lx
(lm/m^2)</td></tr>
<tr><td>晝光率</td><td>$\frac{\text{室內某一點因日光產生的照度}}{\text{全天空照度}}\times 100$
不受天氣影響為定值</td><td>%</td></tr>
<tr><td>普通教室
一般製圖室
的照度、
晝光率</td><td colspan="2"><table><tr><td></td><td>照度</td><td>晝光率</td></tr><tr><td>普 通 教 室</td><td>約500 lx</td><td>1.5%</td></tr><tr><td>一般製圖室</td><td>約1000 lx</td><td>3%</td></tr></table></td></tr>
</table>

立體角 投射率	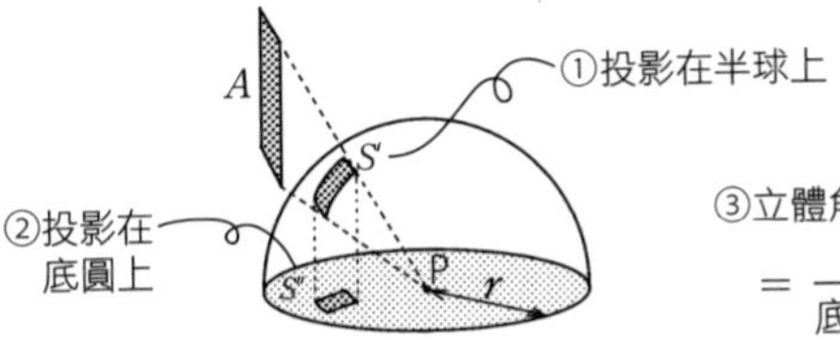 ③立體角投射率 $= \frac{S''}{\text{底圓的面積}} = \frac{S''}{\pi r^2}$
直接晝光率 的公式	立體角投射率×透射率×維護因數×有效面積率 (有多少%的光透過玻璃) (玻璃的透明度有多少%是維持乾淨狀態呢) (多少%的窗戶面積能有效讓光透過)
均勻度	$\frac{\text{最低照度}}{\text{最高照度}}$ 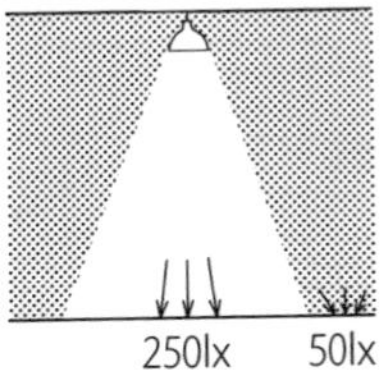 均勻度$= \frac{50\text{lx}}{250\text{lx}} = \frac{1}{5}$ (0.2)
桌面的 均勻度	日光單邊採光 $\frac{1}{10}$ 以上 人工照明 $\frac{1}{3}$ 以上
作業面的 輝度比	$\frac{1}{3}$ 以上 
加法混色 3原色	R：紅 G：綠 B：藍 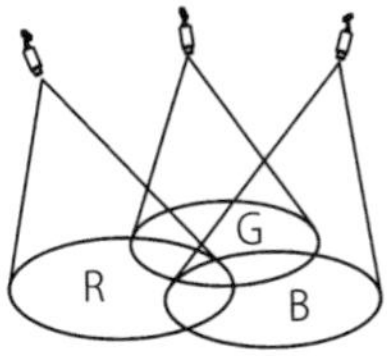
減法混色 3原色	C：青 M：洋紅 Y：黃 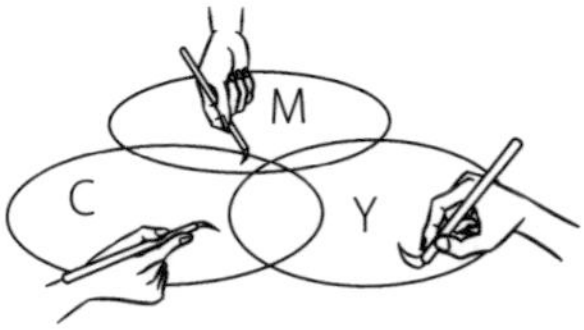

曼賽爾表色系的3要素	色相　明度　彩度 Hue　Value　Chroma
曼賽爾表色系的記號	5R　4 / 14 色相　明度　彩度 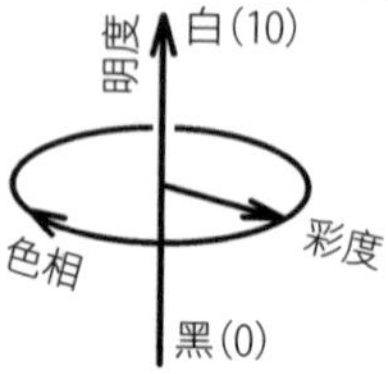
白色的曼賽爾明度(Value)	10
灰色的曼賽爾彩度(Chroma)	0
曼賽爾明度－V(Value)和反射率的關係	反射率≒ $V(V-1)$ (%)
奧斯華德表色系的記號	17　i　g 色相　└白的混合比　└黑的混合比 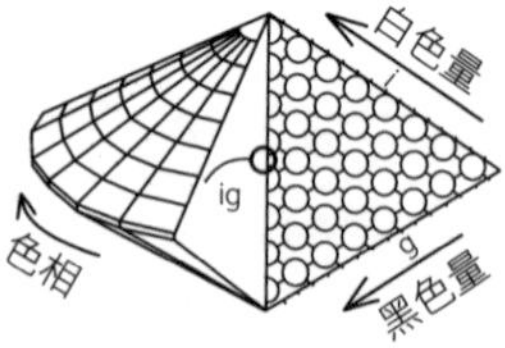
XYZ表色系	用大略對應RGB的XYZ混色量來表示的表色系 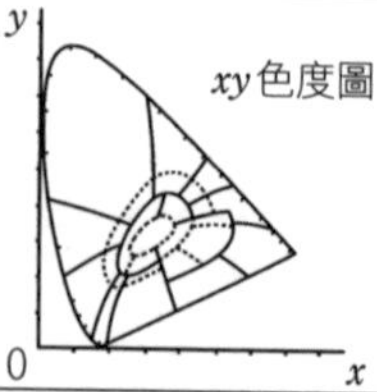 x…X的比例　$\frac{X}{X+Y+Z}$ y…Y的比例　$\frac{Y}{X+Y+Z}$
色溫度	用黑體的絕對溫度來表示光的顏色

<table>
<tr><td>聲音的
3要素</td><td>大小…振幅
高低…頻率（振動次數）
音色…波形
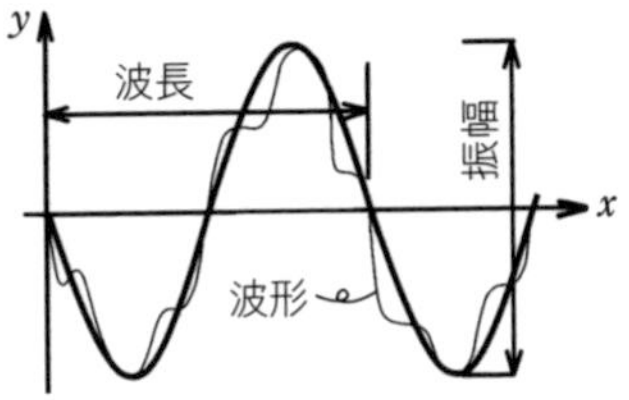
</td></tr>
<tr><td>聲音的頻率
和
波長的關係</td><td>頻率 低 ⇨ 波長 長
（低音）
頻率 高 ⇨ 波長 短
（高音）
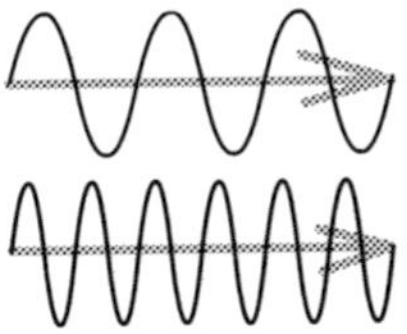
聲音的速度＝
波長×頻率
⋮
不隨氣溫變化，
為定值</td></tr>
<tr><td>聽音頻率</td><td>20Hz～ 20kHz
（20000Hz）</td></tr>
<tr><td>聲音強度I
（音強）</td><td>1秒鐘通過垂直於行進方向的$1m^2$面上的能量
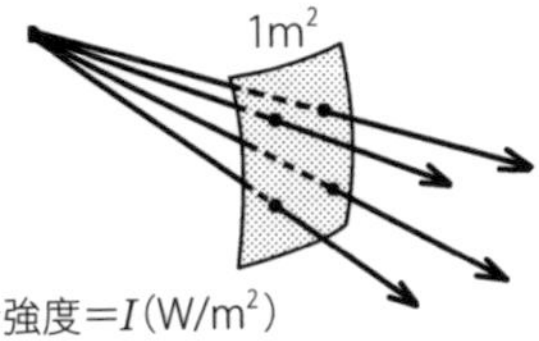

聲音強度＝I（W/m^2）</td></tr>
<tr><td>韋伯—費希納
定律</td><td>人類的感覺和刺激量的對數成正比
刺激量　感覺
100倍→2倍
1000倍→3倍
10000倍→4倍</td></tr>
<tr><td>聲音強度
位準IL
（音強位準）</td><td>$10\log_{10}\dfrac{I}{I_0}$
（I：聲音強度
I_0：最小可聽聲音強度　I：Intensity）</td></tr>
</table>

音壓位準 PL	$10\log_{10}\left(\frac{P}{P_0}\right)^2=20\log_{10}\frac{P}{P_0}$ $\begin{pmatrix}P\text{：音壓}\\P_0\text{：最小可聽聲音音壓}\end{pmatrix}$ P:Pressure 從$\frac{I}{I_0}=\left(\frac{P}{P_0}\right)^2$導出 音壓$P$的單位$=\frac{\text{力}}{\text{面積}}=\frac{\text{N}}{\text{m}^2}=\text{Pa}$（帕）
聲音強度位準IL 音壓位準PL 的單位	dB（分貝）
60dB ＋ 60dB （2倍）	63dB
60dB＋ 60dB＋ 60dB＋ 60dB （4倍）	66dB
60dB＋ 60dB＋ 60dB （3倍）	65dB
60dB的 音源有 10個 （10倍）	70dB $10\log_{10}\times10\frac{I}{I_0}=10\log_{10}\frac{I}{I_0}+10\underbrace{\log_{10}10}_{1}=10\log_{10}\frac{I}{I_0}+\underline{10}$ （+10dB）
點音源的 聲音強度I 和 距離r 的關係	I和r^2成反比 r變2倍→I是$\frac{1}{4}$倍→−6dB r變$\frac{1}{2}$倍→I是4倍→＋6dB 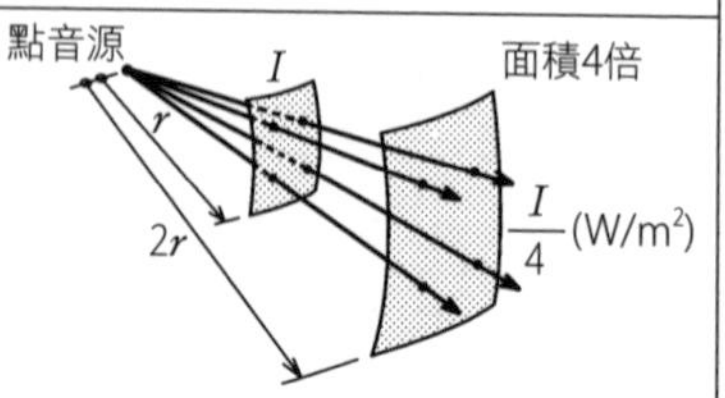

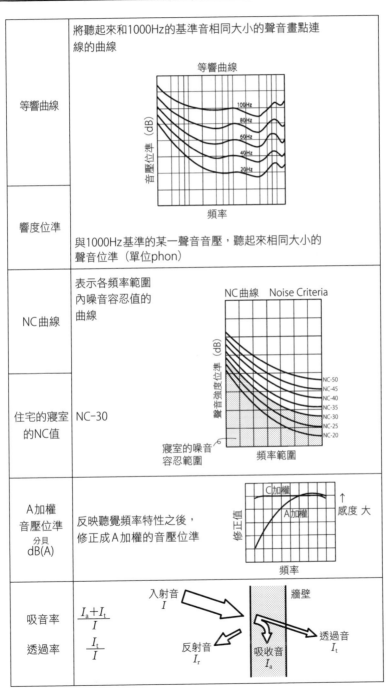

<table>
<tr><td>等響曲線</td><td rowspan="2">將聽起來和1000Hz的基準音相同大小的聲音畫點連線的曲線
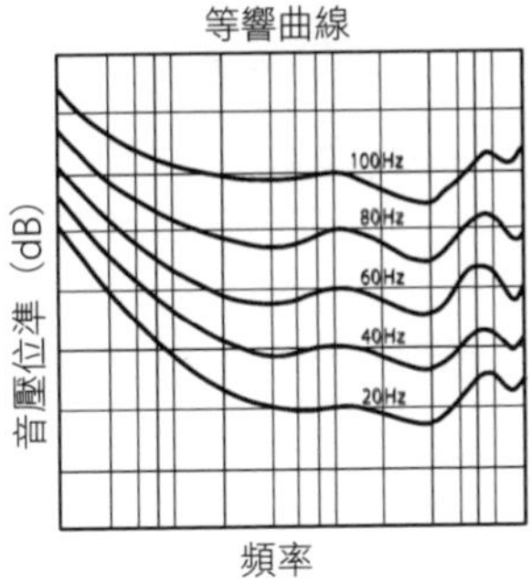

等響曲線
100Hz
80Hz
60Hz
40Hz
20Hz
音壓位準（dB）
頻率

</td></tr>
<tr><td>響度位準</td></tr>
<tr><td></td><td>與1000Hz基準的某一聲音音壓，聽起來相同大小的聲音位準（單位phon）</td></tr>
<tr><td>NC曲線</td><td rowspan="2">表示各頻率範圍內噪音容忍值的曲線
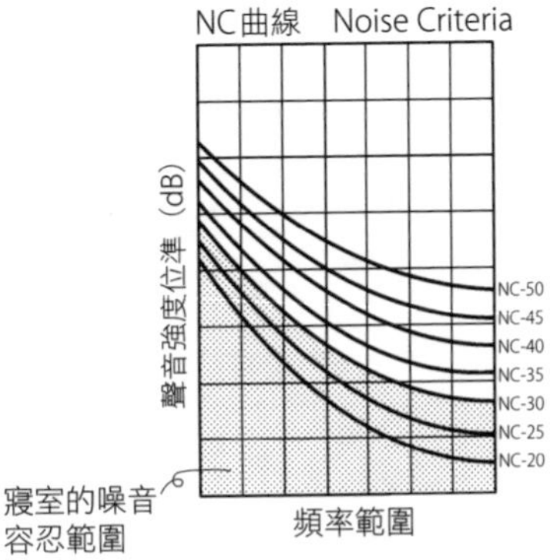

NC曲線　Noise Criteria
NC-50
NC-45
NC-40
NC-35
NC-30
NC-25
NC-20
聲音強度位準（dB）
寢室的噪音容忍範圍
頻率範圍

</td></tr>
<tr><td>住宅的寢室的NC值</td></tr>
<tr><td></td><td>NC−30</td></tr>
<tr><td>A加權音壓位準 分貝 dB(A)</td><td>反映聽覺頻率特性之後，修正成A加權的音壓位準
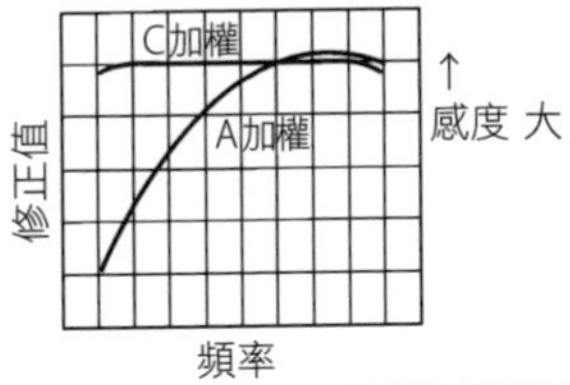

</td></tr>
<tr><td>吸音率</td><td>$\frac{I_a+I_t}{I}$</td></tr>
<tr><td>透過率</td><td>$\frac{I_t}{I}$
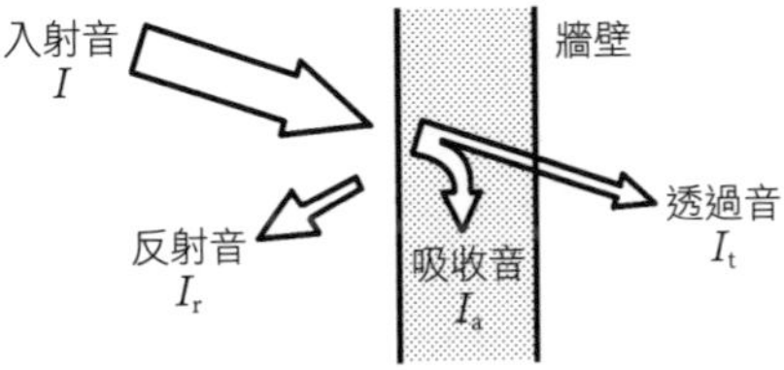

入射音
I
牆壁
反射音
I_r
吸收音
I_a
透過音
I_t

</td></tr>
</table>

透過損失TL Transmission Loss	$10\log_{10}\frac{I}{I_0}-10\log_{10}\frac{I_t}{I_0}=$ $10\log_{10}\frac{I}{I_t}=10\log_{10}\frac{1}{透過率}$ (TL數值大＝隔音量較佳)
透過損失和波長的關係	長波長（低頻、低音）的損失較少（透過音較多）
L_r值 D_r值	樓板衝擊音的隔音等級（小者○） 牆壁的隔音等級（大者○）
餘響時間公式	$\frac{0.161\times V}{S\times\overline{\alpha}}$ （V：房間容積(m^3)　S：室內表面積(m^2)　$\overline{\alpha}$：平均吸音率）

ZERO KARA HAJIMERU "KANKYOUKOUGAKU" NYUUMON by Hideaki Haraguchi
Copyright © 2015 Hideaki Haraguchi
Original Japanese edition published in 2015 by SHOKOKUSHA Publishing Co., Ltd.
Complex Chinese Character translation rights arranged with SHOKOKUSHA Publishing Co., Ltd.
through AMANN CO., LTD.
Complex Chinese translation copyright © 2024 by Faces Publications, a division of Cité Publishing Ltd.
All Rights Reserved.

藝術叢書 FI1040X

圖解建築物理環境入門

一次精通空氣、溫度、日照、光、色彩、聲音的基本知識、原理和應用

作　　者　原口秀昭
譯　　者　陳彩華
副總編輯　劉麗真
主　　編　陳逸瑛、顧立平
美術設計　陳文德

事業群總經理　謝至平
發 行 人　何飛鵬
出　　版　臉譜出版
城邦文化事業股份有限公司
台北市南港區昆陽街16號4樓
電話：886-2-25000888　傳真：886-2-25001951
發　　行　英屬蓋曼群島商家庭傳媒股份有限公司城邦分公司
台北市南港區昆陽街16號8樓
客服服務專線：886-2-25007718；25007719
24小時傳真專線：886-2-25001990；25001991
服務時間：週一至週五上午09:30-12:00；下午13:30-17:00
劃撥帳號：19863813　戶名：書虫股份有限公司
讀者服務信箱：service@readingclub.com.tw
香港發行所　城邦（香港）出版集團有限公司
香港九龍土瓜灣土瓜灣道86號順聯工業大廈6樓A室
電話：852-25086231　傳真： 852-25789337
E-mail : hkcite@biznetvigator.com
馬新發行所　城邦（馬新）出版集團 Cité (M) Sdn Bhd
41, Jalan Radin Anum, Bandar Baru Sri Petaling, 57000 Kuala Lumpur, Malaysia
電話：603-90578822　傳真：603-90576622
E-mail: cite@cite.com.my

二版二刷　2024年7月24日

城邦讀書花園
www.cite.com.tw

版權所有・翻印必究
ISBN 978-626-315-144-4

定價：420元
（本書如有缺頁、破損、倒裝，請寄回更換）

國家圖書館出版品預行編目(CIP)資料

圖解建築物理環境入門：一次精通空氣、溫度、日照、光、色彩、聲音的基本知識、原理和應用/原口秀昭著；陳彩華譯. -- 二版. -- 臺北市：臉譜出版，城邦文化事業股份有限公司出版：英屬蓋曼群島商家庭傳媒股份有限公司城邦分公司發行，2022.09

面；　公分. --（藝術叢書；F11040X）

譯自：ゼロからはじめる「環境工学」入門

ISBN 978-626-315-144-4(平裝)

1.CST: 環境工程

445

11007175